传统与现代之间：谢无量伦理思想研究

Between Tradition and Modernity:
A Study of Xie Wuliang's Thought on Ethics

覃江华 著

WUHAN UNIVERSITY PRESS
武汉大学出版社

图书在版编目(CIP)数据

传统与现代之间:谢无量伦理思想研究=Between Tradition and Modernity:A Study of Xie Wuliang's Thought on Ethics/覃江华著.—武汉:武汉大学出版社,2020.6
ISBN 978-7-307-21565-8

Ⅰ.传… Ⅱ.覃… Ⅲ.谢无量(1884-1964)—伦理思想—研究
Ⅳ.B82-092

中国版本图书馆 CIP 数据核字(2020)第 096519 号

责任编辑:谢群英 邓 喆 责任校对:李孟潇 版式设计:韩闻锦

出版发行:**武汉大学出版社** (430072 武昌 珞珈山)
(电子邮箱:cbs22@whu.edu.cn 网址:www.wdp.com.cn)
印刷:北京虎彩文化传播有限公司
开本:720×1000 1/16 印张:24.25 字数:349 千字 插页:2
版次:2020 年 6 月第 1 版 2020 年 6 月第 1 次印刷
ISBN 978-7-307-21565-8 定价:60.00 元

本书受湖北省社会科学基金“谢无量伦理思想研究”（编号：2015074）、中国博士后科学基金“翁贝托·艾柯翻译哲学思想研究”（编号：2018T110582）资助

前　言

一、本书以谢无量的伦理思想为主要研究对象，通过梳理其人生经历和成长过程，厘清了其思想产生和发展的历史背景、学术渊源和阶段性特征，并对他在中国伦理学、中国哲学史学科创建过程中所取得的学术成就进行全面整理和研究，重新评价了一位在近现代学术史上产生过重要影响，但后来又备受忽视的哲学史家和伦理学者的思想贡献，并探讨了其对当前乃至未来研究的启示所在。

二、本书通过搜集、整理和分析大量一手资料，揭示了谢无量在中国现代伦理学理论建构方面作出的独特贡献，重点分析了他在同一年提出的两套概念术语、内容框架和指导思想完全不一样的伦理学体系：一套是以中国学术话语为主导，“以中释中”式的“二部八论”体系；另一套是以西方经典伦理学善恶论、义务论、德伦为主干，“以西释中”式的“三位一体”体系。本书分析了两套风格迥异伦理学体系被提出的原因及各自特点，并将其与梁启超、刘师培等同时代学者的伦理学体系进行比较，提高了谢无量伦理思想的理论自觉和独特价值。

三、本书通过分析谢无量的古今中西文化观，将其定位为文化保守主义阵营中现代新儒家一派的先导，系统总结了他在传统儒家伦理现代转化方面的成就，发现其成果特色为通史性研究和专题性研究相结合，叙述方式为以史带论，论证方式为谈伦理学必谈及宇宙论，研究模式为“以西释中”与“以中释中”相结合。除了儒家传统伦理的返本开新，本书还探讨了谢无量对佛教伦理、道家修养论和人生论、法家进化历史观和国家道德观的现代阐释，及其在利用中西伦理思想资源改造国民性方面所做的工作，包括个人道德、家族伦理、社会伦理、国家伦理、生态伦理的重新建构。

四、本书探讨了谢无量在中西伦理思想比较和发现中国伦理特质方面作出的贡献，并以此为基础分析了他在中国哲学史和中国伦理学现代转型过程中所发挥的范式转换和范式拓展作用，将其伦理思想的内在特征总结为基于对比分析的、有明确问题意识和现实针对性的折衷主义①伦理学。在特定历史时期，折衷主义能发挥其在理论建构和学术史书写方面的独特贡献，但又难以摆脱其固有缺陷。在此基础上，本书对"谢无量现象"产生的内在原因进行了解释。

---

① 折衷主义（Eclecticism）是一种哲学术语，导源于希腊文，意为"选择的""有选择能力的"。后来，人们用这一术语来表示那些既认同某一学派的学说，又接受其他学派的某些观点的哲学家及其观点。在古汉语中，"衷"也训为"中"，"折衷"也就是折中、持中的意思。古人以衷为善。

目　　录

绪　论

清末民初是传统与现代的分水岭，也是中国学术发展与转型的关键期。谢无量(1884—1964)是中国近代一位重要哲学史家、伦理学者、诗人和书法家。清末是其学术成长期，民初是其学术成熟期，其最重要的学术论著大多是1914—1923年完成的。当前，随着这些著作的不断再版，其学术思想正在重新引起学界的关注。作为中国哲学史学科早期的重要开拓者之一，谢无量在融会中西之学的基础上，用现代哲学观念来重新梳理和诠释传统哲学、伦理思想，不仅向世人证明了中国哲学的合法性，而且推动了中国哲学的现代化转型，促进了中国伦理学科的建立和现代国民道德的重构，因此，亟需对其学术遗产进行整理和研究。

第一节　选题意义与理据

谢无量自小熟读经史著作，并在南洋公学和日本接受新学洗礼。良好的中西学基础、宽广的学术胸怀为其伦理思想的形成提供了丰厚的土壤，使他能够在融汇古今中外优秀资源的基础上，推动中国传统哲学、伦理思想的创造性转化。其力作《中国哲学史》最为学界所熟知，是首部由国人撰写的兼容并包的哲学通史，实则也是一部伦理学史。平心而论，中国古代伦理思想十分发达，而伦理学(逻辑学)和认识论虽有成就却备受忽视①。谢无量正是以中国伦理学史书写和伦理学体系建构为突破口，以历史最强音回应了中国传统思想的现代价值和中国哲学的合法性问题，并在此基础上进行国民道德观念重构和中国伦理学理论体系建构。他对传统伦理思想的创造性转化，对中国伦理学理论体系架构的思考，在当时起到了引领学术风气之先的作用。

在谢无量几可等身的学术著作当中，最能体现其哲学和伦理思想的包括：《易学系传》（1912）②、《新制哲学大要》（1914）、《新制哲学大要参考书》（1914）、《新制修身教本（四）》（1914）、《伦理学精义》（1914）、《伦理学自叙》（1914）、《阳明学派》（1915）、《孔子》（1915）、《老子哲学》（1915）③、《韩非》（1916）、《朱子学派》（1916）、《佛学大纲》（1916）、《中国哲学史》（1916）、《国民立身训》（1917）、《妇女修养谈》（1917）、《王充哲学》（1917）、《诗经研究》（1923）、《古代政治思想研究》（1923）和《中国古田制考》（1932）等。本书的目标是通过重读谢无量、解析谢无量，探究其哲学思想产生和发展的内因与外缘，梳理其伦理思想的主要脉络与个性特征，评估这些思想的历史贡献与固有局限，思考其时代价值与当代启示。

概而言之，本研究的意义主要体现在以下三个方面：

第一，通过对中国哲学史、中国伦理学学科的早期开拓者谢无量的著作进行系统整理、研究，有助于我们进一步廓清20世纪中国哲学史学科发展脉络，摸清现代中国伦理学史的家底。对谢无量学术著作进行文本细读，把握其理论框架、内在逻辑和核心思想，有助于我们重新发现这位产生过重要影响的哲学史家和伦理学家的独特思想贡献。

---

① 刘军平教授认为，“中国传统哲学是一种人生道德哲学，也可以说是一种伦理中心主义的哲学”。见刘军平《传统的守望者——张岱年哲学思想研究》，人民出版社，2007年版，第252页。

② 谢无量：《易学系传》（前两号名为《蜀易系传》），载《四川国学杂志》，1912—1913年第2~5号。

③ 谢无量：《老子哲学》，载梁启超主编：《大中华》1915年第1卷第4~6期。

第二，谢无量是民国时期学术史上的知名学者，而如今其学术思想却几乎湮没不闻，其原因何在？本书尝试从社会政治形势变化、个人治学特点和学术发展的内在逻辑等方面对中国现代学术史上的这一现象（本书称之为“谢无量现象”）作出解释，这有助于重新评估谢无量学术思想的历史与当代价值，进一步探明其哲学史书写与哲学创造、传统伦理思想诠释与现代道德观念重构之间的关系。

第三，谢无量是中国传统学术现代转型的一个范例，通过对其哲学和伦理思想进行显微镜式的考察，可以厘清我国近现代社会道德变迁、学术思想流变与现代哲学、伦理学科的早期建构等情况。

第二节 研究现状与展望

谢无量学术思想研究在我国已走过近百年的历史，其中不乏非常优秀的研究成果，但整体而言，仍然处于起步阶段。目前，国内相关研究既有理论专著、期刊论文、学位论文、学术演讲实录等学术性研究成果，也有学术性不强的回忆录、报纸杂志和一般介绍性文字。本书主要关注学术性研究成果。这些成果体现为不同的出版形式，涉及谢无量学术思想的诸多方面，并在不同时期呈现出不同的特点，现总结为以下几个方面。

第一，从研究成果的出版形式和讨论对象上看，目前有关谢无量的专题研究成果多样，包括2部专著、47篇学术期刊文章①、4篇硕士学位论文和1篇博士后出站报告。

① 该统计数据为2015年10月1日以“谢无量”为主题词在中国知网检索结果，共有各类文献190篇，除个别篇目有重复之外，剩下的180余篇文献中大部分文章仅提到谢无量或其著作。真正以谢无量及其思想为专门研究对象的文献仅有47篇。需要说明的是，部分非常有价值的研究成果出现较早，或并非以电子形式保存，或并未收入中国知网。因此，这一数据只大致反映了谢无量学术思想研究近年来的开展情况。截至2020年2月2日，相关研究增加了1篇博士论文，5篇硕士论文，至少32篇期刊论文。

在专著方面，刘长荣、何兴明撰写的《国学大师谢无量》是第一本全面介绍谢无量学术思想、诗文成就和书法艺术的著作。其中，对谢无量的哲学和伦理思想也有一些介绍。该书作者认为，谢无量是民主革命的先锋战士和新文化运动的主将，其哲学史观有两点突出表现：一是关于宇宙观和人生观的发展，二是派系互补说①。他们认为谢无量有折衷诸家、取长补短的倾向。李林的《谢无量书法艺术研究》主要以书法艺术为研究对象，书中整理、复印了大量谢无量书法作品②。虽然该书是一部书学研究专著，但在其“序言”中，作者对谢无量在民国时期的学术生活有较为详尽的介绍，并附有一张谢无量年表，可供研究者参考。

目前，有关谢无量思想的学术论文和学位论文主要以谢著《中国哲学史》为研究对象，其次是其文学史思想、文章学思想和书法艺术思想。尚未见到以谢无量伦理思想为专题的研究论文。石凤珍在中国艺术研究院的博士后出站报告《谢无量先生学述》，是目前对谢无量个人生平、学术渊源和学术思想的总体特征爬梳最为全面、把握较为准确、讨论最为深入的研究成果。③ 该报告的研究对象涉及谢无量的文学、史学和哲学思想等诸多方面。就哲学方面而言，该报告既包括其儒家哲学研究，也涉及诸子学、佛学研究。作者关注的焦点是谢无量的史学思想，特别是他的文学史观与文学史书写、哲学史观与哲学史书写两大方面。其中，作者对谢无量与近代浙东学术和现代新儒家的关系的探讨值得引起重视。

第二，从研究的阶段性特征上看，有关谢无量学术思想的评论始于民国初年。这些研究以零星式点评为主，专题性探讨较少，对其思想的

---

① 刘长荣、何兴明：《国学大师谢无量》，北京：中国文史出版社，2006 年版，第 8 页。

② 李林：《谢无量书法艺术研究》，郑州：中州古籍出版社，2009 年版。

③ 石凤珍：《谢无量先生学述》，中国艺术研究院博士后出站报告，2009 年版。

评价大体可分为肯定与否定两大阵营。

较早研究并评论谢无量学术著作的是胡适先生。1916 年，谢著《中国哲学史》出版之后引发学界关注，也因此成为胡适模仿、批评和超越的对象。在《中国哲学史大纲》(卷上)中，胡适对谢无量选择史料的标准提出质疑，认为他引用《列子》和《淮南子》中有关宇宙起源的说法，将其作为“邃古哲学”的材料，“似乎不合作史的方法”。① 胡适此论与其“疑古”倾向有关，而谢无量则有明显的“信古”倾向。在谢氏看来，“我们除文字以外，别无参考之证据。则古来记载，虽片纸只字，亦有相当宝贵之价值，不宜因小小怀疑将他抹杀”。② 因此，他从不轻易否定传统文献的学术价值。

除了《中国哲学史》一书，胡适还对谢无量的其他论著发表过评论。早在留美时期，他就曾读到谢氏发表在《大中华》杂志 1915 年第 6 期上的《老子哲学》，并在日记中评论说：“其‘宇宙论’极含糊不明，所分两节，亦无理由，其下诸论，则老子之伦理哲学耳，所分细目，破碎不完。”但是却对其中“老子非主权诈论”一节非常欣赏，称其“颇有卓见，足资参考”。③ 归国后，胡适曾应邀在北大讲授中国哲学史。其《中国哲学史大纲》(卷上)在某些方面可能吸收、借鉴了谢无量的《中国哲学史》和日本学者的同类著作，如两者对于哲学史上古、中古、近古的断代方式几乎一模一样。④

此外，在讲授中古哲学史时，胡适也曾参考谢无量的著作。例如，他曾把谢著《王充哲学》列入其讲义的参考书目。胡适认为王充思想带有进化论色彩，与谢无量几乎同出一辙。有意思的是，胡适对此书虽然

---

① 胡适：《中国哲学史大纲》，北京：东方出版社，1996 年版，第 15 页。

② 谢无量：《中国古田制考》，载《谢无量文集》(第八卷)，北京：中国人民大学出版社，2011 年版，第 191 页。

③ 胡适：《胡适留学日记》，上海：上海书店出版社，1990 年版，第 730~731 页。

④ 蒋国保：《论“中国哲学史”学科创立初期的实践与方法》，载《社会科学战线》2012 年第 6 期，第 21~22 页。

也有微词，但却认为其“材料可用作参考”。① 这正好与他在《中国哲学史大纲》(卷上)中对谢无量史料选择问题的批评完全相反。总体看来，胡适对谢无量的评价是比较苛刻的，这也并不难以理解。两人研究兴趣虽然有诸多相似之处，但是学术背景、研究方法和学术观点则有较大不同。

继胡适之后，钟泰是对谢无量《中国哲学史》进行过点评的民国时期的哲学史家。1929 年，钟泰采用“以中释中”模式写出同名哲学史著作，与谢著在对待古近的态度和写作思路上存在一些差异。② 钟泰明显认真研读过谢著，因为钟著中可以找到对谢著的评论之语。例如，在谈到朱子的理气论时，钟泰不认同谢无量对朱子理气二元说的定性。在他看来，朱子虽理气并言，但实际上是以理为本，以气为用。因此，谢无量讲朱子纯主理气二元论，“未为真知朱子”。③ 有研究指出，钟著《中国哲学史》实际上对谢著有一些吸收和仿效，如袭用后者“秦灭古学”的提法。与此不同，钟著对胡适《中国哲学史大纲》(卷上)则毫无所取，甚至反其道而行之。④ 总体而言，钟泰虽然研究过谢著，并有一定程度的借鉴，但并未对其进行系统评析。

真正对谢无量学术思想进行过深入研究，并发表过比较全面的意见的是梁漱溟先生。梁先生与谢无量具有相似的学术倾向：两人都重视宋明新儒家，尤其是王阳明；两人都重视佛学研究；两人都有“为往圣继绝学，为万世开太平”的远大抱负。谢著《阳明学派》出版之后，一时洛阳纸贵、影响颇广。梁漱溟在友人案头看到此书后借回细读。1922 年，

---

① 胡适：《中国哲学史大纲》(卷上、卷中)，肖伊绯整理，桂林：广西师范大学出版社，2013 年版，第 329 页。

② 郭晓丽：《早期中国哲学史写作方法论析——以钟泰〈中国哲学史〉》为例，载《深圳大学学报》2007 年第 1 期，第 46 页。

③ 钟泰：《中国哲学史》(卷下)，(台北)台湾“商务印书馆”，1967 年版，第 41 页。

④ 蒋国保：《论“中国哲学史”学科创立初期的实践与方法》，载《社会科学战线》2012 年第 6 期，第 22 页。

他在北京高等师范学校发表专题演讲，评论谢无量的阳明学研究。梁先生认为，阳明学在现代仍然非常有价值，但并非人人都必须读《阳明全集》。像谢著《阳明学派》这样的简明手册，可以满足普通读者的阅读需求，因而有其存在的必要性，但其中有一些不妥之处需要予以辨正。谢著的特点是述多论少，即大量罗列一些阳明原话，但于阳明思想的真意却全道不出。① 梁先生最不满意的，其实是谢无量用现代心理学中的知、情、意概念来解读阳明的良知说。"知情意原不妨说都是良知上所有的，但如原书所说则全不对矣"②。当然，他对谢著也并非一棍子打死。例如，在探讨阳明之性论时，谢无量认为"无善无恶心之体"其实仍是主性善，并为此提出十条解答，梁先生评论其"颇敢抒己见，所见亦不错"。③ 也就是说，谢无量的论证不仅全面，而且颇有自己的独特见解。但整体来看，梁先生对谢著还是以批评为主。

综上所述，胡适、梁漱溟和钟泰对谢无量学术思想的评论以负面意见为主，这在民国时期的谢无量思想研究中十分具有代表性，对后来的相关研究也产生了持续深入的影响。此后，国内学术界对谢无量及其学术著作的评论，都或多或少带上三位先生意见的影子。其中，胡、梁两位先生的述多论少、选材失当这两点评论对后来学者的影响最大，持续至今。然而，民国学界对谢无量学术思想的评价，还存在一种完全不同的声音，似乎构成了胡适、梁漱溟、钟泰阵营的相反阵营。这一阵营以孙中山先生、鲁迅先生和马一浮先生为代表，主要以激赏和肯定意见为主。

孙中山先生主要关注谢无量的政治思想和文学思想，他非常肯定谢

---

① 梁漱溟：《阳明宗旨不可不辨——评谢著〈阳明学派〉》，载《人生至理的追寻》，北京：当代中国出版社，2008年版，第85页。

② 梁漱溟：《阳明宗旨不可不辨——评谢著〈阳明学派〉》，载《人生至理的追寻》，北京：当代中国出版社，2008年版，第89页。

③ 梁漱溟：《阳明宗旨不可不辨——评谢著〈阳明学派〉》，载《人生至理的追寻》，北京：当代中国出版社，2008年版，第97页。

著《平民文学之两大文豪》《楚辞新论》和《古代政治思想研究》。① 鲁迅先生主要关注谢无量的文学史著作。鲁迅先生治学严谨，向学生推荐书籍的标准非常苛刻，但在其《汉文学史纲要》《中国小说史略》中，他曾推荐谢著《诗经研究》《中国大文学史》，足见他对谢著的看重。② 马一浮先生是谢无量的至交好友，他称赞谢著《中国哲学史》和《佛学大纲》"理无不融，事无不摄"，"并世言学者，莫之能先也"。③ 虽然不能完全排除马先生此论是出于朋友间的礼节和鼓励之语，但是从他为人和治学的严谨态度来看，这些赞美之词也并非信口开河。这可以从谢著在民国时期的接受情况得到印证。

第三，谢无量的许多学术著作，都曾开民国学术风气之先，对民国学术界影响深远。虽然这些学术贡献一度备受忽视，但是现在已经开始引发学界关注。

有一些中国近代哲学史、思想史学者认为，胡适《中国哲学史大纲》出版之后，谢著《中国哲学史》"一下子就被取而代之"，④ 或"基本上就没人看了"。⑤ 然而，事实恐怕并非如此。据刘永祥统计，截至1940年，谢著《中国哲学史》就已经再版11次，足见当时此著社会影响之大。所以，胡著一出谢著即消沉无闻的说法是站不住脚的。⑥ 如今重

① 参见谢祖仪《回忆父亲谢无量》，见刘长荣、何兴明《国学大师谢无量》附录，中国文史出版社，2006年版，第333页；彭华《谢无量年谱》，载《儒藏论坛》(第3辑)，四川大学出版社，2009年版，第144~146页；胡义成《读鲁迅推荐的〈诗经〉研究札记》，载《福建论坛》1983年第1期。

② 参见胡义成《读鲁迅推荐的〈诗经〉研究札记》，载《福建论坛》1983年第1期；彭华《谢无量年谱》，载《儒藏论坛》(第3辑)，四川大学出版社，2009年版，第144~146页；

③ 马一浮：《马一浮集》(第2册)，杭州：浙江古籍出版社，1996年版，第356页。

④ 葛兆光：《思想史的写法——中国思想史导论》，上海：复旦大学出版社，2004年版，第2~3页。

⑤ 张岱年：《近百年来的中国哲学史研究》，载《文史知识》1999年第3期，第4页。

⑥ 刘永祥：《谢无量经学思想略论》，载《史林》2011年第6期，第141页。

新评估谢著对后来学者的影响并非易事。一是因为当时没有像现在这样严格的学术标注规范，即使有参考借鉴也不标注；二是后来学者往往视谢著为超越的对象，因而不必提及。更有甚者，有学者在某种程度上对谢著抱有一种不屑提及之意。

冯友兰先生是民国时期中国哲学史书写的集大成者，在进入北京大学哲学系学习的第二年，他便购得谢著《中国哲学史》进行学习，不过冯先生在其论著中并未直接提及谢著。他晚年在回忆这段学习经历的时候，曾表示当时对中国哲学史课程的不满。谢著虽然并非当时的课堂教科书，但由此也“可见谢著未能在课外满足冯友兰一类青年学子从新的文化视角了解中国学术发展的要求”。① 然而，仔细比较二人的哲学史著作，不能说冯先生完全没有受到谢著影响。他曾购阅谢著《中国哲学史》，且其同名著作成书于谢著之后都是不争的事实。虽然“冯氏对谢著少有评述，学术上是否受到过谢氏影响，难以断定”，② 但平心而论，他的某些学术观点和研究方法极有可能受到谢著的影响。例如，冯先生颇受称道的“天论”③，就颇有谢无量思想的影子。许苏民教授指出，不仅是早已被谢无量论及的胡适的哲学史方法论，“明变”“求因”“评判”也只是换了个说法而已，而且冯友兰的哲学史方法论其实也未跳出谢无量的思路。因此，“时贤多云谢无量的方法是‘传统’的，而胡适和冯友兰的方法则是‘现代的’，似不能成立”。④ 这是比较公允的评论。

除《中国哲学史》为国人第一部中国哲学通史之外，谢无量的许多

---

① 田文军：《冯友兰与中国哲学史学》，载《学术月刊》1999 年第 4 期，第 33 页。

② 田文军、杨姿芳：《谢无量与中国哲学史》，载《江海学刊》2007 年第 5 期，第 31 页。

③ 谢无量《中国哲学史》指出，我国古代的天论有四种意蕴：就其主宰者言之；就运命言之；就形体言之；就理言之。后来，冯友兰的同名著作也基本沿用了这一说法，指出中国文字中的天有五种含义，即物质之天、主宰之天、运命之天、自然之天和义理之天。

④ 许苏民：《论谢无量的中西哲学比较研究》，载《社会科学研究》2015 年第 2 期，第 143 页。

论著(如《佛学大纲》《中国妇女文学史》等)，都是民国学术的开山之作。以朱子学研究为例，谢著《朱子学派》是民国时期首部以朱子学为专题的学术著作。① 这部先驱之作不仅涉及朱子学的主要领域，而且提出了许多重要学术观点，对民国朱子学研究产生过深远影响。其中有关朱子“理气二元论”的提法，被很多后来学者吸收借鉴，影响绵延至今。1937 年 4 月，即该著出版 20 余年后，郭毓麟在《福建文化》发表《论宋代福建理学》一文，其中对朱子哲学的阐述几乎全部依照谢著有关章节予以缩编。乐爱国教授指出，由此可见谢著对于民国朱子学研究具有持续的影响。谢无量之朱子学研究，理应成为后来研究可资利用和追溯的学术资源，然而事实却并非如此。后人忽视了谢无量的学术遗产，从而导致大量重复性工作，有时候甚至是更低水平的重复。② 这未尝不是一种及时提醒。

谢无量除了撰写哲学、伦理学专著之外，还曾编写一些针对普通大众的道德修身之书。这些修身书适应了时代的需求，特别是新学制的需要，在塑造国民道德新风尚方面产生了重要影响。然而，这些影响往往是潜移默化的，不太好评估，所以目前相关研究成果较少。邓军的论文《“苦行嗟谁及”：恽代英与宋学的道德严格主义》曾谈及谢著《国民立身训》对革命家恽代英道德观念的形成所产生的影响，可惜只是一笔带过而已。③ 总体而言，民国学界对谢无量思想的评论以局部点评居多，系统性评价的专著和论文阙如。这种情况一直延续到 1949 年以后。

第四，中华人民共和国成立之后，对谢无量哲学思想的研究曾几经波折，终于在 20 世纪 80 年代开始复兴，并于 21 世纪初引发学界广泛

① 乐爱国：《谢无量：民国时期朱子学研究的先驱》，载《诸子学刊》2018 年第 1 期。

② 乐爱国：《民国时期谢无量的朱子学》，载《厦门大学学报》(哲学社会科学版)2013 年第 1 期，第 90~96 页。

③ 邓军：《“苦行嗟谁及”：恽代英与宋学的道德严格主义》，载《开放时代》2012 年第 7 期。

关注。相关研究成果不仅数量有所增加、类型更加多样，而且质量有较大提升。

1949 年，由于国内政治形势的变化，学术发展空间受到挤压，同时也因为谢无量研究兴趣的转移，学界对其学术思想的研究一度陷入沉寂，但其学术著作也并非完全消沉无闻。1956 年，在第二届全国政治协商会议期间，毛主席曾亲切接见以特邀代表身份与会的谢无量，并称赞说“谢无量老先生是很有学问的，对中国古典文化和哲学都很有研究，思想也很进步，在苏联十月革命以前写了《王充哲学》。这本书是提倡唯物史观的哩！”①由此可见，谢无量的学术著作不仅在民国时期产生过重要影响，而且在中华人民共和国成立以后，也仍然有人阅读和研究。但是，随着国内政治形势和学术生态的变化，尤其是“文化大革命”的到来，整个学术界几乎陷入停顿，文艺界一片花果凋零，谢无量的名字逐渐被人遗忘。直到 20 世纪 80 年代以后，才陆续有人开始重新关注他。此时，对其研究主要集中于其书法艺术和一些文学论著。

谢无量学术思想的研究在 20 世纪末、21 世纪初真正开始起步。相关研究成果总量虽然不多，但增量十分喜人。其中，关于谢无量哲学史观和哲学史书写的研究成果最为可观。近年来，国内谢无量研究取得了不少进展，并表现出数量增加、态度转变两个显著特点。数量增加指的是有关谢无量的专题研究论文总量在不断增加，且增量十分喜人。目前，虽然相关专题学术论文总量不过 70 余篇，不算太多，但是每年都在增加，范围也有所拓展。此外，近年来随着学界对谢无量学术思想研究的不断深入，对谢无量及其著作的评价态度也有较大转变。虽然目前国内学界还存在一定的争论，但是经过反复论辩，越来越多的专家学者，如柴文华、许苏民、田文军、乐爱国、颜炳罡、张耀南、唐凯麟、

① 谢祖仪：《回忆父亲谢无量》，载刘长荣、何兴明：《国学大师谢无量》附录，北京：中国文史出版社，2006 年版，第 331 页。

王泽应、刘永祥、康宇、石凤珍、刘长荣、何兴明等，在经过对谢著进行“了解之同情”式的文本细读之后，开始重新评估其学术思想的时代价值，因而相关研究成果特别值得关注。

当前，国内学界对谢无量思想的研究，仍然以谢著《中国哲学史》为重点研究对象。1914 年，北京大学“哲学门”成立。1916 年，国人第一部《中国哲学史》出版。“这两件事标志着现代中国哲学的自觉和哲学研究的开始。”①然而，学界对谢著《中国哲学史》学术贡献的评价存在一定分歧。与民国时期一样，这些评价分为肯定与否定两个阵营。总体而言，国内学者普遍认为，胡适的《中国哲学史大纲》(卷上)具有“划时代”意义，是中国哲学史学科草创时期最重要、最值得关注的著作；谢著《中国哲学史》虽然出版时间更早，但是没有跳出传统经学的窠臼，仍然体现出“以经解经”的特点。② 然而，张耀南教授对此持不同意见。他认为，所谓“划时代”的贡献，这项功劳其实应该归于谢无量，因为谢著是一部奠定书写格式的“开山之作”。这一格式就是“西学格式”“中西哲学同质论”的格式。具体言之，就是以西方的“本体论思维”去解读“中国哲学”。这样的格式一定，后来者鲜能出其范围。③ 这一观点事实上代表了当代哲学史学者对谢著的一种价值重估。

这种价值重估始自一批曾深入阅读谢无量学术著作的“中国哲学史学史”学者，如田文军、柴文华等教授。1999 年，田文军在《冯友兰与中国哲学史学》一文中就指出，在“五四”前后的学术界，谢无量并非泛泛之辈，而是颇有学术造诣且成果丰硕的学者。谢著《中国哲学史》和胡著《中国哲学史大纲》(卷上)的出现，都是在冯友兰的大学生活期间，

---

① 张汝伦：《他者的镜像：西方哲学对现代中国哲学研究的影响》，载《哲学研究》2005 年第 2 期，第 55~60 页。

② 郭齐勇主编：《当代中国哲学研究(1949—2009)》，北京：中国社会科学出版社，2011 年版，第 28 页。

③ 张耀南：《谢无量先于胡适“划时代”》，载《经纪人学报》2005 年第 2 期，第 48 页。

对冯氏后来研究、思考中国哲学史(学)，起到过引导和激励作用。谢著《中国哲学史》是现代中国哲学史学科的早期代表性成果之一，在中国学术从传统到现代的转型过程中，其理论贡献、历史地位和重要价值既不宜抹杀，也无可替代。① 这一评价摆脱了前人对谢著的成见，重新肯定了谢无量在中国哲学史研究方法和中国哲学史学科创立方面的学术贡献。在另一篇谢无量专题研究论文中，他也注意到谢著的不足之处，如，对于哲学的理解尚且肤浅，未能深刻把握哲学的学科内涵与本质特征；未能充分吸纳清代学者的成果，在内容方面难以看到中国哲学发展实际历史进程与逻辑进程，厚古薄今，对于宋代以后的哲学思想浅尝辄止，等等。② 另外，田文军的研究对象还涉及谢无量的其他著作，如《中国大文学史》《佛学大纲》等。整体观之，他对谢无量学术思想的评价在一定程度上突破了传统定式。

另一位对谢无量《中国哲学史》进行过深入研究的学者是柴文华教授。他明确指出，如果秉承尊重历史事实的态度，则谢著《中国哲学史》理应被视为中国哲学史学科的“开山之作”。其理由是，该著利用西方哲学的框架对中国哲学作了初步解读，蕴含“以西释中”的诠释倾向。虽然带有较为浓郁的传统色彩，但并不缺乏对哲学的现代理解，而且已经具备一定的中西比较意识。③ 此外，柴教授也曾论及谢无量的伦理学研究。他认为，伦理学是谢著《中国哲学史》的重要内容。该著对古代伦理思想及与伦理学相关的人性论、人生哲学等问题，都进行过一定的描述、勾勒和阐释。④ 柴文华有关谢无量的评价有理有据，不落俗套，

---

① 田文军：《冯友兰与中国哲学史学》，《学术月刊》1999 年第 4 期，第 33 页。

② 田文军、杨姿芳：《谢无量与中国哲学史》，载《江海学刊》2007 年第 5 期，第 31～32 页。

③ 柴文华：《论中国哲学史学科的创立及诠释框架》，载《哲学研究》2008 年第 1 期，第 41 页。

④ 柴文华：《论中国哲学史学科的创立及诠释框架》，载《哲学研究》2008 年第 1 期，第 40 页。

已经得到越来越多国内学者的认同。例如，康宇对谢著《中国哲学史》的看法就与他十分接近。① 此外，刘固盛等人针对谢无量“哲学史”视野下的老庄学研究成果，尤其是利用西方学术分科的方法来诠解传统哲学思想的研究进路进行了考察，对其成绩给予了肯定。②

同样对谢无量学术思想进行价值重估的还有颜炳罡教授。他明确提出要“回到谢无量”，理由是在进行中国哲学史的书写过程中，人们往往纠结于究竟是“中国的哲学史”，还是“西方哲学在中国”。谢著《中国哲学史》是“中国的哲学”的代表作。谢无量站在中国经学家的立场，以道同理同为依据，力图对哲学作出中国式理解，目的不在于发现“哲学在中国”，而在于探求“中国的哲学”。谢著的优长在于系统完整、源流清楚，但缺陷是重儒家轻诸子，厚古薄今、一味信古，史料引证失当，突出了“中国的”，而轻视了“哲学的”，即不够突出“道术”的道之为道的意义，从而损伤中国哲学之所以为中国哲学之意义。③ 因此，在他看来，谢无量的中国哲学研究应当而且也必须被超越。

虽然肯定的声音越来越多，但也有学者坚持认为，谢著算不上现代学术意义上的《中国哲学史》，其出版不能作为“中国哲学”成为现代学科的标志。宋志明教授指出，谢著名不副实，因为作者没有认清哲学的学科性质，没有看到哲学的时代性，没有树立哲学学科意识、问题意识与方法意识，没有从哲学角度作理论分析和评判。④ 因此，他不同意“回到谢无量”的提法，因为这种主张很不切合实际，对于中国哲学史

---

① 康宇：《20世纪中国哲学史学科建构历程及其现代进路》，载《江汉论坛》2009年第1期，第10~11页。

② 刘固盛、刘韶军、肖海燕：《近代中国老庄学》，福州：福建人民出版社，2014年，第75~80页。

③ 颜炳罡：《从“依傍”走向主体自觉——中国哲学史研究何以回归其自身》，载《文史哲》2005年第3期，第26~27页。

④ 宋志明：《现代中国哲学观演进及其对民族性遮蔽》，载《社会科学家》2013年第5期，第5页。

学科建设毫无益处。① 但宋志明的理解其实也有牵强之处。所谓“重回谢无量”，是要使中国哲学史研究由“西方哲学在中国”，走向“中国的哲学”，即按照中国哲学的固有义理和逻辑来展开。“重回谢无量”，并不是对谢著的简单复归，而是要回归中国哲学本身。当然，这一回归也需要吸收“西方哲学在中国”方面的研究成果，只有这样才有可能超越谢无量。②

谢无量的学术思想虽然经学色彩浓郁，但同时也极具创新精神。刘永祥认为，谢无量的“信古”倾向是同时代学者的共有特征，并非谢氏所独有。谢无量具有敏锐的学术嗅觉，较早运用现代学术理念重新整理和阐释传统哲学和文学思想，且成绩显著。其史学研究受到梁启超新史学思想的影响，注重“融经入史”，平等对待儒家与诸子。谢无量在研究方法上的创新与突破尤为值得重视，尤其是在通过发掘经典文献来探讨古代道德观念和经济发展状况方面。此外，刘永祥也注意到谢无量论著中的马克思主义哲学渊源。谢无量的一些学术观点和研究方法在今天看来似乎不足为奇，但却折射出民国时期学术研究的重要转型。谢著《诗经研究》对哲学范畴中伦理观的分析，最能反映谢无量“运用以文史哲为主的现代学科理念和知识体系研究经学的治学旨趣，虽然简略，却时代特色鲜明，是‘五四’时期将经典视为考察对象并运用现代学术理念加以系统研究的代表作，具有重要的方法论创新和示范意义”。③ 应该说，这些论点基本把握住了谢无量学术思想从传统到现代的转型特征及其学术史意义。

谢无量思想驳杂，在儒释道方面均有开创性的理论著作出版，很难给他一个确切的身份定位，因而有些研究将其排除在考察视野范围之

---

① 宋志明：《了解胡适与重写中国哲学学术史》，载《河北学刊》2013 年第 4 期，第 12 页。

② 颜炳罡：《从“依傍”走向主体自觉——中国哲学史研究何以回归其自身》，载《文史哲》2005 年第 3 期，第 29 页。

③ 刘永祥：《谢无量经学思想略论》，载《史林》2011 年第 6 期，第 144 页。

外。石凤珍是少数在分析谢无量学术思想特征的基础上，尝试将其纳入某一思想派别进行研究的国内学者。她在《谢无量先生学述》和《谢无量与新传统主义思潮及现代新儒家的关系》中指出，谢无量受到梁启超新传统主义、浙东史学的经世传统和浙东学术精神的影响。其中以近代浙东学术传人汤寿潜、蔡元培的言传身教最为重要。《中国哲学史》是谢无量学术成就的最好代表，是中国哲学史研究的开山之作，集中体现了谢无量的历史意识、哲学观念、中西文化比较视野以及对待传统文化的态度。其写作的动机主要包括两个方面，“一是内在影响的焦虑作用，即历史建树冲动和民族自强意识，一是外部发展情况，已由译介西方哲学典籍进到中国哲学内部体系自我生成的需要阶段”。① 这些分析是十分深刻且不拘一格的，与国内学界对待谢著的贬低和人云亦云大相径庭。

基于郑大华总结的现代新儒家思想的五大特征②，石凤珍逐一比照了谢无量与现代新儒家的异同，最后得出结论，认为谢无量是现代新儒家的先导。然而其思想的新儒家特征不像“现代三圣”那样鲜明，这主要是由于时代的错位和先觉者的寂寞，再加上谢氏过早离开学术界，使其对现代新儒家思想的阐释成为一项未竟的事业。③ 石凤珍比较关注谢无量的伦理道德思想，认为他对传统伦理思想的阐发，目的在于使之在当代发挥人格力量，提升民众志气。谢无量对宋明儒学的弘扬，是在20世纪20年代现代新儒家勃兴之前，起到了引领时代学术风潮的作用。因此，谢无量是一位真正的儒者。④ 应该说，石凤珍的这一定位基

---

① 石凤珍：《谢无量先生学述》，中国艺术研究院博士后出站报告，2009年，第41页。

② 参见王寿南主编《章炳麟·欧阳竟无·梁启超·马一浮》，台湾“商务印书馆”，1999年版。其中，“马一浮”部分为郑大华撰写。

③ 石凤珍：《谢无量与新传统主义思潮及现代新儒家的关系》，载《文艺研究》2012年第5期，第61~62页。

④ 石凤珍：《谢无量与新传统主义思潮及现代新儒家的关系》，载《文艺研究》2012年第5期，第60页。

本合理，也得到部分学者的认同。① 谢无量无疑属于包括国粹派、孔教派、东方文化派、学衡派、复古派、现代新儒家在内的广义文化保守主义阵营，但与现代新儒家联系最为紧密。

第五，谢无量学术思想的另一大贡献，体现在他对中国伦理学理论体系的学理性思考，及对现代国民道德观念的重构方面。相关课题已经引起学界关注，但是还缺乏专题性、系统性研究，因而还有进一步提升的空间。

如前所述，国内学界在关注谢著《中国哲学史》的同时，也已经开始注意到谢无量的其他重要学术论著，包括其伦理学研究成果。除了宇宙论和本体论之外，谢著《中国哲学史》最重伦理学。许苏民教授指出，“伦理学的首要问题，是道德的规范何以成立的根据问题，亦即如何看待人性的问题。中国哲学往往直接从本体论引申出人性论，甚至本体论在很大程度上就是人性论，是为道德形上学。中国哲学对人性论和道德规范的探讨，内容极为丰富。谢无量对此作了比较全面系统的研究，其中亦多有涉及中西哲学比较研究的内容”。② 这主要体现在他对孟子良知说与近世直觉派哲学的比较、“平等之仁”与“差别之仁”的比较、老子之厌世与叔本华厌世论的比较、子思中庸思想与亚里士多德中道的比较、动机说与成功说的比较、“士君子”与西方“绅士”的比较等方面。

在谢无量伦理学理论体系研究方面，目前还未见到专题研究。某些伦理学史研究论文和专著，偶尔提及谢无量对中国伦理学科创立的历史贡献。例如，王泽应指出，受西方学者观点影响，谢著《伦理学精义》将伦理学研究的对象界定为善恶、义务和德性，并认为伦理学是一个由善恶论、义务论和德性论构成的理论体系。③ 在另外一篇文章中，唐凯

---

① 覃江华：《“兼总百家，必归于儒”——谢无量的中国哲学史研究》，载《理论月刊》2013 年第 12 期。

② 许苏民：《论谢无量的中西哲学比较研究》，载《社会科学研究》2015 年第 2 期，第 146 页。

③ 王泽应：《百年伦理学研究回溯》，载《东南学术》2000 年第 5 期，第 31 页。

麟和王泽应指出，谢著《伦理学精义》可以被视为“独立化的中国伦理学学科形成时期的重要著作和论文”之一。① 由此可见，我国伦理学界已经开始注意到谢无量的伦理学理论，但是，目前还缺乏较为系统深入的专题性研究论文，也没有相关学位论文和学术专著。

当然，针对谢无量伦理思想的某一侧面，已经有一些前期研究成果，并主要集中于谢无量的妇女观之上。女性伦理是谢无量伦理思想的一个重要方面。谢氏著有《妇女修养谈》和《中国妇女文学史》，不仅为妇女的平等地位大声疾呼，而且身体力行，系统整理古代女性诗人、作家的文学成果，重写妇女文学史，并为新时期妇女的修学立身、妇德修养、母德修养提供指导。《国学大师谢无量》作者刘长荣和何兴明指出，谢无量提倡男女平等，扶持女性自强自立。通读其有关妇女的著作，通篇都是对“男女平权”的疾呼。②《谢无量“男女平权、平等”思想的发展》是最早介绍谢氏妇女思想的专题论文。该文指出，受西方的民主民权、自由平等思想的影响，谢无量不仅撰文支持女学，而且在新文化运动中特别重视妇女问题研究。他笔下的历代才女有英明治政，有经济兴农，有武技除寇，有观察天象，有诗人词家，有乐艺画师，有使外睦邻等。这些才女来自各个民族和不同阶层。谢无量宣传男女平等有史可鉴，有迹可寻，体现了历史发展的轨迹，而不是为了赶时髦，或邀功希宠。③ 这篇论文充分肯定了谢无量妇女观的贡献，但也存在文献考据不清，判断有欠准确的地方。

近年来，谢无量的家庭伦理思想也开始进入当代学者的研究视野。张丹露、侯子峰认为，《妇女修养谈》集中体现了谢无量对女性家庭观

① 唐凯麟、王泽应：《20世纪中国伦理学研究及其历史启示》，载《江苏社会科学》2000年第4期，第33页。

② 刘长荣、何兴明：《国学大师谢无量》，北京：中国文史出版社，2006年版，第12页。

③ 荣明：《谢无量“男女平权、平等”思想的发展》，载《文教资料》2001年第3期，第27~29页。

念的思考。他对传统家庭观念有所突破，如突破父母之命、媒妁之言的文化传统，认为女性拥有一定的结婚和离婚自由，反对纳妾，反对早婚，倡导正确的婚嫁观，重视女子生存技能教育等。但是，其妇女观也有其时代局限性。谢无量虽然不排斥女性走向社会，但是也不鼓励妇女走出家庭。他认为女性的发展应基于丈夫的发展、家庭和睦甚至国家发展的需要，而非出自女性自身幸福的需要。因此，在婚姻自由和女性解放方面，谢无量的女性观念并不彻底。①

除了《妇女修养谈》之外，谢无量的家庭伦理思想还体现在《国民立身训》等著作当中。而且，除了家庭伦理，谢无量的伦理思想还包括个人道德、社会道德、职业伦理、国家伦理、万有伦理(生态伦理)等诸多方面。在中国遭遇“三千年未有之变局”，面临礼崩乐坏、道德滑坡的紧要关头，谢无量为挽救民族危亡、重构国民道德观念，对传统伦理思想进行了创造性转化，对现代西方伦理思想进行了吸收借鉴，以满足新时期社会发展和道德风尚建设的迫切需求，而这两个方面的研究都还有待加强。②

综上所述，学界对谢无量伦理思想的研究已经开始起步，但是很多重要方面依然受到忽视，有待进一步深入探究。这些方面主要包括：谢无量伦理思想产生和发展的时代背景及其历史影响；在传统学术的现代转型时期，谢无量对传统儒家、道家、法家乃至佛教伦理思想的创造性转化及其对当前学术研究的启示；在严重的道德危机面前，谢无量在融汇中西古今伦理资源的基础上对现代国民道德观念的重构及其启示；谢无量学术思想的内在逻辑及标志性特征等问题。这些不足为后来的研究提供了探索的空间。本书将在系统整理其伦理学论著的基础上，以这些问题为中心展开研究，重新认识谢无量的学术品格，考察其思想遗产的

---

① 张丹露、侯子峰：《天然之职责：谢无量女性家庭观念的表达》，载《现代妇女(下旬)》2014 年第 8 期。

② 覃江华：《谢无量与中国传统伦理思想的现代转型》，载《理论月刊》2019 年第 3 期。

时代价值与深刻启示。

第三节　研究内容与方法

除绪论和结论之外，本书主要由五章内容构成。

第一章主要对谢无量伦理思想产生的历史背景，其个人成长经历和学术渊源进行梳理和总结。历史背景包括清末民初传统社会结构的解体给国人伦理道德带来的深层次的影响，西方和日本传入的哲学、伦理思想对我国固有思想文化的冲击，和现代学科制度的建立对伦理学科发展的促进作用，等等。除了上述宏观时代背景，谢无量独特的个人成长经历、革命经历、教育经历对其伦理思想的形成也产生了重要影响，尤其是在此过程中他所接受的传统思想文化的熏陶、近代浙东学术的濡染和西方近代哲学和伦理学思想的洗礼。

第二章主要对谢无量伦理思想体系进行介绍，包括谢无量对伦理学的内涵、效用、研究范围、研究方法的认识。本章探讨了谢无量“二部八论”和“三位一体”两套风格迥异的伦理学理论体系，并重点介绍了谢无量在参照西方近代伦理学体系基础上建立起来的善恶论、义务论和德论“三位一体”的伦理学体系。正是在这一体系的基础上，谢无量开始了对传统伦理思想的系谱学梳理。

第三章主要介绍谢无量对传统伦理思想的整理和诠释。1912 年正是传统向现代转型和新旧伦理思想交锋的时期，自由主义和文化保守主义两大伦理思潮波涛汹涌。在对其中西古今文化观进行深入分析的基础上，本书将谢无量定位为现代新儒家的先导，并重点探讨了他对传统儒家、道家、法家和佛教伦理思想的现代性诠释和创造性转化的方法与成果。

第四章主要介绍谢无量对现代国民道德的重构。其内容主要包括以立志论、力行论、人格论、修养论为核心的个人道德，以亲子之道、兄弟之道、夫妇之道和主仆之道为核心的家族伦理，以社会义务和职业伦理为核心的社会伦理，以国家观念和国家义务为核心的国家伦理和以天人合一、物我交感为特征的万有伦理，并对这些伦理思想与传统伦理道德和现代西方伦理思想的关系进行辨析。

第五章旨在探讨谢无量伦理思想的贡献与局限，及其对当代乃至未来伦理学研究的借鉴意义，并试图对近代学术史上的“谢无量现象”进行解释。谢无量红极一时，如今却几乎湮没不闻，有人甚至感叹说，“世间已无谢无量”。① 本章在托马斯·库恩“范式转换”理论的基础上，对谢无量伦理思想所体现的从经学、理学到现代伦理学研究范式的转换和拓展进行分析和解释，对谢无量哲学和伦理学研究的折衷主义致思方法进行梳理和总结，并分析导致其伦理思想局限性的个人、社会和学术发展的内在逻辑等方面的因素。

为完成本书所设定的研究目标，笔者主要采用以下研究方法：

第一，历史与逻辑相统一的方法。通过梳理谢无量的师承关系与清末民初的思想史背景，遵循历史与逻辑相统一的原则，把谢无量及其学术思想置于当时整个社会和学术发展的大背景下进行考察。

第二，比较分析方法。比较谢无量与梁启超、孙中山、刘师培、蔡元培、陈独秀、胡适、冯友兰、张岱年等人哲学和伦理思想的异同，重新评价其在中国哲学史学科和中国伦理学学科草创时期所发挥的历史作用。

第三，文本细读法。通过仔细阅读谢氏的哲学史、文学史和伦理学著作，理清其学术思想脉络和标签性特征，并在此基础上重新评价其伦理思想的理论贡献与局限，历史影响与当代价值。

第四，反思批评法。在梳理和总结谢无量哲学、伦理学思想成就的同时，也对其进行一些反思和批评，以便全面、准确地看待其人其著，并为当代伦理学理论建构及国民道德风尚建设提供借镜。

---

① 徐鲁：《世间已无谢无量》，载《中华读书报》2015 年 5 月 20 日，第 14 版。

第一章　学行人生：谢无量伦理思想之基础

任何哲学思想、伦理思想的产生和发展，总有其特定的社会历史背景、前期理论基础和思想家之个性特点。中国伦理学科诞生于20世纪初，既是中国传统伦理道德发展的必然结果，也与外来思想文化的冲击密不可分，更与提出这些思想的哲学家、伦理学家独特的人生经历和学术个性息息相关。因此，要系统考察谢无量的伦理思想，就必须首先了解其时代背景、人生际遇和学术思想形成的渊源。

第一节　时代背景

清末民初正好是中国从传统迈向现代的分水岭，无论是在政治、经济还是社会文化上，中国都面临"三千年未有之变局"。时势造英雄，英雄造时势。这样一个特殊的变革时代，促使一大批像谢无量这样的先进知识分子通过各种方式寻求救国救民和文化革新之道。下面将从三个方面简要介绍谢无量伦理思想发生和发展的社会历史背景。

一、传统社会结构的解体

19世纪末20世纪初的中国是一个摧枯拉朽、风云际会和破旧立新的时代。在经济上，随着近代资本主义的发展，尤其是鸦片战争结束以后，外国资本主义的入侵逐渐破坏了自给自足的农村自然经济和小手工业生产方式。在政治上，1840年鸦片战争失败，腐败无能的满清政府被迫签订丧权辱国的不平等条约，打开了闭关锁国的大门。随后，中国又经历了第二次鸦片战争、太平天国运动、中法战争、甲午中日战争、八国联军入侵等空前的民族危机和内外交困的政治形势。一批思想先进的中国人开始寻找各种救亡图存的办法。洋务运动、维新变法运动接连登上历史的舞台，又接连遭遇惨痛的失败。在孙中山等资产阶级革命党人的领导下，1911年爆发的辛亥革命终于推翻了腐朽无能的满清政府，结束了长达数千年的封建专制统治。

然而，随着传统自然经济、政治秩序和社会结构的解体，传统伦理道德体系因为无法容纳新的社会因素而随之解体，中国重新陷入一种"礼崩乐坏"的道德危机状态。道德文化问题与政治变革息息相关。"辛亥革命后反动势力在政治上摧残民主、破坏共和的同时，又在思想文化领域掀起一股尊孔复古、恢复和维护封建纲常礼教的逆流。"①例如，1912年3月10日，袁世凯就任中华民国临时大总统之后，就不断推行破坏民主、镇压革命的政治行动。他先后颁布《整饬伦常令》和《祭孔令》，在思想文化领域也掀起了尊孔复古运动，将传统儒家学说变成复辟帝制的政治工具。因此，"重构中国近代文化尤其是近代伦理道德文化成为时人致力于民国建设的题中之义。"②具体而言，就是要正确认识传统伦理思想的现代价值，并将其作为现代国民道德重构的理论资源，进而推动社会变革，规范社会秩序，拯救文化失范。这是当时亟待解决的现实问题。

谢无量的青年时代，正处于这样一个中国遭遇"三千年未有之变局"，中华民族面临空前生存和文化危机的风雨飘摇的时代。这一时代不仅呼唤经济、政治上的变革，而且急需进行文化革新和伦理重构。康

① 唐凯麟、王泽应：《20世纪中国伦理思潮问题》，长沙：湖南教育出版社，1998年版，第7页。

② 赵炎才：《致用与重构的二重变奏——清末民初伦理道德的近代嬗变研究》，北京：光明日报出版社，2009年版，第23页。

有为、梁启超、王国维、严复等启其先路，谢无量与其他先进知识分子一道，通过参加社会运动，为报纸杂志撰文和出版学术著作，来反对帝国主义入侵和封建主义思想残余，宣传自由、民主与科学，推动新文化运动，重构国民伦理道德观念。“谢无量是这场大革命的一员，他在政治斗争和文化建设上，都起到了历史性的重要作用。”①时势造英雄，谢无量在中国现代伦理学史上所取得的成绩与时代的召唤是密不可分的。

二、外来思想文化的冲击

明末清初，中西文化通过传教士开始发生直接而且影响深远的交流和碰撞。即便如此，晚明以降，骄傲自大的中国士人还坚信中国在政治和道德文明上的先进性，“西学中源”说深入人心。然而，随着西学东渐的深入和国人开眼看世界，中国人终于认识到，西方不仅在科学技术方面领先，而且其哲学、法学、政治和伦理思想也十分先进。此时，中土学人开始或直接或间接地(借助日本)学习西方哲学社会科学知识，探索救国救民、维新中国文化的道路。②

严复、梁启超、王国维等一批先知先觉的中国学人先后将西方哲学、伦理学思想介绍进来，不仅有助于开启民智，改变国人对西学的误解，而且客观上促进了中国学术的现代化。诚如刘梦溪先生所言，“域外思想的引进和由此引发的化分化合的过程，是中国学术思想隆替与变异的重要因缘，自然也是传统学术走向现代的动因”。③ 通过翻译的媒介作用，西方伦理学家，如柏拉图、亚里士多德、康德、叔本华、尼采、克鲁泡特金、泡尔生、边沁、斯宾塞、基尔希曼等人的哲学和伦理

---

① 刘长荣、何兴明：《国学大师谢无量》，北京：中国文史出版社，2006年版，第2页。

② 覃江华：《“兼总百家，必归于儒”——谢无量的中国哲学史研究》，载《理论月刊》2013年第12期，第51页。

③ 刘梦溪：《中国现代学术要略》，北京：生活·读书·新知三联书店，2008年版，第37页。

学思想开始为中国学者所熟知。一些日本学人的著作，如飞竹严道嘉的《最新伦理学》(1903年赵振译)等，也被接踵介绍进来。其中，王国维译述的日本元良勇次郎所著《伦理学》(1902年左右)和英国伦理学家西季维克(Henry Sidgwick)的《西洋伦理学史要》(1903)、蔡元培翻译的德国泡尔生(Friedrich Paulsen)所著《伦理学原理》和编著的《中国伦理学史》等，对谢无量及其同时代学人伦理学思想的形成产生了重要影响。

三、现代学科制度的建立

晚清道光朝以降，经学的垄断地位逐渐被打破，诸子学、佛学复兴。1905年8月，科举制度正式被废除，新式学堂接踵建立，这也成为中国学术从传统向现代转变的一个契机。传统的经史子集分类体系被哲学、史学、文学、伦理学、美学等现代学科分类取而代之。新式学堂的兴建和现代学科制度的建立，使得新教科书的编写显得迫在眉睫。王国维主编的《教育世界》曾发表文章《论编纂伦理教科书之切要》，呼吁编撰新式伦理教科书。① 因此，清末民初，我国涌现了一大批伦理和修身教科书。谢无量的《新制修身教本》(与李步青合作)就是为了提高新时期国民道德修养而编写的，通过教育部审定成为中学修身科教材。

与此同时，出于道德革命和改造国民性的需要，一些先知先觉的中国学者开始意识到伦理学研究的极端重要性。他们积极引进西方道德观念，并以此为基础来探讨中国的道德问题。随着这些专题探讨逐渐走向深入，一门系统化、理论化的伦理科学就建立起来②，打破了傅斯年所

① 参见徐曼《王国维传介西方伦理学述评》，载《南开学报》(哲学社会科学版)2005年第4期，第68页。

② 唐凯麟、王泽应：《20世纪中国伦理学研究及其历史启示》，载《江苏社会科学》2000年第4期，第33页。

批评的“整天说德，却不能创个有系统的伦理学”①的怪圈。刘师培《伦理教科书》(1906)就是这一努力的重要成果，标志着独立化的中国伦理学科的正式产生和形成。此后，陆费逵的《伦理学大意讲义》(1910)、蔡元培的《中国伦理学史》(1910)、廖平的《伦理约编》(1913)、蔡振《中国伦理学史》(1913)、徐学贤的《国民道德论》(1916)、朱元善的《近代伦理学说》(1916)、姜琦的《新道德论》(1917)等著先后出版。②《教育世界》《庸言》《新青年》《东方杂志》《学衡》《学艺》《民铎》《哲学杂志》等期刊也经常登载伦理学专论。这都为中国伦理学学科的建立奠定了重要基础。

在这一背景下，极具学术敏感性的谢无量在伦理学理论建构、伦理学史梳理和国民道德观重构等方面作出了重要尝试，并取得丰硕成果。首先，谢无量撰写出版了《伦理学精义》(1914)一书，在借鉴西方伦理学框架的基础上，建构起了以善恶论、义务论和德伦为核心的伦理学体系，代表着中国学人建构中国伦理学的早期尝试。同年，他还在《雅言》上发表了《伦理学自叙》一文，提出了另外一套由“二部八论”组成的完全不同的伦理学体系。其次，谢无量写出我国近代第一部通史性质的《中国哲学史》(1916)，对史上重要哲学人物的伦理思想辟专节予以介绍。因此，该著不仅是对中国哲学史的系统梳理，更是对中国伦理思想史的深入发掘。又次，谢无量对佛教哲学亦颇有研究，其所著《佛学大纲》(1916)从最终正鹄论、善恶论和报应论等方面，对佛教伦理进行了总结和阐发。最后，谢无量与李步青合作的《新制修身教本》③(1914)，独立编著的《国民立身训》(1917)、《妇女修养谈》(1917)等道德修身书，为近代国民道德的重构和伦理学科的建立作出了重要贡献。黄进兴

---

① 傅斯年：《清代学术的门径书几种》，载《傅斯年全集》(第四册)，台北：联经出版公司，1980年版，第407页。

② 参见中国人民大学哲学系资料室伦理学组编《伦理学目录索引》(1902—1982年12月)，1983年版，第301页。

③ 李步青与谢无量合编的《新制修身教本》共四册，谢无量主要负责第四册。

指出，“伦理学”这个外来名词有两层含义，“其一代表崭新探究道德的方式，另一则标榜受西学冲击之下所产生的新道德观”①。谢无量的伦理思想，正是伦理学这两层含义的鲜明体现。

第二节 人生经历

谢无量是一位著名哲学史家、伦理学者、诗人、书法家、社会活动家和宣传教育家，一生经历了晚清、民国和中华人民共和国三大历史时期。他自幼接受传统私塾教育，后来师从汤寿潜、蔡元培等接受新学，并与维新派和革命派人士交往甚密，积极参与社会政治运动。在此期间，谢无量曾以惊人的速度著书立说，在1914—1923年出版了大量学术著作，堪称我国近现代学术史上的一颗火流星。谢无量曾在10余所高等学府任教，培养了大批优秀人才。特殊的家庭背景、教育经历、学术渊源和广泛社会活动经历，对其哲学、伦理学思想的形成产生了决定性的影响。

一、蜀中颜子，追随名师

谢无量原名蒙，初名谢锡清，又名沈、澄，后以字行名大澄，字仲清，号希范，后更名为无量，别署啬庵。祖籍四川省梓潼县白云乡九根柏谢家湾。1884年6月28日出生于四川省乐至县北三里乡金马沟。谢无量父亲谢维喈，字凤岗，生于咸丰三年(1853)，于光绪四年中举，曾任四川乐至县知县，后游宦安徽，曾任泸州、天长、青阳、当涂、芜湖等地知县，定居芜湖“憩园”。谢无量为家中次子②，与三弟谢善(又名大沅，字希安，法号万慧法师)关系甚笃。谢善毕业于上海复旦学院，因与女同学自由恋爱，为封建礼教所不容，最后造成女方忧郁而

① 黄进兴：《从理学到伦理学：清末民初道德意识的转化》，北京：中华书局，2014年版，第3页。

② 谢无量兄弟四人，长兄早夭，因此，在家庭中谢无量实为长子。

死，而他则剃度受戒，皈依佛门，定居缅甸，去国不归。此事对谢无量影响颇深。

谢无量自幼天资聪颖，3 岁时就被视为“神童”。4 岁时随父母到安徽，入芜湖私塾。自私塾归家，谢父教其“四书”。6 岁学习作诗，8 岁学作小文。10 岁时曾赋诗《咏风筝》一首：

儿童心怀巧，剪纸作飞鸢。
不是麻绳系，乘风直上天。

由于是科举出身，谢维喈最初也想让儿子走科举之路，但谢无量对八股文十分反感，倒是对史书、古散文和五七言诗非常着迷，并特别爱看顾炎武、王夫之和黄宗羲的书。① 1898 年，谢维喈的好友，清末立宪派重要人物汤寿潜②携女婿马浮③到访芜湖。由于十分欣赏其治学精神和政治态度，谢无量便拜汤寿潜为师学习经世之学。1899 年，谢无量随父到上海拜见汤寿潜，他向老师提出想去华北走一趟，见见世面。汤寿潜予以赞同，鼓励他去北京考察。

当时正值义和团运动时期，国内时局动荡不堪。1900 年 7 月，谢无量到达北京时，整个京城硝烟弥漫、人心惶惶。清军和义和团正与入侵的八国联军展开殊死决斗。随后，慈禧太后挟光绪帝出逃北京。由于海路不通，谢无量与友人最初在张家口暂避，后来由于局势日趋紧张，便转道山西经河南至皖北，绕道安庆回到芜湖。沿途耳闻目睹了八国联

---

① 谢德晶：《回忆我的祖父谢无量》，载《谢无量文集》(第九卷)，北京：中国人民大学出版社，2011 年版，第 697 页。

② 汤寿潜，原名震，字蛰先、蛰仙，浙江山阴人，是清末立宪派重要代表人物，发起浙江保路权、修铁路运动，任全浙铁路公司总理。曾著《危言》一书，倡议废除科举制度和八股取士，正合谢无量意。

③ 马浮，原名马福田，字一浮，号湛翁，又号蠲叟，祖籍浙江绍兴，出生于四川成都。马浮是近代著名学者，现代新儒家重要代表人物，以提倡“六艺”之学闻名。

军烧杀掳掠、无恶不作，清军分崩离析、节节败退，以及人民群众流离失所、苦不堪言的社会现实，让他增长了不少见识，学到了许多书本之外的知识。在其自传中，谢无量说："这是我青年时代初次出游，第一次踏上社会的启蒙教育，对我人生道路起着至关重要的影响。"①正是这次远行使他下定决心投身社会革命，拯救民族危亡。

1901年春，谢无量再次到上海拜见汤寿潜，表示无意参加科举。汤寿潜建议他进入新式学堂学习。谢无量便考入上海南洋公学特班(今上海交通大学前身)，与邵力子、黄炎培、李叔同(弘一法师)等同学，并过从甚密。特班学生都是国文功底深厚，并经过严格选拔而来的优秀学子，总计42人。学生主要学习外语和经世之学。② 当时，南洋公学特班中文总教习是蔡元培先生。蔡先生上课时除了讲授新学，还谴责帝国主义的侵略罪行，倡言民族振兴之道，提倡民权与女权，对谢无量影响颇深。③ 蔡元培先生在其自述中也对谢无量评价颇高，认为当时未满二十岁的谢澄(即无量)"善为文"。④"四十人中，以邵闻泰(今名力子)、洪允祥、王世澂、胡仁源、殷祖同、谢沈(今名无量)、李同(今出家号弘一)、黄炎培、项骧、贝寿同诸君为高才生。"⑤就读期间，谢无量与好友马一浮、马君武等以"学术振兴中华"⑥为理想共同创办了

① 谢无量：《谢无量自传》，载《国学学刊》2009年第1辑。

② 上海南洋公学为盛宣怀于光绪二十二年(1896)创办，是近代国人最早创办的大学之一。1897年4月开学，先设师范院，同年秋增设外院(附属小学堂)，1898年继设中院(二等学堂)，1900年续设上院(头等学堂)，从而形成我国近代大、中、小学三级制雏形。1901年，南洋公学增设政治班和经济特科班。后者简称特班，旨在科举制度之外培训和考选经世致用之才。谢无量所就读的就是特班，同学有李叔同、邵力子、黄炎培等。

③ 谢无量入上海南洋公学特班之后，也希望他的妹妹们都去接受新式教育，并得到其父谢维喈的支持。谢无量对男女平权和女性教育的重视，与其南洋公学特班学习期间所接受的新思想不无关系。

④ 蔡元培：《记三十六年以前之南洋公学特班》，载黄昌勇、陈华新编：《老交大的故事》，南京：江苏文艺出版社，2012年版，第41页。

⑤ 蔡元培：《蔡元培自述》，北京：北方文艺出版社，2012年版，第37页。

⑥ 陈来：《马一浮的理气体用论》，载《哲学研究》1993年第2期，第57页。

翻译会社，出版发行《翻译世界》月刊。该刊主要译介一些世界名著，包括介绍社会主义的著作，如村井知玄的《社会主义》。虽然由于销路不畅和马一浮赴美，该刊仅出版6期便告停刊①，但上面刊登的一些译作对谢无量思想的形成产生过重要影响。

在上海期间，谢无量受到当时新潮思想的影响，结识了一大批维新派重要人士，如章太炎、邹容、章士钊等人，又与川中教员廖世勷、杨玉詹、苏人谋划发起革命活动，意欲推翻四川总督赵尔丰的专横统治。1903年，“苏报案”发生，章太炎、邹容、章士钊被捕。参与《苏报》的谢无量积极撰文并想方设法营救。章士钊出狱后，与谢无量一同逃往日本。谢无量投靠在日本西京大学读书的好友马君武，补习日、英、德文。期间，马一浮自美国到日本小住，将自己从美国带回的《资本论》英文版送给谢无量，谢从此开始接触马克思主义，这为其后来在教学和研究中运用唯物史观奠定基础。

二、热血报人，受知中山

谢无量是著名的社会活动家和成功的宣传家②，十分重视以报刊为武器进行革命宣传和思想启蒙。1901年至1903年，他除了参与创办《翻译世界》外，还参加了《苏报》《国民日日报》等刊物的编辑和撰稿工作，发表文章宣传民主革命，反对帝国主义侵略。1904年自日本归国后，年仅21岁的谢无量曾短暂任教于安徽公学，随后与马一浮同去镇江焦山海西庵和杭州西湖广化寺等地研读《四库全书》和西方名著。他

---

① 笔者经过多方查找，仅在台湾大学图书馆找到《翻译世界》1902—1903年出版的第1—4期，没有见到剩下两期。关于停刊原因，刘长荣、何兴明、彭华等认为除因马一浮赴美之外，另一重要原因是其刊载论述社会主义和反清著作，受到清政府的限制和威胁。参见刘长荣、何兴明《谢无量年谱》，载《文教资料》2001年第3期；刘长荣、何兴明《国学大师谢无量》，中国文史出版社，2006年版；彭华《谢无量年谱》，载舒大刚主编《儒藏论坛》第3辑，四川大学出版社，2009年版。

② 舒大刚：《谢无量先生传略》，载陈恩林、舒大刚、康学伟主编《金景芳学案》(上册)，北京：线装书局，2003年版，第436页。

们一边读书，一边相互切磋砥砺，探讨国内外民主革命形势，谢无量的学问因是日益精进，并在《政坛通报》等杂志上发表多篇诗文。

1906年1月，谢无量回到上海，与章太炎、陈家鼎、汪允中、于右任等交往甚密，并为报纸撰稿，发表《民国当为国民》等10余篇评论文章。1907年1月，谢无量应邀担任《京报》主笔①，每天撰写社评指摘时政，揭露清廷虚假立宪、官场贪腐和道德败坏现象。期间，他撰文披露直隶候补道段芝贵②花费1.2万两白银购买歌妓杨翠喜，行贿农工商部尚书载振谋得黑龙江巡抚之职。消息一经爆出，京津为之震动。御史赵启霖据实上奏光绪帝，段芝贵被撤职查办。然而，《京报》也因此被查封和勒令停刊。谢无量秘密潜回上海。

1908年，谢无量在上海翻译斯宾塞(Herbert Spencer)的著作。期间曾到南京参加杨文会创办的佛学研究会，与梵文教习苏曼殊结为契交。1909年5月15日，于右任等人在上海创办《民呼日报》，以"大声疾呼，为民请命"为宗旨，谢无量是其主要撰稿人之一。该报对各省维护路权、矿权的运动予以舆论支持，为"中国之汤蛰先日多"而欢呼。③然而，《民呼日报》于是年8月14日被查封。随后，于右任约谢无量在原址创办《民吁日报》，一切均仍其旧，谢无量在社说专栏著文数篇，针砭时政、鼓吹革命。11月19日，《民吁日报》也遭查封。

---

① 彭华认为，谢无量任《京报》主笔是受邵飘萍(1884—1926)介绍，与《谢无量自传》所记不符。刘长荣、何兴明指出，此《京报》由汪康年创办，邵飘萍所创另一同名《京报》是在1918年，他只是举荐谢无量先为上海《申报》撰稿而已。参见彭华《谢无量年谱》，载舒大刚主编《儒藏论坛》第3辑，四川大学出版社，2009年版，第136页；刘长荣、何兴明《国学大师谢无量》，中国文史出版社，2006年版，第21页。

② 段芝贵因镇压天津义和团运动而受到清政府器重，后调任陆军第三镇统制兼办天津巡警。参见刘长荣、何兴明《谢无量年谱》，载《文教资料》2001年第3期，第8页。

③ 郑云山：《立名于当时 可式于后人——汤寿潜的生平与事迹》，载政协浙江省萧山市委员会文史工作委员会编：《汤寿潜史料专辑》(《萧山文史资料选辑(四)》)，1993年版，第7页。

1910年，谢无量以“白丁”身份担任以“秀才”为学子的成都“存古学堂”①监督，并兼任理学、词章教员，年仅27岁。他自知根底尚浅，便谦逊地拜吴之英为师，既当校长又当学生，一时传为美谈。在此期间，他与刘师培等厚相友善，并结识了一些进步人士，如蒲殿俊、张澜、杨庶堪等人。1911年6月，谢无量与张澜等人参加保路运动。为解决“存古学堂”缺乏图书的困境，他与吴之英想办法利用锦江和尊经两书院的刻版，设立“存古书局”予以刊印。此时，谢无量曾在《蜀报》《四川国学杂志》(后改为《国学荟编》)上发表论著，一同发表文章的师友还有吴之英、刘师培、廖平、吴虞等。

辛亥革命后，国家政体处于转型之中，新旧势力以报刊为阵地展开了激烈论战。各大报刊都十分重视政论栏目，不惜以重金聘请主笔。谢无量是当时非常有名的政论作家之一，曾担纲多家报刊的主笔。② 1912年夏，谢无量离开四川到南方各省游历，后复至上海任《民权报》《独立周报》《神州日报》主笔。1913年3月20日“宋教仁案”之后，《神州日报》发文强烈谴责，谢无量也在自己参与编辑的同盟会机关报《民权报》上发文抨击。③ 随后，《神州日报》同僚及革命党人遭到迫害纷纷躲避。谢无量则潜伏中华书局发奋著书，他最重要的学术著作大多是在这段时间写成的。在此期间，谢无量积极参与梁启超以《大中华》杂志为阵地的文化保守主义运动，在该刊发表(连载)《老子哲学》《德国大哲学者尼采之略传及学说》《韩非》《中国哲学史》等文章，其他作者还包括新儒家学者张君劢等。1915年，针对灭亡中国的“二十一条”，谢无量在《民权

---

① 1905年满清政府废除科举制度之后，张之洞于1906年在湖北武昌创办“存古学堂”，各省纷纷效法。四川亦援例于1910年开办“存古学堂”。经乔树楠、周紫庭等推荐，谢无量任学堂首任监督(校长)。四川存古学堂及后来的四川国学院曾培养出郭沫若、蒙文通、王光祈、李劼人、向宗鲁、彭云生、刘晦愚、杨子敬等一大批人才。

② 孙之梅：《南社研究》，北京：人民文学出版社，1999年版，第296页。

③ 李林：《谢无量书法艺术研究》，郑州：中州古籍出版社，2009年版，第72页。

报》《神州日报》等报刊发表文章，反对袁世凯卖国求荣，呼吁“炎黄领土，岂容出卖”。

1917 年，谢无量结识孙中山，这是他一生的转折点。① 孙中山本名文，字载之，号逸仙。他在读到谢无量所著书籍及在报刊上发表的文章后对其大为赞赏，亲自致信邀请其见面，内容如下：

无量先生大鉴：国家多难，全仗贤豪，群策群力，方能济事，望先生每日(旁注：本礼拜)下午四时驾临敝寓，会议进行，是所切祷，手此，敬请大安。孙文。

谢无量应约到孙中山先生寓所见面，两人晤谈甚欢。当时孙中山先生正在撰写《建国方略》，于是征求他的意见。谢无量大胆提出了自己的想法，有许多意见被孙先生采纳。② 1918 年，他为《新青年》《每周评论》等刊物撰有《文各有志》等文章数篇，支持陈独秀、胡适的白话文运动，提倡科学与民主，反对封建旧文化，但同时主张把古代民间和通俗文学也列入新文化的范畴。当时，北京大学校长蔡元培和文科学长陈独秀多次邀请谢无量赴北大任教。因为忙于和孙中山先生商量北伐事宜，而且当时正在为中华书局编撰《中国大文学史》《诗学指南》《词学指南》《骈文指南》等书，谢无量未克前往，也因此丧失了去中国最高学府传道授业，与同道学者切磋砥砺的良机。

1919 年，谢无量在《新青年》上发表古体诗引起争议③，但他积极支持新文化运动。“五四运动”期间谢无量开始用白话文写作。此时，

---

① 陈雪湄：《漫谈谢无量的书法及其他》，载《文史杂志》1986 年第 1 期，第 57 页。

② 陈雪湄：《漫谈谢无量的书法及其他》，载《文史杂志》1986 年第 1 期，第 58 页。

③ 张连义：《谢诗在“文学革命”中的意义》，载《江南大学学报》(人文社会科学版)2013 年第 2 期，第 102~105 页。

他曾为商务印书馆编写过几本国学书籍，其中《平民文学之两大文豪》(收入《万有文库》时改名《马致远与罗贯中》)一书颇受称道。该书与《楚词新论》《古代政治思想研究》一起受到孙中山先生激赏。1923 年 2 月，谢无量受聘在广州大学执教。3 月，孙中山在广州成立大元帅府，委任谢无量为大元帅府大本营参议。当时北方奉、直、皖系军阀混战，曹锟、吴佩孚暗投英美，企图南下消灭广州革命政府。孙中山委派谢无量与孙科、陈剑如到沈阳联络张作霖，然后到天津游说段祺瑞、冯玉祥、胡景翼等人，最终结成孙、张、段联盟，使紧张局势得到缓和。

1924 年 5 月，谢无量出任大元帅府特务秘书(即机要秘书)。同年 10 月 23 日，冯玉祥在北京发动政变，囚禁贿选总统曹锟，驱逐末代皇帝溥仪出宫，并电邀孙中山先生北上。1924 年 11 月到 12 月，孙中山取道上海、日本，到达天津。在上海停留时，孙中山电邀谢无量由广州到天津。谢氏到达天津时，孙中山先生已经病危，他嘱咐谢先去北京等候。然而，孙中山先生到达北京后，病情日益加重，最终卧床不起，并于 1925 年 3 月 12 日病逝，停柩于中央公园。谢无量前往吊唁，并赋诗一首：

浅浅春池曲曲廊，阑干寸寸见回肠。
多情花底缠绵月，纵改花阴莫改香。

孙中山先生的去世，中断了谢无量革命实践的机会。他诗中饱含着悲痛心情，并对国民党日后的演变忧心忡忡。此后，谢无量曾一度沉寂。然而，日本帝国主义步步紧逼的侵略和蚕食，重新激起了他的革命热血。

1931 年，“九一八事变”发生后，谢无量与阿英等人在上海创办《国难月刊》，主张改组政府、抗日救亡。1932 年，他将《国难月刊》改为一天一期的《国难晚刊》，每天撰文揭露日军暴行，痛斥国民政府的不抵抗政策，呼吁军民奋起抗战。后来，《国难晚刊》遭当局以煽动和干扰政令为由查封。1937年，抗日战争全面爆发之后，谢无量同郭沫若、沈尹默等人在上海《立报》《大众晚报》上撰文，批判卖国投降主义。①此后，谢无量还曾参与《大义周刊》的发起工作，该刊宣扬袍哥②的民族意识与爱国思想，主张建立抗日民族统一战线，反对国民党独裁统治。1946年，《大义周刊》因悼念李公朴、闻一多和揭露国民党特务罪行而被查封。③

三、潜心改志，传道杏坛

谢无量是一位优秀的教育家，曾在十多所高等学府任教，培养了一大批俊彦贤才。他早年曾任安徽公学教授、四川存古学堂监督和四川国学院院副，并兼任高等学堂和通省师范讲席。1912年，他离开学校，在上海任多家报刊主笔，并在中华书局从事编辑和著述。结识孙中山先生之后，追随他从事革命运动。1925年孙中山先生逝世之后，蒋介石、汪精卫独揽大权。谢无量对此感到十分失望，不屑与之为伍，但也无能为力，于是潜心改志，重新回到教学、学术和艺术上来。

1926年7月，谢无量应东南大学(后更名为中央大学)之聘，担任该校历史系主任，讲授历史研究法。在课堂上，他公开宣传唯物史观，批评梁启超的历史研究法，颇能吸引听众。④ 后来，因为当局干预教学内容，谢无量被迫于1927年8月离开东南大学。随后，他接受上海中国公学的邀请，赴该校担任教授兼文学院院长，主讲西方文化发展、世

① 冯其庸：《怀念国学大师谢无量先生——谢无量文集序》，载《谢无量文集》(第一卷)，2011年版，第9页。

② 袍哥是清末民国时期四川、贵州等地盛行的一种民间帮会组织成员。这种组织在其他地区被称为哥老会，发源于晚清，盛行于民国，与青帮、洪门为当时的三大民间帮会组织。

③ 彭华：《谢无量年谱》，载舒大刚主编：《儒藏论坛》第3辑，成都：四川大学出版社，2009年版，第152页。

④ 谢无量：《谢无量自传》，载《国学学刊》2009年第1辑。

界革命风潮及中国古代政治思想史等课程。

20世纪30年代期间，谢无量离开教育战线，忙于社会活动和著述。1930年，受时任监察院长于右任之邀，谢无量出任监察院监察委员。此是闲职，他的主要精力仍然放在古典诗词和哲学方面。“九一八事变”后，他不仅创办报刊批评国民政府的不抵抗政策，呼吁国人进行抗战，而且积极参与蔡元培、宋庆龄、鲁迅、杨杏佛、李公朴等于1932年发起的“中国民权保障同盟”。1934年，谢无量曾向四川当局递呈《四川政治经济改革方案》，提出一些政治、经济、外交和国防改革意见，“提倡国有道德及平民教育”①，可惜未被重视和采纳。1936年，他与林熙、马君武、马一浮等参加沈钧儒在上海组织的“全国各界救国联合会”。1938年，谢无量应邀赴澳门、香港讲学。他宣讲“屈原精神”，受到欢迎。此时他受到杜月笙的密切监视，处境十分艰难。

1940年，谢无量几经周折回到四川。当时，马一浮正在乐山乌尤寺主办复性书院。受其邀请，谢无量于1940年底和1941年6月两次到书院讲学。同在复性书院任教的还有熊十力、刘百闵、梁漱溟、沈尹默、赵尧生、陈布雷、钱穆、钟泰等知名学者。复性书院设玄学、儒学、禅学、诗教等课程。谢无量主张“博问通答”，讲课时学生可以自由提问，不限中西哲学、经史子集、诸子百家。他随问题直接解答和阐述。这样，学生可以边听思考，加深理解记忆，增强思辨能力。

这一时期谢无量生活十分清苦，经常债台高筑，靠鬻文卖字为生，但是不卑不亢，有礼有节。因为一直受到监视，谢无量忧郁成疾，心脏病复发，不得不休息疗养。他利用在青城山疗养之机尽读《道藏》典籍，思想越来越转向道家。1943年，经当时在四川大学任教的蒙文通推荐，谢无量出任四川大学城内部中文系主任，除了主讲《庄子》，还专门开设《汉以后学术思想变迁史》课程，融会贯通儒释

① 刘长荣、何兴明：《国学大师谢无量》，北京：中国文史出版社，2006年版，第40页。

道诸家思想。①

1947 年，谢无量被圈定为国民大会代表，并于次年赴南京参加大会。大会期间，他以患心脏病为由很少与会。总统大选时，他只投了辛亥革命元勋居正一票，没有选蒋介石。会议尚未结束，他就请病假去了上海，与好友闲论文史书画。1949 年 2 月，谢无量从上海返回重庆，接受熊克武、但懋辛组建的中国公学的邀请，赴该校主讲“五四”以来的新文学成就。后与梁漱溟一起避暑北碚缙云山，修习藏密功法。中秋后返回成都，静待解放。

中华人民共和国成立之后，谢无量曾被四川省人民政府聘为川西文物保管会主任、川西行署参事和川西博物馆馆长。1952 年，任四川文史研究馆馆员、省政协委员等职。1956 年 1 月，他以特邀代表的身份出席第二届全国政治协商会议，会议期间受到毛泽东主席的亲切接见。同年 8 月，经周恩来总理提名，时任中国人民大学校长吴玉章聘请谢无量为特约顾问教授，讲授《文心雕龙》和《中国哲学史》。此时，已过古稀之年的谢无量重新燃起学术激情，先后发表《再论李义山》(1957)、《汉语拼音方案读后》(1958)、《王韬——清末变法之首创者及中国报道文学之先驱者》(1958)、《纪念关汉卿——革命的戏剧家》(1958)、《佛学东来对中国文学的影响》(1958)等文章。可以看出，这一时期其研究兴趣主要在文学方面。1960 年，谢无量被国务院聘任为中央文史研究馆副馆长，时任馆长为章士钊。

1964 年 12 月 10 日，谢无量因心脏病发在北京医院不幸逝世。当时，《人民日报》《光明日报》《四川日报》，以及海外报刊，如英国《泰晤士报》等，都予以报道，足见谢无量学术影响之大。其至交好友马一浮先生的挽联云：

---

① 彭华：《谢无量年谱》，载舒大刚主编：《儒藏论坛》第 3 辑，成都：四川大学出版社，2009 年版，第 151~152 页。

在世许交深，哀乐情忘，久悟生死同昼夜；
乘风何太速，语言道断，空余涕泪洒山丘。

这是一位视其为真正知音的至交好友的涕泪告别之语。其中既透露出两人六十六年交情之深，也可以看出两人学术旨趣、人生观、生死观的相似之处。

第三节　学术渊源

谢无量是一位“通儒”，古今中外、经史子集、儒释道融会贯通，既能著述又能翻译。马一浮称他的著作“理无不融，事无不摄”“并世言学者，莫之能先也”。① 综观谢无量的学术著述，其思想来源主要有三：一是传统思想文化的熏陶，尤其是先秦诸子、两汉思想家、宋明理学家和明末清初思想家思想的影响；二是近代浙东学人品格与思想的濡染；三是西方和日本传入的哲学、伦理学思想的洗礼，尤其是斯宾塞进化论、马克思主义和基尔希曼哲学思想的影响。

一、传统思想文化的熏陶

谢无量幼承庭训，熟读古代经史子集，尤其是“四书”“五经”和历史著作。通观谢无量的学术著作，可以发现其思想倾向总体应属于民国时期(自由主义、保守主义、马克思主义)三大伦理思潮中的保守主义阵营。谢无量对传统文化的传承和更新尤其重视。他支持新文化运动，但是与新文化运动主将陈独秀、胡适、吴虞等人不同，他致力于发掘、整理和传承古代文化中的精华，使其在新的时代语境下发挥其应有的光辉。例如，谢无量认为，新文化运动应该重视文言改白话，使其成为现代文化的重要资源。古代通俗文学和平民文学，不应被视为糟粕而一棍

① 马一浮：《马一浮集》第2册，杭州：浙江古籍出版社，1996年版，第356页。

子打倒。在国人急于破旧立新、斩断传统根源的民国初年，这些思想是非常难能可贵的。谢无量能有这样的识见，与其受到传统文化熏陶，深谙传统思想精华及其普适性价值是密不可分的。因此，要探讨谢无量的伦理思想，就必须考察他对传统思想的继承、整理和阐发。

第一，谢无量心向先秦，对先秦诸子思想和《诗经》颇有研究。他尤其推崇孔子思想，著有《孔子》一书，其次是儒家的孟、荀二子思想，道家的老子、庄子和列子思想，以及法家韩非子的思想。在《中国哲学史》一书中，他对先秦诸子的思想有系统介绍，并且尤为重视儒家的伦理学、政治学思想和道家的宇宙论思想。谢无量认为，先秦儒家重在阐发伦理道德思想，而道家的宇宙论则十分精密。因此，他的哲学思想颇有调和折衷儒道二家的倾向。因为当时社会政治形势的需要，谢无量重新发掘古代的政治思想，成绩显著，受到孙中山先生赞赏的《古代政治思想研究》即是明证。此外，谢无量十分重视先秦典籍，尤其是《诗经》的史料作用，不仅将其作为一部古代诗歌总集来探讨其文学价值与影响，而且将其作为考察古代伦理道德的重要史料。谢无量对《诗经》伦理思想的发掘，在民国学界也是引领潮流之举。

第二，谢无量受到两汉贾谊、王充、扬雄等人思想的影响，这一时期的哲学、伦理学著作如《白虎通义》《列女传》等，对其也产生过重要影响。谢无量著有《王充哲学》一书，对王充的伦理学思想有专门梳理和述评。在其《国民立身训》一书中，谢无量反复引用《白虎通义》中的相关论述。在其《妇女修养谈》一书中，谢无量对《列女传》中所记述的古代妇女之高尚道德操守颇为称道。

第三，谢无量深受宋明理学家二程、朱子、陆象山、王阳明等人思想的影响。他认为，中国古代学术，以春秋战国之世为最发达。① 然而，当时的思想家要么偏重伦理道德之说，要么偏重宇宙论、修养论。

---

① 谢无量：《古代政治思想研究》，载《谢无量文集》（第八卷），北京：中国人民大学出版社，2011 年版，第 265 页。

真正能将宇宙论和人生道德论融合为一的，则是宋明理学家、道学家。宋明时期中国哲学的发展达到了最高峰。在谢著《国民立身训》《妇女修养谈》中，谢无量多次引用程灏、程颐、朱熹、陆九渊和王阳明的言论来支持自己的观点。其中，明代浙东学派领军人物王阳明对其伦理思想的影响尤为巨大。

第四，清末民初思想家黄宗羲、顾炎武、王夫之、龚自珍等人和清末维新变法思想家如王韬、梁启超等人的著作，也对谢无量哲学和伦理思想的形成产生过重要影响。受汤寿潜指点，谢无量在青年时期熟读顾炎武、黄宗羲、王夫之、龚自珍等人的著作及近人梁启超的政论文。在中华书局期间，谢无量参与梁启超以《大中华》杂志为阵营的新传统主义运动，从而受到"新史学"思想的影响。另外，他对清末变法思想家、近代著名报人王韬的思想颇为推崇，晚年还曾撰文《王韬——清末变法论之首创者及中国报道文学之先驱者》对其予以表彰。

二、近代浙东学术的濡染

谢无量同时代的师友、同道学者对其学术思想和学术品格的形成起到了激励和启发作用。其中，影响至深者非汤寿潜、蔡元培和马一浮莫属。三人均是近现代著名浙东学人，被誉为浙东学术的传人。谢无量虽然生于蜀，长于皖，对蜀学、皖学也有研究，但总体观之，其学术思想更多受益于浙东学术的濡染，其中又以黄宗羲开始确立、章学诚为殿军的清代浙东经史学派及其近代传人的影响最为显著。

清代浙东学术以史见长，强调专家之学，注重经世致用。章学诚指出，"浙东之学言性命者必究于史，此其所以卓也"①。梁启超也认为，"浙东学风，从梨洲、季野、谢山起，以至于章实斋，厘然自成一系统，而其贡献最大者，实在史学"。② 杨太辛将浙东学术精神总结为平

① 章学诚：《文史通义》，北京：中华书局，1994年版，第523页。

② 梁启超：《中国近三百年学术史》（新校本），北京：商务印书馆，2011年版，第117页。

彰学术、考镜源流、学有宗旨，不守门户、实学求是，经世致用、虚实相生，崇尚性情、严于去伪，慎于治偏、砥砺气节，躬行实践。① 这一精神通过深受浙东学术滋养的汤寿潜、蔡元培两位先生的传递，对谢无量的道德文章产生了直接而深远的影响。

汤寿潜(1856—1917)，名丙僧，学名震，乡举后改名寿潜，字蛰先、蛰仙，又字孝起、翼仙。“早年颖异，以文学见称，闳敏有器识。”②他曾充当山东巡抚张曜幕僚，为其治理黄河水患出谋划策。1892年进士及第，与蔡元培、张元济等同科。汤寿潜是近代早期著名维新思想家，君主立宪的重要倡导者，浙江保路权、修铁路运动的领袖，辛亥革命期间被举为浙江都督。他一生追求进步，其政治主张经历了从维新派、君主立宪派，到资产阶级共和派的过程，但始终与历史潮流保持一致。他不求功名利禄，生活勤俭质朴，两袖清风，“立名于当时，可式于后人”。③ 汤寿潜的学术倾向、政治态度、爱国精神和道德品格对谢无量影响至深。

首先，汤寿潜的学术倾向对谢无量思想的形成产生了重要影响。汤氏被誉为浙东学术的传人，重视经世之学，强调学以致用。他一生著述颇丰，撰成《危言》4 卷、《尔雅小辨》20 卷、《说文贯》2 卷、《理财百策》2 卷、《三通考辑要》30 卷，及《文集》数卷。其中，初版于 1890 年的《危言》是一部戊戌变法前宣传维新变法的重要著作，开启了近代“危言”体著述。书中就迁都长安、设宰相制、建立议院、设考试制、任官用人、遣汰冗员、推广学校与西学、开发矿藏、修筑铁路、加强国防等提出变法主张，在当时朝野产生了深远影响。《危言》出版时，汤寿潜

---

① 杨太辛：《浙东学派的涵义及浙东学术精神》，载《浙江社会科学》1996 年第 1 期。

② 张謇：《汤蛰先先生家传》，载政协浙江省萧山市委员会文史工作委员会编：《汤寿潜史料专辑》(《萧山文史资料选辑(四)》)，1993 年版，第 126 页。

③ 张謇：《汤蛰先先生家传》，载政协浙江省萧山市委员会文史工作委员会编：《汤寿潜史料专辑》(《萧山文史资料选辑(四)》)，1993 年版，第 125 页。

尚未考中进士，既无显赫仕宦经历，也无特别治事经验。他能有如此识见，除了个人因素之外，与浙江学术的经世传统是密不可分的。①

汤寿潜的史学思想集中体现于1899年出版的《三通考辑要》。该书博采《文献通考》《续文献通考》和《清朝文献通考》，共76卷30册，200多万字，堪称中国史学史上的皇皇巨著。② 汤寿潜之所以要编写这部巨著，是因为他深知“要使国家富强起来，固而不化是不行的；但崇洋媚外，一味照搬列强，也是不行的，必须融汇古今，了解国情，根据实际，要变的就变，应革的就革。但不能虚无主义，割断历史，把我国优秀的精华也丢了”。③ 受汤寿潜的影响，加上对史学的个人兴趣，谢无量毕生致力于学术史研究与教学。因此，他后来成为中国哲学史书写的第一人并非偶然。

自1898年拜入汤寿潜门下之后，谢无量就在其建议下开始研读清代浙东学派奠基人黄宗羲的著作。谢无量之学术史著作，如《孔子》《韩非》，在撰述体例上，明显受到黄宗羲《明儒学案》的影响。其力作《中国哲学史》，也是在综合包括“学案体”在内的众多哲学史体例基础之上方才撰写而成的。1902年，汤寿潜曾为金范臣译介的日本法理哲学家远藤隆吉的《支那哲学史》作“鉴定”。④ 因为汤寿潜与谢无量的师生关系，后者在写就《中国哲学史》之前，可能经由前者受到远藤隆吉的影响。⑤ 例如，在哲学史分期方面，谢著《中国哲学史》同远藤隆吉的《支那哲学史》一样，也将中国哲学史分为上古哲学史（含古代及儒家、道

---

① 熊月之：《汤寿潜与浙江人文传统》，载政协浙江省萧山市委员会文史工作委员会编：《汤寿潜研究》，北京：团结出版社，1995年版，第292页。

② 都樾：《汤寿潜佚著〈宪法古义〉考证》，载《江苏教育学院学报》（社会科学版）2007年第2期，第60页。

③ 蔡福源：《〈三通考辑要〉评介》，载政协浙江省萧山市委员会文史工作委员会编：《汤寿潜史料专辑》（《萧山文史资料选辑（四）》），1993年，第63页。

④ 该译著正文前标有“山阴 汤蛰先太守鉴定”的字样。参见［日］远藤隆吉著，金范臣译《支那哲学史》序，1902年，石印本。

⑤ 石凤珍：《谢无量先生学述》，中国艺术研究院博士后出站报告，2009年，第43页。

墨诸家及秦朝两个时段)、中古哲学史(含两汉、魏晋六朝唐两个时段)、近世哲学史(含宋元、明清两个时段)三个时期。① 远藤隆吉既是一位哲学教授，也是一位狂热的种族主义者，还是日本人优秀论的拥趸者。其《支那哲学史》不仅贬低孔子等中国哲学家，而且处处流露出日本人在中国文化研究方面的优越感。谢著《中国哲学史》是我国第一部中国哲学史专著，虽然不无缺陷，但对于树立中国学人之自信，破除民族虚无主义功莫大焉。

其次，在政治倾向和爱国情怀上，汤寿潜对谢无量的影响也不可低估。汤寿潜是清末立宪派重要代表人物。维新运动失败后，他积极策动清廷遣使出洋考察宪政。1906年9月，清廷终于下诏宣布“预备仿行宪政”。同年12月，汤寿潜与张謇一道，联合东南各省绅商200余人在上海成立“预备立宪公会”，推举郑孝胥为会长，自任副会长，向清廷施压，推动早日立宪。为了实现建立宪制的理想，汤寿潜十分重视宪法研究。当时，朝野的保守派对立宪充满恐惧，认为其有违祖制，是离经叛道。汤寿潜专门撰写《宪法古义》一书②，声称“宪法者，民权之护符，而以君权之后盾”。他批评保守派“只知宪法为东西所已行，不知宪法为中国所固有”，并遍采古代文献中与宪法精神有相通者来反驳“古代无一人知宪法，亦无一人言及宪法”的观点。汤寿潜此举虽然不免牵强附会，但其真实意图是希望国人能奋起直追，不再视宪政为异制，“但求有以真精神以灌注其间，酌中外古今之宜而通之，遂为头等国不难”。③ 该书是

① 张耀南:《从“合法性”的讨论到“中国哲学史学史”的构建》，载《北京行政学院学报》2004年第2期，第74页。

② 汤寿潜所著《宪法古义》一度被认为是佚书，仅存序言和篇目。然而，经过学者多方搜寻，现已发现光绪三十一年(1905)出版的两种版本。一种是通州翰墨林编译印书局版，另一种为上海点石斋版。两种均为石印版，内容相同。参见邵勇《汤寿潜宪政思想论析——以〈宪法古义〉为中心的解读》，载《中北大学学报》(社会科学版)2011年第4期，第26页。

③ 汤寿潜:《宪法古义序》，载政协浙江省萧山市委员会文史工作委员会编:《汤寿潜史料专辑》(《萧山文史资料选辑(四)》)，1993年版，第465~466页。

近代国人首部宪法学著作，也是近代中国学者以西方立宪民主为价值标准，系统审视中国政治史、文化史的第一部专著。①

受汤寿潜影响，谢无量早年对立宪和法治充满兴趣。他不仅认真研究过先秦法家，尤其是韩非子的思想，而且还曾深入考察西方宪法制度，翻译过英国宪法学家戴雪(A. V. Dicey)的《宪法论》②(今译《宪法精义》)一书。谢无量的伦理学著作和道德修身书十分重视利用法家思想来塑造国民的国家观念、公德观念。此外，受汤寿潜影响，他一生追求进步，拥护民权与法治，反对专制与独裁。他曾参加孙中山领导的革命运动，反对袁世凯的倒行逆施。蒋介石上台之后，他又反对其独裁统治，即便深陷困境也不改立场。

最后，汤寿潜高尚的道德品格，为谢无量树立了楷模。汤氏奉行严格的道德主义，事亲至孝，于己要求极严。其生活简朴，不事奢华，不讲究排场，有“布衣都督”之誉。他淡泊官位、不贪钱财，一生曾多次辞官不受，近代史上无人出其右。与人交往时，汤寿潜重承诺，守信用。辛亥革命期间，杭州城的光复与旗营统领桂林和革命党人对其道德品格的钦佩与信服有莫大关系。汤寿潜一到任，和平协议便很快达成，杭州免遭生灵涂炭之苦。汤寿潜所遵循的道德准则，可以归结为义、廉、俭、孝、信五端，而这也正是中国传统道德的基本要素。③ 也有论者指出，汤寿潜的道德标准是仁义、孝悌，这是儒家思想的核心，也是其为人之本。④ 因此，汤寿潜可谓真正实现了儒家内圣外王的道德理

---

① 郜槭：《汤寿潜佚著〈宪法古义〉考证》，载《江苏教育学院学报》(社会科学版)2007年第2期，第60页。

② 该译著由上海右文社于1914年出版发行，被列为政法丛书之一种。谢无量只翻译了《宪法论》原著第一编“国会之主权”。第二编“法律之支配”、第三编“宪法法律与宪法默契之关系”及附录(共十二章)未见出版。

③ 熊月之：《汤寿潜与浙江人文传统》，载政协浙江省萧山市委员会文史工作委员会编：《汤寿潜研究》，北京：团结出版社，1995年版，第29~100页。

④ 丁敬涵：《汤寿潜〈诫子书〉浅析》，载政协浙江省萧山市委员会文史工作委员会编：《汤寿潜研究》，北京：团结出版社，1995年版，第361页。

想。汤氏奉行的道德至上原则源自浙江士林讲究道德和气节的优良传统。纵观历史，自明清之际以来，浙江曾涌现出一大批学问一流、道德高尚、轻视官位、不重私利的高风亮节之士，如刘宗周、朱舜水、黄宗羲、万斯同、全祖望等。这种道德情操，也在汤寿潜等近代知识分子身上得到鲜明体现，并对谢无量之立身处世产生潜移默化的影响。熊月之对汤寿潜的学行人生有一段十分精辟的总结，在某种程度上也可以被视为谢无量德行的写照：

近代中国是个急速变动的社会，是价值观念、道德规范、行为方式发生巨大变化的转折时期。欧风东渐，商潮汹涌，传统的善恶标准、是非标准、义利观念、忠孝观念、俭奢观念、操守意识、气节意识、廉耻意识，遭到了极大的冲击，与新时代相应的一套价值体系尚未建立起来。有人诅咒人心不古，世风浇漓；有人欢呼网罗大破，新潮东来。这是一个价值多元的时代，也可以说是一个价值淆乱的时代。古、今、中、西文化激烈冲撞。不消说，对待古、今、中、西，何为精华，何为糟粕，何者当取，何者当弃，何者取中有弃，何者弃中有取，都要具体分析，任何肯定一切或否定一切的做法，都不可取。但是此笼统说易，具体做难，说的和做的统一起来更难，身在传统之中的人要做到这点难上加难。汤寿潜生活在这样一个时代，用自己的思想、行为作出了一个将古今中西文化中优秀成分有机结合的典范。就像他虽然八股文相当了得但又能不为八股文所奴役一样，他出于传统、熟悉传统而不为传统所束缚，批评传统而不走民族虚无之义，了解西学、吸收西学而又不为西学所俘虏，他力主经世致用而又不为官位而奔竞，倡导功利而不被功利所吞没。他是一个能够在古、今、中、西激烈冲突的时代激流中善于找自己安身立命支点的人。这就是汤寿潜。①

---

① 熊月之：《汤寿潜与浙江人文传统》，载政协浙江省萧山市委员会文史工作委员会编：《汤寿潜研究》，北京：团结出版社，1995年版，第300页。

针对当时社会道德败坏的现实，汤寿潜提出“缮固道德”的主张，即“精神先而物质后，是以欲收天下之功，端在洗涤人心之垢”。在他人“唯恐不输入新知识以做官”的情况下，自己则坚持“唯恐不葆存旧道德以做人”。① 这是一种文化保守主义立场，但绝对不是对封建纲常名教的留恋，而是在剔除其糟粕之后，试图用传统文化精华来重构新时代的道德观念。与老师汤寿潜一样，无论世事如何变幻，谢无量在其社会活动中始终能够顺应时代发展的大潮。汤寿潜认为，“性无有不善，成德实难，毋亏其所受，其必由学”。② 受其影响，谢无量在哲学研究上首重伦理学，会通中西、平章华梵，既批判性地继承传统伦理道德思想精华，又选择性地吸收西方伦理学思想，并为建立新道德、塑造新国民而苦苦思索。他对传统道德的标举与践履，对现代国民道德的憧憬与重构，与其师汤寿潜的言传身教、率先垂范不无关系。

蔡元培(1868—1940)是除汤寿潜之外，对谢无量影响巨大的另外一位浙东学人。蔡汤二人既是绍兴同乡，又为同科进士，在社会运动上常常相互呼应，关系甚为密切。他们又都是谢无量的老师，对后者学术旨趣和学术思想的形成产生了重要影响。蔡元培先生是中国近代著名思想家和教育家，也是中国伦理学科的重要奠基人。他不仅深研伦理学，而且能真正做到知行合一。毛泽东称他为学界泰斗、人世楷模。蒋梦麟称赞他大德垂后世、中国一完人。有这样一位伟人言传身教，谢无量儆惕奋励，在道德文章方面成就显著。

一方面，蔡元培影响了谢无量的学术旨趣。1900 年，谢无量赴华北考察之后，便下定决心不再追求科举功名。不久，通过汤寿潜的推

① 参见陈伟桐《试论汤寿潜的人格特征》，载政协浙江省萧山市委员会文史工作委员会编《汤寿潜史料专辑》(《萧山文史资料选辑(四)》)，1993 年版，第 348 页。

② 参见丁敬涵《汤寿潜〈诫子书〉浅析》，载政协浙江省萧山市委员会文史工作委员会编《汤寿潜研究》，团结出版社，1995 年版，第 361 页。

荐，他考入上海南洋公学特班就读。特班是张元济①经盛宣怀授意创办，宗旨有二："变通原奏速成之意，专教中西政治、文学、法律、道德诸学，以储经济特科人才之用。"②其选拔条件极其苛刻，入选者均为品德优良、学养深厚的硕彦高才，谢无量是其中的佼佼者。蔡元培对他的评价是"善为文"③的"高才生"④。谢无量获得如此好评，与其自身的天资和努力密不可分，与蔡元培循循善诱的教学方法也有关系。后者尤其重视培养学生的行为规范、自主学习能力、思想自由精神和民主爱国思想。⑤ 在南洋公学特班任教期间，其教学特点可以总结为如下几点：

一是注重融会贯通。在中西古今关系问题上，蔡元培秉持会通观念，重视国学但非食古不化，提倡西学但不全盘西化。为帮助学生融通中西之学，他以西学体系为参照，并结合韩非子著作和《汉书·艺文志》，列出了一份中西学目对照表(参见 1901 年 10 月由杜亚泉主持的上海普通学书室出版的《学堂教科论》)。他指出，不要被那些炫目的外来名词术语所迷惑，更不能丢失我国固有学术之根本。其实，西方的哲学就是我国的道学。儒家的六艺之学就是哲学(道学)。蔡元培的这些思想观念，对谢无量学术个性和研究进路的形成影响颇深。与蔡元培一

---

① 张元济(1867—1959)，字筱斋，号菊生，浙江海盐人，近代著名出版家。张元济为汤寿潜先生至交好友。1898 年冬任南洋公学管理译书院事务兼总校，注重社科类书籍译介，严复的名译《原富》就是由其主持的译书院出版。1901 年，张元济投资商务印书馆。1903 年任该馆编译所长，后任经理、监理和董事长，对中国文化出版业贡献巨大。

② 盛懿：《出旧入新：李叔同在南洋公学特班(1901—1902)》，平湖李叔同纪念馆：http://www.phlst.cn/lianguanhongtan/show.php?wenzhang=20111031142553，访问日期：2014-08-30。

③ 蔡元培：《记三十六年以前之南洋公学特班》，载黄昌勇、陈华新编：《老交大的故事》，南京：江苏文艺出版社，2012 年版，第 41~42 页。

④ 蔡元培：《蔡元培自述》，哈尔滨：北方文艺出版社，2012 年版，第 37 页。

⑤ 张现民：《蔡元培在交通大学的教育思想探索》，载《高教探索》2009 年第 4 期。

样，谢无量尤其重视中西文化比较与互释。他也认为，儒学、道学、理学、义学和西方的哲学道通为一。在《中国哲学史》中，谢无量指出，“地虽有中外之殊，时虽有古今之异，而所学之事，所究之理，固无不同者矣。”①这与蔡元培会通中西古今的治学之法高度契合。

二是注重学以致用。南洋公学特班学生中学功底深厚，但在外语和实学方面还亟待加强。因此，他们一边学习英语、日语、拉丁语等外国语言文字，一边研读西方法政、哲学、经济、外交、数学等专业书籍。与此同时，也并未放松对诸子百家、史鉴、通典等传统经典的阅读。按照蔡元培的要求，谢无量等特班学生每日均需撰写读书札记，每周上交一次以供审阅。札记包括精要、心得、疑义三个部分。蔡元培还每天让两三名同学到自己住处面谈。他十分重视历史和哲学。故于这两科，特班学生每天均需各花三个小时。月课题和日课题不仅与国学、历史有关，而且密切联系时事政治，如记周氏爱国，宋襄公不重伤不禽二毛之言合于公法否，论土耳其受保护于英之利弊，英国保护土耳其之得失，日本维新名士多出于阳明学派说，等等。这培养了学生学习和运用新知识、新思想的能力。为了使学生能够看懂日语，蔡元培教给他们和文汉读法，很快人人能读日文著作，甚至还有人翻译日文书籍。② 这种训练方式不仅增加了学生的知识储备，而且培养了他们提出问题、分析问题、解决问题的能力，为谢无量日后担当报刊主笔，推动社会变革和思想启蒙，引导传统学术现代转型打下良好基础。

三是注重陶冶情操。在南洋公学课堂上，蔡元培经常宣传民主革命，倡导民权和女权，这陶冶了谢无量的爱国主义情操。蔡元培要求学生学会经常思考人生的意义，即人在这个世界、在人类社会的地位如何，价值怎样，应该担负什么样的责任。这无疑培养了谢无量的世界

① 谢无量：《中国哲学史》，见《谢无量文集》（第二卷），北京：中国人民大学出版社，2011 年版，第 3 页。

② 蔡元培：《记三十六年以前之南洋公学特班》，载黄昌勇、陈华新编：《老交大的故事》，南京：江苏文艺出版社，2012 年版，第 41~42 页。

观、人生观和价值观。蔡元培注重学以致用，他结合我国和其他弱小国家遭遇列强蹂躏的现实，设置日课题、月课题，组织宣讲会、恳亲会等活动，启发学生思考，让其各抒己见，从而有意识地培养学生的爱国情怀、民权思想和演讲能力。① 在课外，为培养学生热爱运动、作息规律、遵守秩序的好习惯，蔡元培为学生制订行为规范，如《南洋公学特班生游息规则》等。1902 年 11 月，南洋公学爆发"墨水瓶"事件，特班学生为支持其他班同学而集体退学，蔡元培也愤而离职。② 这是我国近代教育史上第一次反对封建专制，追求民主自由的大规模学生运动。为安排退学学生继续学习，蔡元培求诸中国教育会，成立爱国学社。谢无量随即转入爱国学社，不久迈入社会。③ 虽然谢无量在南洋公学的时间不足两年，然而这段教育经历对其个人发展影响深远。在追求民主自由的道路上，师徒二人密切配合。如"九·一 八事变"后，谢无量积极参与了蔡元培、宋庆龄、鲁迅等人发起的"中国民权保障同盟"，即为明证。

另一方面，谢无量继承和发扬了蔡元培先生重视的伦理学。浙东学术强调专家之学，除了教育管理之外，蔡元培所擅长的还有伦理学。他投入大量时间和精力研究和译介西方伦理思想，并在此基础上对中国传统伦理进行了系统梳理、总结和评价。早在 1902 年，蔡元培就曾为《中

---

① 张现民：《蔡元培在交通大学的教育思想探索》，载《高教探索》2009 年第 4 期。

② "墨水瓶"事件被认为是中国近代教育史上时间最早、规模最大的一次学生运动。1902 年 11 月 5 日，南洋公学预科乙班学生把一瓶红墨水偷偷放在中文教员郭镇瀛的座位上，郭某坐上去之后衣服被染得一片红色。他当即质问是何人所为，全班都不敢吱声。最后，一位姓杨的同学谎称是伍正钧所为，结果伍正钧及坐其旁边的两位同学(因知情不报)都被开除。11 月 14 日，乙班学生集体到公学总办汪凤藻处申述事实真相，并要求撤销处分，结果遭到后者断然拒绝。当晚，学生决定次日集体退学，并派代表到各班进行情况说明和告别演说。15 日，汪凤藻以"学生私自聚众演说，大干例禁"之名开除全班学生，从而引起轩然大波，最后导致全校学生集体退学。

③ 参见石凤珍《谢无量先生学述》，中国艺术研究院博士后出站报告，2009 年。

等伦理学》一书（麦鼎华编译）作序。1903年，他从日语转译了《哲学要领》（德国哲学家科培尔原著）。1907年至1911年，蔡元培留学德国，在此期间翻译了《伦理学原理》（德国哲学家、伦理学者泡尔生原著）。在译介的基础上，他先后撰写了《中国伦理学史》（1910）和《中学修身教科书》，在伦理学史研究和国民道德观念的重构方面作出了开拓性贡献。这些研究成果"是近代中国道德批判和伦理革命思潮合乎逻辑的思想成就"。① 正是沿着蔡元培开辟的上述学术研究进路，谢无量开始了对中国传统哲学、伦理思想的创造性转化和创新性发展。

1914年，谢无量曾撰写出版《新制哲学大要》及其参考书，对德国哲学家、法学家基尔希曼（Julius Hermann von Kirchmann，又译开昔孟、楷尔黑猛）的哲学和伦理学思想进行介绍。同年，他还出版《伦理学精义》一书，通过借鉴泡尔生《伦理学原理》（蔡元培译）的经典框架，对中国传统伦理思想进行了梳理总结，建构起善恶论、义务论、德论"三位一体"的中国伦理学理论体系。不仅如此，谢无量的思想史研究也受到蔡元培的深刻影响。中国思想史的主体是伦理学。1916年，谢无量编写出版的《中国哲学史》，在某种程度上也是一部"中国伦理学史"。先此出版的蔡元培《中国伦理学史》，是中国思想史研究领域一部影响深远的著作，谢无量对其内容与方法多有借鉴。实际上，除了木村鹰太郎和久保得二的著作之外，《中国伦理学史》一书受远藤隆吉《支那哲学史》的影响也较大。在其《自写年谱》中，蔡元培曾说明两书的联系与区别："《中国伦理学史》，虽仍用日本远藤隆吉氏《支那思想史》②之三时期分述法，叙述的材料，亦多取给于此书，而详其所略、略其所详的却不少。"③有学者指出，二者在时间分期、论述框架、引述研究资料乃至

---

① 万俊人：《序》，载陈剑旄：《蔡元培伦理思想研究》，北京：北京大学出版社，2009年版，第11页。

② 即《支那哲学史》。清朝光绪年间，该书译名还未统一。

③ 蔡元培：《自写年谱》，载《蔡元培全集》（第七卷），北京：中华书局，1989年版，第318页。

基本学术观点等方面大体相似，并影响了谢无量《朱子学派》《中国哲学史》等学术史著作的内容与框架。① 无论是通过汤寿潜，还是通过蔡元培的中介，似乎可以基本认定谢氏与远藤氏著作之间存在关系。虽然具体情况尚需深入考证，但汤寿潜、蔡元培与谢无量之间的学术关联与互动由此可见一斑。

与蔡元培一样，谢无量也注重伦理学与修身书的区别。因此，他不仅有伦理学理论著作出版，而且还撰写了多部修身书，如《新制修身教本(四)》(1914)、《国民立身训》(1917)和《妇女修养谈》(1917)等。在这些著作中，谢无量有关个人、家庭、社会、国家的很多伦理道德观念，与蔡元培《中国伦理学史》和《中学修身教科书》中的观点高度一致。此外，蔡元培先生的其他学术思想也可能对谢无量产生过一定影响。蔡先生重视佛学，曾发表《佛教护国论》一文，认为佛学是哲学，佛教可以护国。谢无量对佛学也非常感兴趣，撰成我国近代首部佛学研究专著《佛学大纲》，其中有两章专门对“佛教伦理学”进行总结和阐发。

综合以上诸端，不难看出谢无量学术思想的形成和发展在一定程度上受到汤寿潜、蔡元培的影响。当然，个人思想观念的形成，与一个时代的社会风貌、学术思潮，及个人性情、交游网络等多种因素都有关系。学术上的师承只是这众多因素中的一种。谢无量为人处世的方式，自然也有不同于老师汤寿潜、蔡元培的地方。例如，在人生的某些阶段，他有过一些不良习惯(如赌博)，也曾一度消沉散漫，无法跟追求道德至上的汤寿潜和有天下完人之称的蔡元培相比。对此，我们不必为贤者讳。但总体而言，在大是大非面前，性情中人谢无量始终坚守原则，而这种坚守与他的两位老师又是高度一致的。“社会义务，自师友为始”②，师

---

① 乐爱国、陈昊：《民国时期朱熹哲学研究中的日本影响》，载《武汉大学学报》(人文科学版)2016年第6期。

② 谢无量认为，“社会义务，自师友为始，由师友而推之，则对于凡社会之人，莫不有其当然之义务。”参见谢蒙《伦理学精义》，中华书局，1914年版，第112~113页。

友关系的建立是社会化的重要一环。在为人方面如此，在为学方面亦然。在大变局时代，三人都具有强烈的历史使命感，都积极参与社会文化变革，都强调中西之学的比较与会通，都重视传统文化的创造性转化和创新性发展，顺应而且引导了清末民初的社会风气和学术潮流。

除了老师汤寿潜、蔡元培的言传身教，谢无量学术品格的形成与同道学者的相互砥砺也是分不开的。这些同道学者当中，以马一浮对谢无量的影响最为直接和重要。1940 年，谢无量为马一浮《避寇集》作序时称："仆于湛翁，把臂服膺，始于童冠，忘形悦义，垂老弥笃。诚如卢生之于伯玉，四海之内，一人而已。"①马一浮对谢无量的评价是"予于啬庵，虽未敢谓同得同证，然予之知啬庵犹啬庵之知我，殆可谓无间然"。② 由此可见二人友情之笃及相互影响之深。

马一浮(1883—1967)，原名福田，号湛翁，别署蠲翁、蠲叟、蠲戏老人，浙江会稽(今绍兴)人，是近代著名理学家，现代新儒家的早期代表人物之一，与梁漱溟、熊十力一起合称为"现代三圣"。马一浮对古代哲学、文学、佛学有精深造诣，而且擅长诗词和书法。16 岁时，马一浮与周树人、周作人兄弟一同参加县试，力压群雄而夺魁。汤寿潜欣赏其才学，以长女孝愍妻之。1898 年，在安徽芜湖，谢无量与马一浮一见如故，义结金兰，从此成为一生挚友。为纪念二人的友谊，马一浮改名福田为马浮，谢无量改名谢澄为谢沉，"谢沉马浮，相映成趣"。③

马一浮也是浙东学术的传人，在道德修养方面也堪称一位完人。谢无量与同道学者交游广泛，在学术方面以马一浮最为重要。两人在文史哲和诗词书法方面拥有相同的爱好，学术造诣也颇相接近，彼此视对方

---

① 丁敬涵：《总角之交谢无量》，载丁敬涵编著：《马一浮交往录》，杭州：浙江大学出版社，2013 年版，第 36 页。

② 丁敬涵：《总角之交谢无量》，载丁敬涵编著：《马一浮交往录》，杭州：浙江大学出版社，2013 年版，第 36 页。

③ 郑逸梅：《南社丛谈》，北京：中华书局，2006 年版，第 297 页。

为真正的知音。他们早年相约以学术报国，不仅一起研读《四库全书》和新学著作，而且常常诗文唱和、交流思想、切磋学术、抨击时政、书写人生。“在两人六十余年的交往中，友谊深厚，堪称学术之交的典范”。① 谢无量早年有“蜀之颜子”之称，然而思想却颇为庞杂。例如，其为“蜀学会”所撰《蜀学会叙》一文称，中国儒释道家思想，均出于蜀地。马一浮就曾写信与其商榷，提醒他要做醇儒。

谢无量学术兴趣广泛，对文史哲均有涉猎，但受马一浮影响，他早年尤重哲学。马一浮以推崇“六艺”之学和道德理想主义而闻名。“他把六艺之教的重点落实在六艺之人的培育上，这对现代人素养的提升和宇宙伦理的关怀都有借鉴意义。”②常与马一浮切磋学术、诗文唱和的谢无量对“六艺”之学中的哲学、伦理思想十分重视，其力作《中国哲学史》曾专门探讨“六艺哲学”，两人学术志趣的相似由此可见一斑。谢无量对马克思主义唯物史观的接受，也与马一浮 1904 年赠其英文版《资本论》不无关系。因此，马一浮对于谢无量的影响也是不容忽视的。

三、域外学术思想的洗礼

谢无量秉承陆象山东圣西圣，心同理同的思想③，认为中国的“儒学”“道学”“理学”“义学”与西方之“哲学”其实是一本万殊。④ 他精通英语、日语、德语、俄语和梵语，颇受域外思想文化洗礼。其中，最为重要的是斯宾塞社会进化论、马克思主义唯物史观、基尔希曼实在论哲学和日本汉学家思想的影响。

---

① 丁敬涵：《马一浮交往录》，杭州：浙江大学出版社，2013 年版，第 35~36 页。

② 郭齐勇：《现代三圣：梁漱溟、熊十力与马一浮》，载《光明日报》2015-04-30 第 B26 版。

③ 谢无量：《蜀学会叙》，油印本，1907 年版。

④ 谢无量：《中国哲学史》，北京：中国人民大学出版社，2011 年版，第 3 页。

首先，谢无量受到斯宾塞社会进化论思想的影响。自严复翻译《天演论》以来，近代学人几乎无人不受到进化论思想的影响，谢无量也不例外。如前所述，1908 年他曾在上海潜心翻译斯宾塞的著作，并在学术著作中多次引用其观点。例如，在谈论科学与哲学之关系时，他引用斯宾塞的观点“世所谓下学，不备之学也，科学偏备之学也，哲学全备之学也”，并附上了英文原文及出处。① 在《伦理学自叙》中，他也借用了斯宾塞的人类伦理道德从“禽兽伦理”到“人的伦理”的进化观。② 然而，谢无量更多地是将达尔文、赫胥黎和斯宾塞等进化论学者的思想潜移默化地融入自己的学术思想之中。事实上，清末民初的中国学者受进化论思想影响甚巨，如强调对学术史演进脉络与规律的梳理，重视通史和系统性的著述形式等。③ 谢无量所撰《中国哲学史》和《中国大文学史》等通史性著作，就明显受到进化论思想的影响，重视哲学家思想的源流、演变、进化的考辨，在分期上采用上古、中古、近古、近世形式，等等。

其次，谢无量受到马克思主义唯物史观思想的影响。谢无量对社会主义、马克思主义思想的接触较早。1902 年左右，谢无量等人所办之《翻译世界》就曾译介日本学者介绍社会主义的著作，如村井知玄的《社会主义》。④ 1904 年，谢无量通过阅读马一浮所赠英文版《资本论》开始深入了解马克思主义思想，尤其是历史唯物主义思想，并将其运用到自己的学术著作之中。谢无量所著《王充哲学》就曾尝试运用唯物论。在他看来，王充在《论衡》中对于天地万物皆用生物之理推校其本，颇近于唯物论。对此，毛泽东主席曾当面夸奖他说“谢无量老先生是很有学

① 谢无量：《中国哲学史》，北京：中国人民大学出版社，2011 年版，第 4 页。

② 谢无量：《伦理学自叙》，载《雅言》1914 年第 4 期，第 118~119 页。

③ 刘永祥：《谢无量经学思想略论》，《史林》2011 年第 6 期，第 140 页。

④ 覃江华：《“兼总百家，必归于儒”——谢无量的中国哲学史研究》，载《理论月刊》2013 年第 12 期，第 52 页。

问的，对中国古典文化和哲学都很有研究，思想也很进步，在苏联十月革命以前写了《王充哲学》。这本书是提倡唯物史观的哩!”①

在出版于1923年的《古代政治思想研究》一书中，谢无量对马克思唯物主义也有运用。他认为，先秦的政治思想分为南北两派。北派好比社会主义的乌托邦一派，而南派则好比社会主义的唯物史观一派。“北派儒家的最高政治思想(如大同主义等)，确近于社会主义。南派道家最高的政治理想，实近于无政府主义。”②不仅如此，谢无量还率先在大学课堂讲授唯物史观。1926年在南京东南大学任教时，他就曾“以唯物史观痛驳梁启超之历史研究法，是唯物史观在中国大学生中的第一次讲座，颇能吸引听众”。③ 在四川大学任教时，谢无量还曾计划讲“进化论的输入及马列主义的影响”，但未获学校当局批准。④

谢无量早年对马克思主义唯物史观最成功的运用，要数1932年出版的《中国古田制考》。1920年代，胡适与胡汉民曾在《建设杂志》上针对井田制展开激烈争论，但谢无量认为，对于这个历史上聚讼不已的问题，无论是《建设杂志》上的争论，还是当时十分流行的《胡适文存》，都没能给出合适的答案。与之不同，谢无量用经济基础决定上层建筑的理论，将井田制置于古代土地所有制形式的演变过程之中进行考察。⑤他反对康有为和廖平的“托古改制”说和胡适的“乌托邦”说，认为井田制的存在是社会发展的需要所致，是农业文明从自由农业时代过渡到国家管辖农业时代的必然结果。对于历史上很多当政者以及当代一部分人

① 谢祖仪：《回忆父亲谢无量》，载刘长荣、何兴明：《国学大师谢无量》附录，北京：中国文史出版社，2006年版，第331页。

② 谢无量：《古代政治思想研究》，载《谢无量文集》(第八卷)，北京：中国人民大学出版社，2011年版，第267页。

③ 谢祖仪：《回忆父亲谢无量》，载刘长荣、何兴明：《国学大师谢无量》附录，北京：中国文史出版社，2006年版，第335页。

④ 刘长荣、何兴明：《国学大师谢无量》，北京：中国文史出版社，2006年版，第15页。

⑤ 刘永祥：《谢无量经学思想略论》，《史林》2011年第6期，第145页。

幻想恢复井田制的做法，谢无量运用唯物史观予以批评。土地制度及其相关的军赋、宗法制度与各自时代的历史进化和社会需要是密不可分的。经济基础决定上层建筑，生产力决定生产关系。他说，“社会经济状况不同，人民生活环境不同。这种制度，固不能求其再现，也不必求其再现了”。① 谢无量还指出，“有人说井田制即是古之共产制度，将来社会进化，此等制度仍当再现。此说亦未可置信。盖工业文明发展以后，社会之生产力，已不依于农业而分配。古田制适成其为古田制，不必更希望其复活”。② 由此可见，他不仅较早接受马克思主义的唯物史观，而且率先将其用于分析古代经济和社会制度，而这一点目前还不太为学界所关注。③

中华人民共和国成立之后，谢无量对马克思主义理论的运用更加自如。例如，在《王韬——清末变法论之首创者及中国报道文学之先驱者》一文中，他在介绍完王韬变法思想之后点评说，“王韬变法自强的一切主张，总束缚于封建统治基础之下；且以孔子三纲五常之道为不可变(变法上)，其可变者仅属于技术和方法。至于封建社会的宗法制度和思想体系，也是不能变的。这暴露了他浓厚的封建主义和唯心主义观点”。④ 谢无量对马克思主义的运用，由此可见一斑。

综观谢无量的哲学、伦理学著作，对他思想影响较深的还有德国法学家、哲学家基尔希曼(谢无量译为开昔孟和楷尔黑猛)。基尔希曼之名在中国学界并不为人熟知，至少在哲学界是如此。其思想折衷于观念论与实在论之间，但略为偏重实在论。谢无量对其著作产生兴趣，缘于1902年《翻译世界》译介的基尔希曼《哲学泛论》。由于《翻译世界》所有

① 谢无量：《中国古田制考》，载《谢无量文集》(第八卷)，北京：中国人民大学出版社，2011年版，第261页。

② 谢无量：《中国古田制考》，载《谢无量文集》(第八卷)，北京：中国人民大学出版社，2011年版，第192页。

③ 刘永祥：《谢无量经学思想略论》，载《史林》2011年第6期，第145页。

④ 谢无量：《王韬——清末变法论之首创者及中国报道文学之先驱者》，载《教学与研究》1958年第3期，第41页。

译作均未指明译者，因而无法判定谢无量是否翻译了此著，但它对其哲学和伦理学思想的影响是显而易见的。谢氏所著《新制哲学大要》，基本上就是以基尔希曼《哲学泛论》为蓝本加以取舍和阐释而成的。①

基尔希曼认为，世人对哲学误解颇多，或认为哲学没有实际用处，或认为哲学为神秘之学，都是因为不了解哲学的意义造成的。哲学的唯一目的和最高问题是追求真理。哲学不仅是爱智之学，它出于不同分科的学问之中，而有总摄诸多具体科学的能力。其研究方法与对象与科学有同也有异。然而，特殊科学各有其研究范围，其研究目的不能兼顾，研究结论有时会有冲突甚至完全相反，故各是其是，各非其非。而哲学则不然，一切“有象”都在其研究范围之内。特殊科学重知觉、观察和实验，而哲学尤重思考。一言以蔽之，“哲学者，研究‘有’及‘知’最高概念法则之科学”。②

在此基础上，谢无量也对哲学提出了自己的理解。他指出，“哲学之名，旧籍所无，盖西土之成名，东邦之译语，而近日承学之士所沿用者也。虽然，道一而已”。③ 在西方，无论是英语、法语、德语还是拉丁语，哲学一词的原义都是“爱智”。谢无量认为，哲学之名虽然是通过翻译转借而来，但是与中文中的“哲”与“智”字也可以互释。《尔雅·释言》中说：“智，哲也。”扬子《方言》也说：“哲，智也。”孔子曰：“好学近乎智。”谢无量又指出，孔子“以好学自居。则亦有爱智之意矣。哲学或译为理学，考其范围，实近吾国所谓道术。天地之大，万物之广，

① 当时传入中国的西方哲学、伦理学著作已有不少。谢无量之所以钟情于基尔希曼之理论，原因或许有二：其一，两人有共同的学术兴趣。受其师汤寿潜影响，谢无量对于宪法和法治非常感兴趣，曾翻译过英国著名宪法学家戴雪的《宪法论》。基尔希曼是德国19世纪著名法学家和哲学家。两人均认识到法治与德治之联系与区别，重视伦理道德对社会治理的重要作用。其二，谢无量与基尔希曼一样，在学术立场和治学方法上主张调和折衷，而又都略微偏向于实在论和唯物论。

② [德]楷尔黑猛：《哲学泛论》，载《翻译世界》1902年第1期，第1~3，6页。

③ 谢无量：《中国哲学史》，北京：中国人民大学出版社，2011年版，第3页。

人事之繁，唯道足以统之。古之君子，尽力于道术，得其全者，是名为儒”。谢无量常常引用扬雄的话，“通天地人之谓儒，通天地而不通人之谓伎”。他还赞成庄子的观点，道术裂而后有方术。“方术者，各明其一方，不能相通，如今科学者矣。欧西言哲学者，亦以哲学虽为一科学，而实众科学所本，仅爱智之义，不足尽之。犹中国之以道术为无所不包也。”①

哲学范围如此之广，研究起来并非易事，因此不能不进行分类，以便得其门而入②。谢无量指出，按照古希腊时期的分类法，哲学可分为论理学、形而上学、伦理学三科，近来国内学界多有袭用。然而，随着近代学术的进步，分科越来越细，又增加了美学、宗教哲学、历史哲学等。这些分类都是由哲学系统中的最高原理演绎、分化而来。受基尔希曼影响，谢无量指出，哲学之分类应当由事实方面以为区别。“夫吾心之知，与外之实在体，相对待者也。故哲学分为二大部，一曰知之哲学，二曰实在体之哲学。”③其中，知之哲学又细分为认识论与观念论。观念论主要涉及观念之种类法则。认识论则考察观念是否真实，对象与观念的关系，旨在探明真理之所在。概言之，知之哲学主要考察科学的概念、定义及研究方法。实在体之哲学分为三部：(一)自然哲学(即物之实在体之哲学)；(二)心理学(即心之实在体之哲学)；(三)人生哲学(即物心二者之实在体，相结合而为人事哲学)。伦理学、美学、宗教哲学等，皆属于第三部。此外尚有经济哲学、言语哲学、历史哲学等。言语哲学，当附于知之哲学。经济哲学与历史哲学，则当附于伦理

① 谢蒙：《新制哲学大要》，上海：中华书局，1914年版，第1~2页。

② 谢无量最初认为，西学分为中庸之学(common science)、形而上学(metaphysical science)和形而下学(particular science)三大部分。其中，形而上学“任理而驰说，远者极幽微，近者化成天下，无体而用宏”，可分为神学、哲学和政治学三派。而哲学则又统属论理学(logic)、伦理学(ethics)、心理学(psychology)和美学(philosophy of beauty)。参见谢无量《蜀学会叙》，国家图书馆藏油印本，1907年左右版本。

③ 谢蒙：《新制哲学大要》，上海：中华书局，1914年版，第4~5页。

学及法理学。① 下面将简要介绍作为人生哲学之一部的伦理学的主要内容。

受基尔希曼影响，谢无量认为人类行为包括四大元素：标的(目标)、动机、欲望和遂行。四大元素有其先后次序，不能紊乱。心中预期之所在就是标的。他说，标的最初有其朕(征兆)，而动机则有著于行之机。动机的意义接近于我国固有概念“志”，也就是《周子书》“诚几”之“几”。欲望也叫执意。先有动机，后有欲望。欲望源自感情，是专注的思虑。人的欲望很多，杂起而并争，最后乃定于一。虽然有欲望，但只有付诸实施，行为目标才能实现。上述四种元素具足，才能构成行为。如果有所缺失，则为不充分行为。正因为这些缺失，国家社会才为之劝惩之法，学者才研求其策励之道。②

行为出于感情。感情种类虽然十分丰富，但有两种可以统摄其他诸种感情。一种是“苦乐之感”，另一种是“尊敬之感”。如果行为由“苦乐之感”引起，那么这种行为就是自然行为。如果行为由“尊敬之感”引起，这种行为就是彝伦行为，即道德行为。谢无量认为，“苦乐之感”最切于人身，只有自己知道。苦乐之感属于情，不属于知或者欲望。这种感情有强度差别，随着时间的磨蚀会稍有消沉。③ 苦感为乐感的反面，只要弄清楚乐感，苦感自然可以明了。乐感因发起者不同而不同，大体而言可分为八种，即由身体(肉体)、智力、权力、名誉、他人快乐、将来快乐、快乐形象、生命所生之快乐。然而，上述苦乐感情会存在通感现象，即“一乐之中，兼具诸乐。一苦之中，即蕴众苦。相因相缘，故有时通其疆畛也”④。“苦乐之感”因人而异，有人认为苦的东西，别人可能以之为乐。这是因为人们的感受性并不一样。感受性的差异源自四个方面：一是因为“天禀”有感觉思考之偏；二是因为“长育”

---

① 谢蒙：《新制哲学大要》，上海：中华书局，1914 年版，第 5 页。
② 谢蒙：《新制哲学大要》，上海：中华书局，1914 年版，第 30~31 页。
③ 谢蒙：《新制哲学大要》，上海：中华书局，1914 年版，第 31 页。
④ 谢蒙：《新制哲学大要》，上海：中华书局，1914 年版，第 32 页。

不同，各人的经历和处境各不相同；三是因为“厌钝”，久则厌，厌则钝，所以会出现感受性的差异；四是因为“不均”。不均导致比较，故遇同物而有殊感。一言以蔽之，感受性虽然人人都有，但是因为境遇不同、习尚有偏，所以感受往往有异。① 在社会生活中，人之常情是趋乐避苦，但又不能用力过猛。即去苦太猛不宜遽受最猛之乐。而且，就苦与乐而言，可能会出现以类相感而同时都有的情况。谢无量说，“至于快乐之总计，则又当以最大多数为量者也”。② 由此可见，以“苦乐之感”为基础的自然道德说，颇有功利主义色彩。

在谢无量看来，“苦乐”引起的行为属于自然行为。只有“尊敬”引起的感情才是彝伦。尊敬感情也叫道德感情，或者良心。凡是能够遵守伦理法则的人，都必然具有此种感情。按照实在论的观点来看，尊敬感情的本性与苦乐感情无异。有人认为，尊敬出于纯粹理性，谢无量则不以为然，因为理性出于思考，思考有静而无动，不能直接关联于现实，故不如以感情为主。那么，感情因何而起呢？谢无量认为，这就像“阳燧取日”“诸方取月”，是“自然相成，诚有莫之为而为，非可强以形迹求也”。③ 伦理道德是自然产生的。“尊敬感情，则发而为彝伦。彝伦即此感情之命令。各由人之材器所受，自然而生。在人类中，为至高之观念，至高之势力。”④然而，从历史上看，彝伦的内容无非由三种权威决定：“宗教时代，则为神之权威。专制时代，则为君主之权威。共和时代，则为人民之权威。惟权威者而后能命令。命令而莫之或违也。无论一何时代，皆有其一定之权威。因以为一定之道德，适得与人类之意志相合，而为行为之指导者也。”⑤

关于道德的本原，无论是快乐说还是理性说都有其缺陷。如前所

① 谢蒙：《新制哲学大要》，上海：中华书局，1914 年版，第 32 页。
② 谢蒙：《新制哲学大要》，上海：中华书局，1914 年版，第 32~33 页。
③ 谢蒙：《新制哲学大要》，上海：中华书局，1914 年版，第 33 页。
④ 谢蒙：《新制哲学大要》，上海：中华书局，1914 年版，第 34 页。
⑤ 谢蒙：《新制哲学大要》，上海：中华书局，1914 年版，第 34 页。

述，理性出于思考，只有形式而不能直接关系于现实，所以不足为道德之内容。然而，要说道德本于快乐也不能完全令人信服。对于这个问题，实在论的立场与快乐派相近，但却采用权威说来论证，认为道德内容因为权威的不同而变化。“当其有权威之时，则所命令，即为道德，而其所以能为道德，能为权威者，又必其能与人以适当之快乐耳”。因此，“道德内容，与时变迁。随其权威而为转移，不可执一以论之也。然权威之所由成，绝非反对国民之意志，且必合于当时大多数快乐之动机，故命令出而无不行。自非素禀乖异，殆莫不感受之者。惟俟此快乐之动机息，斯其权威亦息，并得化为他之权威，别成一道德之内容矣”。①

道德大体以苦乐为标准，因时代和民族的不同而不同，并常常变动不居。过去符合道德的行为，在今天也许不再被认可。因为权威者命令的变化，所以世上没有永远不变的道德。既然如此，那么道德就只有适宜与否而无优劣之分了。“时有古今，地有远近，而法律道德，亦因之各有异同。然亦仅有异同而已。无所谓高卑优劣于其间也。一时之法律道德，及一地之法律道德，无论如何，皆其权威者之所为，决有益于其时其地，不宜妄加讲议也。”②谢无量还指出，道德（彝伦）感情既然出于尊敬，骤视之好像只是强调尊敬他人，其实不然。要知道，尊敬他人就是尊敬自己，否则，就不能使自己感到满足和快乐。道德感情常常“慨然行之，不问其结果。其事至简易，尽人可能，非有待于精熟练习者也”。③ 既然如此，人类行为为何有善有恶呢？这是因为权威者并无全能。

除了行为元素和道德本原，谢无量《新制哲学大要》还曾论及自由观念。通体观之，其大意仍不出于基尔希曼之《哲学泛论》，如认为所谓自由都不是绝对的自由，任何自由都有其限制。自由不是绝对名词，

---

① 谢蒙：《新制哲学大要》，上海：中华书局，1914年版，第34页。
② 谢蒙：《新制哲学大要》，上海：中华书局，1914年版，第41页。
③ 谢蒙：《新制哲学大要》，上海：中华书局，1914年版，第34~35页。

而是对待名词。由于受到权威者势力的限制，人们习惯成自然，虽处不自由状态而不自觉。直到有一天决定摆脱这一状态，这才树立起自由之名。其实，日常生活中限制因素众多，人们习而不察而已。这也就是说，“所谓自由者，无非由旧制限而更立新制限，又一时权威者之所许，如身体自由、财产自由、移住自由、出版自由、营业自由、信仰自由等，皆是类也”。① 这些有关自由的学说对谢无量的伦理思想影响颇深。

对于民国初期颇为时人所重的自由意志说，在基尔希曼观点的基础上，谢无量指出，倡言自由意志的，多为观念派哲学家。因为他们认同因果律和必然性。而实在论与唯物论则竭力反对自由意志说，但是这种反对并非完全有效，因为他们忽略了必然性与合法性的关系。“必然性不过知之一种，其存于有之世界而为一定之规律者，则合法性是也。自然界及精神界，皆由合法性而行。因合法性以著于思考，乃有必然性。”②观念论认为，人类行为出于欲望(执意)，而欲望出于自由选择，无必然性。然而，与其他精神现象一样，欲望的产生也不能不受制于一定的规律，这就是合法性。既然有合法性，则自由意志的说法无法成立。

反对者也许会说，如果举世都有一定的规律，那么就无所谓道德了。因为道德的产生，大多是因为自由意志而起。对此问题，谢无量认为，道德感情也是自然现象之一种，也出于合法性。道德感情取决于快乐深浅之度与世事变迁之宜。道德上的进步，都必须按照一定的机械法则进行，无关于自由意志。如果所有行为都以自由意志为本，那么人类活动不就成了近乎偶然的大集合了吗?③

道德情感虽然有其规律性及合法性，人们对于道德理论及彝伦进步只能构想却无法预测。人们如果对当时的社会制度不满，往往会构想出一些理想社会来，如列子所谓的华胥之国，柏拉图之理想国，都是如此。然而，这种道德理想未必能够在将来得以实现。古今道德变异，都

---

① 谢蒙：《新制哲学大要》，上海：中华书局，1914 年版，第 35 页。
② 谢蒙：《新制哲学大要》，上海：中华书局，1914 年版，第 35~36 页。
③ 谢蒙：《新制哲学大要》，上海：中华书局，1914 年版，第 36 页。

是由于权威者命名之不同。彝伦之进步，都有其自然之序，是难以被成功预测的。①

谢无量还指出，快乐之动机与道德之动机其实是有关系的。因为道德出于权威者之命令，而人们之所以敬畏其命令，则在于它能给人带来快乐。然而，快乐并非与道德命令同时具足。一方面是因为快乐之量万有不齐，另一方面是因为人类对快乐的感受性有强弱先后的差别。有人为快乐放弃道德，或为道德而放弃快乐。但是，就大多数人而言，道德是其行为之最高命令。虽然也有奉行这一命令而终究不能得到幸福的人，但这是因为权威者无全能，无关于快乐与道德动机之相互影响。

由于基尔希曼是法学家，他对道德与法律的关系也十分关注，谢无量也基本接受其观点。他们认为，道德本为法律之原，后来才逐渐分离。分离的原因，大概是权威者看到道德的某一部分内容尤为重要，便将其析出，予以强制执行。凡有违反者，则施以惩罚。道德与法律的差别在于，道德包涵至广，但关键在于人们本乎良心而来践履，不具有强制力。与之不同，法律是具有强制力的。因此，道德有义务，而法律有权利。法律虽为道德最为重要的组成部分，有时也会与道德形成不可避免的冲突。②

此外，基尔希曼对谢无量的政治伦理思想也产生了重要影响。其中，关于国家体制的观点值得注意。他们认为，由于(神、君主、人民)三大权威之结合与转移，产生的国家体制有所不同，因此出现神权政治、君主政治、贵族政治与共和政治。未开化者多属于专制政治，已开化者多属于立宪政治，这都是因权威者地位不同而导致的国家体制之差别。然而，权威者又是因为适应于其时代与民族之发展程度而得以取得权威地位的，所以实在论者不谈国家体制之良楛(优劣)。国家体制是权威自身的代表，而伦理道德既然出自权威者之命令，自然无法对国

---

① 谢蒙：《新制哲学大要》，上海：中华书局，1914 年版，第 40~41 页。

② 谢蒙：《新制哲学大要》，上海：中华书局，1914 年版，第 37 页。

家体制施以价值判断。谢无量指出，以今天的眼光来看，国家体制当然会有优劣之分，然而古今法律都是出于权威者之命令，其性质都是一样的。如果权威出现转移，那么革命就不可避免。革命成功者就会成为权威者之“继体”，无所谓正与邪，“故知吾国古来持正统者之无当事实也”。① 他对正统思想的断然否定，是在为刚刚建立的共和政体的合法性进行辩护，是对挥之不去的封建残余思想的当头棒击，具有很强的现实针对性。其学术思想的经世特征，由此可见一斑。

需要说明的是，谢无量虽然服膺于基尔希曼之哲学思想，但是对其伦理学说还是存有一定保留意见的。在随后出版的《新制哲学大要参考书》之“编辑大意”中，谢无量对其以苦乐为善恶之原、道德无定，以及道德出于权威者之命令等观点提出了疑问，认为这些伦理学观点与我国固有的儒家学说有所不同。②

不仅如此，谢无量还受到德国哲学家尼采思想的影响。他曾在《大中华》杂志专门撰文介绍尼采生平和思想，将其称为“推倒一世之豪杰，开拓万古之心胸”的大哲学家。然而，最初谢无量并不太重视尼采思想。在他看来，尼采之说多偏宕横决，容易使人震荡失守。这与我国儒家学说所提倡的中庸之道大异其趣，但他后来发现，尼采的学说有助于挽救当时国人道德失守的现状和疲惫懦弱的国民性格，重新塑造勇猛精进、奋发有为的民族精神，于是表彰尼采为“改制学之先师”。受尼采学行影响，谢无量认识到“今乃知当世之大患，不在言论之不平和，思想之不纯粹，与夫行为之不庸熟而已，乃在一世之人，群麻木之疾而不可救。民智日闇下，民气日萎靡。国族亦随之而沦胥以亡，则虽有智者，亦末如之何矣”。③ 他希望能借助尼采精神激发国民自立自强的信

---

① 谢蒙：《新制哲学大要》，上海：中华书局，1914 年版，第 38~39 页。

② 谢蒙：《新制哲学大要参考书》“编辑大意”，上海：中华书局，1914 年版，第 1 页。

③ 谢无量：《德国大哲学者尼采之略传及学说》，载《大中华》1915 年第 1 卷第 7 期，第 1388 页。

心，并认为这极为有利于当时的中国社会。“若尼采之说，其卓荦怪伟如此，或亦足以矫吾国之弊，使懦者自立，弱者自惧，岂徒小补者与?”①正是在尼采的启发下，谢无量究心于心理学和伦理学，并致力于改造国民性。他所采取的路径，与其对尼采学术贡献的总结有惊人的一致。例如，他认为“尼采所以进人类于君子之道，则在变今世结婚及教育之法，及统一欧洲，而废去教会耳”。② 如前所述，谢无量追随孙中山先生从事国家统一事业，并一生致力于教书育人。在其《国民立身训》《妇女修养谈》中，他对君子之道以及婚礼习俗尤为重视。因此，谢无量受尼采思想的影响也是非常大的。

最后，谢无量也受到日本汉学家思想的影响。事实上，与谢无量同时代的中国学人，如章太炎、梁启超、鲁迅、陈独秀等，都或多或少受到日本学人思想影响。石凤珍认为，留学日本的近代中国学者，与留学西方的学者(如胡适、丁文江等)有着不同的学术品格，在治学理念与方法上存在明显差异。在日本生活或学习过的中国学人，“往往注重文学和历史，对佛学有浓厚兴趣，对中国传统文化多持一种肯定态度，具有一种文化保守主义的立场”。③ 谢无量也是这样。他曾经留学日本，精通日语，在借鉴和反驳日本学人著述方面享有得天独厚的优势。在谢无量的有些著作当中，不难发现日本学人同类著作的影子。如前所述，其力作《中国哲学史》极有可能经过汤寿潜、蔡元培的中介而受到日本汉学家同类著作的影响。此外，梁漱溟也曾公开指出谢无量与日本汉学的关系。他早年在一次演讲时称，谢著《阳明学派》据说是以某位日本

---

① 谢无量：《德国大哲学者尼采之略传及学说》，载《大中华》1915年第1卷第7期，第1388页。

② 谢无量：《德国大哲学者尼采之略传及学说》，载《大中华》1915年第1卷第7期，第1389页。

③ 参见石凤珍《谢无量先生学述》，中国艺术研究院博士后出站报告，2009年，第45页。此说虽有一定道理，但绝非全然如此。例如，陈独秀、钱玄同等都曾留学日本，他们对待传统道德文化的态度就颇为激进。

学者的著作为底本撰写而成。① 然而，谢无量毕竟是位一流学者，其著作虽有借鉴，但也不乏出于己身之洞见(对于这一点，梁漱溟先生也是予以承认的)。不仅如此，他还常常对日本学者的偏见或不当观点进行批评。例如，在老子研究方面，日本人斋藤拙堂可谓"汇疑老子之众说"。他曾作《老子辨》五篇，认为老聃非老子，《论语》"窃比老彭"之"老"，才是老聃，而《老子》一书出现在孟子之后。斋藤氏列举了五条原因：

> (1)《史记》列传谓孔子问礼于老子，妄诞不可信。《史记》多取庄周之书。周荒唐人也，其言岂足据乎？(2)《史记》记老子之子名宗，与老子时代悬绝。且以下世数甚详，若与孔子子孙世数多寡比较，不无可疑。况老子生国，非陈而楚，则知老子周显王以后之人，少后孟子，其著书又最晚，故孟子不得见之耳。(3)《史记》老子传至杂，取老莱子、太史儋之事，竟不知老子为何时人。盖苦其年代不及孔子，遂强益之为百六十岁，或二百岁，恶足传信乎？(4)《礼记》中孔子说礼，屡曰"吾闻之老聃"，此诬罔所由起。盖以老聃及著书之老子为一人，故有此蔽。(5)《老子》书中言语，类秦汉人间所谓，譬如"仁义"二字并举，惟见于《易·系辞》"立人之道，曰仁与义"，六经、《论语》皆无之。其后仅孟子习言仁义。故老子出于孟子后之证。②

谢无量对这五条理由逐一进行批驳。他认为，老子与孔子生活在同一时代，并比孔子要年长，这是确定无疑的。因此，要推之老子之时代，就只能从老子与孔子之间的关系来求得。把老子视为战国末期之人的提法，大抵多出于臆测。谢无量指出，"如谓老聃非老子，及用仁义

---

① 梁漱溟：《阳明宗旨不可不辨——评谢著〈阳明学派〉》，载梁漱溟著，梁培宽、梁培恕辑录《人生至理的追寻：国学宗师读书心得》，北京：当代中国出版社，2008 年版，第 84 页。

② 谢无量：《老子哲学》，《大中华》1915 年第 1 卷第 5 期，第 949~950 页。

语在孟子后，此皆不足确证老子之年代也。况仁义为儒家恒谈，何必孟子前无并称之者耳？”①谢无量对斋藤拙堂等日本学人思想的批驳，事实上反应了他对海外中国学研究成果的关注。

对于西方学者研究中国的学术著作，谢无量也十分重视，但保持着一种批判性态度，反对没有历史根据的主观臆测。清末民初，有关中国人种和中华文明源自西方的说法甚嚣尘上。谢无量坚决反对“民族西来之说”及老子学源于印度婆罗门教和佛教的论断。19世纪末，法国人拉菲特(Pierre Laffitte)和英国人道格拉斯(Robert K. Douglas)等人提出，印度婆罗门教及佛教之旨趣与老子思想颇为相近，并据此推断老子学出于印度。对于这种臆测，谢无量难以认同。他指出，“老子思想，固有与印度思想偶合者，然古今哲学家，其思想往往相类。盖或为心理进化之道路所必经，无足怪也。墨子学有似耶教，杨朱之快乐说，有似希腊亚礼士提博 Aristippus 之快乐说，以其相类之处，而遂疑为渊源所出，或不然矣”。② 拉菲特认为，儒墨都尊奉古先圣王之道，唯独老子蔑视之。而且，老子多谈形而上学，在当时显得有些特立独行。③ 谢无量反驳说，“老子悯世之衰乱，学术之弊，思有以救之，因时立言，不得谓其持论有殊，即以非中国特发之思想也”。道格拉斯则猜测说，中国西部在古代与印度有交通往来。而且老子名耳，其耳朵形状又比较特殊，所以应当是外来人种游于中国。后来老子弃职西去，便是要回到故乡④。谢无量对这种武断提法予以痛批，因为他“向来不信五帝同族的话，及民族西来之说”。⑤ 他指出，早期历史没有中国古代与印度往来

---

① 谢无量：《老子哲学》，《大中华》1915年第1卷第5期，第950页。

② 谢无量：《老子哲学》，《大中华》1915年第1卷第4期，第723页。

③ Pierre Laffitte, *A General View of Chinese Civilization and of the Relations of the West with China*, trans. by John Carey Hall, London: Trübner, 1887: 27-30.

④ Robert K. Douglas, *Confucianism and Taouism: Non Christian Religious Systems*, London: Society for Promoting Christian Knowledge, 1889.

⑤ 谢无量：《中国古田制考》，载《谢无量文集》(第八卷)，北京：中国人民大学出版社，2011年，第187页。

的证据。东汉以后，佛法传入中国，中印交流才有明确记录。前往印度的中国人，也是取道西北，先到中亚然后南行。因为当时中国西南部山壑峻阻，是无法通行的。“虽张骞之雄力远骛，卒无成功。今以容表略类，遂加臆测，且谓其弃职西行，为冀还故乡，斯真不经之谈。”①

综上所述，本章主要对谢无量波澜壮阔的革命人生和学术思想背景进行了梳理。谢无量所处之独特社会历史背景，为其学术思想的发生和发展提供了丰厚的土壤。随着清末民初传统经济、社会结构的解体，附着其上的伦理道德体系随之崩溃。在外来思想文化的强烈冲击之下，中国学术开始了从传统到现代的转折与过渡。随着科举制度的废除和现代学科制度的建立，传统经学体系瓦解，并分化出哲学、文学、史学等现代学科，心理学、伦理学等新兴学科纷纷建立。时势造英雄。谢无量的学术成长关键期和活跃期，正好处于这一时期。

谢无量自幼接受良好传统学术训练，又师从汤寿潜、蔡元培等学习国文与新学，并与先进知识分子交往甚密，积极通过报刊文章呼吁反帝反封建和民族民主革命。纵观其人生，谢无量与其他先进中国学人一道，一边积极参加社会变革运动，一边投身学术救国，还孜孜于教书育人事业。在此过程中，他不仅结识了孙中山、章太炎、邹容等一大批革命者，而且与新文化运动主将陈独秀、胡适、吴虞等都有交往，在学术上与刘师培、吴之英、廖平等切磋砥砺，并培养出蒙文通、王光祈等众多硕学通儒。谢无量积极参与各种社会组织，如“蜀学会”“南社”“中国民权保障联盟”“全国各界救国联合会”“佛教会”“大同会”等，在民族民主革命、反抗帝国主义侵略和教育学术救国等方面发挥了重要作用。

由于他心胸开阔，交游广泛，加上浙东学术思想的熏陶濡染，谢无量在学术倾向上有一定折衷倾向，试图调和宋学与汉学、新学与旧学、中学与西学。然而，平心而论，谢无量虽然天资聪颖，且接受过良好的传统学术熏陶，但并未接受过完整的西学训练，其西学知识源自南洋公

---

① 谢无量：《老子哲学》，《大中华》1915年第1卷第4期，第723页。

学特班及自学所得，没有像胡适、冯友兰那样在海外攻读博士学位，受西方文化浸淫多年的经历。因此，在他试图以西学为参照对中国哲学、伦理学进行现代诠释时，视野与识见难免会有一些局限。

因此，以上种种主客观条件，既为谢无量伦理思想的形成提供了丰厚的土壤，使其能够在中国学术从传统到现代的创造性转化过程中发挥重要作用，但同时也不可避免地使其带上明显的过渡性特征。如果采取知人论事的方法，将谢无量的学术活动和学术成就放在清末民初传统学术到现代学术的转型、中学与西学发生正面冲突与融合的历史背景下进行考察，我们不难看出其学术敏感性和理论自觉性是超迈前人的。谢无量的学术视阈之广、反思之深，超越了许多同时代学者。谢无量对中国哲学史的自觉书写，对中国伦理学的理论建构，对现代国民道德的重构，引领了民国时期学术发展的潮流，非常值得中国近现代哲学、伦理学研究者关注。

第二章　体系创建：谢无量伦理思想之架构

清末民初既是一个因为社会急剧变革而呼唤价值重估和伦理革命的时代，也是一个救亡与启蒙双重变奏的时代。这一时期的中国伦理学者一方面忙于探索救国救亡的道理，一方面思考中国传统文化的世界性与民族性、批判性与继承性等尖锐问题。出于对改造国民性和道德革命的需要，一批先知先觉的学者意识到伦理道德问题的极端重要性，将其作为专门的问题来研究，同时引进西方的伦理思想，以此来观照中国的道德问题，进而发展起系统化、学理化的伦理科学。① 在这一时代背景的激励下，极具学术敏感性和自觉性的谢无量开始了伦理学理论探索，并建立起"二部八论"和"三位一体"两套各具特色的伦理学体系，为中国近代伦理学的理论建构作出了贡献，推动伦理学在我国真正成为一门独立学科。

第一节　伦理学之定义与范围

长久以来，国人多认为西方精于科学技术，而我国固有学术则胜在道德。对此，梁启超先生一针见血地批评说，"中国自诩为礼仪之邦，

① 唐凯麟、王泽应：《20世纪中国伦理学研究及其历史启示》，载《江苏社会科学》2000年第4期，第33页。

宜若伦理之学无所求于外。其实不然。中国之所谓伦理者，其范围甚狭，未足以尽此学之蕴也……今者中国旧有之道德，既不足以范围天下之人心，将有决而去之之势，苟无新道德以辅佐之，则将并旧此之善美者亦不能自存，而横流之祸，不忍言已”。① 可见，与封建宗法制度相适应的旧道德，已经不能符合新时期的社会需求。随着传统小农经济的解体，资本主义经济逐渐发展壮大，社会生产关系和伦理关系已经发生翻天覆地的变化。中国社会急需建立一种新道德来规范人们的言行。在这一新道德的建构过程中，传统伦理中的善美成分需要继承发扬。然而，倘若与时代要求相一致的新价值体系还未能建立起来，而传统伦理的价值体系就已经被彻底摧毁，其中合理成分可能会被一并抛弃，失去其规范作用，从而导致国人陷入价值淆乱、无所适从的局面。这将对整个社会、国家的长远发展产生极为不利的负面影响。有感于此，梁启超先生鼓励国内学人进行伦理学研究，为现代国民道德重构奠定基础。他说，“今日有志救世者，正不可不研究此学。斟酌中外，发明出一完全之伦理学以为国民倡也”。② 梁启超的振臂一呼引来众多学者参与其中。随着西学东渐和思想启蒙运动的深入，当时先进的伦理学者逐渐认识到，我国固有的《儒林传》《道学传》只是伦理思想史，而并非伦理学之全部。“伦理学的建构已不能只是附会儒家伦理教条，而应从学术意义上去努力，这种思考也已成为中国近代学者的一种共识”。③ 谢无量曾加入梁启超以《大中华》杂志为阵地的新保守主义阵营，也是较早响应梁启超“发明一种完全之伦理学”号召的近代伦理学者。1914 年，谢无量出版《伦理学精义》一书，并在《雅言》上发表《伦理学自叙》一文，对

---

① 梁启超：《东籍月旦》，载《饮冰室合集第一册》(文集之四)，北京：中华书局，1989 年版，第 85~86 页。

② 梁启超：《东籍月旦》，载《饮冰室合集第一册》(文集之四)，北京：中华书局，1989 年版，第 86 页。

③ 徐曼：《中国学者建构近代伦理学的学术努力》，载《中华文化论坛》2014 年第 4 期，第 77 页。

伦理学定义、性质、效用、研究范围及研究方法等基本问题展开了深入思考，并同时提出了两套特色鲜明的伦理学体系构想。

一、伦理与伦理学之定义

名正则言顺。要研究伦理学，首先就需要给伦理学正名，对其定义和性质进行说明。谢无量指出，伦理学是一个由日语转借而来的西方术语，在希腊语中叫 Ethos，在拉丁语中则名为 Mores。在西方学术体系中，伦理学是哲学的一个重要分支，与自然科学无异。① 因此，伦理学也是一门科学，而且是一门实践科学。谢无量试图用我国固有之概念来会通西方之伦理学。他说，"西方所谓伦理学，即吾国之礼也"，② "虽浅深疏密，容有不同，至于条理旨趣，往往不甚相远"。③ 这与王国维的观点非常类似。后者认为，"世界学问，不出科学、史学、文学。故中国之学，西国类皆有之。西国之学，我国亦类皆有之。所异者，广狭、疏密耳。……余谓中西二学，盛则俱盛，衰则俱衰。风气既开，互相推助。且居今日之世，讲今日之学，未有西学不兴，而中学能兴者；亦未有中学不兴，而西学能兴者"。④ 谢无量对待中西之学的态度与王国维的中西会通思想是一致的。他分别从中学和西学出发对伦理及伦理学的内涵进行了界定。

谢无量首先从词源上考证了"礼""伦""理"与"伦理"之间的关系。"礼"本训"理"，"伦"亦训"理"。"伦理"不仅与"礼"互通，而且统于"礼"之中。"伦理"是"礼"中最关乎人事的那一部分。"伦理"二字合用，最早见于《礼记·乐记》："乐者，通伦理者也。"在《仲尼燕居》《孔子家语》《管子·心术》《尚书·舜典》以及《汉书注》等文献中，"礼"本

① 谢蒙：《新制哲学大要》，上海：中华书局，1914 年版，第 31、40 页。

② 谢无量：《伦理学自叙》，载《雅言》1914 年第 4 期，第 115 页。

③ 谢蒙：《伦理学精义》，上海：中华书局，1914 年版，第 1 页。

④ 王国维：《国学丛刊序》，见胡道静《国学大师论国学》(上集)，东方出版中心，1998 年版，第 42~43 页。

训“理”，“伦”亦训“理”。“伦”又训为“比类”“伦必比类而后可见”，“比类而加以分别乃合于礼”。① 因此，有对于个人的道德，也有对于他人，乃至整个社会、国家和万有的伦理。在《说文》中，“理”本训“治玉”。要把宝玉从石头中加工出来，并非易事，但也并非没有可能。玉石虽然坚硬，却有一定的纹路，也就是纹理。所以，“理”可以引申为纹理、条理、情理、道理和规律、规则、法则等含义。“理”可以引申为分别和分析之意。因此，“益见礼之大分，非苟然而作。盖凡伦理无所不统于礼之中也”。② 谢无量指出，“理本以序天地。在秩万物而不可乱。如乐之有节奏伦理也。是伦理之义，实与礼互通。因其秩序之粲然者言之，则训伦为比类；又因所以使之成此秩序者言之，则训伦为道。然欲比类而观其道，莫切于人事。……于是为之亲疏长幼隆杀之差，家国社会自他有别，皆于伦理乎尽之”。③ 也就是说，礼无所不包，其语义范围要比伦理广。称礼为伦理，是专就人事方面说的。

谢无量强调中西学术思想的会通，既反对全盘西化，也反对食古不化。与对哲学观念的定义一样，谢无量试图从中西会通的角度来定义伦理学，反对借重西学诋毁中学的做法。针对当时学者一味侈言欧化而诋毁礼数的做法，他曾提出严厉批评，认为他们是只知二五而不知一十。④ 谢无量以身作则，尝试运用西学的新观念来重新整理和阐释传统伦理思想的善美(合理)成分，以为新时代国民行为之规范。他说，按照中国传统观念，礼是天之经、地之义和人之行，人之行为必须符合天经地义。因此“伦理学为行之学(Science of Conduct)，亦谓之道学(Moral Philosophy)”。⑤ 这里的“道学”，一般通译为“道德哲学”。谢无

① 谢蒙：《新制修身教本(四)》，上海：中华书局，1914年版，第1页。
② 谢蒙：《伦理学精义》，上海：中华书局，1914年版，第2页。
③ 谢蒙：《伦理学精义》，上海：中华书局，1914年版，第1页。
④ 谢无量：《伦理学自叙》，载《雅言》1914年第4期，第115页。
⑤ 谢无量：《伦理学自叙》，载《雅言》1914年第4期，第115页。

量虽然知道此译名①，但更倾向于采用“道学”这一译法。因为将伦理学视为“道学”，既可以与候模(Hume，今译休谟)和司华帝(Steward，今译斯图尔特)等人将伦理学称之为“道德哲学”的做法对接，又可以与传统儒家学者对道德的定义会通。谢无量指出，道本来就将德包括在内，而伦理学是用来规范人之行为的。“伦理学治人之行，即在使之进于德焉”。② 因此，“宋儒标言道学，其学者多谨于行为。故谓伦理学为道学，其义政复相通耳”。③ 谢无量在其伦理学理论建构过程中，试图将中西古今之学融会贯通，由此可见一斑。

谢无量梳理了礼(伦理)与习俗的关系，并将伦理学定义为探究习俗之学。④“夫礼者，因人之情而为之节文，以为民坊者也。若不本于人情，则其礼必蹠盭而难行。故曰：礼从俗，以见礼与习俗，有不可离之关系。而伦理学之本义，所以为研究风俗习惯之学也。”⑤谢无量此论是从自然主义的角度，论述了伦理道德的起源，即顺应人之情而有所节制，并将其确定为人类行为之准则。与基尔希曼一样，谢无量认为时有古今，地有远近，法律道德因此各有异同。⑥ 所以，伦理学必须满足社会之新要求。“天下之生久矣，人事风俗之变，时有不同，故三王易世不相袭礼，质文互教，有如循环，补偏救弊，有不得不然者也。政治家必察于时宜，应夫社会之新要求，以施政治。伦理学家，亦必察于时宜，应夫社会之新要求，以制行为之道。惟社会之新要求有所不同。”⑦这是对顽固保守派“天不变，道亦不变”陈旧观念的一个突破。《乐记》中所说的“礼，时为大”，表达的是同样的意思。朱熹也说，“有圣人

① 谢无量在将 Moral Philosophy 翻译成“道学”之后，又加注说“或云道德哲学”。见《伦理学精义》第 4 页。

② 谢蒙：《新制修身教本(四)》，上海：中华书局，1914 年版，第 2 页。

③ 谢蒙：《伦理学精义》，上海：中华书局，1914 年版，第 4 页。

④ 谢无量：《伦理学自叙》，载《雅言》1914 年第 4 期，第 115 页。

⑤ 谢蒙：《伦理学精义》，上海：中华书局，1914 年版，第 2 页。

⑥ 谢蒙：《新制哲学大要》，上海：中华书局，1914 年版，第 41 页。

⑦ 谢蒙：《新制哲学大要》，上海：中华书局，1914 年版，第 22 页。

作，必将因今之礼而裁酌其中，取其简易、易晓而可行，必不至复取古人繁缛之礼，施之于今也(《朱子语类》八十四)”。因此，“考诸习俗，斟酌损益之，是伦理学之义矣”。① 然而，对于西方学者将伦理学定义为习俗研究的做法，谢无量还是持有一定保留意见的。他认为，“礼有经有变，先儒以曲礼为变礼，可委屈变通，适于习俗。习俗关于伦理至重，或因而利导之，或因而遏止之。若一切随顺习俗而已，则何取于伦理？故非善穷习俗之变者，莫能因人情而立之坊也”。② 也就是说，伦理学有可以变通的地方，用于顺应风俗之变化。然而，伦理学也有万变中的不变，即“经”。因此，在《新制哲学大要参考书》之“编辑大意”中③，谢无量对西方的道德无定说提出了疑问，认为这些伦理学观点与我国固有儒家学说有所不同。

谢无量还采用“以中释中”的方法，按照儒家自身的话语体系来定义伦理学。在他看来，所谓伦理学之定义，不外乎从修身、齐家开始，最后能治国、平天下。这种观念由来已久。《尧典》中的“克明俊德，以亲九族。九族既睦，平章百姓。百姓昭明，协和万邦。黎民于变时雍”就已尽伦理之能事。而对伦理学定义最为详细的，非《大学》之三纲领、八条目莫属。所谓三纲领，就是明明德、亲民、止至善。所谓八条目，就是格物、致知、诚意、正心、修身、齐家、治国、平天下。谢无量指出，格物、致知、诚意、正心、修身属于明明德，齐家、治国、平天下属于亲民，明明德与亲民统属于止至善之中。④ 在此基础上，谢无量对伦理学下了一个定义：“所谓伦理学者，即以明德、亲民，始终相待，而求所以止于至善之学也。盖体用兼具，在卒达

---

① 谢蒙：《伦理学精义》，上海：中华书局，1914 年版，第 2 页。

② 谢蒙：《伦理学精义》，上海：中华书局，1914 年版，第 2 页。

③ 谢蒙：《新制哲学大要参考书》“编辑大意”，上海：中华书局，1914 年版，第 1 页。

④ 谢蒙：《伦理学精义》，上海：中华书局，1914 年版，第 4~5 页。

其最终之正鹄焉。”①由此可知，谢无量深受儒家经典伦理学文献《大学》的影响。与此同时，他也在探索用现代西方伦理学观念来会通传统儒家道德观念。在谢无量看来，明德是体，亲民是用，体与用、个人道德与社会伦理相待始终，最后实现至善这一道德理想。

二、伦理学之研究范围

基尔希曼认为，与自然科学一样，伦理学研究以主观之概念法则为本。伦理学是理论研究，不是实际指南，不能用来评判行为之道德价值。道德评判不属于伦理学研究范围。受其影响，谢无量在《新制哲学大要》中指出：“研究伦理学，其法不异研究自然科学。故当以主观内之概念法则为本。而对于彝伦界之行为，无批判其价值之权能也。故彝伦界者，亦犹自然界之现象而已。若夫议论事会，品第黑白，卒以见深切著明之利益，此盖彝伦实行之分子而已，而非伦理学之范围也。”②然而，将伦理学的研究范围限定在理论研究，尤其是主观概念法则的推导上，是有失偏颇的。伦理学既是理论科学，也是实践性科学。如果建立起来的伦理法则不能作为道德判断的依据，伦理学研究的意义就大打折扣。因此，在《伦理学精义》中，谢无量对这一观点进行了修正。他指出，伦理学研究成果既可以为人们追求道德理想指明道路，又可以为其道德判断提供依据。

谢无量是典型的完善论者。所谓完善论(perfectionism)，又称至善论、至善主义，或者自我实现论等。“它主张道德应当帮助人们去实现完善的、全面发展的目的，去努力达到人生各方面的卓越和优秀，达到至善、而尤其是达到人在道德德性和人格上的尽善尽美。”③儒家伦理学

---

① 谢蒙：《伦理学精义》，上海：中华书局，1914年版，第6页。

② 谢无量：《新制哲学大要》，上海：中华书局，1914年版，第40页。

③ 何怀宏：《伦理学是什么》，北京：北京大学出版社，2008年版，第89页。

就是典型的完善论。早年有“蜀之颜子”之称的谢无量，所提倡的就是儒家至善主义。他对伦理学的定义就已经体现出这一点。既然伦理学是有关明德、亲民，以求止于至善的学问，那么有关确定“至善”这一最高道德理想，以及实现这一最高道德理想的途径，就理所当然成为伦理学的研究对象。

至善是人道德修养的绝对、终极目标。至善不同于善，更不同于恶。善与恶都是一种相对标准，而至善是一个绝对标准。要接近至善的状态，人需要从内外两个方面进行道德修炼。“内而身心能力之发展，外而国家天下之关系，悉得其所而无毫发之遗憾，乃可谓之蹈于至善之正鹄。虽然，事物至赜，举措之间，形为善恶者，亦已众矣。故必先察乎善恶之本原，以为行为之标准。若夫如何而后可以达于至善，则不外勉其义务、续其德而已。义务与德者，实践之条目，而善之内容也。勤修乎是，斯于至善之正鹄，为不远矣。”①这就是说，至善之人需要做到内外兼修、修齐治平。其修养的方法是先明白善恶之本原，而后勉其义务、续其德。谢无量的伦理学体系就是由善恶论、义务论和德伦构成的。伦理学的研究任务和研究范围是一方面要确定人生之正鹄，即善恶之本原以及行为之标准论，另一方面要辨明达到此人生之正鹄的正道(方式)，即义务论和德伦。

伦理与法律和政治关系密切。因此，要确定伦理学的研究对象，就不能不厘清这三者之间的关系。因为中西学术传统不同，伦理学与政治学的研究范围并不相同。在中国古代，政治是包含在伦理(礼)之中的，而古希腊的情况正好与此相反。“西方之学，别伦理于政治之中。中国之学，则直以伦理统政治。”②自亚里士多德起，西方将伦理视为政治学的一个部分来研究。③ 无强制性的道德与具有强制性的法律判然为二

---

① 谢蒙：《伦理学精义》，上海：中华书局，1914年版，第30页。
② 谢蒙：《伦理学精义》，上海：中华书局，1914年版，第19页。
③ 谢无量：《伦理学自叙》，载《雅言》1914年第4期，第116页。

物。按照西方伦理学家(包括基尔希曼)的观点，道德源于习俗，而法律源自道德。法律是道德中最为重要、最为关键的部分。治国者会将这一部分内容从道德中独立出来，以政令或法律的形式颁布实施，使之具有强制执行力。那些没有被独立为法律的道德部分，仍然需要人本着自己的良心来遵守。① 也就是说，在西方社会，道德虽然居于较高的位置，但是与政治、法律相比，有缓急之差和强制力大小之别。伦理学也并非全为理论。伦理学的功用也不像政治、法律那样直接和立竿见影。所以伦理与政治没有直接的关系。

我国的情况则与此不同。“其伦理主义，悉具于礼。礼之守在官，而官之职在教。”②对一个人而言，从小学开始，直至长大成人，小到日常生活礼节，大到国家重要典礼，其所学都与道德相关。伦理与政治密不可分。“礼则隆道德，而政则有刑罚。然必为礼之所禁，而后为法之所加。道德与法律，相为合同。故风俗可得而善，伦理之效可得而观也。”③这就是说，中国古代政治出于伦理。掌管国家政治的人物，一般是一时的圣哲，其身正不令而行。柏拉图《新共和国》(《理想国》)中哲学王的理想，在西方没有实现，不期在中国实现了。中国古代圣哲“因人之性，缘义之理，作五礼以防民伪，而教之中”，从而使社会达到礼乐既兴、和气总至的状态④。反观西方，仅有部分学者的断片式研究，因为理论与应用的脱节，没有将伦理与政治结合起来。在我国传统学术体系中伦理政治不分家，很多学者以西方伦理学和政治学为标准，认为这是一种落后。谢无量则不以为然。他不仅看到了中西文化中伦理与政治、法律关系的异同，而且也看到了各自的优势。这在当时的历史环境下是非常难能可贵的。

---

① 谢蒙：《伦理学精义》，上海：中华书局，1914 年版，第 18 页。
② 谢蒙：《伦理学精义》，上海：中华书局，1914 年版，第 18 页。
③ 谢蒙：《伦理学精义》，上海：中华书局，1914 年版，第 19 页。
④ 谢蒙：《伦理学精义》，上海：中华书局，1914 年版，第 19 页。

第二节 伦理学之效用与方法

在对伦理学的定义和研究范围进行界定之后，谢无量还专门探讨了伦理学的效用与研究方法。伦理学既是一门理论科学，也是一门实践科学。伦理学研究有两大主要功用，一是帮助人们树立正确的道德观念，二是使人具备良好的道德判断和道德行为能力。既然伦理学研究如此重要，那么选择正确的研究方法就十分关键。谢无量是较早具有明确方法论意识的中国现代伦理学家。

一、效用：树立道德观念，规范实践行为

伦理学对于个人、社会和国家有诸多效用。首先，作为行为科学，伦理学"惟重在效用，非仅尚空谈也"。① 这也就是孔子所谓的载之空文不如见之行事的道理。修习伦理学不仅在于明白一定的道理，付诸行动才是重中之重。其所谓的行动包括修己和化人两个方面。"内以修诸己，外以化诸人。人人修其身，天下自正"。② 其次，谢无量认为伦理学的效用及价值体现于树立道德观念和规范人之行为两个方面。"研究伦理而得明确之道德观念，则于行事多正见而鲜邪见一也；本正见以断行为之标准，则取舍去就，不陷于不义二也。"③也就是说，伦理学研究之效用，既有知之一面，也有行之一面；知之一面旨在树立正确的道德观念，确立合理的道德标准。唯有如此，在行之一面，人们才能作出准确的道德判断，使言行合乎道德的要求。

伦理学既然有如此重要的价值，那么如何发挥其效用呢？总体而言，谢无量的观点是知行合一、知先行后。伦理学兼具理论性和实践性，是人生哲学的一个分支。"世之哲学，固有专主理论者，……而伦

① 谢蒙：《新制修身教本(四)》，上海：中华书局，1914年版，第11页。
② 谢蒙：《新制修身教本(四)》，上海：中华书局，1914年版，第11页。
③ 谢蒙：《伦理学精义》，上海：中华书局，1914年版，第25页。

理学则直以实践为正鹄，修习其理论，与举措于事业一也，故号曰实践科学。”①据此可以看出，谢无量对伦理学之性质有较为准确的认识。在他看来，“夫道德之本，学则知之，然不加以力行，则其效用，终不可见”“盖伦理学虽足以变化气质，然其气质变化与否，在于实践之际定之”“徒熟习于学理，而不知实践，诚未能语于伦理学之效用矣”。② 由此可知，修习伦理道德的方法是首先要学习，使自己具备相关的伦理道德知识。但光有知识是不够的，还需要在社会生活中付诸实践。知识和践履是合二为一的。修习伦理学的关键，就是要做到知行合一。知行合一的知才是真知，不能行就称不上是真知。“凡伦理学之效用，即合知与行二者言之，不可不察也。”③谢无量还认为，伦理学之效用以知为始，以行为终。“如能致其知，则自然可达于至善之正鹄也。”④他反复强调，研究与实践相资以为用才能真正发挥伦理学的功效。“所以能实践是者，即在于先知之，未有不知而能实践者也。研究即是知，实践即是行，二者相资，不可偏废，乃足以成伦理学之效用也。然研究与实践，并非截然判为二事，又必融合一贯，始足贵焉。”⑤谢无量此论是对王阳明知行合一、知先行后观点的继承和发扬。

知行合一中的“知”不能脱离常识和人之常情。旧社会那些难以在现实社会中发生的道德说教违背伦理学常识，高远而不切乎人情，无法满足新时期道德风尚建设的现实需要。另外，要有组织、有系统、有深度地学习伦理知识，否则就只能学习一些零碎、破裂的知识，收获有限。谢无量指出，“盖必先有系统之知识，而后行为常有所统一，且道德之信仰，日增强固，则更能精确认识，以为成德作圣之基，非偶然也。故研究之际，尤不可不慎。勿安于卑陋，勿骛于高远，卑陋则不能

① 谢蒙：《伦理学精义》，上海：中华书局，1914年版，第26页。
② 谢蒙：《伦理学精义》，上海：中华书局，1914年版，第26页。
③ 谢蒙：《伦理学精义》，上海：中华书局，1914年版，第29页。
④ 谢蒙：《伦理学精义》，上海：中华书局，1914年版，第28页。
⑤ 谢蒙：《伦理学精义》，上海：中华书局，1914年版，第28页。

卓然有所建立，高远则不切入人情，而反乎常识，夫伦理学莫非以常识为主，而详加以组织耳。倘不博通群学，精深思考，而徒鲁莽灭裂以求之，亦安能有所得哉”。① 也就是说，伦理知识不是玄而又玄、高深莫测的，而是基于人伦日用但又高于人伦日用的。此外，伦理知识是有组织的常识，需要通过博学、审问、慎思、明辨、笃行得来。

修习伦理学需要养成高尚的人格，注重经权之变。“虽然伦理学之重实践者，非仅依其方法而修习之，即尽实践之能事也。伦理学所以御天下之至赜而不可乱，礼义通于心，则神而明之，存乎其人，可经可权，而胥不失其效用，该必先养成其特殊之人格，其所举措，乃能达变而合道也。”②在谢无量看来，“知之非艰，行之维艰。徒学而不能行，与不学等。此实践道德之所以重，而伦理学之效用所以无穷也”。③ 如此观之，谢无量一方面重视知之重要，但更强调力行之重要。其力行思想与《尚书·说命中》的“知之非艰，行之惟艰”是一致的。

既然修习伦理学有如此功用，那么是否任何人都能达到至善之境呢？那也未必。谢无量强调道德行为主体的能动性，鼓励人们以君子为理想人格进德向善。人之行为必须以常道为标准。所谓常道，就是习俗所承认为善的东西。使行为符合常道是所有人的义务。道虽然只是一个常道，善也只是一个善，但是因为习俗的差异，加上人的禀赋和品性不一，学习勤勉程度和涵养省察功夫有异，人之修养水平难免会有高下之别，善也会有小善大善之分。然而，修习伦理学之人要以止于至善为目标。“伦理学家，犹贵至善。于常行之中，有不可仅谓已尽义务者，则特称扬其善，谓之德行。行而能至于德斯可矣。虽然，此非尽人而可能也。必加之以学问勤勉之功，涵养省察之要，而后知人之所以为人者，卓然而自立，以庶几于成德。”④这就是说，使自己行为符合常道，完成

① 谢蒙：《伦理学精义》，上海：中华书局，1914年版，第25页。
② 谢蒙：《伦理学精义》，上海：中华书局，1914年版，第27页。
③ 谢蒙：《新制修身教本(四)》，上海：中华书局，1914年版，第11页。
④ 谢蒙：《伦理学精义》，上海：中华书局，1914年版，第3~4页。

道德义务的要求，还不一定称得上德行。真正的德行不仅满足于尽一己之义务。尽义务只是基础，要成为真正有高尚道德品行之人，则需要不断学习和实践，学问勤勉、涵养省察，最后由成人而渐进于君子。“君子者，成德之名也。人之能行德行与否，咸视其品性以为等差。养成品性为伦理上之急务。”①这不仅指出了进德修业的方法，而且也说明了进行道德品性修养需要具备的条件和能够达到的效果。

二、方法：一般研究方法与特殊研究方法

伦理学研究为人之行为确立法则，遵循这些法则，人便能进德向善。“盖非研究之既明且备，则行不能合乎法则，欲成其德操也难矣。”②然而，要做到“既明且备”就不能不讲究研究的方法。这里的方法不是上文提到的个人道德修养之法，而是从事伦理学理论研究的方法论。谢无量是较早具有明确伦理学研究方法论意识的中国现代伦理学者。总结起来，其伦理学研究方法论包括一般研究方法和特殊研究方法两个方面。

所谓一般研究方法，指的是伦理学作为诸门学科之一种，其研究免不了使用研究各种学问所通用的方法。在谢无量的伦理学著作中，这一共通之方法就是“学思相资”。“盖天下之学，无不赖学与思相资而后成者。故曰：博学之、审问之、慎思之、明辨之、笃行之。伦理学之研究法，亦不外乎此。故学与思之二者，实为研究诸学之必要。……若更进而论之，则学之事以求其旧，思之事亦求其新”，③ 谢无量强调的“学思相资”的方法，是研究诸门分科的学问的方法。所谓的“学”事实上是一种继承，而所谓的“思”事实上是一种发明。因此，其伦理学研究方法也可以总结为一种“法古创新、穷变守常”之法。因为伦理学是研究习俗之学，而习俗的形成并非一朝一夕，所以必须“稽古以穷其变，而

① 谢蒙：《伦理学精义》，上海：中华书局，1914 年版，第 4 页。

② 谢蒙：《伦理学精义》，上海：中华书局，1914 年版，第 20 页。

③ 谢蒙：《新制修身教本(四)》，上海：中华书局，1914 年版，第 9 页。

知守其常轨”。① 然而，社会是处于不断发展变化之中的。随着社会的变迁推移，会相应地产生新的伦理道德要求，从而导致学术为之一变。谢无量认为，在这一方面中国伦理学史上有一个十分经典的例子。道德仁义礼都是“伦理上最美之名词”，但是老子说失道而后德，失德而后仁，失仁而后义，失义而后礼。老子专谈道德，孔子提倡仁，孟子兼言仁义，荀子则最重礼。表面上看似乎有畸轻畸重之嫌，但实际上反映的是社会变迁导致伦理学研究重心的转移。此论十分精辟。

谢无量虽然注重伦理道德建设中的创新，但反对全盘推倒重来或一味标新立异。他说，“盖社会之新要求不同，斯伦理之所救正，不能无缓急先后，非关于立异也。是以自来伦理之进化，一方常为旧道之废，一方即为新道之兴。学者固当法古，顾于新道之兴，亦宜观其会通而知所择，乃合于研究伦理之法耳”。② 换言之，伦理学研究不是要标新立异，而是要补偏救正。新旧伦理的更替应该坚持古为今用、洋为中用、观其会通、有所抉择的原则，而不是完全的否定或完全的肯定。应该说，在极端自由主义与极端保守主义之风盛行的年代，谢无量能够认识到伦理思想不仅有其普适性的一面，也有其特殊性的一面；伦理学研究既要有继承、法古的一面，也要有顺应社会新需求的一面；既要有穷其变的一面，也要有守其常的一面。在清末民初那样一个价值淆乱的时代，如此识见不仅非常深刻且难能可贵。

所谓特殊研究方法，指的是专门针对哲学、伦理学的研究方法。谢无量将其总结为：观察、分类和详说。当然，这些方法也并非哲学、伦理学专用，但是相比于“学思相资”这样笼统的说法，无疑更具针对性和可操作性，并且能够跟现代科学研究方法对接，使中国伦理学研究显得更为现代和科学。

哲学与科学的研究对象和研究方法有诸多相同之处。科学以物界和

---

① 谢蒙：《新制修身教本(四)》，上海：中华书局，1914 年版，第 10 页。
② 谢蒙：《新制修身教本(四)》，上海：中华书局，1914 年版，第 10 页。

心界为研究对象，哲学也是如此。科学先认识其对象，进而追求最后之真理，哲学也是如此。伦理学是哲学的一个分支。“研究伦理学，其法不异研究自然科学。”①因此，后者的研究方法也适用于前者。在谢无量看来，近代科学的研究方法主要有三：一是观察，二是分类，三是详说。既然伦理学也是一门科学，那么伦理学的研究方法也无外乎观察、分类和详说。② 在其伦理学论著中，谢无量有意识地采用观察、分类和详说之法(尤其是后两者)，对史上著名哲学家、伦理学家的伦理思想进行条纪贯串式的分类整理和诠释。这可以从其通史性著作《中国哲学史》和专题著作如《孔子》《朱子学派》《阳明学派》中体现出来。

伦理学研究至关重要，稍有不慎则遗患无穷。这是因为“至于伦理学动关于人之行为，研究之事，一有不慎，则生心害政，为祸不细”。③所以，伦理学研究方法论建设迫在眉睫。对此，谢无量有一段十分精辟的论述：

> 夫伦理学之研究，即道德行为之研究也。故当重社会现象之观察，即由现世之状态，而推之现世以前之状态，故用力于思者，犹倍用力于学。于是必为之反省焉。综集古今事实，以为材料，因而求善恶标准之所在是也，必为之熟虑焉。材料虽具，不加深考，则亦莫能进于善行。故宜熟虑古来学者所论善恶标准之异同，精思而自得之是也。必为之批判焉，熟虑以后，当否较(皎)然可见，孰为现世社会之所宜存，孰为现世社会之所宜除者，直得有所论列是也。此研究方法之大要矣。④

也就是说，所谓的伦理学研究方法，首先是要对道德行为和道德现

① 谢无量：《新制哲学大要》，上海：中华书局，1914 年版，第 40 页。
② 谢蒙：《伦理学精义》，上海：中华书局，1914 年版，第 19 页。
③ 谢蒙：《伦理学精义》，上海：中华书局，1914 年版，第 20 页。
④ 谢蒙：《伦理学精义》，上海：中华书局，1914 年版，第 24~25 页。

象进行观察，对古往今来的事实材料加以分析，进而得出其中所体现的道德标准和道德价值。然后通过研精覃思，反思其背后原因，并加以评判，最后按照当前社会的需要有所取舍、有所论列(详加论述)。事实上，胡适《中国哲学史大纲》所备受学界称道的“明变”“求因”“评判”三大哲学研究方法，在谢无量此论中皆有体现，甚至涵盖更广。首先，“由现世之状态，而推之现世以前之状态”就是一种“明变”。其次，“求善恶标准之所在”并为之熟虑和深考，自然包括“求因”。最后，“必为之批判焉”，是为一种“评判”无疑。① 虽然伦理学的基本问题不同于哲学的基本问题，但其研究方法却有共通之处。

更为重要的是，谢无量对伦理学研究基本问题和基本方法的认识，不仅在一百年前具有前瞻性和指导性，即便是在今天也仍然有其积极意义。张岱年先生曾指出，古往今来伦理学家讨论的问题虽然有很多，但这些问题其实可以归结为两大类。一类是关于道德现象问题，即从社会历史的角度考察道德演变的客观规律；一类是道德理想和道德价值问题，即设定人生理想、生活目标和行动准则。前一类问题关心的是事实是怎样的问题，后一类问题关心的是应当怎样的问题。伦理学研究的最高问题是确立道德的最高准则。② 谢无量所谓的稽古以穷其变，由现世状态推知过去状态，熟虑古往今来善恶标准之异同，就是把伦理道德视为一种社会历史想象，来考察探索其演变的客观规律。谢无量所谓的求善恶标准之所在，就是要确立至善这一最高道德理想，以为道德判断和实践行动之标准。他鼓励人们通过知行合一最终达于至善之正鹄，为人

① 谢无量在《中国哲学史》指出，“哲学史之作，在述自来哲学变迁之大势，因其世论其人，掇学说之要删，考思想之同异，以史传之体裁，兼流略之义旨……凡哲人巨子，树风声于当时，标新意于未来者，皆掇其学说之要，用今世哲学分类法述之”。见《谢无量文集》(第二册)，第4~5页。许苏民教授指出，胡适的哲学史方法其实不出谢无量所论之范围，只是变换了说法而已。可备参考。参见许苏民《论谢无量的中西哲学比较研究》，载《社会科学研究》2015年第2期，第143页。

② 张岱年：《中国伦理思想研究》，南京：江苏教育出版社，2009年版，第12~13页。

们指出了人生理想、生活目标及其实现途径。因此，谢无量对伦理学研究问题和研究方法的认识，在当时是十分新颖的，放在今天也并不过时，堪称开风气之先河，引时代之潮流。其理论贡献，应该受到哲学界、伦理学界的重视。

综上所述，谢无量的伦理学思想十分重视伦理学研究的基本问题，及对这些基本问题展开研究的主要方法。他一方面认为，对伦理学基本问题的研究，要采用人文社会科学通用的研究方法，如学思并重之法，强调中西古今之学的会通和推陈出新。另一方面，他也提出更为具体的伦理学研究方法，即观察、分类和详说之法。谢无量把哲学和伦理学研究的地位等同于自然科学研究，认为它们在研究对象和研究方法上有诸多共同之处。通过这两种方法，伦理学研究就可以做到察其变，守其常。由此可知，谢无量试图在研究方法上突破传统理学、经学研究范式，促成从理学、经学到伦理学的范式转换。在科学大行其道的时代，谢无量对哲学和伦理学研究性质和价值的肯定，在今天仍然有其积极意义。此外，谢无量认为伦理学研究是从个别到一般，牵一发而动全身的活动，因而需要慎之又慎。由此可以看出他对学术研究，尤其是对伦理学研究的敬畏之心。虽然以今天的标准来看，谢无量的研究方法略显笼统和粗犷，仍有一些不足，但在当时的学术环境下已十分难得。

第三节 两套伦理学体系构想

一般认为，20世纪是中国伦理学科的创世纪，而这与刘师培、蔡元培、谢无量、陆费逵等一批孜孜于伦理学体系建构的学者的努力是密不可分的。谢无量通过苦苦思索，在借鉴和吸收西方伦理学体系的基础上，同时提出了两套不同的中国伦理学体系构想。这两套体系虽然在主体架构和指导思想上有所不同，但都体现了中国伦理学科草创时期的重要探索，反映了以谢无量为代表的现代伦理学者的理论自觉和现实关怀。

一、二部八论：以中释中

在《伦理学自叙》(以下简称《自叙》)一文中，谢无量提出了一套在会通西学基础上建立起来的中国本位的伦理学体系。笔者将其称为"二部八论"体系。如图1所示，所谓的"二部"，指的是这一体系包括理论和应用两大部分。理论部主要解决道德的起源、人性的善恶、动机与行为、理想人格标准等理论问题。应用部主要解决如何修身养性、承担义务、追求至善和践行内外自他之德的问题。所谓的"八论"指理论部和应用部又各自由四个分论构成。理论部包括道论、性论、志论和君子论。应用部包括修身论、分论、善论和德论。

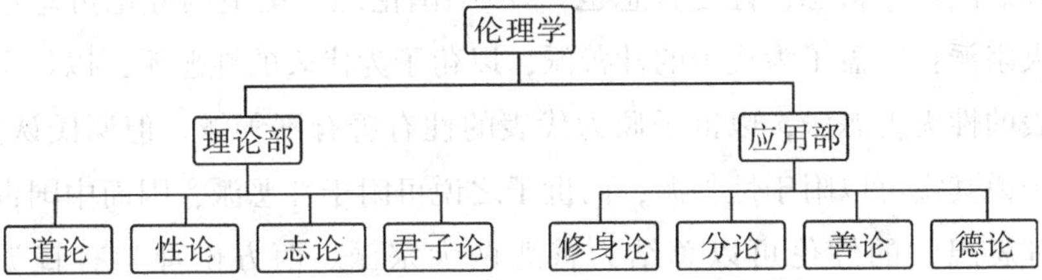

图1　谢无量"二部八论"伦理体系示意图

(一)道论

道是中国哲学的核心概念。"天人关系"问题是中国伦理思想研究中的一项重要课题。中国哲学中的道，有天道、地道和人道之分。"天道作为宇宙、自然的法则，属'必然'，人道作为理想、规范，则表现为'当然'。以道为视域，世界'是什么'和人应当'做什么'，世界'怎么样'与人应当'如何做'等问题，内在地关联在一起"。① 儒家伦理学历来看重天人一贯之道，人伦日用所当行即为道。那伦理学上的道所指

① 杨国荣：《道与中国哲学》，载《云南大学学报》(社会科学版)2010年第6期，第40页。

为何？谢无量说，“一人之行谓之行，众人之行谓之道。道也者，所以治社会全体之行者也”。① 在他看来，“道为伦理学之总。特凡人间之行，如孝悌仁义、礼乐刑政无不统专。故言行不可以赅道，言道可以赅行矣。然负明道与实行之任者，惟在于人。故曰：‘人能弘道，非道弘人’‘道也者，不可须臾离也。可离非道也’”。② 谢无量将儒家经典，尤其是《论语》和《中庸》中的道确立为“二部八论”伦理学体系中一个形而上的本原性、总括性概念，道可以统摄行，但行不可以统摄道。他倡言人的道德主体性，认为人同时负有明道和实行之责任。

（二）性论

性论，即人性论，是中国伦理思想的重大问题之一。“人之动作而见于行者，则有善有恶。然其所以为善恶者，虽有由于习，亦莫不由于性焉。故行之善恶，性之善恶也”。③ 中国伦理学史上的性伦可总结为四大宗派：以孟子为代表的性善派，以荀子为代表的性恶派，以告子为代表的性无善恶派，以世子硕为代表的性有善有不善派。但谢氏认为，告子说其实可以附于性善派，而世子之说可附于性恶派，因而中国古代伦理思想中的性伦可以总结为善恶两大宗派。西方伦理学有直觉派（intuitionalism）和功利派（utilitarianism）之分，前者持性善论，后者持性恶论。这两派所持观点，其实不出我国固有伦理思想的讨论范围。

（三）志论

所谓的志论也就是动机论。谢无量认为，“motive”译为“志”要比译为“动机”更为切确。现代伦理学中的动机包括意、情、欲三个部分。人因为情，或因为欲而导致意有所动，意之动即为动机。西方伦理学中的“动机”与我国固有概念“志”若合符节。例如《鬼谷子》中的“志者，欲之使也”。《左传》中亦有“以制六志”的提法。按照孔颖达的解释，“情动为志”。如此看来，中国古人对“志”的理解与西方伦理学中“动

① 谢无量：《伦理学自叙》，载《雅言》1914年第4期，第116页。
② 谢无量：《伦理学自叙》，载《雅言》1914年第4期，第116页。
③ 谢无量：《伦理学自叙》，载《雅言》1914年第4期，第117页。

机”的概念颇为接近。“人之所行未有不根于心者，心之所之谓之志。志立而后行成。故 Motive 之为志明矣”。① 谢无量还指出，志出于情，有善有不善。但是中国伦理学家(如张载)认为志公意私，以志为善。“此殆吾国伦理学中论志之特质”。② 董仲舒正谊不谋利、明道不计功的伦理学思想，是一种典型的动机论；而杨朱的快乐说则是典型的功利主义。应该说，谢无量的这些判断是有其道理的。这种利用现代伦理观念来阐释中国传统伦理思想的做法，是谢无量学术思想的一大特征，也是其时代价值所在。

(四)君子论

谢无量将“君子”定位于能立人类之极的高等模型之人，也就是道德楷模。对行为的道德判断要视其志(动机)如何。善为良心之本体。动机高尚之人常以良心为善。然而，人“自陷溺既久，能复于善与否，又当视其修养之功。故伦理学者，常品第人格之高下，以为力行之等差”。③ 人之道德品格有高下之分与人生而平等的观念并不矛盾。人人虽生而平等，无阶级异同之差别，但其智识难免会有贤愚之差别。因此，谢无量同意斯宾塞关于人类社会从“禽兽伦理”到“人类伦理”的进化，以及关于“高等模型之人”(highest type of man)和“高等模型之社会”(highest type of society)的思想，并认同泡尔生关于人类智识差异的观点。他认为这与儒家固有学说，如孟子对大人和小人的区分，也是一致的。在谢无量看来，圣人是道德修习的最高标准，但圣人高不可及，普通人应该以成为君子为道德修养的目标。“然人格之高者，始于为士，终于为圣人。圣人之不可及也，犹天之不可阶而升也。能至于君子者，斯可矣。凡儒家称实行道德之模范者，惟在君子，学者修习道德，亦必以君子为标准焉”。④ 古代君子有德位二义，君子为成德之名。此

① 谢无量：《伦理学自叙》，载《雅言》1914 年第 4 期，第 117 页。
② 谢无量：《伦理学自叙》，载《雅言》1914 年第 4 期，第 118 页。
③ 谢无量：《伦理学自叙》，载《雅言》1914 年第 4 期，第 118~119 页。
④ 谢无量：《伦理学自叙》，载《雅言》1914 年第 4 期，第 119 页。

处的君子是一种理想人格，因而，君子论被放在了理论部而非实践部。

（五）修身论

伦理的重要作用在于规范人的行为，使之合乎礼的要求。要使行为合乎礼仪，就必须进行道德修身。人之所以能行礼，是因为人有身。而人身之行为动作，必然以礼为本。这是学习者道德发展的首要任务，所以修身至关重要。修身包括内外两个部分。在内者是礼，在外者为仪。内在之礼必然通过外在之仪彰显出来，二者相资以为用。“有诸内必形诸外”“礼为精神，而仪为形质。礼与仪并重相辅，而共效修身之道，盖合礼与仪言之矣”。① 中国伦理思想传统历来礼、仪并重，而西方近代伦理学则认为仪文是古代之遗物，因而较少论及。中国所谓的“动容周旋升降揖让之节”，都是礼之外在表现和重要应用，因而仪是中国伦理学研究的题中应有之义。

（六）分论

所谓的“分”，也就是义务（duty）。谢无量十分赞同荀子有关“分”的观点，他说，“天地之生民有欲。欲多而物寡则并争矣。故曰：群而无分必争，得其分而后谓之成。分也者，行之制也。人行此事，而吾必颂之；不行此事，吾必非之，是德也。不行此事，吾必非之；行此事吾未必颂之，是分也”。② 西方伦理学家认为义务源自于习，而孟子四端学说认为“分”（义务）是良心所自具，但其实未尝不是出于后天习得。古代神农劝男女从事耕织，否则天下会遭饥受寒。这其实就是让人承担起一己对于社会之义务和责任。我国儒家伦理所提倡的修齐治平一贯之道，就是每个人应该担当起其分内的责任和义务（分）。这其中既包括个人道德，也包括家族伦理和社会伦理。谢无量用中国传统伦理概念“分”来比附和格义西方伦理概念“义务”，是会通中西伦理思想的一种尝试，也为“分”注入了富有时代气息的新含义。

---

① 谢无量：《伦理学自叙》，载《雅言》1914年第4期，第119页。

② 谢无量：《伦理学自叙》，载《雅言》1914年第4期，第120页。

(七)善论

谢无量是至善论者。至善论者认为人类行为的终极目标是止于至善。至善是一个绝对标准。通常与恶相提并论的善，并非绝对之善。只有绝对之善才是真正的至善。相对之善可以从具体事物和利害之中求得，而绝对之善唯有从精神层面求得。因此，其求得难度是不一样的。"有知相对之善，而不知绝对之善者矣。未有知绝对之善而不知相对之善者也。"①西方伦理学家论善主要有三种：快乐、克己、充实。谢无量批评说，这都是逐末忘本。虽然直觉派伦理学认为绝对之善出于理性，但对理性的来源论证不详，有时甚至笼统地归结为神意。与之不同，我国儒家伦理学历来标举超绝之善。如《易经·系辞》中的太极，尧舜所践履的执中，《中庸》中的至诚，宋儒所提倡的主敬等，都是实现至善之途径。

(八)德论

按照《释名》的解释，德就是"得"事之宜的意思。德在英语中的对应词是"virtue"，而"virtue"来自希腊语"aretê"，意思是"适宜"。因此，古代东西方关于德的理解比较接近。古代德字还可以写成"悳"。在《说文》中，"悳"的解释是"外得于人，内得于己"。谢无量解释说，"悳"从直心。也就意味着德"存诸中心，是身心互得其益。施诸他人，是众人各得其益，而后内外兼尽，人己同利。故君子以进德为主"。"有超绝之善，亦有超绝之德。德之为效，关于人生日用者易知，至于化民成俗，自隐而显。"②因此，对于自古至今的德之功效，尤其是其化民成俗方面的内容，需要通过观察社会道德现象和伦理事实，分析和思考其精意所在。否则，即便其作用再大也无法发挥出来。我国的丧祭、嫁娶之礼其实就是超绝之德的体现。

以上便是"二部八论"体系的主体框架。总结起来，这一理论体系

① 谢无量：《伦理学自叙》，载《雅言》1914年第4期，第121页。
② 谢无量：《伦理学自叙》，载《雅言》1914年第4期，第121页。

有如下几个特点：

第一，试图用中学概念比附、格义西方伦理学概念。例如，将“志”比附为西方伦理学中的“动机”，认为“分”类似于西方伦理学中的“义务”，等等。这种比附、格义之法有其好处：一方面，可以找到中西之学会通之处，从而发现人类伦理思想的共性，增强民族文化自信；另一方面，可以利用西学概念重新阐释传统伦理思想，为其注入新的、富有时代气息的内涵。然而，强加比附、格义也会存在一些潜在风险。例如，很容易陷入一种民族主义话语之中。以为凡是西方伦理学史上有的，中国传统伦理思想中都有，甚至比西方同类思想更加精微，提出时间更早，乃至于陷入一种中国中心主义的国粹主义和盲目自大的情绪之中，从而失去学术研究应该具有的公允性，不能正视传统伦理思想的局限性。

第二，试图建立一种有中国特色的现代伦理学体系。民国初年，有关伦理道德的讨论铺天盖地，但是真正能够静下心来进行伦理学理论建构的屈指可数。不少人整天谈论道德，但其中多为一些细节性的或带有强烈情绪的讨论，缺乏真正的理性思考，也因此无法提出一个合理的伦理道德体系来。这也就是傅斯年所批评的现象：“整天说德，却不能创个有系统的伦理学。”①“二部八论”的一个典型特征，就是在向传统伦理概念注入新内涵的基础上，以这些关键概念为核心，建构起一种有别于传统学术，也有别于西学的特殊的中国伦理学架构。这一架构不仅试图回答伦理学基本理论问题，如人性善恶与道德起源，行为动机与理想人格，而且也能够给人之道德实践提供应用指导，使其学会修身养性、缮固道德的途径与方法。“二部八论”由理论部和应用部两大部分构成，正好体现了伦理学既是一门理论科学，也是一门实践科学的特征。

第三，通过伦理学理论建构，系统整理传统伦理思想，为现代国民

---

① 傅斯年：《清代学术的门径书几种》，载《傅斯年全集》(第四册)，台北：联经出版公司，1980年版，第407页。

道德重构奠定基础。有人主张传统道德都不可用，唯一的办法就是全部予以革除，转而采用西方现代伦理道德。与此立场不同，谢无量与梁启超、刘师培、蔡元培、孙中山等一样，看到了传统伦理思想的“善美”之处。传统伦理思想在几千年的封建统治之下，难免带有时代和阶级局限性，但其中不乏一些精华和闪光之处。另外，如果在新的价值体系尚未建立的情况下，对旧的价值体系全盘推倒，不仅会导致把孩子与洗澡水一同倒掉的后果，而且可能导致价值淆乱，使得普通大众在面临道德判断时无所适从。谢无量的“二部八论”为整理国故提供了一种有一定可操作性的框架，具有理论和现实意义。

从《自叙》的文字表述中，不难看出谢无量有意以“二部八论”为基础，写成一部规模宏大的伦理学著作，其附录部分都已经设计好，如在篇末附上中西伦理学说变迁略述及伦理学者年代列传等。然而，就我们目前掌握的资料来看，除了同年出版的《新制修身教本(四)》(以下简称《教本》)、《伦理学精义》(以下简称《精义》)①之外，还没有发现谢无量出版过其他伦理学理论著作，但是这两部著作所采用的概念术语、理论框架和指导思想与《自叙》不尽一致。

二、三位一体：以西释中

近代伦理学有三个根本性概念，即善、德和义务。在西方伦理学的不同发展阶段，伦理学家对这三个概念的关注焦点并不一样。谢无量认为“考西洋伦理学史，则古代学者主善，中世学者主德，近世学者主义务，皆因世异尚，希能同时具求三者之义而观其会通也。惟吾国儒家之说，则善论、德论、义务论莫不皆备”。② 这就是说，谢无量具备强烈

① 《新制修身教本(四)》和《伦理学精义》同由上海中华书局出版，前者出版于1914年6月，后者出版于1914年9月。前者比较简明，只有54页。后者比较详尽，共有148页。从其结构和内容来看，后者是在前者基础上延伸、扩充而来。

② 谢无量：《孔子》，载《谢无量文集》(第一卷)，北京：中国人民大学出版社，2011年版，第132页。

的民族学术自信。他认为，相比于西方伦理学善论、德论和义务论各有其发展阶段的特点，中国伦理学的典型特征是三者同时具备、融会贯通。因此，现在完全有可能在西学框架的基础上，建立起一个以儒家伦理思想为主体，兼采各家伦理学说的，相对简单但又自足完善的“三位一体”的伦理学体系。

谢无量这一伦理学体系的构成，与其对伦理学性质和研究范围的认识是密不可分的。研究伦理学必须先解决善恶之本原问题，然后才能确立行为之标准。如前所述，其伦理学以至善为终极道德理想。要达到至善这一最高道德理想，最终养成理想之人格，则不外乎履行其义务，追求其德性而已。义务与德性是伦理实践的两大条目，也是善的具体内容。勤于修习义务和德性，就可以接近至善这一道德理想。因此，伦理学研究的作用，在于“一以定人生之正鹄（善恶本原论、行为标准论）；一以达于正鹄之道（义务论、德论）”。① 其“三位一体”的伦理学理论框架，正是为发挥伦理学研究的作用而设计。谢无量曾为其“三位一体”伦理学体系画过一幅草图，笔者在不改变原图结构的情况下重新绘制如下（如图 2 所示）。

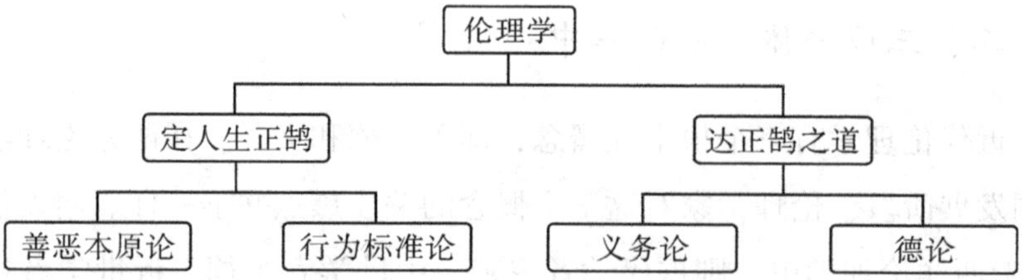

图 2　谢无量“三位一体”伦理学体系示意图

按照谢无量的构想，善恶本原论、行为标准论实际上都是善恶论之组成部分。有关善恶本原论与行为标准论的关系，谢无量如是说：“必

① 谢蒙：《伦理学精义》，上海：中华书局，1914 年版，第 30 页。

先察乎善恶之本原，以为行为之标准。”①因此，可将善恶论、义务论和德论并列，进而将上图简化为图 3。事实上，在《教本》中，其理论框架本来就是由善恶标准论、义务论和德伦三部分构成。所以，从结构上看，《精义》和《教本》同出一源，指导思想基本一致，都是“以西释中”，只是在内容上详略有别。下面，笔者将按照其理论体系之构成特点，从三个方面对其内容分别展开论述，并予以一定的评析。

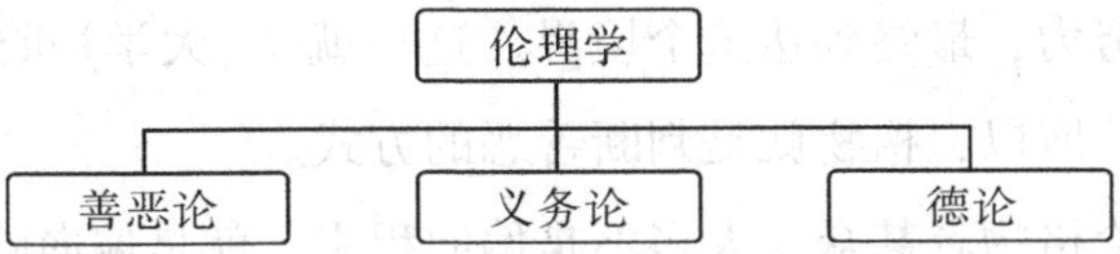

图 3　谢无量“三位一体”伦理学体系示意图(简化版)

(一)善恶论

谢无量的善恶论主要解决三个方面的问题：一是要对善下一个定义，并确立至善为最高伦理标准；二是要探讨人性之善恶问题；三是要探讨善恶与人之行为的关系。

(1)作为伦理标准之善

在《精义》中，谢无量从“善”字的本义出发，将善界定为内外兼修之美。《说文》中将善字写作“譱”，也就是“吉”的意思。古善字从羊誩，与“義”“美”意义相同。《说文》关于“美”字的解释也与“善”相似。“美”表示甘美，甘是一种内在之美，“义”(義)是一己之威仪，是一种外在之美。这也就是说，“凡人事之美而有威仪者，皆可谓之善……内外兼美，乃可名善”。② 换言之，善是发自人之内心，非由外铄我；也是体现于外在仪表的。善著于外，则与事物相交接，从而成为道德判断之标准。

① 谢蒙：《伦理学精义》，上海：中华书局，1914 年版，第 30 页。
② 谢蒙：《伦理学精义》，上海：中华书局，1914 年版，第 31 页。

相对恶而言的善，是相对意义上的善。作为最高道德理想的至善是绝对的善。因此，至善是事理之极致。《大学》以明明德、亲民、止于至善为三纲领，而这三纲领其实又可以统于至善之中。明明德、亲民都应该止于至善之地而不迁改，如此便可尽天理之极，而无一毫人欲之私。然而，如何才能判断到底是否到达善的境界？如何才能判断善与不善？谢无量称，其判断方式为格物。① 既然至善是事理当然之极，也是其所止之地，所以人必须首先知道至善为当然之极，然后才有可能朝这个终极目标努力，最终到达这个境界。这也就是《大学》重致知的原因。致知在格物。所以，格物就是判断善恶的方式。

自古谈论格物者甚众，大多不是偏向程朱，就是偏向陆王。程朱主张外求为主，而陆王主张内求为主。谢无量则持折衷态度，认为两派主张各有道理。既然善包括内外之美两个方面，那么“判断善恶，不出于内外二方面。外之方面，则在事物。内之方面，则在心体”。② 由此可知，一方面，谢无量对宋明新儒家的伦理思想多有继承；另一方面，谢无量的善恶论是一种折衷论，其积极意义是能够看到两派各自的优长与缺陷，进而取长补短，不偏不倚。但一味地调和折衷也可能导致简单地混合，从而使具有积极现实意义的折衷主义退化为没有自己观点，简单拼凑、组合的混合主义。谢无量的这一倾向在其人性论中体现无遗。

(2)人性善恶论

中国伦理学家尤其重视人性论，将性视为善恶之本源，因此谈论者甚多。按照其思想倾向及迁变沿革，谢无量将其分为性善派、性恶派、性无善恶派、性有善恶派、性三品派等五大流派。相比于《自叙》，《精义》中对性论派别的划分多出了一个性三品派，其代表是孔子、刘向、荀悦和韩愈等人。谢无量对这五大流派的代表人物及其核心观点进行了详细梳理，堪称牛毛茧丝、无不辨析。他之所以如此重视性论，是因为

---

① 谢蒙：《伦理学精义》，上海：中华书局，1914年版，第32页。
② 谢蒙：《伦理学精义》，上海：中华书局，1914年版，第35页。

“惟性论为中国伦理之大本，学者尤当致力于此”“明于性论，斯我国伦理之特质，略可见矣”。① 通过对古代论性之五派学说之渊源和流变进行考证，谢无量发现这五派学说其实并兴于周代，后人对其有所继承，有所阐述，或者稍有演变使其更加详密，其实都跳不出这五派的逻辑思路之外。各派学说虽有差异，但“各有所当，可谓备矣”。② 由此可见，谢无量伦理思想有明显的折衷主义倾向。至于是否成为一种混合主义，则还有待进一步考察。

就笔者的初步观察来看，谢无量虽然有明显的调和特征，但也并非没有立场。谢无量有“蜀之颜子”之称。儒家学者追求穷理尽性，以至于命为极则。谢无量在性论方面的态度有些类似孔子。孔子虽然并未质言性之善恶，但是从他的言行中可以大致推断出其思想倾向。因此，后来的伦理学者都声称自己的思想源自孔子。唐宋以后，中国学者又多祖述孟子，提倡性善论。谢无量指出，从字源上讲，性字从心又从生，所以各家各派对性的阐释也都差不多。但是，无论认为性是“生”还是“生之质”，都无法说明性之善恶。直到宋代理学家提出“以理为性”，而“理无不善”的论断之后，性善论才开始取得主导地位。以谢无量对宋明诸子伦理思想的服膺来判断，他似乎是主性善论的。

(3)知行关系论

讨论人性善恶的目的，并非为了增加见闻而已，更为重要是要明善以诚身。对君子而言，说到而做不到是一种耻辱。《礼记·经解》中说，“隆礼由礼，为之有方之士。不隆礼，不由礼，为之无方之民”。民隆之由之，就是躬行的意思。谢无量赞同朱熹的观点，即有善在那里，如果能够坚持躬行，那么就能与善为一，使之成为自我的一部分。否则就只能善是善，我是我。因此，要明善就需要躬行，而且躬行也并非难事。他借用司马光的话说，“去恶从善，舍非从是，在我而已，何难之

① 谢蒙：《伦理学精义》，上海：中华书局，1914年版，第61页。
② 谢蒙：《伦理学精义》，上海：中华书局，1914年版，第62页。

有?”①谢无量提倡明善与躬行的知行合一。善是终极目标，行是其作用，两者兼备而后乃善。成为有德之人首先要知道善恶之标准，但如果仅仅知道这些标准，而不知道如何躬行，其实与不知道没什么两样。因此，需要对人类行为及其伦理意义进行考察。

“行”在汉语中的本义是人之步趋、行进、去、往的意思。从时间上看，行有方行和已行，也就是运动、行为和行迹的意思；从空间上看，行必有其所行之地，也就是道路之道的意思。通过假借，行带上了道德之道的含义。虞翻《易注》中说：“道，大行也。”《鬼谷子》中说：“行者，成也。”郑注《周礼》、韦昭注《国语》都将行看作用。因此，“由善之标准，而命之曰大行。由正鹄之利用，而命之曰成，曰用。于是吾国伦理上所谓行，直含有道德与利用之义矣”。②

西方伦理学家将行为视作一种动作。但动作并不都是行为。那些物理、机械和无意识的动作，无疑不属于伦理学范畴的行为。那些没有经过精微计划的动作，也不能被称作伦理行为。伦理行为不是自然、无意识而为之，也并非由于强权者之命令，不得已而为之，而是内心自我选择的结果。行为是人类有意识的动作，比本能动作要更复杂、进化。这是人与禽兽之差别所在。谢无量不满意西方伦理学家对行的理解。在他眼中，西方伦理学对行为的定义不如中国古代伦理学那样深切著明。

《孔子家语》《管子》和《庄子》等典籍中都有关于“行”的论述。如，“行者，政之始也”“行者，正义也”“行者，道民以利害也”“行者，行其所不能行也”，等等。一个简单的“行”字，实际上已经包含了道德和利用两层含义。因此，行为是善之正鹄所在，就不言自明了。所以，朱熹才会用“人间日用所当行者”来解释“道”。在对古代典籍中的“行”字之语义进行综合考察，并与西方伦理学对行为之定义进行比较之后，谢无量得出结论：“中国伦理发达最早，即名词沿用之进步，其明确固

① 谢蒙：《伦理学精义》，上海：中华书局，1914年版，第65页。
② 谢蒙：《伦理学精义》，上海：中华书局，1914年版，第62~63页。

定，已非西方所及，故人之无道德者，直谓之无行，所从来久矣。”①与行相关的一个概念是“言”。中国人常常将“言”“行”并称，所以行的意义实际上也可以将“言”也包含在内。所谓视听言动，其实都是行为之一种。因此，言行都是行为，都需要着力加以修炼提升。

谢无量尤为强调力行的重要性。“夫既知善而不能行者，或未充于学识，或有限于气禀，故君子于学由博返约、亲师取友，以磨砻其心志，变化其气质，卒自致于善之正鹄，而不敢懈焉。”②这就是谢无量的知行合一论。他勉励国人要知善，也要行善。知而不能行，则要看到底是学识修养不够，还是自身气禀方面的原因。君子要通过学习和社会交往来磨砻心志、变化气质。如能知行合一，则人人都能随其材量之大小，以进于善。“伦理学之效用，即在使人各尽其分量所应为者而已，此力行之要也。”③由此可知，谢无量的力行论，可谓开民国“力行哲学”之先河。

行为按照其道德价值大小的不同可分为大行、小行等不同种类。荀子说：“入孝出悌，人之小行也。上顺下笃，人之中行也。从道不从君，从义不从父，人之大行也。”(《荀子·子道》)由荀子此论可见道德上行为之分类，亦可见行为之价值。违背行为标准即是恶。但是，有时大行与小行会有冲突。例如，按照孝悌(小行)标准来判断，不从君、不从父无疑是道德上的恶行。然而，如果不从君、不从父符合一个更高的道德标准(如至善)，则违背上级和父母之命也可以是大行。又如，欺骗当然不是善行，但是为了对方好而骗人，这就不能被视为恶行。如此看来，《论语》中“父为子隐，子为父隐”，按照小行之标准无疑是恶，而按照大行之标准，则不能随便斥之为恶。同理，占有他人财产，按照小行之标准应该是恶，但是如果这有助于保护财产主人、公司和他人的

① 谢蒙：《伦理学精义》，上海：中华书局，1914年版，第63~64页。
② 谢蒙：《伦理学精义》，上海：中华书局，1914年版，第67页。
③ 谢蒙：《伦理学精义》，上海：中华书局，1914年版，第67页。

利益，甚至有益于社会的话(如汲黯擅自开仓济贫之类)，那就可以不被视为一种恶。因此，“行为之价值，当以其合于善之正鹄与否判断之也”。① 由此可知，谢无量似乎偏向于效果论而非动机论。然而，他又把志解释为动机，并十分重视立志的作用，似乎又是主动机论的。这是其伦理思想折衷性特征的又一鲜明体现。

立志为力行之本。谢无量不仅在《精义》中对志之定义和作用进行了阐发，而且在其修身书《国民立身训》和《妇女修养谈》中，开篇就谈立志之重要性。在他看来，在人之内心而未付诸行动的是志，若是已经发动便是行了。所谓未行，就是尚在内心，即将发动者。然而，谢无量同时指出，已行于外之志与在内之志并无根本差别。

> 志于内如此，行于外亦如此。志之于行，实最直切而接近，蕴之无二形，发之无二致。犹表里之相著，阴阳之相依。虽为情意之所以凝会，而又与情意不同。情意合动，沛然发于行，其几谓之志。志非仅立乎行之先也，又御乎行之终始，故曰：志，气之帅也。志即是气。别其粗者为气，而精者名曰志耳。②

这也就是说，人之志无论是存在于内心，还是已经付诸行动，都是一样的。志与行的关系至为密切，就好像是互为表里、阴阳相依的关系一样。虽然志是情与意聚集的结果，但是与这两者也是有区别的。有情有意而后才有行为，但志与行为的关系不仅是一个先后发生的关系，更是一个伴随始终的关系。“惟御乎行为之始终而不变者，乃谓之志耳。”③就志的本义而言，其本应当有善有恶，但是我国学者谈论志的时候，多将其与善的方面联系起来。谢无量的解释是，自从志成为一个伦理学概念之后，伦理学者就致力于将志用来导向于善，从而使其带上了

① 谢蒙：《伦理学精义》，上海：中华书局，1914年版，第66页。
② 谢蒙：《伦理学精义》，上海：中华书局，1914年版，第73页。
③ 谢蒙：《伦理学精义》，上海：中华书局，1914年版，第74页。

善的含义。此外，他还专门就志与善恶的关系进行了探讨。志既是情意的凝会，也就是“心之作用之总汇，又为道德之本原，故人之行事，观其志而善恶可见矣”。① 这就是说，谢无量将志看作判断善恶之标准，说明他是赞成动机论的。

西方伦理学对行为善恶的判断，有动机说和成功说两种。动机说强调人之动机是否单纯，认为动机(志)善则行善。而成功说则主要将事情结果的成功与否作为判断的标准，认为可能仅仅是动机好，但事情本身是不好，因此，只能从事情的结果是否成功、正当来进行判断。儒家伦理强调志，因此更近于动机说。② 例如，董仲舒所谓“正其谊不谋其利，明其道不计其功”的提法，就明显是贵志轻功，而宋儒提出的正心诚意为修齐治平之本的思想，也都属于动机说。管仲、商鞅的功利说，以及宋代永嘉永康功利主义学派的经世致用之学，又比较接近于西方的成功说。

谢无量将辨志视为道德判断和自我修养的重要途径。针对当时社会上的某些行为，表面上看去冠冕堂皇，实则是巧自涂饰的结果。若要对其进行道德判断并非易事。因此，就要通过辨志推原其内心之真实动机，从而作出正确的判断。但这还只是辨他人之志，更为重要的是要辨自我之志。“至于修习伦理学，将使至善有诸己身，尤不可不辨己之志所在。既立乎其大本而不可夺，庶于善也不远矣。”③这说明，谢无量强调修习伦理学，学会辨志，不仅是要能对社会上某些人的行为作出准确的道德判断，更是要有助于道德主体的修身，使自己志存高远，从善去恶。

在生活中，人不能不谨小慎微，慎之于始。拖累身心的小事也可能流毒于社会。“君子戒慎恐惧，必极于不见不闻之地。束脩谨畏，恒晰

① 谢蒙：《伦理学精义》，上海：中华书局，1914年版，第74页。
② 谢蒙：《伦理学精义》，上海：中华书局，1914年版，第74页。
③ 谢蒙：《伦理学精义》，上海：中华书局，1914年版，第75页。

之起居饮食之间。小恶必除，小善必勉。"①古代伦理与政治并重，因此弃灰可能受刑，群饮罪可致死。对小罪严苛，则人民不敢犯重罪，这也是养成善行的方法。由此可知，谢无量的伦理思想在一定程度上受到法家严刑峻法思想的影响。他时时处处以"君子"为行为之楷模，因而带有明显的传统道德之痕迹。就客观方面而言，这是他受时代局限的结果；但从主观方面来讲，谢无量没能充分注意到，支撑传统伦理的社会机制已经改变，以"圣人""君子"为理想人格的传统伦理已经不再适应变化的社会现实。其伦理思想从传统到现代的过渡性特征由此可见一斑。

（二）义务论

清末民初，深刻的社会变革促使中国传统伦理思想逐步向现代转化。"伦理学从传统的以人为中心走向现代的以行为为中心，从以德性、人格、价值、理想为其主要关注，走向以行为、准则、规范、义务为其主要关注"。② 由上文可知，谢无量对人之行为及其评判标准论述极其详细，正好说明其伦理思想的现代特征。因此，谢无量的伦理思想就好比一个切片。对其伦理思想的考察，就好比把这个切片放在显微镜下观察一般，可以洞察中国传统学术思想在清末民初从传统走向现代的历程。除了上文言之较详的行为标准论，谢无量对义务论也颇为重视。实际上，对规范、义务和责任的重视，是现代伦理的重要特征。在《精义》一书中，谢无量用了相当多的篇幅来阐述义务之性质与分类。

(1) 自由意志与义务

谢无量的义务论包括责任和义务两个方面，简称责务。受西方近代伦理思想影响，尤其是自由、平等、人权思想的影响，谢无量相信人之责务的根源在于人之自由意志。人有自由意志，才会有自由选择。有自

① 谢蒙：《伦理学精义》，上海：中华书局，1914年版，第66页。

② 何怀宏：《伦理学是什么》，北京：北京大学出版社，2008年版，第25~26页。

由选择权，就必须对自己行为承担相应的责任和义务。所以他说，“有自由之意志，然后有独立之人格”,① “选择去就，出于我之自由，而无与于人。我之行为，一切皆自负其责任”。② 在《国民立身训》中，谢无量对自由意志有过一段十分精辟的论述：

> 自由意志，古之言哲学言伦理学者，多有异论。然徵诸近世之辨议，故弥信自由意志之说为可立。即谓人之生世，能自以己意选择于善恶之间是也。夫人生岂徒如浮水之草，但逐水之所向而流。固当如泅水者，能以己力，自为出没，东西左右，惟意所如，而不为水所命。当知情意之主，是谓无制。我之行动，我实为政，绝非有如魔术禁诅之类，可相拘束。不达于此，则所欲不得。世间万事，人生万行，乃至社会之序，公共之法，莫不以自由意志而得成就。不信自由意志，则举世复何有责任？一切教训，一切法律，何所匡矫？此义至明，故意志之为自由，不啻吾人良心之宣言。不容更持他说。自由而进于善也，亦自由而进于恶也。吾非习惯与物欲之役。习惯与物欲，实我主宰而进退之。良心诏我以此主宰，而后决意奋勇以战胜之者也。③

从谢无量对自由意志的肯定，可以看出他对近代自由、民主等伦理观念的认同。此外，谢无量特别强调个体在伦理道德方面的主体能动性。这对于警醒当时麻痹不仁的国人，提倡新道德无疑是有帮助的。它促使像恽代英这样的青年才俊树立远大志向，以天下兴亡、匹夫有责的勇敢担当意识，投身于救亡图存与道德革命事业之中。④ 也正是在论证

---

① 谢无量：《妇女修养谈》，上海：中华书局，1917年版，第56页。

② 谢无量：《妇女修养谈》，上海：中华书局，1917年版，第55~56页。

③ 谢无量：《国民立身训》，上海：中华书局，1917年版，第74~75页。

④ 邓军：《“苦行嗟谁及”：恽代英与宋学的道德严格主义》，载《开放时代》2012年第7期，第74页。

了自由意志之合理性的基础上，谢无量建立起了包括个人义务、家庭义务、社会义务、国家义务、万有义务等在内的全面的义务论体系。

(2)分即为义务

《精义》与《自叙》都将现代伦理学所谓的义务等同于古代伦理中的“分”。所谓“分”也就是职分。“人之生则莫不有当尽之职，由其职各有分别而不可乱，故名曰分。”①“分”有两种主要含义：一是差等序次的意思；二是节制、决制的意思。他认为，“分”用来节制人的情欲，使之合于礼的要求。社会上的人各有其“分”，天下国家也应本其“分”以处之(交往)。古代名家、法家尤为重视“分”的作用。因为情欲不可放纵，所以就“为之大制”。能尽其“分”的，就是善。谢无量认为，仅仅是欲望的满足，不是真正的善。只有做应当做的事情，才是真正的善。然而，不得不做，或应当做的事情，不一定是喜欢做的事情。即“分”常常与情欲有冲突。人在循着自己的情欲而行时，在没有真正行为之前，“分之一念”常常会加以谏止。即便是决然遂行之后，“分之一念”又会对人施以责罚。谢无量所谓“分之一念”，其实就是西方伦理学中的“义务感情”。“分之一念”发自良心，因此，符合情欲的，未必符合“分之一念”。直觉派伦理学认为良心是自然之命令，而经验派以为良心是习惯上权威所成就，其实都是赞同分以制之的含义的。因此，“分即义务”,② 义务即“分”。

谢无量之所以用“分”来诠释义务这一现代伦理学概念，是因为他坚持道通为一的观点。“吾既以义务为吾国学者之所谓分，盖道一而已。散之于万事，则其用万殊，各有所当焉。因所用不同，有仍有以适合此唯一之道，于是谓之曰分。分者即事理之分别，而唯一之道，则至善之正鹄也。”③谢无量秉承浙东学术“言性命者必究于史”④的精神，梳

① 谢蒙：《伦理学精义》，上海：中华书局，1914 年版，第 78 页。
② 谢蒙：《伦理学精义》，上海：中华书局，1914 年版，第 79 页。
③ 谢蒙：《伦理学精义》，上海：中华书局，1914 年版，第 79~80 页。
④ 章学诚：《文史通义》，北京：中华书局，1994 年版，第 523 页。

理了我国古代哲学家、伦理学对“分”的解释。认为他们可分为两类：一类是从形而上之唯理观来提出其义务论，如鹖冠子、尹文；另一类是从事实之经验观来建立其义务论，如《尸子》和《吕氏春秋》中的义务论思想。从形而上的角度来考察“分”的，往往倾向于自然，因此接近于道家思想。而从事实的角度来谈论“分”的，则往往过于强制，因而接近于法家思想。

持折衷论的谢无量虽然肯定上述两种路向的积极意义，但他同时认为“分”(义务)是“服习积贯，渐造自然”。① 履行义务虽然需要借助外力强制，但更多的是需要时时自勉，“必待其人之自尽，于义务始为得之”。② “其人格愈高，其尽义务之度愈高。其人格低者反是，要悉视其所自处而已”。③ 也就是说，履行义务最好是依靠道德行为主体的自觉。因此，能够担起义务之人，必然是道德高尚之人。《论语·学而》篇中说，“君子务本，本立而道生。”其实，“本即分也，即义务也。惟君子而后能务本，亦惟有高尚之人格者，始能无负其义务耳”。④ 因此，就其性质而言，“义务为人生本分之所当尽，故其中有不可为，及不可不为两义”。⑤ 道德高尚的之人(君子)，对于不可不为的，是勉而跂之。而对于不可为的，则耻而远之。

此外，权利和义务的关系问题，也是现代伦理学颇为重视的一个问题。谢无量分别从法律和道德两个方面论述了权利与义务之关系。从法律上讲，有权利必有义务，有义务必有权利。然而，从道德上来看，“义务者但有其责任，虽权利亦或与之俱生，顾尽义务者，初不必计较于此耳”，因为“义务者本乎良心，故从其良心，有不能不尽其分义之

① 谢蒙：《伦理学精义》，上海：中华书局，1914年版，第83页。
② 谢蒙：《伦理学精义》，上海：中华书局，1914年版，第82页。
③ 谢蒙：《伦理学精义》，上海：中华书局，1914年版，第83页。
④ 谢蒙：《伦理学精义》，上海：中华书局，1914年版，第82页。
⑤ 谢蒙：《伦理学精义》，上海：中华书局，1914年版，第82页。

责，而非贪欲与外之权利也”。① 可以看出，谢无量对权利与义务关系的认识颇具现代性，与我们当前对此问题的认识基本一致。

(3)义务分类：个人、家庭、社会、国家、万有

刘师培《伦理教科书》将义务分为对于己身之义务、对于家族之义务、对于社会之义务、对于国家之义务和对于万有之义务五大类。谢无量采用了相同的分类方法。

第一，个人对于自己负有义务。伦理学作用的发挥，无不由己而推之于人。伦理关系不外乎就是人己之关系。“处己以正，而对人不以正者少矣。”②因此，人首先就需要克服自己的不善之处，然后才有可能成为善人，以一种符合伦理的方式待人接物。这就是人对于己身之义务产生的原因。如果忽略对于自身之义务，不仅无益而且有害。总结起来，人对于己身之义务主要有二：一是养生；二是修身。③ 然而，在继承古代伦理学重视个人修养思想的同时，谢无量思想的保守型和局限性也因此凸显，例如，他说“身之倨佝，手之高下，颜色声气，各有宜称，所以明尊卑、别疏戚也。则亦在修之而已”。④ 明尊卑、别亲疏是封建道德的重要内容。随着社会环境的变迁，某些过去再正常不过的提法，放在一个人人追求自由平等的新时期，就会显得那么刺眼和格格不入。由此可见谢无量伦理思想从传统到现代的过渡性特征。

第二，个人对于家庭负有义务。家庭伦理是传统伦理的核心，正家而后天下定。中国伦理的一个特点是先致其孝于亲(即家庭义务)，而后再推而广之，履行个人对社会、国家的义务。“由身正以立家，由家以合族，生相爱也，死相哀也，推而达之，人道备矣。家族关系，最为吾国伦理之特色。”⑤在《精义》和《教本》中，谢无量重点论述了家族伦

① 谢蒙：《伦理学精义》，上海：中华书局，1914 年版，第 83 页。
② 谢蒙：《伦理学精义》，上海：中华书局，1914 年版，第 89 页。
③ 谢蒙：《伦理学精义》，上海：中华书局，1914 年版，第 84 页。
④ 谢蒙：《伦理学精义》，上海：中华书局，1914 年版，第 89 页。
⑤ 谢蒙：《伦理学精义》，上海：中华书局，1914 年版，第 90~91 页。

理中的父子之伦、兄弟之伦和夫妻之伦。由于言父兼母，言子兼女，言兄弟兼姊妹，所以探讨父子、兄弟和夫妻互相所肩负的义务，事实上也就探讨了人对于整个家族的义务。父子之伦是家族之本。父慈子孝是父子伦理的核心。与封建伦理片面强调子女对父母的绝对服从不同，谢无量强调父子伦理的交互性。他将子女对父母的义务归结为敬身、养亲、从命三种，并将父母对于子女的义务归结为教养和慈爱两端。兄弟是分形连气之人，应该兄友弟悌。友以致其爱，悌以致其敬。能尽兄弟之道的人，才是真正能事父母之人。谢无量特别强调兄弟之间的敬爱和让财两种义务。兄弟之间不可有怨恨之情，即便有小矛盾，在关键时刻也要抛弃前嫌，一致对外，即虽阋不败亲。夫妇之间应当爱敬有别，而勿背反。谢无量指出，“必有夫道而后有妻道，亦必有妻道而后有夫道，夫妻兼举，于义乃具”。① 谢无量的夫妻义务观，最能体现其伦理思想“信古”“释古”的特点。这尤其体现在他对中国嫁娶之礼的解释，对多妻制误解的批判，以及对于贞女现象的态度上。

第三，个人对于社会负有义务。社会义务往往与家族合而言之，因为中国古代社会与国家同时形成，所以传统中国的社会义务则往往为国家教令所强制。这是中国伦理的一个特质。学校是人从家庭走向社会的重要一步。人与人的社会交往，首先是与师友的交往。“社会义务，自师友为始，由师友而推之，则对于凡社会之人，莫不有其当然之义务。盖吾身与人并生，人己之间，厉害相关至切，君子设秉常道以立于社会”。② 那君子社会交往的常道是什么呢？谢无量总结为两个字，一是公；二是爱。所谓公，就是要大公无私。所谓爱就是要爱其同类，爱同类才谈得上理解人之社会义务。

第四，个人对于国家之负有义务。我国虽然有“天下兴亡，匹夫有责”的古训，但是国民对现代意义上的“国家”概念并不清楚。孙中山、

---

① 谢蒙：《伦理学精义》，上海：中华书局，1914年版，第101页。
② 谢蒙：《伦理学精义》，上海：中华书局，1914年版，第112~113页。

梁启超、陈独秀等都对国人缺乏国家观念的弊病进行过批判。有感于此，谢无量提出，个人对于国家，首先需履行的义务，便是要有明确的国家观念。事实上，家族、社会义务都在国家义务之中。因为家是国之本，群是治之源。国与家的关系是相即不离的。这也就是《礼记》所称的修齐治平一贯之旨。个人对于国家的第二大义务是树立正当的法律观念。在古代，法律制度设立之后，统治者会通过悬书、布宪等方式来向民众宣传。反观当今，中国已经推翻君主专制，正在建立共和制度，所以民众急需明白共和制度下人民自己立法以自治的道理。在谢氏看来，既明白国家之观念，又了解法律之观念，则个人可以尽其义务于国家。① 个人对于国家的第三大义务是服兵役。人民服兵役，参与正义的战争，即是服从天命的要求，也是尽人之职分的必然要求。个人对于国家的第四大义务是缴纳租税。建立国家，就意味着建立一套相应的礼乐政教制度，以及供养专门的人才来治理国家，如此方能实现国泰民安。到了封建专制统治的末期，各种名目的租税徭役压得老百姓喘不过气来，导致政令不信，民众苦不堪言，从而忘记了交租纳税本是个人对于国家义务之一种。最后，个人对于国家还负有受教育的义务。“逸居而无教，则近于禽兽。受教育之义务，诚凡民之所必勉者与”。② 人民接受教育既是一种权利，也是一种义务。

第五，个人对于万有之义务。所谓对于万有之义务，就是人除了对自己、他人和社会国家负有责任和义务之外，还对整个自然界，包括生态环境、动物世界和植物世界负有责任。这既是中国传统伦理之天人合一思想的体现，也反映了现代生态伦理的思想内涵。因此，就个人对于万有之义务而言，谢无量的文字表述虽然显得比较传统，但他非常重视其内容的当代价值。因此，其积极意义也是毋庸置疑的。

（三）德论

英语中的“德”（virtue）本指勇气。希腊语中的“德”（aretê）有调和、

① 谢蒙：《伦理学精义》，上海：中华书局，1914 年版，第 117~118 页。
② 谢蒙：《伦理学精义》，上海：中华书局，1914 年版，第 122 页。

适当的意思，与我国古代将德训为“得”比较接近。谢无量认为，我国古代伦理思想中的德实际上是包括内外两个方面的意义，而西方伦理学中的德往往只就其外在者而言。例如，亚里士多德说，由心意所习，而得道德之可能者为德；康德则认为，勤求于义务之志之所勉者谓之德。在泡尔生看来，增进一人或一群幸福之意志习惯为德，也就是行为的形式。这些观点“或主于习，或主于事，皆以在外者为本”。① 西方近代伦理学者，普遍将德视为善习。善习固然是德，但是善习并不是德的全部。因此，西方伦理学对德的解释并不完善。谢无量的德性论重点突出了中国德性伦理学的特点，如内在之德与外在之德并重，私德与公德一贯，纯德与威德兼具，重视超绝之德。

(1)内在之德与外在之德

《说文》中将德(悳)解释为“得”，内得于己，外得于人。所谓内者，就是心。所谓外者，就是行。外得于人，是就人之行为有益于他人而言的。在古代经典中，有大量关于内在之德和外在之德的阐述。例如，《乐记》中说，“德者，性之端也”；贾谊《道德说》云，“所得以生谓之德”；《通典》引马融注《周礼》说，“在心为德”；《诗》郑笺认为，“德者，在内未见之言”。在其他典籍中，德也常常被解释为“得其性”。这都是就德的内在意义而言的。关于外在之德的论述，可以从管子、鹖冠子、王充的相关话语中找到证据。《管子》中说，“爱民无私曰德”；《鹖冠子》中说，“所谓德者，能得人者也”。《论衡》中说，“实行为德”。以上种种，都是就德的外在意义而言的。此外，古代典籍中还有兼言内外之德的论述。如《大戴礼记》中说，“外内参意曰知德”。《易》九家注指出，“阴阳交通谓之德”，因为因内阳外，所以，也是兼内外而言的。此外，《左传疏》中也说，“揆度于内，举措得中谓之德”，这也是兼内外而言的。

因此，对于中国古代伦理学家而言，德是兼有内外二义的。在内在

① 谢蒙：《伦理学精义》，上海：中华书局，1914年版，第125页。

之德方面，传统伦理思想中以道家论述最为精微透彻。谢氏认为，老子不仅认为德为内在，而且将其推到虚无之极。但是又担心其陷于虚无，所以又为其树立上德之名，唯恐德之骛于外。老子“不德而后有德”的提法，是谈论内在之德的最为精微的观点，为后来道家学者所认同。就外在之德而言，其实就是习于善而行。所谓习于善，就是因善而行。因此，德行就是因循。“君子未有不因乎习而可以成德者，文质之迁变也，圣人之时中也，皆贵因者也。因则易行，易行则成德。天下固无一人自树而命之以为德者。一人自树而命之以为德，则有以合乎一人之德，而无以合乎天下之德矣。由天下之所谓德者而行之，是德而已矣。…… 故曰，德者行其善习，因循是也。”①如前所述，西方近代伦理学将善习视作德。这样，谢无量就找到了传统伦理思想与近代西方伦理思想的对接点。

(2)君子为成德之名

伦理学家仅仅是阐明内外之德还不够。“论内不论外不明；论外不论内不备。非内得人心之所同然，则莫能行之于外。非外之粲然可见，亦莫由知内之蓄德也。”②内外兼得才是真正的德。修德主要有主观和客观两种方法。所谓主观之方法，就是存养省察之功，又可以细分为定性和弘善两端；所谓客观之方法，就是以有德之人为楷模，进而朝着这个目标努力，通过榜样的力量，帮助自己树立特殊之人格。也可细分为二端，一是取诸人，二是修诸己。既能定性，又能弘善，既能取诸人，又能修诸己的人就是有德之人。也只有君子才能做到这一点，所以，君子是做人的榜样。“君子，成德之名也”“君子者，无所不宜也。是德之修养，宜以君子为标准矣”。③ 在谢无量的伦理体系中，君子是一种理想人格。君子是传统儒家伦理的重要概念。因此，一个无法回避的问题是：在新的历史条件下，君子能否继续充当人们道德修养的目标，而不

① 谢蒙：《伦理学精义》，上海：中华书局，1914 年版，第 127~128 页。
② 谢蒙：《伦理学精义》，上海：中华书局，1914 年版，第 128 页。
③ 谢蒙：《伦理学精义》，上海：中华书局，1914 年版，第 132~133 页。

陷溺于封建道德之中？此外，传统儒家伦理对君子小人的二元区分在当代社会中是否具有可操作性？

谢无量不是没有意识到这个问题。解决办法有两个：一个是用现代概念重新阐释君子，为其注入新的、符合时代精神的内容；另一个就是引入非儒家学派的思想来弥补其不足。例如，谢无量引入文子和中黄子的思想把人格分为二十五等。上五者是神人、真人、道人、至人、圣人；次五者是德人、贤人、智人、善人和辨人；中五者有公人、忠人、信人、义人、礼人；再次五者为士人、工人、虞人、农人和商人；下五者为众人、奴人、愚人、肉人和小人。各人因为造诣深浅不同，所以各自人格有所不同。一般人即便难以达到上五的高度，但是可以通过修养和努力实现次五和中五。下五者是自暴自弃者。关键是要看人的自我认知和定位。二十五种人格等级的划分，明显比儒家“君子—小人”两级结构更为详尽，由此可以看出谢无量虽归宗儒家，但此处对文子和中黄子分类的借用，明显表现出其调和折衷儒道的倾向。谢氏虽然也承认这些人格品名有些不经，但又指出它们其实是基于古义。这充分体现出他浓郁的“信古”倾向。

(3)私德与公德，德治与法治

西方伦理学常常对公德与私德作出明确区分。清末民初，不少中国伦理学者猛烈批评传统伦理，其中一个重要方面就是中国传统伦理偏重私德，忽视公德。谢无量不以为然。他强调说中国伦理学所谓的德，实际上是内外兼举，本末具备。换言之，中国传统伦理中的德是公德与私德一贯之词。而且他认为传统伦理尤为重视公德。其理由是德之所以被称为德，是因为德本来就是道已发著于事者。所以说，德是专主于应用。这也就是古人把德称为“道之用”的原因。“在内者为明德，明明德则布之于外，达于天下国家，其为公德也大矣。明明德既统摄在外者，私德遂亦寓于其中，不必分言。对于一事一物，与对于万事万物，其为德均也。”①这就是说，在内的是明德，通过明明德则将德发布于外事外

① 谢蒙：《伦理学精义》，上海：中华书局，1914年版，第141页。

物，乃至拓展到天下国家。发布于一己之私以外，就构成一种公德。因此，私德也包含在公德的概念之中。公德私德本来一以贯之。谢无量的公德私德一贯之说，在某种程度上可以被视作对梁启超"公德，私德之推"思想的一种继承和发扬。① 梁启超和谢无量的公德私德说，其提出都有着明确的现实针对性。面对当时中国社会积弱积贫、一盘散沙的现实，他们提出私德外推为公德，目的在于增强民族凝聚力，鼓励国民参与改造社会、建设国家、团结一致抵御外侮的行动中去。

具体而言，公德可以细分为三大类，即对于公众之公德、对于公财之公德和对于公务之公德。对于公众之德讲究平衡，对于公财之德讲究无所侵占，对于公务之德讲究能任其责。② 谢无量进一步指出，德治就是公德发展的结果。我们今天谈论某人具有公德，实际上往往是以个人为主。其实这种意义是比较狭隘的。"必天下之人，自然莫不有公德。而德之为义始具。所谓一道德，同风俗，尧舜之世，比屋可封，皆公德之效也。夫非治化之力，何能使之齐同至于如此？故公德之发展即为德治"。③ 按照现代学术观念，德治有别于法治和政治。但在中国固有学术中，德治、法治与政治密不可分、相互促进。儒家伦理倡导为政以德，并尤为强调盛德。盛德不仅普被于人类，而且施之于万物。《大戴礼记》中说，"德盛则修法，德不盛则饰政"。有法治有政治，道德也会因此盛而不衰。故德之应用，在于法政。"吾国伦理，兼包政治，由其明徵。人欲修其公德，必以治国平天下为极轨，无可疑矣。"④由此可见，谢无量是从儒家修齐治平、内圣外王来论证公德私德一贯之理的。

更进一步说，谢无量的德治之应用在于法政的思想，体现了他外儒内法的倾向。他之所以有这一倾向，是因为其伦理思想具有强烈现实针

---

① 梁启超：《梁启超全集》(第二册)，北京：北京大学出版社，1999年版，第714页。

② 谢蒙：《新制修身教本(四)》，上海：中华书局，1914年版，第51页。

③ 谢蒙：《伦理学精义》，上海：中华书局，1914年版，第141页。

④ 谢蒙：《伦理学精义》，上海：中华书局，1914年版，第142页。

对性。在天下太平时期，儒家的温和伦理对于规范人之道德行为，维护社会正常秩序是有效的。然而，每当社会发生急剧变革而导致政治动荡、法律松懈时，儒家伦理往往因为太过温和而缺乏足够的约束力，无法起到规范人心与人行的作用。因此，在面对清末民初三千年未有之变局的严峻社会现实时，谢无量颇为重视法家伦理思想。他不仅在《中国哲学史》中系统整理过法家重要代表人物的伦理思想，而且专门撰有《韩非》一书，提倡其国家观念和公德思想。其目的显而易见，是想借用法家思想中的刚性规范伦理来弥补儒家德性伦理之不足。当然，这与其兼综百家、折衷诸学的学术特征也是吻合的。

（4）纯德之治与威德之治

为了充分发挥德治规范人心的作用，谢无量还从另外一个角度进行了努力。那就发掘传统思想资源中的纯德与威德思想。他认为，中国伦理学史上的德治论可分为纯德说和威德说两大派别。儒家正统经义所提倡的，基本是纯德说，其特点是重在化而不重在刑。刘向的政有三品说就是一个显例，即“王者之政化之。霸者之政威之。强者之政胁之”。① 这三者各有其作用，但化最为重要。如果化之而不变，就只能采用权威的力量；如果威而不能变，就只能采用强力相威胁。威胁还不能变，就只好诉诸刑罚的力量了。付诸刑罚实际上是不得已之举。因此，刑与德是治国的两大手段。“王者尚其德而布其刑。霸者刑德并凑。强国先其刑而后其德。”儒家伦理历来讲究王道，“尊化后刑”，因此明显属于德治之纯德一派。②

威德说以法家为典型，尚法而贵势。今本《慎子》的首篇，即为《威德》。威德说“虽本公德以明治，实略类近世道德出于权威之说”。③ 在宗教时代，神为最高权威；在专制时代，君主为最高权威；在共和时代，人民为最高权威。只有权威者才能命令。无论什么时代，都有一定

① 谢蒙：《伦理学精义》，上海：中华书局，1914年版，第142页。
② 谢蒙：《伦理学精义》，上海：中华书局，1914年版，第142页。
③ 谢蒙：《伦理学精义》，上海：中华书局，1914年版，第142~143页。

的权威主导，并有与之相适应的道德规范，作为人类行为之指导。① 法家强调势位之作用，认为尧为匹夫，不能治三人，而桀为天子，能乱天下，体现的是势位之威权。虽则如此，法家所看重的常法常道是德，圣人以德被于天下。所以谢无量说，“德非出于圣人一人之意，不过因循习惯所宜”。② 由此观之，他对个人与社会的关系看得还是比较清楚的。伦理道德是社会之产物，而非完全出于某一圣人(权威)之命令。

此外，谢无量还看到了慎子思想的另外一面，即反对独裁。这体现在他对慎子《因循》篇中政治伦理思想的解读。慎子认为，古代拥立天子，目的不在于使某一人受益，而是因为“天下无一贵，则理无由通。通理以为天下也”。所以，“立天子以为天下，非立天下以为天子也。立国君以为国，非立国以为君也。立官长以为官，非立官以为官长也”。③ “法虽不善，犹愈于无法。”(《慎子·威德》)谢无量引用慎子之说，实际上是通过整理传统伦理政治思想之精华，为现代民主共和制度作宣传。与此同时，这也突显出谢无量的伦理思想是兼采各派、折衷于儒、道、法三家。

(5)超绝形上之德

谢无量德性论的一大特色是注重伦理道德的形上之维。清末民初的伦理学者论德，大多是就德对于人之实际利益而言的，以之为道德行为的终极目标。然而，这仅仅是停留于具体事务之上，未能充分发掘德之精微之处，即少有伦理学家能够深入探究道德行为的形上之维。我国古代伦理(礼教)，其实非常重视超越于具体礼仪规范之上的超绝之德。“凡礼之仪文其末也，礼之精意其本也。礼有迂阔繁重，不近人情者，推其原往往出于至德，至德之善，超绝乎云为事物之上，是以不得执其迹以名之，而特谓之超绝之德也。”④谢无量指出，中国伦理中最为重视

① 谢蒙：《新制哲学大要》，上海：中华书局，1914 年版，第 34 页。
② 谢蒙：《伦理学精义》，上海：中华书局，1914 年版，第 143 页。
③ 谢蒙：《伦理学精义》，上海：中华书局，1914 年版，第 143 页。
④ 谢蒙：《伦理学精义》，上海：中华书局，1914 年版，第 144 页。

的冠、婚、丧、祭四礼，实际上都有超绝之意义。

冠礼是礼之始，标志着人长大成人，成人而后可以行德。古代冠礼特别庄重。例如，其中的命名环节就非常讲究。因为名字不仅是为了崇恩厚亲，远禽兽，别婚姻，而且体现出古人在社会交往中对德行的重视。因为敬名就是彰德。通过命名表德，“可以使德成于无形，此冠礼所以为超绝之德一也”。① 现代大多数中国人只知道西方的成人礼，而不知道古人冠礼对于个人进入社会，担起社会伦理责任的象征意义。当今时代很多年轻人热衷于追捧西方节日，如情人节、圣诞节，但对传统礼节却甚为隔膜，不懂其中的超绝之义，实在可叹。

婚礼是合室家，立人道之始。谢无量指出，“冠礼明一人之德，婚礼明一家之德，其事尤重也”。② 古代婚礼有纳采、问名、纳吉、纳徵、告期、亲迎六礼，而且婚姻必须由媒人交接介绍，其实是为了培养人之廉耻心。而且，即便贵为天子，也要亲迎，这充分体现出对女性的尊重，对承宗庙、重继嗣的尊重。女子出嫁之后当遵守妇道，但如果丈夫德行有缺则可去。男子失偶而不再娶，大夫年届五十才能继娶，这些伦理规范其实都是在于明笃于情，厚养其德。因此，婚礼也是中国伦理超绝之德的体现。

丧祭之礼也有重要的道德教化意义。丧礼之所以为礼教之一种，在服饰和歌哭上有种种区别，其实蕴含深意。“服以饰情，情貌相配，中外相应，故吉凶不同服，歌哭不同声，所以表中诚也。”③虽然人死之后不再有知觉，但是丧葬之礼意义在于，让活着的人表达其对死者的尊重、感激和缅怀之情，因为具有超绝之意义。很多现代人以为祭祀是为了求鬼神保佑和赐福，是迷信。谢无量不以为然。“盖吾国所谓祭祀，惟在明报。自致其意之隆，以示无负，非必求鬼神之有知，且能为祸福

---

① 谢蒙：《伦理学精义》，上海：中华书局，1914 年版，第 145 页。
② 谢蒙：《伦理学精义》，上海：中华书局，1914 年版，第 145 页。
③ 谢蒙：《伦理学精义》，上海：中华书局，1914 年版，第 146 页。

也。”①《礼记》中对古人的报天、报君、报神、报亲行为有一些记载。在古人那里，凡是有功于人的，都需要进行还报，鼠、虎、堤坝、沟渠都可以是祭祀还报的对象。② 因此，具有报本反始、知恩图报意义的祭祀仪式，其实也是超绝之德的体现。

以上便是谢无量“三位一体”伦理学体系的主要内容。这一体系有如下几个特点。

第一，德性论与义务论之整合。谢无量正确认识到了德性与义务和至善之间的辩证关系。在他看来，义务具有一定的强制性，而德性则无。义务是有差等的，而德性则没有。德性强调内在，而义务则强调外在。一个重自律，另一个重他律。一个包含甚广，一个相对狭隘。尽分和修德是到达至善之境的方法。能尽分并不一定有德性。有德性则必然能尽分。③ 应该说，谢无量对德性和义务之异同的认识是非常深刻的。更为重要的是，他把现代伦理学的概念和分析方法引入对我国固有伦理思想的整理和研究之中，试图建立起中国伦理学的理论话语体系。善恶论、义务论与德伦“三位一体”的伦理学体系就是这种努力和尝试的结果，不仅是谢无量伦理思想折衷诸学、会通中西的体现，而且也体现了他整合规范伦理学与德性伦理学，发挥各自优长的博大学术胸怀。

第二，典型的目的论伦理学。谢无量受蔡译泡尔生《伦理学原理》的重要影响。泡尔生的伦理学体系是一种典型的目的论伦理学体系。目的论认为，伦理学的主要任务就是确定人生目的，以及达到目的的手段。前者是一种善论，或者价值论，后者是一种德伦或者义务论。④ 东西方的传统伦理思想，大多属于目的论、价值论的伦理学类型。“这种

---

① 谢蒙：《伦理学精义》，上海：中华书局，1914 年版，第 147 页。

② 覃江华：《儒家早期“报”的思想释解》，载《中南大学学报》（社会科学版），2013 年第 4 期，第 144 页。

③ 谢蒙：《伦理学精义》，上海：中华书局，1914 年版，第 129 页。

④ 何怀宏：《伦理学是什么》，北京：北京大学出版社，2008 年版，第 40~41 页。

伦理学类型常常把善论(目的论、价值论、幸福论)与德论(工夫论、修养论、义务论、人格理论)结合起来，其中善论主要讲人要达到的目标，德论主要讲人要达到这一目标的途径、手段，或者这一目标在人的活动、性格中的体现，故而后者一般要以前者为依据。”①谢无量的“三位一体”的伦理学体系，就是一个典型的目的论伦理学体系。他把“至善”作为人生道德修养的目标，而义务和德则是达到这一目标的途径和手段。如此看来，谢无量的伦理体系似乎是比较传统的。但是否毫无新意可言呢？对于这一问题，我们恐怕很难作出简单的“是”与“否”的回答，因为对谢无量伦理体系建构的评价，必须回到其发生的历史语境中进行考察。现在看来似乎并无新奇可言的成果或者观点，在一百年前的中国学术界也许是极具创新性和前瞻性的，甚至是划时代、范式转换型的开创性成果。如果我们不用后人的标准来苛求古人的话，也许会得出完全不一样的结论。清末民初正是西学东渐走向深入的一个时期，虽然有不少运用现代伦理学观念来解读传统伦理思想的尝试，但是少有人像谢无量这样建立起宏大的“三位一体”的伦理学体系。也就是说，谢无量的伦理学理论建构，是在没有多少可以借鉴的先例的情况下进行的，这种探索工作及其所取得的成果在当时无疑极具创新性。

第三，“以西释中”的理论模式。在民国初年特殊的学术环境下，中西融合式的伦理学理论架构更容易为各派学者所接受。当时，以陈独秀、吴虞等为代表的一干人，对传统道德体系破而不立。结果，旧的伦理体系被打破了，新的伦理体系又没有建立起来，人们陷入谢无量所谓的“盲行索途”的价值淆乱、无所适从状态。有观于此，谢无量率先尝试以西方经典伦理学体系为基础，建立起中国自己的伦理学体系。其功能不仅在于整理固有伦理思想，斟酌损益，为建立新伦理奠定基础，而且，通过“援西入儒”、中外比较，谢无量建立起了其道德形而上学。

① 何怀宏：《伦理学是什么》，北京：北京大学出版社，2008 年版，第 200 页。

此外，这一体系为未来的相关研究提供了可以继续探索的空间。后来学者正是以谢无量的伦理学著作为起点和借鉴与超越的对象，不断将中国伦理学研究推动向前。因此，谢无量在中国现代伦理学科创立方面具有开创之功。

三、不同理论体系之比较

清末民初是一个情绪躁动的时代，当时的中国学者很难真正从容地进行伦理学研究。因此，“这一时期能够真正凝聚成学术形式的伦理学研究成果并不多见，更多的是时论时评、挞伐论战，或是启蒙宣传、旧学新解之类”。① 与老师蔡元培一样，这一时期的谢无量潜心学术，不仅系统梳理了中国传统伦理思想，而且还对伦理学的一些核心问题(定义、功能、研究对象、研究方法)进行了深入思考，甚至同时提出两套不同的伦理学理论体系，在证明中国哲学合法性、创建中国伦理学科和构建中国伦理学话语体系等方面居功至伟。

要真正认识谢无量两套伦理学理论建构的学术价值与历史意义，就不能不对其展开比较分析。一方面要进行内部比较，也就是比较谢无量自己所提出的两套伦理学体系的异同所在；另一方面要进行外部比较，即比较谢无量的伦理学体系与同时代学者所提出的其他伦理学体系的异同所在。如此才能真正发现谢无量伦理学体系的特色、贡献与局限。

(一)内部比较

谢无量所提出的两套伦理学体系分享某些共性特征，也存在明显不同。在共性方面，两套体系都借鉴吸收了西方近代伦理学的一些概念和思想，都在一定程度上体现了谢无量“援西入儒”的文化立场。其研究对象都是中国固有伦理思想，要解决的问题也都是中华民族伦理思想总结和国民道德重构的问题。此外，两套伦理学体系都明显体现出谢无量

---

① 万俊人：《百年中国的伦理学研究》，载《高校理论战线》2012年第12期，第23~24页。

用中学固有概念来比附和“格义”西方近代伦理学概念的做法。在文明接触的早期，用本土相近或相似的概念来解释外来哲学概念是十分常见的，也有其历史合理性和必要性。例如，佛教刚刚传入中土之时，为了便于普通信众理解佛经教义，佛经翻译家往往采用本土道家和儒家固有概念来“格义”佛教概念。这种“格义”有时不免方枘圆凿，但在普及新知、赢取受众，甚至理论创新方面是有其历史作用的。

陈寅恪先生和汤用彤先生都曾发掘和讨论“格义”的概念。① 据陈寅恪先生考证，“格义”最初指用本土固有概念解释外来概念。然而，北宋以后“援儒入释”的理学，其实也是“格义”之流。也就是说，在中外学术思想的“融通”阶段，“格义”成为“以中释西的创造性范式”，②是本土学术创新的一种重要手段。后来，在《冯友兰中国哲学史下册审查报告》中，陈寅恪先生曾精辟地指出，“窃疑中国自今日以后，即使能忠实输入北美或东欧之思想，其结局当亦等于玄奘唯识之学，在吾国思想史上，既不能居最高之地位，且亦终归于歇绝者。其真能于思想上自成系统，有所创获者，必须一方面吸收输入外来之学说，一方面不忘本来民族之地位。此二种相反而相适成之态度，乃道教之真精神，新儒家之旧途径，而二千年吾民族与他民族思想接触史之所昭示者也”。③极为推崇“新儒家”的谢无量，在陈寅恪提出这一观点的20年前，所持的正是这种融通中西古今之学的文化观。其伦理学体系创新也正是奠基于此。

事实上，在谢无量进行伦理学体系创建之时，本土几乎没有多少可资借鉴的理论资源。当时，在经历《京报》案后，他进入中华书局做编

---

① 参见陈寅恪《支愍度学说考》，载陈寅恪《陈寅恪史学论文选集》，上海古籍出版社，1992年版；汤用彤《论格义——最早一种融合印度佛教和中国思想的方法》，载汤用彤《理学·佛学·玄学》，北京大学出版社，1991年版。

② 刘军平：《中国传统译论中的“格义”范式转换及其现代阐释》，载潘文国主编《英汉对比与翻译2012》，上海：上海外语教育出版社，2012年版，第158页。

③ 陈寅恪：《冯友兰中国哲学史下册审查报告》，载《金明馆丛稿二编》(第二版)，北京：生活·读书·新知三联书店，2009年，第284~285页。

辑，专心著述，从学理上探索和整理传统伦理思想。除了刘师培《伦理教科书》等个别著作之外，谢无量几乎别无依傍，而且西方伦理学思想的传播尚在初级阶段。因此难免会有用传统名词术语来“格义”西方现代伦理学概念，如将“伦理”与“礼”、“义务”与“分”联系起来。如前所述，这种“格义”有一定合理性，因为我国固有概念，如“礼”与“分”，的确有部分内容能与西方伦理学概念会通。通过“格义”，一方面能够增加西方伦理学概念被理解、接受的可能性，另一方面也有助于增强民族自信，破除历史虚无主义，证明中国哲学、伦理学的合法性。就此而言，谢无量学术思想的创新精神是不容否认的。

除了这些共性特征，谢无量两套伦理学体系的差异也是十分明显的。其中，最为核心的，是两套伦理学体系构想的概念术语、内容框架和指导思想是不一样的。“二部八论”体系采用的是“以中释中”模式，其主要概念术语和论述方式都是中学固有术语和典型方式。然而，谢无量的这种“以中释中”并不是传统经学研究范式，而是在融通西学概念的基础上，对传统伦理概念的丰富、拓展和再造。例如，谢无量将“分”解释为“义务”(duty)，将“志”解释为“动机”(motive)，这实际上丰富了这些传统概念术语的内涵，使其具备现代伦理学意义。这是一种通过“格义”的方式对传统伦理思想进行的拓展和更新。与此不同，“三位一体”模式体现的是一种传统研究范式的转化，是一种从理学到伦理学研究范式的转换。其所采用的术语，如善恶论、义务论和德伦，都是现代伦理学的主要概念。其整个伦理学体系架构也是西方近代伦理学的典型架构。范式转换有别于范式拓展。经过转换的新范式与旧范式是不可通约的，而经过拓展的范式与旧范式是可以会通的。此外，就功能和意义而言，两套体系各有不同。“三位一体”体现为建立现代学科所必需的吸收、借鉴与消化；而“二部八论”则是在此基础上进行的涵摄与融通。因此，两套体系有着不同的分工与作用。

谢无量在同一时期勾画了两套不同的伦理学体系，但他是否真的计划写出两部风格迥异的理论著作呢？从《自叙》来看，他有意采用“以中释中”模式撰成一部“伦理学”著作，但目前我们除了这个《自叙》之外，并未发现这部著作的存在。这部著作是仅仅停留在构想状态，还是在最终撰写成书的时候被放弃，转而采用了另外一种范式？作者因为何种原因作出这种抉择？目前，除了进行一些凭空揣测之外，还没有直接证据使我们能够作出一个明确的肯定或者否定判断。但不管如何，有一点是无容置疑的：在中国伦理学理论体系建构方面，谢无量一方面试图借鉴西方伦理学成熟体系来整理和会通传统伦理思想；另一方面，他始终没有放弃在会通西学、援西入儒的基础上，建立以中学为主体和本位的中国伦理学体系。他在短短的一年时间内提出两套不同的伦理学体系构想，这不仅在同时代学者当中绝无仅有，而且在整个中国近现代伦理学史上也是十分罕见的。这一现象充分说明其思索之勤苦。更为重要的是，这体现了他强烈的现实关怀和高度的理论自觉。

(二)外部比较

就外部比较而言，谢无量的两套伦理学体系与梁启超《新民说》《德育鉴》及刘师培《伦理教科书》所采用的思想体系相比，既有继承与发扬的一面，也有独树一帜的地方。三人的共同之处在于，都重视传统伦理在新时期道德建设中的价值，都采用现代学术概念重新整理和阐释传统伦理思想。当然，三人伦理思想体系的差异也是非常明显的。

梁启超的伦理思想主要由其道德革命论、公德私德说和道德改良论构成，其社会影响虽然深远，但是从纯学术上看，他并未建立起像谢无量“三位一体”或“二部八论”那样谨严的理论体系。相比于梁启超，谢无量更具伦理学理论自觉。他始终没有放弃在西学的基础上用中学固有逻辑来对传统伦理进行创造性转化，并建立起中国伦理学的理论体系。其“二部八论”与梁启超1905年出版的《德育鉴》在立意上有一些相似之处。《德育鉴》以辨术、立志、知本、存养、省克、应用为目分为六篇，每篇以简短导言开始，然后胪列历代大儒有关德育的名言警句，最后再加上编者自己的案语(评论)。谢无量的写作风格与此有几分类似。总体观之，《德育鉴》是一部接着陆王心学一派“接着讲”的道德修身著作，其特色是以中国学术话语来整理和阐释古代伦理思想，但也有少量中西伦理思想的对比分析和编者对社会现实的评论。此外，该著也体现出一种超越门派之见的折衷倾向，这都与谢无量是一致的。然而，由于没有见到谢无量"二部八论"全书出版，所以难以对其进行深入分析。但就体系架构而言，梁著《德育鉴》并非一本伦理学专著，而谢无量《伦理学自叙》分为理论部和实践部展开，似乎更胜一筹。梁启超虽然自称该著"不可以作教科书，其体裁异也"，① 但实际上相当于一本修身教科书。

刘师培《伦理学科书》与谢无量《伦理学精义》一样，都兼采并取、不立门户；都受到日本伦理学著作的影响，如将义务分为对于己身、家族、社会、国家、万有之义务等；都重视心理学概念（尤其是知情意）与伦理学的关系。然而，两书对于传统伦理学的态度略有差异。刘氏认为"中国古代伦理学，皆各有所偏"，② 而谢氏却指出，"中国伦理，发达尤早，有世界诸国所不及者"，③ "吾国儒家之说，则善论、德论、义务论莫不皆备"。④ 刘师培的伦理学体系大体与谢无量"三位一体"理论体系中的"义务论"部分相等，没有单独列出善恶论和德性论。整体来看，刘著主要是一本修身书，而谢著则为一本伦理学著作。修身书与伦理学的区别在于，"修身书，示人以实行道德之规范者也。……伦理学则不然，以研究学理为的。……盖伦理学者，知识之径途；而修身书者，则行为之标准也"。⑤ 虽然谢著也重视行为之标准，但其重心在于总结学理。其理念是知先行后，即先获得有关伦理道德的知识，然后将

① 梁启超：《德育鉴》，北京：北京大学出版社，2011 年版，第 6 页。

② 刘师培：《经学教科书 · 伦理教科书》，扬州：广陵书社，2013 年版，第 127 页。

③ 谢蒙：《伦理学精义》，上海：中华书局，1914 年版，第 14 页。

④ 谢无量：《孔子》，载《谢无量文集》（第一卷），北京：中国人民大学出版社，2011 年版，第 132 页。

⑤ 蔡元培：《中国伦理学史》（外一种），北京：商务印书馆，2010 年版，第 5 页。

其贯彻到人伦日用当中，以为言行之指导。

由此可见，谢无量是较早具备理论自觉的中国伦理学者，其《伦理学精义》是我国伦理学学科草创时期最为重要的理论专著之一。《精义》一书深受蔡元培编译《伦理学原理》之理论框架的影响。这种借用西学表格与框架来重新填写和整理传统学术的做法自有其积极意义，如使传统伦理思想更加理论化、系统化，便于与现代(西方)伦理思想接轨等。但从另外一个角度来看，以西学为标准，难免会抹杀中国伦理思想的某些特色。传统伦理道德思想并非没有系统，而是具有与西方伦理思想不一样的系统。这就是谢无量在进行伦理学理论体系建构时所面临的矛盾。他一方面希望吸收西方近现代学术成果，丰富和发展中国伦理学，建构起现代话语体系；另一方面，他又试图摆脱对西学框架的依傍，按照中国伦理思想的内在义理来进行伦理学理论建构和伦理学史书写。

最后，与梁启超、刘师培、王国维、严复等近代伦理学者相比，谢无量伦理学研究的一大特点在于其全面性和系统性。其研究成果既有学术性较强的伦理学理论专著，也有面向中学生和普通大众的国民修身教科书。单就其修身书而言，既有面向全体国民的《国民立身训》，也有专门面向妇女的《妇女修养谈》。谢无量的伦理学理论建构既是一种理论研究，也具有明确的问题意识和实践指向，即为现代国民道德重构奠定理论基础。例如，其义务论为国民修身提供了一些具有可操作性的途径和方法。另外，谢无量的伦理学理论建构与伦理学史书写是密切配合的。其伦理学史以儒家伦理思想为主体，兼容并包了道家、法家、墨家、佛教等各家各派的伦理思想，既有专题研究，也有通史性著作。无论是在专论还是通史著作中，谢无量都会辟出专节讨论重要人物的伦理观或人生论。不仅如此，谢无量也颇为重视道德形而上学建设。由于他对哲学有着浓厚的兴趣，因此，其有关人生论和伦理学的讨论总是与宇宙论密切挂钩。例如，在讨论孔子伦理学原理时，他将道作为首要原理之一；在讨论德性论时，他专门总结了中国传统伦理思想中的超绝之德，并认为这是中国伦理的一大特质。在谢无量看来，一些国人日用而不知的道德规范和礼仪活动，其实是具有很深刻的伦理学理论根源的，体现了中国人对于人与人、人与社会、人与自然关系的认识。谢无量的这些伦理思想，在当时堪称引领时代风气之先，因而非常值得当代伦理学史研究者关注。

第三章　返本开新：谢无量对传统伦理的现代转化

面对清末民初传统社会结构解体、现代伦理道德观念尚未建立的严峻现实，为了满足新时期道德风尚建设的需要，同时也为了回应民族虚无主义和极端文化保守主义的挑战，谢无量在吸收西方伦理思想的基础上，本着“善察谨变”的态度，开始了对传统伦理的创造性转化。他致力于阐发我国固有伦理思想的基本内涵与现代价值，使人们在“三千年未有之大变局”中有所适从，不至于陷入“盲行索途”“狂惑陷溺而不返”的危险境地。概而言之，谢无量对传统伦理思想的阐发主要通过两种方式进行。一是以伦理专题为中心，按照其“二部八论”和“三位一体”伦理学体系，从善恶论、义务论和德论等方面对传统伦理思想进行整理和研究；二是以时代为经，以学派为纬，以伦理学家为中心对传统伦理思想进行整理和研究。本章将探讨谢无量在儒、释、道、法家伦理思想的现代性、创造性转化方面所作出的历史贡献。

第一节　走出中西古今文化之争

谢无量对于传统伦理思想的阐发，是他实现学术救国理想的途径之一，也是他对中国现代哲学史最为重要的贡献之一。笔者认为，要准确评价谢无量对传统伦理思想的继承和发扬，就不能不回到清末民初的社会文化语境之下，考察谢无量伦理思想的学术背景、理论特色与时代价值。笔者同时认为，社会文化因素固然是影响学术发展的一个重要方面，但学者自身的文化立场和文化态度，对其学术品格的影响也至关重要。因此，要探讨谢无量在传统伦理思想的现代性和创造性转化方面的贡献，就不能不了解谢无量的古今中西文化观。

谢无量的学术活跃期(1914—1923)，大致是“新文化运动”从酝酿到爆发直至结束的时期(1915—1924)，也是20世纪初中国文化转型的关键期，对中国社会发展方向的影响绵延至今。围绕中国文化该往何处去的问题，当时的中国学者展开了激烈的争论。争论的问题实际上困扰了整个20世纪的中国学术界。因为整个20世纪中国文化一直处于转型时期，都面临中西古今之争的问题。汤一介先生指出，“其所要解决的问题是这样三个相互联系的问题：如何对待中国传统文化，如何接受外来西方文化以及如何创建适应世界文化发展形势的中国新文化”。① 在百余年前，谢无量试图对这三个问题进行了回答，其答案至今仍有积极意义。

谢无量总体是支持“新文化运动”的，这从他在《新青年》上发表诗歌和出版《白话文学之两大文豪》等著作，就可窥见一斑。然而，相比于激进的文化自由主义和极端文化保守主义，谢无量的文化观提供了另外一条折衷之道。那就是走出中西古今之争，在吸收西方文化之精华的基础上，重新整理和阐释传统文化，开创中国学术文化的新局面。② 谢无量的中西古今文化观，为中国现代伦理思想的发展指明了方向。他一方面坚持文化普遍主义立场，强调中西古今伦理思想的融会贯通；另一方面也具有文化特殊主义和保守主义特色，主张充分发扬优良传统伦理

---

① 汤一介：《略论百年来中国文化上的中西古今之争》，载《中国文化研究》2001年第2期，第12页。

② 这也正是后来汤一介先生给21世纪的学者所提出的建议：“在人类社会已经进入21世纪的时刻，我们应该走出‘中西古今’之争，从开创中国学术文化的新局面上看，在发扬中国文化优良传统的基础上充分吸收西方文化的精华(以及一切其他民族文化的精华)无疑是中华文化发展的方向。”见汤一介《略论百年来中国文化上的中西古今之争》，载《中国文化研究》2001年第2期，第15页。

文化的现代价值。

一、融会贯通，美美与共

谢无量对待中西古今文化的态度是可以总结为一个词——“会通”。这是谢无量学术研究的一大特色，也是他看待中学与西学、哲学与科学的态度。谢无量认为道通为一。道术裂而后有方术。“道术无所不统，而方术则各明一方，道术即哲学也，方术即科学也。古之君子，尽力于道术，得其全者，是名曰儒。”①因此，儒学、道学、理学、义学和西方的哲学其实都是相通的。“地虽有中外之殊，时虽有古今之异，而所学之事，所究之理，固无不同者矣。”②谢无量《中国哲学史》的典型特征就是并存异学以求其会通。

谢无量的文化普遍主义或会通思想来源多端。就远的方面而言，可以追溯到《礼记·礼运》中的天下大同思想。“大道之行也，天下为公，选贤与能，讲信修睦”，既是社会政治理想，也是伦理道德理想。谢无量认为“社会伦理之发达，则契于道”。③《礼记·礼运》中的大同，描绘的就是社会伦理最发达时的状态，是伦理进化之极致状态。彼时人人对社会义务无所不尽，社会自然和和睦睦。在谢无量的学术思想体系中，这一大同理想不仅是社会伦理发达之极致，而且也是天下学术发展之归宿。在《自叙》中，谢无量指出，“夫夷夏殊轨，瀛陆异教，其究固且终趋于大同”。④ 虽则如此，其对待中外文化的态度不是肯定一切，或者否定一切，而是相互借鉴、取长补短。“天下之美，固吾所当取，而吾之所美，亦当与天下共之。”⑤这与当代著名社会学家费孝通先生的

① 谢无量：《中国哲学史》，载《谢无量文集》(第二卷)，北京：中国人民大学出版社，2011年版，第3页。

② 谢无量：《中国哲学史》，载《谢无量文集》(第二卷)，北京：中国人民大学出版社，2011年版，第3页。

③ 谢蒙：《伦理学精义》，上海：中华书局，1914年版，第114页。

④ 谢无量：《伦理学自叙》，载《雅言》1914年第4期，第123页。

⑤ 谢无量：《伦理学自叙》，载《雅言》1914年第4期，第123页。

思想“各美其美、美人之美、美美与共、天下大同”①若合符节。要做到美美与共、天下大同，就需要会通古今中西之学。

就稍近一点的而言，谢无量受到宋明思想家的影响较深。其中，最明显的就是宋代陆九渊的心同理同思想。陆氏说，“东海有圣人出焉，此心同，此理同也；西海有圣人出焉，此心同，此理同也；南海北海有圣人出焉，此心同，此理同也；千百世之上，至千百世之下，有圣人出焉，此心此理，亦莫不同也”。② 谢无量对陆九渊此论颇为叹服。早在1907年左右，在为蜀学会撰写《蜀学会叙》时，他就曾提出要会通中西之学。“居今之世，不由今之学，亦固矣哉。善夫，陆象山之言曰：‘道也者，推而放诸东海而准，推而放诸西海而准。此心同，此理同也。’天下国国相属，大者数十，小者盈万。哲人魁士，何地蔑有？各竞智能，著书成文，弥纶当世，不可卒算。然吾观其粲然者，则道致乎微眇，艺致乎巧上，无得而闻焉。俗殊辞异，不可不尽心。”③可见，谢无量为鼓励蜀学会员努力学习世界各国语言文字(希腊、拉丁、英、法、德、俄、意等)，以便通其哲学、自然科学思想，所借重的正是陆九渊心同理同的思想。不仅如此，谢无量会通中西之学的思想，也可被视为对徐光启“欲求超胜，必须会通；会通之前，先须翻译”④思想的继承。虽然谢无量在其著作中并未直接提及徐光启，但是其学术历程和伦理学研究与徐光启之观点不谋而合。谢无量正是通过翻译活动来获取西学知识，并利用这些知识对传统伦理思想进行现代阐释的。

近人对谢无量中西会通思想影响最大是王韬、汤寿潜和蔡元培。王韬是清末变法思想家、著名报人，早年曾在墨海书馆帮助伦敦会传教士

---

① 费孝通：《文化与文化自觉》，北京：群言出版社，2010年版，第456页。

② 陆九渊：《陆九渊集》，北京：中华书局，1980年版，第483页。

③ 谢无量：《蜀学会叙》，国家图书馆藏油印本，1907年左右版本。

④ 徐光启著，王重民辑校：《徐光启集》，上海：上海古籍出版社，1984年版，第374页。

麦都思(Walter Henry Medhurst)译印书籍，后来在香港辅助著名汉学家理雅各(James Legge)翻译中国经典，并受后者之邀到访英国。在英国牛津大学发表演讲时，他纵论中外相通之始、相和之理，倡言“盖人心之所向即天理之所示，必有人焉，融会贯通而使之同”的普遍主义文化观。① 谢无量对王韬尤为推崇。在其晚年为数不多的论文当中，有一篇就是专门探讨王韬学术思想和文学成就的。谢无量指出，“谈者皆谓变法这个口号，始于康有为梁启超。不知王韬已首唱于二十年之前”。② 他对王韬很早就提出“取西国之长，补我之短”的思想给予充分肯定。然而，对谢无量学术思想影响最深的还是他的两位老师。其业师汤寿潜是清末立宪派代表人物，注重中西宪法研究，尤其是梳理和总结我国古代文献中与宪法相通的思想，撰成《宪法古义》一书，试图消除保守派对宪制的恐惧和排斥。谢无量的另外一位老师蔡元培，更是学贯中西的学术大师，十分重视中西伦理思想的比较与会通。在南洋公学期间，蔡元培的言传身教对他的学术兴趣和治学方法的形成影响最深。

专就伦理学研究而言，谢无量提倡融贯中西之学，而非用西学标准来衡量或贬低中学。他严厉批评当时学者用西学诋毁中国文化的态度。“今之学者，或侈言欧化而诋礼数，殆知二五而不知一十者也。”③谢无量提倡中西互释，这可以从他对中西伦理学概念的阐释和兼采中西的伦理学理论架构上体现出来。此外，谢无量认为伦理学研究要立足社会需求，会通古今之学。既要法古，又要知新。“是以自来伦理之进化，一方常为旧道之废，一方即为新道之兴。学者固当法古，顾于新道之兴，亦宜观其会通而知所择，乃合于研究伦理之法耳。”④总之，地虽有中

---

① 王韬：《弢园文录外编》，上海：上海书店出版社，2002 年版，第 2 页。

② 谢无量：《王韬——清末变法论之首创者及中国报道文学之先驱者》，载《教学与研究》1958 年第 3 期，第 40 页。

③ 谢无量：《伦理学自叙》，载《雅言》1914 年第 4 期，第 115 页。

④ 谢蒙：《新制修身教本(四)》，上海：中华书局，1914 年版，第 10 页。

外，时亦有古今，但天下道术归于大同。伦理学研究要汇集古今中外各派之学说之大成，观其会通之处为我所用。

二、道德改良，善察谨变

谢无量虽然认为天下学术终究将趋于大同，但他同时指出，在不同文化接触的初期，不能盲目贬低我国固有文化，或采取“全盘西化”的态度。他一方面鼓励国人学习外语以通西学，认为居今之世，要由今之学。另一方面又提醒他们不能邯郸学步，失其故步。① 因此，谢无量身上又带有明显的文化保守主义和道德改良主义色彩。然而，要公允评价其文化保守主义和道德改良主义，就不能不回到清末民初的历史语境，尤其是自由主义阵营与保守主义阵营两相对垒的宏观语境之中。

按照哈佛大学史华慈(Benjamin I. Schwartz)教授的观点，中国近现代的思潮可以分为“激进主义”“自由主义”和“保守主义”三大派别。激进主义是以陈独秀、李大钊、毛泽东为代表的马克思主义阵营；自由主义是以胡适、吴稚晖等为代表的西化派；保守主义是以杜亚泉、梁漱溟等为代表的东方文化派和现代新儒家。② 在《论保守主义》一文中，史华慈认为上述三大流派虽然思想倾向迥异，但其实是“在许多共同观念的统一架构里运作”，③ 因为它们都发生在同一历史时期，面临着相同的前现代传统和具体的历史语境。唐凯麟和王泽应认为，三大伦理思潮有其共性特征，其兴起都是深刻民族危机和伦理危机的反映，都带有强烈的民族主义情绪，都希望中国走出中世纪、迈向现代化，并建立起与现代化相适应的新伦理。④

---

① 谢无量：《蜀学会叙》，国家图书馆藏油印本，1907 年左右。

② 唐凯麟、王泽应：《20 世纪中国伦理思潮问题》，长沙：湖南教育出版社，1998 年版，第 28 页。

③ [美]史华慈：《论保守主义》，载《近代中国思想人物论——保守主义》，台北：台湾时报文化出版公司，1980 年版，第 20 页。

④ 唐凯麟、王泽应：《20 世纪中国伦理思潮问题》，长沙：湖南教育出版社，1998 年版，第 29~32 页。

在谢无量的学术活跃期，尤其是1914年至1923年，也就是“新文化运动”的酝酿和高潮期，自由主义和保守主义的斗争尤其激烈。自由主义派也就是西化派。他们认为，西方近现代伦理以个人为本位，以自由平等为核心，以功利效用为目的。这种伦理文化既是过去三四个世纪人类伦理文化发展的潮流和方向，也是未来的发展趋势。在自由主义派看来，“中国伦理现代化断不能指望传统伦理的自然转型，唯一正确的出路是一心一意走全盘西化的路子”。① 因此，他们一方面猛烈抨击传统道德，认为其是导致中国衰败落后的根本原因；另一方面，努力传播现代西方伦理道德，主张以自然主义来对抗德性主义，以个人本位来取代家族本位，以功利主义来取代义务主义，以自由平等来取代等级服从，以为唯有如此才能从根本上解除传统伦理道德的沉疴，造就具有现代伦理觉悟和道德意识的公民和国民。

近代思想史上的保守主义可以追溯到明清之际的“西学中源”说，而洋务运动期间产生的“中体西用”说则是近代保守主义的集中体现。保守主义是一个包含甚广的概念，近代思想史上的保守主义派包括以章太炎、刘师培为代表的国粹派，以康有为、陈焕章、梁鼎芬为代表的孔教派，以杜亚泉、钱智修、章士钊、梁启超等为代表东方文化派，以吴宓、梅光迪等为代表的学衡派，以辜鸿铭、林纾等为代表的复古派和以梁漱溟、马一浮、熊十力、张君劢等为代表的现代新儒家派。

谢无量较早接触新学，受到西方自由、平等、博爱思想的洗礼。而且在马一浮的影响下阅读了英文版《资本论》，对马克思主义思想也有一定了解。但是，从其学术交往和伦理思想的整体特征来看，他并不属于自由主义或激进主义阵营，而是与国粹派、东方文化派和现代新儒家的关系最为密切，其文化观与学衡派的新人文主义思想在很多方面也不

---

① 唐凯麟、王泽应：《20世纪中国伦理思潮问题》，长沙：湖南教育出版社，1998年版，第44页。

谋而合。此外，他还曾加入以文化保守主义为特征的南社。因此，谢无量无疑属于文化保守主义阵营。虽则如此，他与保守主义阵营中的顽固落后分子界限分明。谢无量一生追求进步，作为民国初期著名的报刊政论家，他不断在报刊上撰文反对复辟和专制，对那些打着“尊孔复古”旗号为复辟招魂的做法大加挞伐。

因此，要对谢无量的伦理思想进行评价，就必须对其学术思想的总体特征给予准确定位。然而，这并非易事。谢无量学术思想驳杂，对儒释道法和西方伦理学思想都有研究，而且在不同时期表现出不同的学术倾向。早年，谢无量与国粹派代表章太炎、刘师培过从甚密。在中华书局工作期间，他曾经追随梁启超先生，参与其以《大中华》杂志为阵营的新传统主义阵营①，重点关注道德修养，以儒家思想提升民气。同时也发表了有关尼采和韩非的论文，提倡自由意志和国家伦理。然而，从其对儒家伦理思想尤其是宋明理学的阐扬上看，谢无量似乎应该被视为现代新儒家的一员。但谢无量真的就是现代新儒家吗？或者说，现代新儒家到底有何共同特征？谢无量是否符合这些特征？

郑大华曾将现代新儒家的思想特征概括为五点：一是以儒家为中国文化之正统和代表，并尤其服膺宋明新儒学，重视儒学的普遍价值；二是具有“为往圣继绝学，为万世开太平”的强烈使命感和道德忧患意识，力图承接儒家之“道统”，重建儒学价值系统，使儒学在当代获得新开展；三是强调对国故之学应抱有同情和敬意；其四是不反对科学，但反对科学主义对人生本质和文化生命的肢解；五是主张“援西入儒”，用儒学来会通和消融西学，重建以儒家文化为本体的新文化系统。② 谢无量学术思想特征与这五点若合符节。石凤珍指出，谢无量大力弘扬宋明

---

① 《大中华》杂志创办的目的有三个：一是养成世界智识，二是增进国民人格，三是研究。由此可见该杂志对拓展国民视野、增进人格修养、培育道德人心和提升民众志气的办刊宗旨。参见《大中华》1915 年第 1 期，第 1 页。

② 郑大华：《马一浮》，载王寿南主编：《章炳麟·欧阳竟无·梁启超·马一浮》，台北：台湾“商务印书馆”，1999 年版，第 245~246 页。

儒学，具有开时代学术风气之先的引领之功，因此将他视为现代新儒家之先导毫不为过。① 虽然这种粗线条的阵营划分似乎难以反映谢无量兼综百家、折衷诸学的学术思想全貌，而且现代新儒家阵营的形成基本上是20世纪20年代以后的事情。但是，“重新确认谢无量现代新儒家的学术地位，对于我们正确解读和评价其著作，继承和发扬其学术遗产是至关重要的”。② 他即便不算一位纯而又纯的现代新儒家，但是将他定位为现代新儒家的引领者、支持者和同情者，应该是比较切当的。

与自由主义西化派和极端保守主义不同，“现代新儒家则主张以中国伦理文化为本体去吸纳西方伦理文化，实现在返本基础上的开新”。③ 而这正是谢无量伦理思想的重要特征。与其他现代新儒家学者一样，谢无量在传统与现代交替的时代洪流中，探索用现代哲学、伦理学观念重新阐释和展现传统伦理思想的精华，以便为实现新的社会道德理想奠定坚实基础。其对待传统(尤其是儒家)伦理思想的态度，其投身社会运动和挽救道德人心的积极态度，无疑体现了一位儒家学者的入世和淑世精神。在《自叙》中，谢无量曾说：

> 呜呼，人既有身，则不能不接于事物，而有所行动。终日行动，无道以处之，是谓冥行索途。冥行索途者，未有不倾踬者也。伦理学为习俗之所成，因于习俗，而示人以行动之道。虽有时不惮破坏旧贯以应乎新求，然斟酌损益之际，识者必慎焉。盖仅事破坏旧贯而无以应新求，举世将嚣然靡所适从，乱之大者也。人不得其

---

① 石凤珍：《谢无量与新传统主义思潮及现代新儒家的关系》，《文艺研究》2012年第5期，第59页。

② 覃江华：《“兼总百家，必归于儒”——谢无量的中国哲学史研究》，载《理论月刊》2013年第12期，第52页。

③ 唐凯麟、王泽应：《20世纪中国伦理思潮问题》，长沙：湖南教育出版社，1998年版，第44页。

食则饥，不得其衣则寒，皇皇焉不知所以行之道，则狂惑陷溺而不返，有抵于灭亡而已矣。此非特饥寒之为患也。夫夷夏殊轨，瀛陆异教，其究固且终趋于大同，然接触之始，有不可不善察而谨变者，亦伦理学之所务白也。天下之美，固吾所当取，而吾之所美，亦当与天下共之。徒舍己从人，逐末忘本，何足算哉？①

上面这一段话，既有对伦理学起源的解释，也有对伦理学功能的说明。更为重要的是，这段话堪称谢无量从事中国哲学和伦理学研究的自白和宣言。其对待中西文化的态度，尤其是其忧患意识、经世思想和理论自觉，在此段文字中得到充分体现。在一个中西文化全面接触和融合的时代，谢无量一方面提倡敞开胸怀，学习西方先进文化，借鉴他人之美；另一方面，他又提醒国人不能舍己从人、逐末忘本，失去自家的好东西。虽然，有时为了满足新的社会需求会打破某些传统元素，但是在社会变革时期，人们需要谨慎对待这种破旧立新。如果一味破坏、解构，可能造成破坏旧贯而无以应新求的局面，其后果是人们陷入价值淆乱、无所适从、冥行索途、狂惑陷溺的境地。人们的行为缺乏规范和引导，最后将招致灭顶之灾。

谢无量此论并非危言耸听，而是一个极具爱国精神和学术敏感性的现代伦理学者对社会现实的极度担忧。为应对这些挑战，谢无量提出要“善察谨变”：一方面不能舍己从人，逐末忘本，另一方面也不能盲目复古、固步自封，而是要在会通中西之学的基础上，对我国固有伦理思想进行返本开新。这就是谢无量为传统伦理思想的现代性、创造性转化所开出的应对之策。是他对“中国该往何处去？”的回答。在中国面临三千年未有之变局，全盘西化和保守国粹等各种声音不绝于耳的情况下，谢无量能够有此识见是非常难能可贵的。

谢无量的伦理学著作大多发表于新文化运动时期，他与新文化运动

① 谢无量：《伦理学自叙》，载《雅言》1914年第4期，第123页。

的主将陈独秀、吴虞等过从甚密，与自由主义派的代表人物胡适也有学术上的切磋交流。但是，作为现代新儒家先导的谢无量，对传统伦理思想的态度与胡适、陈独秀、吴虞等大相径庭。然而，20 世纪 20 年代以后，随着现代新儒家作为一个学派正式崛起，谢无量却似乎与其渐行渐远，其现代新儒家的特征不再明显。这一方面是因为他积极投身社会运动，无暇继续进行其儒家伦理思想研究，① 另一方面是因为他的个人学术兴趣有所转变。他将更多的精力投注到古代文学与政治思想研究之上。在这一时期，谢无量与孙中山先生对待传统伦理道德的态度十分接近。

孙中山先生认为，民族道德是民族振兴的基础。如果民族道德高尚，即便亡国了，但是民族还能存在，而且还有同化外来民族的能力。所以，"穷本极源，我们现在要恢复民族的地位，除了大家联合起来做成一个国族团体以外，就要把固有的旧道德先恢复起来。有了固有的道德，然后固有的民族地位才可以图恢复"。② 他还批评新文化运动说，"讲到中国固有的道德，中国人至今不能忘记的，首是忠孝，次是仁爱，其次是信义，其次是和平。这些旧道德，中国人至今还是常讲的。

① 学术敏感性极高，且学术立场接近玄学派的谢无量没有参加"科玄论战"，这可能有多个方面的原因。其中一个很重要的原因，是他 1923 年到广州投奔孙中山，因从事革命运动无暇参与论战。另一个重要原因，则是在他那里科学与哲学（包括人生观）的关系问题已经得到解决。例如，他在《新制哲学大要》《中国哲学史》中指出，哲学是全备之学，科学是偏备之学。各个分支学科难免会有相互冲突的地方，或者遇到难以用科学方法解决的问题，需要从哲学上来寻找答案。即便是在科学盛行的时代，哲学也并非空虚无用的。哲学与科学都以物界和心界为研究对象，其研究方法也有诸多相似之处，随着时代的发展，哲学也成为一门科学。但是哲学又是一门统领诸特殊科学的学问。哲学与科学的关系就好比一座塔，其下部是由各门特殊科学构成，其尖端是由哲学构成。塔的上下之分界至微，因而哲学科学是统一的。"哲学与科学不能分立，实为一切科学之知识之总和而已"。见《中国哲学史》，第 4 页；《新制哲学大要》，第 2~6 页。最后，这可能与谢无量学术思想的调和、折衷特性也有一定关系。

② 孙中山：《孙中山全集》（第九卷），北京：中华书局，1986 年版，第 243 页。

但是，现在受外来民族的压迫，侵入了新文化，那些新文化的势力此刻横行中国。一般醉心新文化的人，便排斥旧道德，以为有了新文化，便可以不要旧道德。不知道我们固有的东西，如果是好的，当然是要保存，不好的才可以放弃”。① 谢无量虽然支持并参与了新文化运动，但是在对待传统伦理文化的态度上，却与陈独秀、吴虞大相径庭。与“疑古”的胡适不同，谢无量代表的是一种“信古”和“法古”倾向。他强调中学与西学、旧贯与新道的融会贯通。在这一点上谢无量与孙中山先生颇相类似。两人在政治上虽然都是革命派，但是在新时期的伦理道德建设上，又都极为重视传统思想资源的时代价值，主张伦理道德的改良主义。正因为如此，孙中山在阅读了谢无量的著作之后，曾主动写信与其联系，征求其对《建国方略》的意见，并将其召至麾下委以重任。

综上所述，谢无量对传统伦理的现代价值有着十分清醒的认识，这一认识在今天的社会文化语境下仍然有其积极意义。现代道德文化离不开传统文化的滋养。万俊人教授曾指出，在特定社会历史条件下，道德文化体系是推动社会变革和文化转型的价值资源和精神动力。由于社会不断发展进步，会带来人与自身、人与人、人与社会、人与自然等关系的新变化，因而新的社会需求召唤一套与之相适应的新道德、新文化体系。然而，建立新的道德文化体系，并不意味着与既定道德文化传统的截然决裂，而是要充分利用其理论资源为自身服务，这同时也能保证新旧文化传承的连贯性。因此，“在某种意义上说，梳理新旧传统之间的连贯性比强调它们之间的断裂性更为复杂，就某一特定的社会和民族来说，也更为必要、更有价值。道德文化传统的连贯性及其对于现代社会的精神价值资源供应充分证明了这一点”。② 在20世纪初的社会大变革中，谢无量正是意识到了这一点，才致力于整理和研究传统伦理思想，

① 孙中山：《孙中山全集》（第九卷），北京：中华书局，1986年版，第243页。

② 万俊人：《现代道德仍需传统滋养》，载《中国社会科学报》2011年11月22日，第006版。

以期推动现代社会变革，并为新时期的道德文化建设集聚资源。在中国学术从传统到现代的转型过程中，谢无量的哲学、伦理思想堪称连接起传统与现代，使之相互连贯不至于断裂的重要一环。

第二节　儒家伦理之现代阐释

儒家伦理是中国传统伦理思想的核心。谢无量是较早自觉运用现代学术概念和理论框架来系统整理研究传统儒家伦理的现代学者。其学术兴趣主要体现在哲学史和文学史两大方面，因此，他对传统儒家伦理的返本开新也主要体现在这两个方面。在《中国哲学史》《中国妇女文学史》《阳明学派》《朱子学派》《孔子》《诗经研究》等著当中，谢无量对儒家伦理思想进行了系统总结和阐发，集中体现了他对传统伦理思想的现代诠释和创造性转化的方法与成果。谢无量所论范围甚广，本书仅选择几个最能凸显其研究特色的方面来探讨。

一、儒家伦理研究总论

谢无量的学术思想虽然略显驳杂，但不脱儒家本色。对其治学特点最为了解的马一浮先生曾说，谢无量“圣贤之姿，兼总百家、必归于儒”。① 就伦理思想而言，谢氏认为儒家最为完备。近代伦理学有三大根本性概念：一曰善，二曰德，三曰义务。“考西洋伦理学史，则古代学者主善，中世学者主德，近世学者主义务，皆因世异尚，希能同时具求三者之义而观其会通也。惟吾国儒家之说，则善论、德论、义务论莫不皆备。”②因此，他投入了大量精力对儒家伦理进行现代诠释。概而言之，谢无量的儒家伦理思想研究具有如下特点：

---

① 马一浮：《马一浮集》（第二册），杭州：浙江古籍出版社，1996年版，第354页。

② 谢无量：《孔子》，载《谢无量文集》（第一卷），北京：中国人民大学出版社，2011年版，第132页。

(一)成果特色：通史性研究和专题性研究相结合

谢无量学术视野开阔，研究兴趣广泛，所以能撰成《中国哲学史》这样并存异学、求其会通的通史性著作。此外，受浙东学术精神的影响，他也颇为重视专家之学。谢无量是率先将伦理学从中国哲学史研究中剥离出来的现代哲学史家之一，其《伦理学精义》就是明证。谢无量的这些学术成果，既体现出其个人学术研究由通人之学向专家之学过渡和转型的特点，同时也体现出中国学术从传统到现代的过渡和转型之时代特征。因此，将谢无量视为中国近现代学术变迁的一个缩影或切片应该是比较恰如其分的。

谢无量对中国传统伦理思想的总结和阐释，是以儒家思想为主体，兼及佛教与道家、法家等诸子百家。在其通史性著作《中国哲学史》当中，谢无量以超迈前人的气势，对上至远古，下至清季的重要哲学家的学术思想进行了系统整理。例如，通过深入考察古代文献记载，谢无量提出我国先民在黄帝时期已经有了明确的“伦理之标准”，尧舜就是古人所尊崇的道德模范人物，并且发现了“中”这一“伦理上至善之标准”。① 谢无量采用条纪贯串的方法，对历史上重要哲学家研究的伦理思想(尤其是其人生论、修养论)用专门章节予以阐发，系统总结了中国古代的伦理思想。除了《中国哲学史》这样贯通古今、并存异学的著作，谢无量还有不少以重要儒家学者为专题的研究专著，其中最为重要的为《孔子》《朱子学派》《阳明学派》等。基于其中西结合的伦理学理论框架，谢无量对孔子伦理思想的源流和主要原理进行了条分缕析，对朱子、阳明的伦理思想进行了深入讨论。其《阳明学派》全书基本上是关于阳明伦理思想的探讨，足见在对传统学术思想进行创造性转化的过程中，作者对传统儒家伦理思想的重视程度之高。此外，谢无量的伦理学理论体系是以儒家伦理思想为核心建构起来的。例如，其伦理学专著

① 柴文华：《论中国哲学史学科的创立及诠释框架》，载《哲学研究》2008年第1期，第40页。

《伦理学精义》和国民道德修身著作《新制修身教本(四)》《国民立身训》《妇女修养谈》等，都是以儒家伦理为主体。由此可见谢无量的现代新儒家学者之本色。

(二)叙述方式：以史带论，融入自己的伦理思想

受“新史学”思想的影响①，谢无量的传统伦理思想研究注重体系建构，但述多论少，这也成为其学术论著受到批评的重要原因。然而，细读谢无量的儒家伦理思想研究论著，不难发现他其实并非述而不论。笔者认为，以史带论，即通过点评史上重要伦理学家的思想进而融入自己的观点，是谢无量对传统伦理思想进行现代诠释的一个重要方法，也是其伦理思想的一大特征。例如，针对近代自由主义派伦理学者所追捧的功利论，谢无量借阐释阳明学之机发表了自己的看法。

> 功利之说，易入俗耳，其害最甚。推原其始，盖出于衰周五伯之习，管晏之徒，并言功利，富国强兵，虽就一时之效，然亦杂霸之治，非圣王之业也，故孟子非之。至于近世所谓功利之学，其持说固各有不同，然无不根于利己心以推之。乃至托于最多数、最大之幸福，以巧自文饰，要其立论，咸本于功利，而未闻义理之大涂也。夫既标利欲以为主，几何不至侵害人以便己？即外附于道德，实内成于私欲，故功利派终不得谓为适当之伦理说，宜自来儒者之非之也。盖人之所以为人者，惟在自厉其一己之职。正其谊不谋其利，明其道不计其功。虽利益、幸福，有时与之俱来，特以是为号，则不可耳。②

---

① 梁启超“新史学”强调以进化论梳理历史演进之脉络并探寻其规律，重视通史性、系统性著述形式。受其影响，谢无量的哲学史、文学史著作多为通史性、系统性的形式。有关谢无量受“新史学”思想的影响的研究，可参见刘永祥《谢无量经学思想略论》，载《史林》2011年第6期。

② 谢无量：《阳明学派》，载《谢无量文集》(第三卷)，北京：中国人民大学出版社，2011年版，第289页。

在其伦理学史著作中，谢无量很少就某一观点发表如此长篇大论。细读这段文字，不难发现谢无量之所以对功利主义展开如此猛烈批评，是因为他看到现代社会功利主义盛行，导致各人为追求一己之私利，不惜损人以利己的严重弊端。虽然功利主义强调大多数人的最大幸福，但是谢无量认为这其实是一种文饰和假托。既然标举个人私利，就不可避免会损害他人利益。他梳理了历史上五伯、管仲、晏子的功利主义思想，认为其都不过是取得了短期的效果，而并非圣王之道所应为。即便功利主义披上道德的伪装，其实质仍然是对私利的追逐。因此，针对清末民初部分学者高唱功利主义的做法，谢无量明确指出，功利主义不适合作为伦理学理论和现代国民道德的基础。他基于董仲舒的义利观，从一位现代新儒家学者的角度对功利主义伦理学的弊端进行批评，既有其学术价值所在，也有其现实针对性。谢无量最为推崇阳明《题梦槎奇游诗卷》中的非功利论。“阳明之说，何其痛切精到！世之言功利者，庶几读此一猛省也。”①在他看来，力政与仁政的区别就是功利至上主义与道德至上主义的区别。如此观之，谢无量是持道德至上主义立场的。再进一步来看，谢无量之学术观点和学术立场往往就像他对功利主义的评论一样，是通过重新诠释传统伦理思想表达出来的，这是其伦理思想研究不可忽视的一个特点。

（三）论证方式：谈伦理学必及宇宙论，反之亦然

在讨论宋明诸子伦理思想之特点时，谢无量颇为准确地指出，“陆王论宇宙必达之于伦理，论伦理必溯源于宇宙，盖本于儒家自来‘天人合一’之说”。② 不仅是陆王，朱子伦理学也不出此例。谢无量是民国朱子学研究的先驱，曾对朱子学进行全面深入的研究，并形成一些重要的学术观点，对后来学者影响很大。③ 朱子认为，太极即是理，而且理

---

① 谢无量：《阳明学派》，载《谢无量文集》（第三卷），北京：中国人民大学出版社，2011年版，第291页。

② 谢无量：《阳明学派》，载《谢无量文集》（第三卷），北京：中国人民大学出版社，2011年版，第206页。

③ 乐爱国：《民国时期谢无量的朱子学研究》，载《厦门大学学报》（哲学社会科学版）2013年第1期，第94~95页。

气为二物。理气都是宇宙之根本原理，并由此建立起他的理气二元论。朱子的伦理思想正是建基于太极说和理气二元说之上。阳明的良知、理与子思的诚一样，既是宇宙之根本，也是伦理之根本。谢无量服膺于宋明新儒家，受其影响，他的传统伦理思想研究也是谈伦理学必然溯源于宇宙论，谈宇宙论必推达于伦理学。这种对宋明新儒家的继承和发扬，也因此成为其被视为现代新儒家学者的一大证据。

事实上，谢无量伦理思想的上述特点，除了体现在他对宋明诸子伦理学研究之中，在其对"六艺"哲学(尤其是《易经》和《诗经》伦理思想)以及孔子哲学的研究上，也体现得淋漓尽致。《易经》是群经之首，其中包含丰富的伦理思想，对诸子百家的伦理思想都产生了深远影响。谢无量认为《易》之道德哲学立太极以统阴阳，太极就如同现代哲学概念中的一元论，而阴阳就好像是二元论。一阴一阳之消长变化产生万事万物，至赜而不可乱。万物都源自太极，即纯粹至善者。这就是弥纶天地的大法。《易》中不仅有探究天地万物之变化的宇宙观，而且有立人生行动之规范的伦理观，主要体现于男女之伦、仁义标准和善恶报应三个方面。这三大伦理观都可溯源至中国古代哲学的宇宙论。

《易・序卦传》中说，"有天地然后有万物，有万物然后有男女，有男女然后有夫妇，有夫妇然后有父子，有父子然后有君臣，有君臣然后有上下，有上下然后礼义有所错"。这就是说天人同构，天道为人道之依据。按照天地之现象，自然有阳尊阴卑之势。一阴一阳，相待而成。阴阳当各保其正位以致其用。推之于人事，则君阳而臣阴，夫阳而妇阴。具体而言就是君君臣臣父父子子夫夫妇妇兄兄弟弟。《易・家人彖》中说，"女正位乎内，男正位乎外，男女正，天地之大义也。家人有严君焉，父母之谓也。父父子子兄兄弟弟夫夫妇妇而家道正，正家而天下定矣"。也就是说，《易经》通过阴阳正位的道理，规定了男女之地位及家庭伦理之秩序。谢无量虽然提倡男女平等，但他根据《易经》的宇宙论指出，男子刚健、女子卑柔的道德观念并非有意抑阴扬阳，而是由阴阳正位的天地自然之法决定的。即便"近世颇论男女同权，然在事实上女终不得不逊于男也”。① 谢无量此论的合理性虽然还有商榷之余地，但是其伦理学研究将形上与形下之维相互打通的特点在此体现无余。

仁义是先秦儒家的重要伦理概念，孔子倡言“仁”，而孟子言必称“仁义”。谢无量指出，其实《易经》中就已经提出仁义的概念。《易·说卦传》中说，“昔者圣人之作易也，将以顺性命之理，是以立天之道曰阴与阳，立地之道曰柔与刚，立人之道曰仁与义”。这就是说仁柔而义刚，仁义可以配阴阳。天地人三才之中，人居其一而与天地参。因此，仁义也就是人道之标准。此外，《易经》中包含着丰富的交互报偿(reciprocity)思想。《文言》中说“积善之家，必有余庆；积不善之家，必有余殃”，《易·系辞》中说“善不积不足以成名，恶不积不足以灭身”。这就是说，人之行为的善恶，必然会引起相应的报答或报复。这是儒家学者所信奉的天人感应说，在古代是被普遍接受的伦理道德观念。谢无量指出，《易经》的报应说与佛教的三世因果报应论不同，“要之易教之报应，是由阴阳寒暑无往不复之常理推之。盖因宇宙之大法，以立伦理之定义，并非徒设是言，以劝人进善去恶也”。② 由此可见，谢无量是从儒家道德形而上学的角度出发，对交互报偿观念的伦理价值进行了肯定。他认为，古代的善恶报应论根源于天地阴阳之定律，在伦理学上有两个方面的重要意义。其一，人的善恶祸福无不求之于己，而非有待于人；其二，人不仅有能力追求一己之善和一己之福，而且有能力造成天下后世之善和天下后世之福。因此，其伦理价值在于坚固人人自信之心。③ 这就充分肯定了人作为道德行为主体的能动性。谢无量这

① 谢无量：《中国哲学史》，载《谢无量文集》(第二卷)，北京：中国人民大学出版社，2011年版，第41页。

② 谢无量：《中国哲学史》，载《谢无量文集》(第二卷)，北京：中国人民大学出版社，2011年版，第43页。

③ 谢无量：《中国哲学史》，载《谢无量文集》(第二卷)，北京：中国人民大学出版社，2011年版，第43页。

种上下打通，从现代道德自觉和道德自信的角度对古代报偿理论的重新阐释别开生面，颇能以理服人，为现代学者准确认识传统伦理的内在逻辑与时代价值提供了一个非常好的范例。

上述研究方法在《诗经研究》中也多有体现。“中国古代第一对于天、第二对于祖宗的尊敬与崇拜，是当时社会上一种流行的普通习惯，也就是当时道德上一种根本的原理。我们在《诗经》上容易看得出来的”。① “诗三百”反映了古代社会的情况，尤其是古代道德观念、国家制度和家族礼制等。古人认为，“万物本乎天，人本乎祖”。所以人首先应当崇拜天。“因为天有理想上最完全的人格，又有理想上最伟大的权力。人也是万物之一，自然也是天所生的，所以又讲一种‘天人合一’的道理。”②这可以从古代典籍中找到很多证据。例如，《书经》中说“惟皇降衷于民”；《左传》中说“民受天地之中以生”；《诗经·大雅·烝民》中说：“天生烝民，有物有则。民之秉彝(常)，好是懿德。”也就是说，天具有完善之人格，所以，由天所降生的人最初从天那里获得的“分量”也是完善的，或者说“多量”是好的。然而，生活在尘世之中的人，有时难免因蒙尘而变坏，带上各种缺陷。“人类的本分，应当努力拿天的人格来做道德的标准，保存他所受那好的分量，以复还他天地之性。”③而上天也时刻监察人类的行为，施展其赏善罚恶的道德权力。这就与古代交互报偿思想连接起来了。因此，从根源上讲，中国传统伦理思想与宇宙论是密不可分的。

六艺折衷于孔子。谢无量虽然认为儒家宇宙论不如道家精微，而且《论语》所谈多关于人事，较少言及天道，但是在对孔子伦理思想进行

① 谢无量：《诗经研究》，载《谢无量文集》(第七卷)，北京：中国人民大学出版社，2011年版，第287~288页。

② 谢无量：《诗经研究》，载《谢无量文集》(第七卷)，北京：中国人民大学出版社，2011年版，第284页。

③ 谢无量：《诗经研究》，载《谢无量文集》(第七卷)，北京：中国人民大学出版社，2011年版，第284页。

系统总结时，他提出孔学的第一条基本原理是道。谢氏认为，移风易俗虽然离不开礼乐制度，但其实是以道德为主。“德之用至广，则又有一本而万殊之道以统之。故道也者，所以齐众行而总诸德之一大原理也。”①孔子自称有一以贯之之道。那么这个“道”到底是什么？其实就是人伦日用之间所当行者，也就是事物当然之理。孔子的道，既是一种伦理原理（Ethirsches prinzip），又是现代意义上的世界原理（Welt prinzip）。按照天人合一的原理进行推导，伦理原理应该被包括在世界原理之中。《易・系辞》和《易・说卦传》中有天道、地道、人道之分，其实都是孔子之道的一种。孔子说，“谁能出不由户？何莫由斯道也？”（《论语・雍也》），“有君子之道四焉：其行己也恭，其事上也敬，其养民也惠，其使民也义。”（《论语・公冶长》）这其中的道都是伦理之原理。

如此观之，谢无量在讨论孔子伦理学之前，是先为其找到形而上的根据，再从形而上的宇宙本体论推演到其伦理学，从而建立起一种上下贯通的伦理学理论体系。或者说通过这种方式，还原了孔子的一贯之道。这就说明，在谢无量心目中，传统儒家伦理是有其内在逻辑和一以贯之的理论体系的。这对那些对传统一知半解便胡乱加以指责的人是一种提醒。他们认为，中国古代虽然有着丰富的伦理思想资源，但是这些伦理思想往往与哲学思想和政治思想混为一团、难分彼此，所以将其视为一种缺点，因为它未能像古希腊亚里士多德哲学那样发展出独立的伦理学。谢无量对此不以为然。他并不将宇宙论、伦理学一以贯之视为一种缺点，反而认为这是中国伦理学的一个特色，能凸显我国传统伦理重视“超绝之德”的优长。谢无量批评现代伦理学研究拘泥于具体事务，未能充分发掘伦理思想之精微的不足，提倡深入探究道德行为的形上之维，这也构成其伦理思想的一大特色。

张岱年先生指出，中国哲学的本体论、认识论和道德说密切配合，

---

① 谢无量：《孔子》，载《谢无量文集》（第一卷），北京：中国人民大学出版社，2011年版，第99页。

其实构成了一个三位一体结构。其《中国哲学大纲》所采用的架构，就是宇宙论、人生论、致知论三位一体的结构。在他看来，“在中国古代哲学中，宇宙的第一原理也就是道德的最高准则，认识真理的方法也就是道德修养的方法”。① 谢无量不仅对此有深刻的认识和准确的把握，而且其伦理学研究正是继承和发扬了中国古代哲学的这一特点，并启发了后来的诸多研究者。张岱年等下一代中国哲学史家和伦理学家正是沿着谢无量所开辟的道路前进，才实现了对中国哲学史和中国伦理学的综合创新。

（四）研究模式："以西释中"与"以中释中"相结合

谢无量提出了“二部八论”和“三位一体”两套指导思想和研究模式迥异的伦理学理论体系，并最终采用了“以西释中”为主导的善恶论、德伦、义务论“三位一体”的体系。谢无量对传统儒家伦理思想的整理，尤其是对孔子伦理思想的整理，基本上就是以“三位一体”的理论框架进行的。在他看来，善恶论、义务论和德伦“三者皆自儒家所具，其学说或远承自数十百年以前，非尽孔子所创，然孔子实集其大成，不可不察也”。② 这就是说，孔子作为儒家继往开来的集大成伦理学家，其伦理思想十分完备，而且完全可以用现代伦理学框架进行整理和研究。

与此同时，谢无量深知中国传统伦理思想自身有其术语系统和言说方式。因此，在宏观框架上，他主要采用“以西释中”模式，即从善恶论、德性论和义务论等几个大的方面对传统儒家伦理思想进行系统梳理，并大量采用诸如性善一元论、理气二元论、厌世主义、快乐主义、功利主义、动机论、效果论、辩证法等西方伦理学术语来阐释传统伦理思想，使之与现代伦理学话语方式接轨。但是在具体展开之时，为了避免抹杀儒家伦理之本色，谢无量也采用大量传统学术自身的话语方式，

---

① 张岱年：《张岱年全集》（第 4 卷），石家庄：河北人民出版社，1996 年版，第 125 页。

② 谢无量：《孔子》，载《谢无量文集》（第一卷），北京：中国人民大学出版社，2011 年版，第 132 页。

如道论、分论、阴阳论、人性论、仁义论、修养论、养气说、知行论、人生观、死生观、定命论、才性论、三才论、男女论、礼论、乐论等。他辨析了许多中国哲学特有的概念范畴，并赋予它们具有现代哲学观念的论释。① 因此，谢无量的儒家伦理思想研究，采用的是一种"以西释中"与"以中释中"相结合的方式。由于具有明确的中西哲学比较意识，在某些关键问题上，他甚至进行了一些"中西互释"的尝试。这在其有关孔子之仁、孟子之养气说，及朱子、阳明伦理思想研究中体现得最为明显。

在讨论"仁"这一孔子哲学之基本原理的时候，谢无量指出，《论语》中孔子谈到仁的地方很多，总结起来其意义主要有五种：惠泽、笃厚、慈爱、忠恕、克己。这五种意义实际上是相通的。② 孔子的仁近似于现代伦理学中的利他主义。但是，在西方伦理学者那里，利他主义与利己主义是不相容的，而孔子的仁则没有这种缺陷。"孔子言仁，实自他兼尽，对于己则制欲，对于人则慈爱。盖人之生也，利已心与利他心同时并具，至其发达之序，则利己常先于利他，且利己心视利他心尤猛烈。故欲利他主义之行，不得不于利己心加以节制，有时至掷生命而不顾，此仁者所以必有勇也。"③他还认为，孔子的仁论不承认平等的慈爱，而是以差等慈爱为主。而且作为一种道德条目的仁是一种至上之乐，这种乐不同于康德的严肃（Regoristische），虽近于悦乐主义（Eubemonismus），但"不屑于幸福之比较，但以为求仁者自然必致之符而已"。④ 由此可知，谢无量十分擅长利用现代伦理学观念来重新阐

---

① 康宇：《20世纪中国哲学史学科建构历程及其现代进路》，载《江汉论坛》2009年第1期，第10~11页。

② 谢无量：《孔子》，载《谢无量文集》（第一卷），北京：中国人民大学出版社，2011年版，第122页。

③ 谢无量：《孔子》，载《谢无量文集》（第一卷），北京：中国人民大学出版社，2011年版，第122页。

④ 谢无量：《孔子》，载《谢无量文集》（第一卷），北京：中国人民大学出版社，2011年版，第123页。

释孔子伦理思想，并将其与西方伦理学家思想进行比较研究，并由此凸显出中国儒家伦理思想的特点和优长所在。谢无量伦理思想的现代气息也因此凸显出来。

对孟子养气说的现代诠释，也是谢无量对传统伦理思想进行现代性、创造性转化的一个上佳案例。与前人不同，谢氏是从心理学和生理学的角度出发，对孟子的养浩然之气说进行研究的。从心理学的角度来看，“大抵心之作用，分知情意三种。浩然之气，必道德意志之充周发达至于其极，而后可以见之；亦犹孟子所谓知言，即智力之充周发达也。知言养气，二者相待，以成不动心之功。知言，知也；养气，意也；不动心，情也。知情意三者相合而得其养，道德之归也孰御焉”。①养气的性质虽然属于心理学的范畴，但其实也可以用生理学理论来解释。孟子认为气是体之充。那也就是说，气充斥于人的神经纤维之中。因此，气之运动就能听命于意志。“意属于心，气属于物，心物交融如一，非如晚近唯心唯物之论，截然为二，不可相容也。故又曰志气之帅也，直合通常所谓志气与意气而一之，就心物交融之力之所发，而名之曰浩然之气。”②谢无量对孟子养气说和浩然正气说的这种现代阐释，不仅开发了从心理学、生理学研究伦理学的新方法，而且能突破唯心主义、唯物主义两个对子的不足，“这一论述在学理上是甚为精到的”。③事实上，在对传统伦理思想的整理研究过程中，随处都是谢无量综合运用现代哲学、伦理学、心理学、生理学知识的案例。

对阳明“致良知”思想的重新诠释，也是谢无量伦理学研究“以中释中”与“以西释中”模式相结合的一个很好的体现。阳明以良知立教。良

---

① 谢无量：《中国哲学史》，载《谢无量文集》（第二卷），北京：中国人民大学出版社，2011 年版，第 98 页。

② 谢无量：《中国哲学史》，载《谢无量文集》（第二卷），北京：中国人民大学出版社，2011 年版，第 98 页。

③ 许苏民：《论谢无量的中西哲学比较研究》，载《社会科学研究》2015 年第 2 期，第 146 页。

知者(即良心)是人心所固有，也是先天所自具的，与后天毫无关涉。良知跟其他儒家伦理学概念(如心、未发之中、廓然大功，寂然不动之本体、道、天理、道心等)是一实而异名。① 谢无量指出，良知虽然本来自明，但是人的气质有清浊之分，所以人与人会有贤愚之差。虽然人人同有先天良知，但是其作用各不相同。因此，“吾人致知之要，惟在复其良知之所同然者而已”。② 阳明的良知是判断善恶之标准。良知虽然是一，却是百行之标准。“人之所以能为善去恶者，皆恃良知之力。如人无良知，亦不复能识别是非善恶矣。故凡道德之判断，无论直接、间接，皆自良知而出。故阳明良知标准论，极其详密可味也。”③所以，阳明四句教中的第三句“知善知恶是良知”，说的就是人们凭借良知即能分别是非善恶，判断正邪诚伪。不仅如此，通过致良知可以达到至善。因此，阳明的良知即是宇宙之根本原理，又是哲学伦理之根柢，“为自然之大法，又同时为道德律。古今圣哲之伦理书，莫非宇宙间良知之注脚也”。④ 谢无量对良知的阐释不仅是以这种“以中释中”的形式展开的，他还采用“以西释中”的方式，将良知的作用总结为心之知情意三个方面。谢氏指出，“近世良心固有论者，或以良心为知之作用，或以为情之作用，或以为意之作用，其说各蔽于一端。今阳明以良知之体用，即心之体用，不能超然体用之外，则心之三作用，固同时即良知之三作用也”。⑤ 基于此，他给阳明伦理学的良知概念下的定义是：“良知之体，即心之昭明灵觉是也。良知之用，即昭明灵觉之心，即知

① 谢无量：《阳明学派》，载《谢无量文集》(第三卷)，北京：中国人民大学出版社，2011 年版，第 246 页。

② 谢无量：《阳明学派》，载《谢无量文集》(第三卷)，北京：中国人民大学出版社，2011 年版，第 250 页。

③ 谢无量：《阳明学派》，载《谢无量文集》(第三卷)，北京：中国人民大学出版社，2011 年版，第 251 页。

④ 谢无量：《阳明学派》，载《谢无量文集》(第三卷)，北京：中国人民大学出版社，2011 年版，第 256 页。

⑤ 谢无量：《阳明学派》，载《谢无量文集》(第三卷)，北京：中国人民大学出版社，2011 年版，第 265 页。

情意之三作用，对于行为而发现者也。”①谢无量试图用现代心理学、伦理学的知情意的概念来会通阳明的良知说，其借用现代西方伦理学概念来诠释传统伦理思想，发现其现代价值的学术研究进路由此可见一斑。

事实上，谢无量对传统儒家伦理的现代转化不仅停留于对现代学术概念的运用，其整个伦理学理论体系，就是建构在西方近现代经典伦理学框架之上。例如，其“三位一体”伦理学体系，就是受泡尔生《伦理学原理》影响，以善恶论、德论和义务论为支柱建立起来的。以上是对谢无量儒家伦理研究成绩与特色的一个总的论述，下面笔者将以“三位一体”框架为核心，从善恶论、德伦和义务论三个方面，分别探讨谢无量儒家伦理思想研究的方法与特色。

二、儒家伦理之善恶论

既然儒家伦理善论、德伦和义务论无不具备，而孔子是儒家伦理思想的集大成者，那么孔子的伦理思想也就可以从善论、德伦和义务论三个方面进行考察。孔子虽未直言人性之善恶，但是从其言行中可以看出孔子是持性善论的，而且孔子认为人可以通过道德教育发生变化。② 换言之，人人虽然同具人之本性，但后天的教化对于其道德发展至关重要，即“性相近也，习相远也”(《论语·阳货》)。谢无量指出，孔子的上智与下愚不移的说法，其实与其性善论并不矛盾。人类本性虽然都是善，但是其气质之性与才则有所不同。孔子的这一思想后来被韩愈等继承发展成为性三品说。

如前所述，谢无量伦理思想研究的一大特色就是谈伦理必溯源至宇宙论。他在讨论孔子的至善论时，也是如此。《系辞传》出于孔子以后儒家学者之手，虽然不能确定哪些是孔子之言，但其中确实包含孔子晚

---

① 谢无量：《阳明学派》，载《谢无量文集》(第三卷)，北京：中国人民大学出版社，2011 年版，第 267 页。

② 谢无量：《孔子》，载《谢无量文集》(第一卷)，北京：中国人民大学出版社，2011 年版，第 164 页。

年思想。后来子思继承孔子之说，将其发展成为一个形而上的哲学概念，到宋明理学时代，儒家的至善论已经成为一个形而上的系统。谢无量说，“天文地理是宇宙之全象，观此全象，而以合理(Rational)之法释之，乃立一种之世界观”。① 从《系辞传》可以考察孔子的世界观。《系辞传》认为，观察宇宙一切之全象，可以得天、地、人三道，而天地之道又为人道之标准。一阴一阳之谓道，阳是积极的原理，阴是消极的原理。“合天、地、人三道，有阴、阳二原理消息其间而成变化……以变则有生，生则久，其相流转而无穷也……宇宙之根本原理不在于静，而在于动。动为生因，动之所本，则名太极。”②因此，孔子的世界观是太极一元论，而又有二元论在其中，因为太极动而生阴阳，而一阴一阳就是二元论。谢无量还认为，孔子持理性主义而非神秘主义，重在经验，但不涉认识论。后来，子思继承了孔子的合理论世界观，《中庸》以“至诚”为宇宙及人间之根本原理。“至诚”博厚、高明、悠久，由此演绎出各种属性。这是子思对孔子至善论的最好继承和发扬。由此可见，谢无量对孔子人性论的研究，是将其与世界观联系起来，依然符合其谈伦理必溯源至宇宙论的特点。他对孔子思想重理性主义而非神秘主义，孔子世界观是一元论但也兼有二元论思想在其中的判断，也是非常准确的。

孟子是自孔子以来出现的战国时期的一位纯然儒家学者。其伦理学说不仅继承古训，而且也多有创见。孟子继承子思的思想，明确提出性善论。在《中国哲学史》中，谢无量对其性善论有详细介绍，并将其与荀子之性恶论进行了对比分析。情是性之动，才是性之能，因此孟子认为情与才均为善。③ 孟子从四个方面对其性善论进行了论证。首先，仁

---

① 谢无量：《孔子》，载《谢无量文集》(第一卷)，北京：中国人民大学出版社，2011年版，第175页。

② 谢无量：《孔子》，载《谢无量文集》(第一卷)，北京：中国人民大学出版社，2011年版，第176页。

③ 谢无量：《中国哲学史》，载《谢无量文集》(第二卷)，北京：中国人民大学出版社，2011年版，第92页。

义礼智为人性所固有，所以能做到这四种固有德性的就是善。如果失去这四德，人就不能尽其才，因而成为恶人。其次，孟子从恻隐之心、羞恶之心、辞让之心和是非之心等来论证四端为德性之根本，需要存养和扩充。又次，孟子通过举儿童不学而能、不虑而知的例子，论证了仁义为良知良能，且为人性所固有。最后，孟子通过人的同一性(好理义为人心所同)来论证人性之善。“人类既同具一性，仁义礼智之四德，皆固有之，故好善恶恶，好正恶邪，出于自然。孟子乃以归纳法示之，以圣人与愚人同类，其好恶亦同，唯愚人蔽于邪欲，遂不知理义耳”。①既然人性情才均为善，那么恶从何而起呢？按照谢无量的总结，孟子认为恶的起源主要有四。一是因势为恶。“人性本不为恶，而势使之为恶，推此势之所起，即恶之所起也。”②二是物欲陷溺。“天赋之才，扩充之则为善，陷溺之则为恶，扩充与陷溺之差，即善与恶之分所由起也。”③三是夜气存亡。孟子认为，夜气不存则人与禽兽无大异。“夜气者，清明之气，邪妄未起，心之本体，湛然虚莹，与所谓浩然之气相待，故孟子养气与求放心兼重也。”④最后是放心。孟子认为学问之道无他，求放心而已。因此恶是放心所致。孟子性善论以求放心为养性之首功。⑤ 谢无量对孟子性善论的研究有两个特点：一是注重孟子的论证方法，并用现代术语进行解释，如归纳法；二是注重孟子伦理思想的条理化总结，如将孟子性善论总结为四条，将其有关恶之起源的观点同样总结为四条。这种条理化总结是在对所论对象进行非常深入把握的基础上

---

① 谢无量：《中国哲学史》，载《谢无量文集》(第二卷)，北京：中国人民大学出版社，2011年版，第93页。

② 谢无量：《中国哲学史》，载《谢无量文集》(第二卷)，北京：中国人民大学出版社，2011年版，第94页。

③ 谢无量：《中国哲学史》，载《谢无量文集》(第二卷)，北京：中国人民大学出版社，2011年版，第94页。

④ 谢无量：《中国哲学史》，载《谢无量文集》(第二卷)，北京：中国人民大学出版社，2011年版，第94页。

⑤ 谢无量：《中国哲学史》，载《谢无量文集》(第二卷)，北京：中国人民大学出版社，2011年版，第95页。

才能做得到，足见谢无量学术造诣之深。

战国时期的儒家学者，除孟子之外，荀子是集大成者。谢无量极为推崇荀子。其《伦理学精义》在论述善恶道德观念起源时，对荀子思想多有引用。这也不难理解。如前所述，谢无量用我国固有之礼来“格义”西方之伦理学，而且十分重视法学研究，自然会对提倡“隆礼重法”的荀子十分重视。此外，谢无量将西方伦理学的义务论等同于我国伦理思想中的分，并以荀子的有关分的思想为论据。足见他对荀子思想之看重。荀子持性恶论，认为“人之性恶，其善者伪也”。① 荀子所谓的伪，其实是人为之义。而所谓的人为，指的是非自然因素，例如政治教育。在关于善恶的定义方面，荀子以正与治为善，以偏险悖乱为恶。谢无量解释说，“人生同具此恶性，即好利心与嫉忌心是也。人人既有此好利心与嫉忌心，各将自足其欲，于是乎率性而行，则争夺暴乱不已。故圣人将矫揉其性，而化之以礼义辞让之伪。盖反性作伪以立教，异夫子思所云率性修道以为教也，此以国家之治圣人之道，皆在裁抑人人之利己心，以为伦理之基础也。”②孟子重知觉而荀子重经验。荀子从事实经验出发来论证其性恶论，而孟子通过道德直觉来论证其性善论。在荀子看来，圣人有别于常人的地方，在于前者能化性起伪，“正在其能反人性而立社会道德之大法耳”。③ 虽然君子小人的恶性都是一样的，但是小人之性顽固不化，所以才有刑罚之禁。小人如果能够因此改变其固有之恶性，其实也是可以成为君子甚至是圣人的。这就是荀子人性论的核心。然而，在中国伦理学史上，继承荀子道德人为说的学者较少。谢无量认为戴震和俞樾的性论与荀子思想颇为接近。

在介绍完孟子和荀子的基本思想之后，谢无量还从十二个方面对其

---

① 梁启雄：《荀子简释》，北京：中华书局，1983 年版，第 327 页。

② 谢无量：《中国哲学史》，载《谢无量文集》(第二卷)，北京：中国人民大学出版社，2011 年版，第 103 页。

③ 谢无量：《中国哲学史》，载《谢无量文集》(第二卷)，北京：中国人民大学出版社，2011 年版，第 104~105 页。

异同进行了比较分析，其中不乏对现代哲学、伦理学概念的熟练运用，有些在今天看来仍然不失其合理之处。例如，谢氏认为，孟子和荀子都是性一元论，但孟子所持的是性善一元伦理说，而荀子所持的是性恶一元伦理说；孟子伦理思想的特色是道德先天论，荀子伦理思想则是典型的道德后天论；孟子提倡内在的存养省察，这直接影响了后来的理气心性之说，而荀子提倡的是外在的礼仪法正，这导致后来的刑名法术之学。孟子的道德教育方法是消极的，荀子的道德教育方法是积极的。前者强调扩充本性，后者强调变化本性。等等。由此可见，在讨论中国伦理学史上至关重要的人性论时，谢无量尤为重视比较研究的方法。有比较才能看出不同思想流派的特质所在。

宋代是我国哲学思想在先秦之后的又一发展高峰。宋代的儒家学者无不究心于人性说。周敦颐继承《易·系辞》的性善论，程颐在此基础上提出了性即理的说法。理无不善，因此“性善”说至此而大明。但谢无量指出，只谈性善则性论并不完备。《礼记·乐记》中说“人生而静，天之性也；感于物而动，性之欲也”。张载在此基础上提出了“天地之性”与“气质之性”的区别。朱子也把性分为“天地之性”与“气质之性”两种。“天地之性”自然都是纯善不恶的，但“气质之性”则有善、有不善。谢无量评论说，“盖朱子言性，集前世言性者之大成，而为后世言性者所不能外。性说于是始定矣”。① 朱子的性论虽然源自张载和程颐，但也可以从其理气二元论推导出来。例如，朱子说：“有天地之性，有气质之性。天地之性，则太极本然之妙，万殊之一本也；气质之性，则二气交运而生，一本而万殊者也。”又说：“论天地之性，则专指理而言；论气质之性，则以理与气杂而言之。”上述几句话，基本概括了朱子性论的大意。这也就是说，朱子认为人性本来都是善的，但是由于各人的气禀不同，有人生下来便是善，有人生下来便是恶。人为学的目

① 谢无量：《朱子学派》，载《谢无量文集》(第三卷)，北京：中国人民大学出版社，2011 年版，第 70 页。

的，就是要变化气质。而变化气质正是谢无量伦理思想研究的重要目的。有感于清末民初经济基础和社会上层建筑的变化导致国人伦理道德的危机，他系统总结传统伦理思想的目的，就是要用现代人的眼光重新发掘其时代价值，以达到变化国民气质，实现国民道德重构的目标。这既是其作为儒家学者忧国忧民、积极入世情怀的体现，也是其受到浙东学术精神影响，注重学术救国、经世致用的体现。

谢无量对阳明伦理学论述十分详细。他认为，“阳明之学，以良知为最大根本，由良知而立‘心即理’之说，由‘心即理’而立‘知行合一’之说。综观阳学之全体，固宜必取‘性善’说也”。① 谢无量对阳明的性说研究颇为深入，并因此得到梁漱溟先生的赞扬，认为他“颇敢抒己见，所见亦不错”。② 概而论之，谢无量认为阳明以良知为本，是继承了孟子的“性善”及“良知、良能”说。阳明认为，心之本体即性，而性即理，即天。性之本体是寂然不动的，是超绝善恶的，所以其四句教中的第一句说，“无善无恶性之体”。此处所谓的“无善无恶”，不是告子的“性无善无不善”，也不同于禅宗“不思善不思恶”，而是一种超绝之善，即“至善”。所以，在阳明看来，天命之性为纯粹至善，这与前面的“性即理、即天”之说是相通的。既然阳明持性善论，那么恶是从何而来？谢无量解释说，“至善之性，发动而有情与意，乃不能无善恶。所谓‘善恶’，即过与不及是也。故阳明重诚意，意即‘心之所发动，而善恶所由分。’”③他认为，阳明的性论与告子、扬雄、司马光、苏东坡和胡五峰的性说都不同，而与程明道的性说比较一致。因此，其性善说远取孟子，近宗明道。

---

① 谢无量：《阳明学派》，载《谢无量文集》（第三卷），北京：中国人民大学出版社，2011年版，第220页。

② 梁漱溟：《阳明宗旨不可不辨——评谢著〈阳明学派〉》，载《人生至理的追寻》，北京：当代中国出版社，2008年版，第97页。

③ 谢无量：《阳明学派》，载《谢无量文集》（第三卷），北京：中国人民大学出版社，2011年版，第224页。

三、儒家伦理之德性论

仁义礼智信五常是儒家德论之核心，谢无量对其在中国伦理学史上的发展进行了一番梳理。他指出，五常虽然不是由孔子明确提出，但无不渊源于孔子。五常统于仁，“惟识仁则能诚，能诚则反身而乐。伦理上最高之标准，莫大乎是。”①按照孔子的一贯之道，存于外者为礼，存于内者为仁，而仁就是各种德性之本。孔子谈论仁的时候，往往也包括义，所以孟子将其合二为一，多次使用“仁义”的概念，仁义二字虽然在孟子之前就已经出现，但是孟子率先以此二字为立教之根本。

孟子并称仁义有其学理方面的原因，也有社会现实因素的作用。其一，孔子专谈仁，而仁本以爱为主。其缺陷在于容易导致爱无差等。义则凸显出一定的节制，因此孟子提出仁义的概念是要弥补孔子专谈仁而流于无差等的弊端。其二，在孟子生活的战国时代，“国家尚战，人民竞利死权，强凌弱，众暴寡，孟子尤思以义裁之而反诸正，故仁义并说”。② 谢无量这里采用的方法，就是他在《中国哲学史》绪论中所提到的“因世论人”的方法。不仅如此，他还采用西方伦理学概念来分析孟子的义利之辩。对于孟子的先义后利、利在义中的思想，谢无量解释说，“伦理之动机，全视义利之辨审与不审，其志将以为利，与其志将以为义，其成功大有不同。……仁之内容，皆自其动机之善而扩充之者也”。③ 这里，谢无量显然是在用现代伦理学的动机说来解释孟子的仁义说。

到了汉代，董仲舒在孟子仁义礼智四端说的基础上又加上了一个“信”字，从而有了仁义礼智信这五常，并由此建立起儒家德伦之系统。

---

① 谢无量：《朱子学派》，载《谢无量文集》（第三卷），北京：中国人民大学出版社，2011年版，第95页。

② 谢无量：《中国哲学史》，载《谢无量文集》（第二卷），北京：中国人民大学出版社，2011年版，第96页。

③ 谢无量：《中国哲学史》，载《谢无量文集》（第二卷），北京：中国人民大学出版社，2011年版，第96~97页。

五常虽然渊源于孔子，但从《论语》《中庸》来看，孔子本人当时只谈到了知、仁、勇三德。谢无量尝试用近代伦理概念对三达德进行了重新阐释。他指出，西方近代伦理学家康德等人将心理分为知、情、意三类，与孔子的三达德思想相比较，则“智属于知，仁属于情，勇属于意，其旨趣有相近者”。① 这是谢无量采用现代西学观念来阐释传统儒家伦理思想的又一尝试。

在中国伦理学史上，朱子论仁尤为详细。朱子认为，仁是天地生物之心，五常、百善都由“仁”这一本而分发出来。这就是说，事实上仁包含了诸种德性。“盖万物万事，同由于一心有此生意而生。如就伦理上之善言之，则四德五常，皆出于一本，更可细分至于无穷。善亦一无穷，恶亦一无穷也。而善之本即是仁。”②谢无量指出，朱子的伦理思想是由其形而上学推导出来的。人的德性与春夏秋冬一样，都始自一气之发生，而仁就是德性的初发者。这就意味着，在朱子的伦理学体系中，仁是最高的伦理标准。从理论上讲，人如果能识仁，则其行为便无有不善。但从实践上讲，仁是体现在万事万物之中的。然而，就具体事物上分析，有仁可以是恕，可以是公，可以是爱，可以是无私欲，但这全都只是仁的一个方面，而并非其全体。“但能识其全体根本之所在，而后推之于其枝叶。则凡亲亲、仁民、爱物之事，莫不在其中矣”“为仁不外一心。一心敦笃虚静，是为为仁之本。以敦笃虚静，乃能去私欲也。去私欲则公，公则仁矣。恕与爱二者，是仁之效。恕则仁之施，爱则仁之用也。此就‘仁’字本义而言。若推而达之，凡礼义信智，及一切万善，何莫非仁之所统乎？”③在朱子伦理思想当中，所有德性都源自一

① 谢无量：《孔子》，载《谢无量文集》（第一卷），北京：中国人民大学出版社，2011 年版，第 134 页。

② 谢无量：《朱子学派》，载《谢无量文集》（第三卷），北京：中国人民大学出版社，2011 年版，第 97 页。

③ 谢无量：《朱子学派》，载《谢无量文集》（第三卷），北京：中国人民大学出版社，2011 年版，第 102~104 页。

心，且以仁为主。因而道德之修养就是心之修养。朱子的修养之法主要有四种：求放心、持敬、主静和定性。其中，以求放心为存养之首方，以定性为存养之极功。所谓求放心就是人要不失其本心，心若不存则身无主宰。人要找回其已放之心，恢复人自有之本性。所谓定性就是要存养于此心未发之际。在已发之后则要物来顺应，使其行为自然中节。朱子的定性修养之法可以体现儒家伦理身心一贯之妙。

以上便是谢无量用现代伦理学理论框架和术语来重新诠释儒家德性论的几个突出案例。其中既涉及儒家德伦的主要内容，如五常；也包括儒家道德修身和道德教育的方法，如求放心。在《伦理学精义》中，谢无量还讨论了儒家之所以重视冠婚丧祭之礼的原因所在，即对“超绝之德”的重视。儒家伦理思想一般被认为是典型的德性伦理学。虽然在复杂的现代社会，德性伦理学面临不少挑战，但谢无量认为儒家德性伦理仍然有重要价值，尤其是在提升现代国民道德修养方面可以发挥巨大的作用。他用现代伦理学概念(如伦理标准、动机、知、情、意等)来重新解读孔子之仁、孟子的义利之辩和朱子的仁论，目的是通过这种重新诠释来实现对传统伦理的改良和更新，使之符合现代社会的需要。

四、儒家伦理之义务论

义务论属于规范伦理学的重要范畴。传统儒家伦理思想虽然以德性伦理学为主要特征，但是在其历史发展的过程中，也逐渐建立起一套严格的规范体系，并为统治阶级所采用，深刻地影响着中国人的思考和行为方式。在儒家义务论方面，谢无量对孔子义务论和《诗经》中的个人义务、家庭义务和国家义务的探讨非常具有代表性。

孔子历来持五伦说。五伦肇始于孔子之前，如《尚书·舜典》中就有“慎徽五典，五典克从”的说法。五典就是五常之教，也叫五教。然而，明确提出五伦之目是孟子，即“父子有亲，君臣有义，夫妇有别，长幼有序，朋友有信”(《孟子·滕文公上》)。谢无量考察了《左传》中的五教之说。《左传·文公十八年》有这样的记录，“举八元，使布五教于四方，父谊、母慈、兄友、弟恭、子孝，内平外成”。这与孟子的五伦说不同，因为其中缺少了夫妇之伦。因此，谢无量认为，从《左传》到《孟子》可以看出古代道德进化的次序。“由尧舜以至孔子，其制为伦理之准者，固宜代有所迁改，而日际于详明，此无足怪。”①孔子之前虽然已有夫妇之伦，如《家人彖》中有“父父，子子，兄兄，弟弟，夫夫，妇妇，而家道正”的说法，但仍然局限于家庭伦理范畴。到孔子时代，国家伦理才开始发达。例如，齐景公问政的时候，孔子有“君君，臣臣，父父，子子”(《论语·颜渊》)的说法。孔子之后，子思的义务论分类更加详细。《中庸》中说，“君臣也，父子也，夫妇也，昆弟也，朋友之交也，五者天下之达道也”。子思增加了朋友之伦，也就是社会义务之一种。孟子继承子思之说，自孟子以后，“五伦遂垂为儒教定说焉”。② 儒家义务论的核心思想由此形成。

谢无量特别重视孔子伦理思想之中的孝悌论和君子论。孝悌论属于家庭伦理，而君子论属于个人道德。谢氏指出，孔子的伦理思想尤其重视实行而反对空谈。而且个人的道德修养又必由近而远，先端正一己之身心，再推而广之达之于家国天下。其中家庭道德为治国平天下的根本，而孝悌又为家庭道德之根本。孔子说，“弟子入则孝，出则悌”(《论语·学而》)。通过考察孔子的孝论，谢无量认为其内容主要包括三个方面：服从、养志和几谏。而这三个方面也是谢无量现代国民道德重构的三个重要方面(参见第四章家庭道德之“父子之伦”)。由此可见，谢无量正是通过对传统伦理资源的总结和诠释来为当代国民道德重构奠定基础的，其伦理思想研究的返本开新的特征由此可见一斑。从另一个方面来看，这也说明谢无量的伦理思想带有明显的从传统到现代的过渡

① 谢无量：《孔子》，载《谢无量文集》(第一卷)，北京：中国人民大学出版社，2011年版，第135页。

② 谢无量：《孔子》，载《谢无量文集》(第一卷)，北京：中国人民大学出版社，2011年版，第136~137页。

性特征。

君子论是谢无量伦理思想的重要内容，其《伦理学精义》对君子之人格有详细论述。事实上，其君子论在很大程度上渊源于孔子的君子论。谢无量指出，“孔子之道广大，而尤重实践。夫仁人与圣人，既不易得而几矣，其次惟君子可学而至，故孔子每称君子”。① 古代君子有两重含义，一以喻其位，一以喻其德。孔子的君子论以后者居多。孔子认为君子不器，也就是说，君子不是只通一能一艺之人。孔子认为君子应该内外兼修，“外既不胥属以技能之末自暴，而内之所养尤有以殊绝于众人”。② 谢无量系统总结了《论语》中孔子谈论君子的地方，认为君子一方面要有文质之美，另一方面要有道德之养。所谓道德之养包括不贵空言而重实行、尚义、谦逊、悦乐等多个不同方面。合文质之美与道德之养，而后可以为君子。谢无量对君子人格不抛不弃，对孔子之君子论条分缕析，详细总结其应具备的道德素质，目的其实很明确，就是想将儒家传统思想中的君子概念加以改良，使其成为现代国民道德修养的理想人格和道德模范。

谢无量还专门考察了孔子之前时代的义务论，尤其是《诗经》所体现的道德观念，并将其总结为个人道德、家庭道德和国家道德三个方面。③ 个人道德、家庭伦理和国家伦理在谢无量“三位一体”的伦理学体系中，都属于义务论范畴。古代道德是以个人及家族为根据的。谢无量通过引用《诗经》里的例证，从孝道、妇德和友爱之德三个方面考察了古代的家庭道德观念。例如，从《小雅·蓼莪》《小雅·北山》中都可

---

① 谢无量：《孔子》，载《谢无量文集》（第一卷），北京：中国人民大学出版社，2011年版，第148页。

② 谢无量：《孔子》，载《谢无量文集》（第一卷），北京：中国人民大学出版社，2011年版，第148页。

③ 谢无量是较早运用文学伦理学批评方法来研究《诗经》等古代文学作品中的伦理道德思想的近现代学者。有关文学伦理学，可参看聂珍钊《文学伦理学批评及其他——聂珍钊自选集》，华中师范大学出版社，2012年版；聂珍钊《文学伦理学批评导论》，北京大学出版社，2014年版。

以看出古代社会尊崇孝道。此外，《周颂》《商颂》中关于祭祀的诗篇，也体现出古人重视“慎终追远，民德归厚”的思想。对于家庭伦理中的妇德，谢无量从四个方面进行了总结。第一，古代社会强调“男女之伦”。例如，《南山》诗中讽刺的是齐襄与其妹鲁桓公夫人文姜的乱伦行为。第二，古代社会重视“女子贞操”。《召南·行露》就能体现出古人的“贞操”观念。第三，古代社会强调妇女要“辅相丈夫”。《齐风·鸡鸣》《周南·卷耳》体现了贤妇辅佐君子，小心警励其夫，使其不至于因为贪图安逸而耽误了事业。第四是要“奉祭祖宗”。《召南·采蘩》《召南·采蘋》等诗说的就是妇女采集祭品，谨奉祭祀的事情。除了父子、夫妇之伦外，家庭道德还包括兄弟之伦。《小雅·常棣》说的就是兄弟之间应该友爱的道理。属于社会伦理的朋友之伦也是从家庭伦理中的兄弟之伦外推出去的。《诗经·小雅·伐木》就是一首歌颂求友的诗。有学者指出，谢无量对《诗经》中的义务论伦理学思想的分析，最能反映他“运用以文史哲为主的现代学科理念和知识体系研究经学的治学旨趣，虽然简略，却时代特色鲜明，是‘五四’时期将经典视为考察对象并运用现代学术理念加以系统研究的代表作，具有重要的方法论创新和示范意义”。① 这是非常公允的评价。

清末民初，不少伦理学者都持有机体论。即将社会和国家视为一个有机体，个人是这个有机体的组成部分。从伦理学上看，这是以社会国家为本位。“但是我国古代学说总是以一身为本，集身就成了家，集家就成了国。一身正则一家正，一家正则一国正，所以先要造成个人完全的道德。”②《诗经》中有很多关于个人道德的诗篇，其中所体现出的伦理道德观念可以总结为厚重、谨慎、克己、勤俭四大美德。谢无量还指出，虽然古代道德以个人为本，但是《诗经》也有一些歌颂奉公爱国之德的诗句，例如《豳风·七月》有“言私其豵，献豣于公”之句，

---

① 刘永祥：《谢无量经学思想略论》，载《史林》2011年第6期，第144页。

② 谢无量：《诗经研究》，载《谢无量文集》(第七卷)，北京：中国人民大学出版社，2011年版，第335页。

《小雅·大田》有“雨我公田，遂及我私”之句，《周颂·臣工》有“敬尔在公”之句。他认为，许穆夫人所作的《鄘风·载驰》体现了其忧心祖国的情怀，“当推为爱国诗歌之冠”。① 然而，总体而言，《诗经》中表现国家道德观念的诗篇数量较少，这主要由三大原因造成：

第一，古代伦理思想将个人对家族的义务视为第一义务，将个人对国家的义务视为第二义务。“古代的思想、道德是由个人发达的，国家是由家族集合的，所以他根本上就把家族的关系，看做在国家之上”。②第二，在《诗经》作者的时代，我国还没有完全成为大一统的国家，因而国家观念不甚发达。第三，古代伦理与政治不分家，古人在政治上向来只知服从个人，不知服从国家。按照古人道德形而上学的观念，作为人类统治者的天子被视为上天的儿子，是奉上天之命来管理、统治天下的。因此，“人民所服从的就是这一人，因为他自他祖先以来，得到上天的命令，有统治天下的特权。所服从的就是这一人的特殊的人格，并不是服从国家”。③ 由此我们可以看出，谢无量并非有些学者所认为的那样是一位“述而不作”“有史无论”的文学史和哲学史家。他对古代政治发展与道德观念形成的关系的探讨，尤其是古代个人道德、家庭伦理发达，国家伦理不甚发达的深层次原因的探讨，都是十分深刻而精辟的，在当代仍然有其积极意义。

综上所述，谢无量对儒家伦理思想的总结和诠释，一方面是为了返本开新，推动传统伦理思想的现代化、创造性转型，另一方面也是为现代国民道德重构汲取资源，奠定基础。此外，谢无量还往往采用以史带论的方法，将自己的伦理思想融入对传统伦理思想的解读之中。

---

① 谢无量：《诗经研究》，载《谢无量文集》（第七卷），北京：中国人民大学出版社，2011年版，第338页。

② 谢无量：《诗经研究》，载《谢无量文集》（第七卷），北京：中国人民大学出版社，2011年版，第339页。

③ 谢无量：《诗经研究》，载《谢无量文集》（第七卷），北京：中国人民大学出版社，2011年版，第341页。

第三节 佛教伦理之世俗化开展

作为世界三大宗教之一，佛教有着丰富的道德哲学思想。然而，近代以来，随着社会结构的变化和科学技术的发展，传统佛教哲学该往何处去？它在现代社会还有没有价值？如果有，是什么样的现代价值？这成为当时中国学人迫切需要回答的问题，也是当代中国学者需要深入思考的问题。方立天指出，“传统只有经过价值重建才富有鲜活的生命力”，① 因此，需要对传统佛教哲学进行创造性转化，以建构起其现代价值，进而发挥其现代作用。谢无量是最早对佛教哲学进行现代转化的近现代学者之一，其标志性成果就是近代首部佛学专著《佛学大纲》。该书对佛教伦理学进行了系统梳理，并在很大程度上影响了谢无量的伦理学思想，尤其是影响了他对现代国民道德的重构。佛教伦理既有宗教伦理成分，也有世俗伦理成分。谢无量是民国学界率先思考佛教伦理如何为现代国民道德建设提供支持的伦理学者，可谓开时代学术风气之先。

谢无量之所以改名叫无量，实则是受到佛教的深刻影响。他早年曾与其弟谢善（万慧法师）一同学习梵语、研读佛经，还曾参加杨文会创办的佛学研究会，与梵文教习苏曼殊关系密切。他曾在扬州创办佛教大同会，后并入中华佛教总会（1912），并担任总会领导人之一②。然而，总体来看谢无量只研究佛学，并不笃信佛教，未像其弟一样遁入空门。这与他对待宗教的态度有关。因此，要梳理谢无量的佛教伦理学思想，首先就需要厘清他对宗教、科学与哲学（伦理学）关系的认识。

宗教的产生和存在必然有其原因。伦理学、美学的产生是因为人类

---

① 方立天：《中国佛教哲学的现代价值》，载《当代思潮》2004 年第 4 期，第 49 页。

② 李湖江：《民国初期的佛教组织与慈善思想》，载《法音》2015 年第 2 期，第 40 页。

想创造道德世界和理想世界，以弥补自然界之缺陷。然而，“人类之意，犹有所未足，乃措一究竟现实之宗教世界”。① 虽则如此，随着科学和哲学的日益发达，宗教赖以生存的基础不再稳固，其衰颓之势不可避免。有人认为，有朝一日它们将彻底取代宗教，但谢无量对此持否定态度。一方面，“科学与宗教虽极不相容，然在今日殆有不能俱废之势。盖两者根据全异，固不能由科学之论点，而摧绝宗教也”。② 另一方面，“夫古代哲学思想，诚有类于宗教，然若径欲以其代宗教，恐适见其判然不合耳”。③ 因此，谢无量指出，“姑以社会之事实论之，则宗教虽不必复盛，殆亦有未可遽绝之势。盖科学终有不能到达之域，人心之见为不满足者，仍不得不遁入宗教焉耳”。④ 也就是说，按照社会历史发展的实际情况来推断，宗教虽然不一定会像过去那样兴盛，但是也不至于很快消失。因为即便科学再发达，总有尚未解决或难以解释的问题，需要宗教的力量来补充。

受经世致用思想的影响，谢无量把宗教当成一种挽救道德人心的手段。宗教在当前之所以不可或缺，是因为其有维持人类道德的作用。谢无量说，“宗教实足以维持人类之道德。此自古已有其效。即开化之世，人民有高等智识者，究居少数。使一切溃决藩篱，则破坏道德之事，必益见其多，非科学之力所能为也”。⑤ 他还指出，宗教自有其弊端所在，但是并不因此减损其积极作用。“宗教诚不能无弊害，然当科学既盛之后，留此维持道德，则弊害常少，而利益常多。该迷信之患，已可勿虑。又为人生存一究竟归宿之地，所谓并行而不相悖者也”。⑥

---

① 谢蒙：《新制哲学大要》，上海：中华书局，1914 年版，第 46 页。
② 谢蒙：《新制哲学大要》，上海：中华书局，1914 年版，第 47 页。
③ 谢蒙：《新制哲学大要》，上海：中华书局，1914 年版，第 49 页。
④ 谢蒙：《新制哲学大要》，上海：中华书局，1914 年版，第 49 页。
⑤ 谢蒙：《新制哲学大要》，上海：中华书局，1914 年版，第 49 页。
⑥ 谢蒙：《新制哲学大要》，上海：中华书局，1914 年版，第 50 页。

秉承这种精神，谢无量对佛教伦理之现代价值进行了系统性、开拓性的梳理和阐发，颇值得当代伦理学界关注。谢无量批评了中国学界长期以来轻视佛教伦理的做法，认为研究者多把佛教仅仅当作一种宗教来研究，而不重视其伦理思想的世俗价值。即便偶尔有所涉及，也大多盲人摸象，囿于一孔之见，因而并不系统全面。他指出，“中国儒家多言伦理，至于佛教经论，素为儒者所非诋，以其与世间法不相容也。故谈者之于佛教，率以宗教之意义释之，或仅叹其推论心法之详，而有所取焉，罕有就伦理方面以观察佛教者也。即偶有论者，亦用己意为趣舍，以为博爱，以为厌世，以为克己，以为退化，皆明其一方，而不足综佛教伦理之全体”。① 这也就是说，佛教伦理思想有其独特价值，不仅可与现代伦理学相会通，而且可以为现代社会所利用。他指出，“佛之为教，以一切众生皆有佛性，教之返其本觉，以成就超绝之人格。其神化功用之极，诚有若不可知者，然莫不以人生为本，以存善去恶为归，立一极以赴之，坚苦卓绝，以求必达其志，可与伦理学相发明者，固亦众矣”。② 谢无量对佛教伦理思想在新时期的新开展，主要从理论和实践两个方面进行。理论方面重点关注佛教的究竟正鹄论、善恶论和报应论。实践方面主要包括佛教实践伦理的要义、戒律论、报恩论和六度论等几个方面。下面将分别进行探讨。

一、佛教伦理之理论部

谢无量对“理论之佛教伦理”的总结可概括为三个方面，即正鹄论、善恶论和报应论。正鹄论确定佛教伦理之最高理想，善恶论是佛教伦理有关道德判断、行为标准和人性善恶的观念，而报应论则是佛教伦理有关动机和效果的看法。

---

① 谢无量：《佛学大纲》，北京：中国人民大学出版社，2011 年版，第 273 页。

② 谢无量：《佛学大纲》，北京：中国人民大学出版社，2011 年版，第 273 页。

(一)正鹄论

佛教认为人生是有其最终目标的，而这一目标就是伦理学上所谓的“至善”。在谢无量伦理学术语体系中，这一最终目标被称为“究竟之正鹄”。他认为，小乘佛教与大乘佛教在这一终极目标方面略有不同。概而言之，小乘由消极方面以立人生之正鹄，大乘由积极方面以立人生之正鹄。但是，两者也并非截然相反，因为“消极之极，则为积极，悲观之极，则为乐观。以佛家恒用之遮情表德二语证之，则消极所以遮情，积极所以表德。由知苦以至解脱，消极之遮情也；则解脱以至应化，积极之表德也”。① 在《佛学大纲》中，谢无量对佛教消极之正鹄与积极之正鹄分别进行了分析。

(1)消极之正鹄。佛教追求精神的快乐。然而其精神之乐与世俗的精神之乐是不同的。世俗的精神之乐只是一种幻象而已，而佛教的精神之乐是无分别、无思虑之境界，是常住不变的大安乐。要进入这一安乐之境，首先需要知道人生之无常，而无常就是苦。《涅槃经》认为三界皆无常，诸有无有乐。《法华经》则将三界比喻成火宅，众苦充满，甚可怖畏。小乘佛教更是对人生之苦有大量论说。释迦牟尼出家，就是为了摆脱生老病死之苦。《析玄记》中列出人生有五苦：生老病死苦、爱别离苦、怨憎会苦、求不得苦和五阴盛苦。佛教认为，三界皆苦，而人生尤甚。怎样才能去苦即乐呢？唯有入于涅槃而已。

谢无量认为，“夫厌离现苦，欣求涅槃，此不得不谓之独善主义，即佛教消极之正鹄”。② 也就是说，人首先要知苦，其次要修行积累才能求得大安乐，即涅槃。涅槃也被译为灭度，就是圆寂、寂灭、无为、解脱、自在、安乐、不生不灭的意思。小乘佛教认为涅槃是灰身灭智，俱归于无，而大乘佛教则认为涅槃为灭烦恼境，入于常乐。两

---

① 谢无量：《佛学大纲》，北京：中国人民大学出版社，2011 年版，第 273~274 页。

② 谢无量：《佛学大纲》，北京：中国人民大学出版社，2011 年版，第 275 页。

者的共同之处在于，都将涅槃视为与苦恶相反的至善之境。《出曜经》中说，无病第一利，知足第一富，知亲第一友，涅槃第一乐。《法句经》中说，爱喜生忧，爱喜生畏，无所爱喜，何忧何畏；好乐生忧，好乐生畏，无所好乐，何忧何畏；贪欲生忧，贪欲生畏，无所贪欲，何忧何畏。鹿归于野，鸟归虚空，义归分别，真人归涅槃。谢无量指出，《涅槃经》中以涅槃为无上清净的真解脱，"人格之养成以入涅槃为至矣"。①

(2)积极之正鹄。佛教认为，三界皆苦，人生尤苦。在谢无量看来，这是佛教消极和悲观的一面，然而，人要是到达悲观之极，就会起怀疑。怀疑之极，则会起自觉。人有自觉，就会幡然醒悟，明白宇宙万物之现象与本体的关系。按照谢无量的话说，就是"翻然得其悟乐，夫生死成坏，是宇宙万物之外形，而究其本体，则不生不死，常住不变。于是乃谓烦恼即菩提，生死即涅槃；善恶不二，邪正一如；即事而真，当相即道；明即无明，无明即明。此真圆融至妙之境也"。②《华严经》《楞伽经》和《梵网经》都认为一切法性、一切法相都不生不灭，常住不易(异)。无生死也就是无涅槃。谢无量认为，"人之求涅槃，往往是往来涅槃之中而不知涅槃，是仅见烦恼，知涅槃之名字，而不知涅槃之实也"。圆觉也指出："一切障碍，即究竟觉，众生国土，同一法性，地狱天堂，共有净土，有性无性，共成佛道，一切烦恼，毕竟解脱。"③这是一种积极的道德理想。

这种积极的究竟正鹄观与上述消极正鹄观大有不同。"佛教积极之正鹄，即在自觉觉他。觉之境界，如莲花生于泥中，不更著泥，不惟远

① 谢无量：《佛学大纲》，北京：中国人民大学出版社，2011年版，第275页。

② 谢无量：《佛学大纲》，北京：中国人民大学出版社，2011年版，第275~276页。

③ 谢无量：《佛学大纲》，北京：中国人民大学出版社，2011年版，第276页。

离一切颠倒妄想，且于法平等，不起疑惑。由此智净，故能善知众生心相，随根利益，成觉他之妙用。”①谢无量指出，佛教道德哲学之至善论的逻辑是“始由消极之悲观，刻厉苦行，以至于解脱，得于自觉，自觉之后，复反于乐观。舍小我见，行弘法觉他之大慈，是积极之究竟正鹄也”。② 上述消极、积极两大目标不仅仅是一种理想目标，而且是一种实际目标。它们超越了善恶生死的分别，也有“不思议之最胜业用”。③也就是说，人只要通过实行，就可以达到这些理想目标。

实行的手段有两种，一种是“降伏其心”。佛教中的心有真心，有妄心。所谓真心即真如，妄心即无明。谢无量所谓的降伏其心就是降伏妄心，相当于儒家的求放心之意。他指出，“佛教既是心教，一切诸法唯心所摄，故降伏其心为实行达究竟正鹄之道。……故端心正意，是佛教实行之本”。④ 实行的第二种手段是“精进于业”。谢无量指出，佛教指导人修行的四谛中有道谛，道谛中有八正道，其中有正业正命。正业正命也就是最胜业，即职业之业。“如今伦理学者所谓天职，盖此业自无始来所种，一切众生平等所受。故略言之，即当断除宿世以来之不正业，而修现在自觉觉他之胜业，即是正业也。行此正业，无分恶魔、菩萨，无分贵贱、贫富，等得证悟。因佛性元无差别，人生天职，无有不同。若不修习，便是自暴自弃也。于是对此正业，必要精进，不可懈怠，懈实众行之累。…… 故精进正业，亦是实行达于正鹄之道。”⑤谢无量对佛教伦理“降伏其心”和“精进于业”思想的运用，体现于其《国民

---

① 谢无量：《佛学大纲》，北京：中国人民大学出版社，2011 年版，第 276 页。

② 谢无量：《佛学大纲》，北京：中国人民大学出版社，2011 年版，第 277 页。

③ 谢无量：《佛学大纲》，北京：中国人民大学出版社，2011 年版，第 277 页。

④ 谢无量：《佛学大纲》，北京：中国人民大学出版社，2011 年版，第 277 页。

⑤ 谢无量：《佛学大纲》，北京：中国人民大学出版社，2011 年版，第 277~278 页。

立身训》中对立志和力行的重视之上。

（二）善恶论

善恶论是现代伦理学体系中的重要组成部分。“伦理学中，无不以明善恶为第一义。”①谢无量主要从善恶标准说和人性善恶说两个方面，总结梳理了佛教伦理的善恶论思想。

（1）善恶标准说。伦理学上的善恶标准有两种含义，比较之标准和绝对之标准。人们通常所谓的善恶，无论是基于动机论还是效果论，大多是出于一种比较之标准。通过考察行为的动机是否纯正，行事效果是否成功，就可以作出是善是恶的判断。然而，因为时间和空间的差异，比较标准不可能没有变化和出入，因此，伦理学者无不追求一种超越时空限制的绝对标准，用至高无上之善来统领各种善。谢无量指出，“佛教教义，本起乎善恶之上，所谓真性，所谓佛境界，莫非究竟至善之标准”。② 他将散见于各部经书中的善恶论进行了分析，总结为四种相对标准和一种绝对标准。

相对标准的第一种是戒律标准。佛法十分重视戒律，有二百五十戒，三千威仪，八万细行之说。佛经认为戒是“万善之本，正法之命根”（《提胃经》），或“无上菩提”（《华严经》），或“一切善法之梯磴”（《涅槃经》）。《四十二章经》以十事为善，十事为恶。所谓十事包括身三（杀、盗、淫）、口四（两舌、恶口、妄语、绮语）、意三（嫉、恚、痴）。不顺十事圣道的就是十恶，能去此十恶就是十善。谢无量指出，能否守戒律就是佛教伦理的善恶标准。佛教除了戒律这种消极规范之外，还有积极的教条用来劝善去恶，如四恩、六度、八正道等。

第二种是利害之标准。佛教“本以自利利他为主，故其善恶之标准

---

① 谢无量：《佛学大纲》，北京：中国人民大学出版社，2011 年版，第 278 页。

② 谢无量：《佛学大纲》，北京：中国人民大学出版社，2011 年版，第 278 页。

亦有在于利害者”。① 所谓的利害主要包括三种形式：自利、自他共利和自损利他。按照《宝积经》，自损利他为最上，自他共利者第二，自利不利他最下。谢无量指出，佛教中的利又有久暂与现在及未来之别，因此也有善恶之等差。例如，《成唯识论》中以能为此世、他世之顺益的就是善。《俱舍经》则有安稳之业与不安稳之业的说法。“安稳之业，能以可爱异熟得涅槃，暂永二时，济众苦故”，② 所以是善。不安稳之业能招非爱异熟，是不善。

第三种标准是苦乐。苦乐之标准虽然与利害之标准基本相同，但是在精神方面也有区别。佛教的根本教义在于离苦即乐。佛教的乐主要是精神的自然安乐。谢无量指出，“故我心清净安乐，则一切国土、一切人物莫不清净安乐，实一至善之域所在也。此乐为寂静真乐，远离世间名誉恭敬之法”。③《出曜经》中说“涅槃第一乐”。因此，能趋此乐境就是善，其他则等而下之。

第四种标准是迷觉。“善恶有以迷觉为标准者，盖迷者为恶，觉者为善也。”④其实，迷觉标准与苦乐标准相表里，其区别在于苦乐属情，迷觉属智。《涅槃经》认为，众生皆有佛性，其觉性本同。《起信论》中说，因为无明忽起，本觉会转为不觉。谢无量指出，“一切诸恶，皆本于不觉，一切诸善，皆本于觉”，因此迷觉也是判断善恶之标准。

除了上述四种相对标准，佛教伦理还有其绝对的善恶之标准。恪守戒律、饶益自他、内省不疚、豁然自觉都是善，然而都是相对之善，而非绝对之善。那么，佛教伦理的绝对之善是什么？谢无量认为，《起信

① 谢无量：《佛学大纲》，北京：中国人民大学出版社，2011 年版，第 279 页。

② 谢无量：《佛学大纲》，北京：中国人民大学出版社，2011 年版，第 279 页。

③ 谢无量：《佛学大纲》，北京：中国人民大学出版社，2011 年版，第 280 页。

④ 谢无量：《佛学大纲》，北京：中国人民大学出版社，2011 年版，第 280 页。

论》中对“真如”的描述，可以形容绝对之善。《起信论》中说：“一切言说，假名无实，但随妄念，不可得故。言真如者，亦无有相，谓言说之极，因言遣言。此真如体，无有可遣，以一切法悉皆真故，亦无可立，以一切法皆同如故，当知一切法不可说不可念，故名为真如。”①这就好比是道家的道，不可说也不可念，只能勉强称之为真如。真如就是绝对至善。

(2)人性善恶说。人性之善恶是伦理学的一个核心问题。中国伦理学尤其重视人性论。“性论为中国伦理之大本。”②佛教虽然没有专门的人性论，但是可以从诸经论中总结出来。谢无量将佛教的人性论总结为六种。

第一种是性恶论。佛教诸经几乎都认为人之心性作用为恶。大乘佛教最初以恶为假有，以善为真体。但是智者大师等也认为性中有恶。小乘佛教都以无明为万有根本，三界都受到无明的系缚，人也概莫能外。因此人性为恶。《八大人觉经》中说“心是恶源，形为罪薮”，指的就是人性之恶。《遗教经》认为，心是五根之主，其可怕甚于毒蛇、恶兽、盗贼、水火。因此，佛经都教人降伏此心。“此心即无明所表现，人人所同具，而性恶之标符也。”③

第二种是性空论。从“三法印”(诸行无常，诸法无我，涅槃常寂)可以推出人性本空。谢无量解释说，“盖诸行无常者，犹如泡影，刹刹生灭不住；诸法无我者，即法无自性，万有皆无本体，忽然而起，如梦假现；涅槃常寂者，超越幻有，离于生灭，湛然常寂，如大虚空。然则无善无恶，本来空无，是之谓性”。④《心地观经》认为本性空寂。《楞伽》中的“心随境界而流”，也是性空论。善恶苦乐都不过是人强为之名

---

① 谢无量：《佛学大纲》，北京：中国人民大学出版社，2011年版，第280页。

② 谢蒙：《伦理学精义》，上海：中华书局，1914年版，第61页。

③ 谢无量：《佛学大纲》，北京：中国人民大学出版社，2011年版，第281页。

④ 谢无量：《佛学大纲》，北京：中国人民大学出版社，2011年版，第281页。

的结果，求其本性则了不可得。

第三种是性善论。《涅槃经》“一切众生悉有佛性”的观点，是佛教性善论最主要的根据。其他诸经也有性善之论，如《文殊师利问经》《大集经》《宝积经》《占察经》等经书中的心性本净说。这里的“净”，其实就是伦理学上的“善”。佛教认为，众生心性本静，但后天染上尘垢之后，需要用智慧之水予以涤除。这也就意味着，“善存于先天，恶起于后天”“故经论每说断染还净，皆是性善说之所缘也”。①

第四种是善恶俱有说。善恶具有就意味着性中同有善恶二元。谢无量认为，天台大师是善恶俱有说的代表。天台宗在《涅槃经》的基础上，提出了善恶三因说。然而，大乘佛教都认可心有十界说。所谓十界包括地狱、畜生、饿鬼、修罗、人间、天上、声闻、缘觉、菩萨和佛。这十界可以概括为四圣六凡，“约之则凡圣二界，具于一心，性有善恶二元可知”。② 此外，《起信论》的真如无始，无明也无始的说法，也是性善恶二元论的体现。

第五种是五品性说。法相宗支持五品性说。该说以人之心体为阿赖耶识，各具特性，关键是要看其中包藏的种子如何。具体而言，“有菩萨定性，为必成佛之根机，即上智也；有声闻定性、缘觉定性，此二种由他闻而觉，其工夫虽有利钝，不失超世之果；又有不定性，进可成佛，退可为声闻缘觉；又有有无性有情，此下愚不移，终不能成佛”。③ 谢无量指出，五品性说认为此五种品性都是固定不可变更的，因此与“众生悉有佛性”的思想是有冲突的。

最后是超绝一元说。佛教以善、恶、无记为三性，道元禅师认为佛

---

① 谢无量：《佛学大纲》，北京：中国人民大学出版社，2011 年版，第 281~282 页。

② 谢无量：《佛学大纲》，北京：中国人民大学出版社，2011 年版，第 282 页。

③ 谢无量：《佛学大纲》，北京：中国人民大学出版社，2011 年版，第 282 页。

性是超越三性的。超越三性就是超绝一元说。《大日经》《占察经》《华严经》《般若经》《心地观经》《密严经》等认为心性能生种种心相，心造诸如来。“由此观之，人之心性，非善非恶，亦善亦恶，至于其极，则超越善恶，自起动向（即性起门），因于外界缘（缘起门）而为善恶。”①在谢氏看来，此超绝一元说与性空论正好相反。“性空随流，为消极，为受动；此则自体用大，为积极，为能动，得以自体现佛菩萨相，现六道相，托于外界，以现善恶，故为胜妙。然其本体仍具于先天，与性善论同。”②这就是超绝一元说的特点。

以上就是谢无量所总结的佛教善恶标准论及人性善恶论的大概。他还指出，人之所以能为善去恶，是因为人有惭愧之心。“惭愧之心即良心也。有惭则有善机，无惭便是大恶，佛性所显，端在于此。”③从人是否具有惭愧心可以判定人间道德之价值，因而是另外一种善恶判断标准。没有惭愧心就没有道德心，没有道德心就无从辨别善恶正邪。

（三）报应论

佛教伦理的一大特色是三世因果报应论。过去作种种业，现在就会受其果；现在作种种业，则将来必会受其果。换言之，过去是现在之因，现在是未来之因，如此因果循环，相续不断。因此，众生作善作恶，就必然会受到报应，在十界（地狱、饿鬼、畜生、修罗、人间、天上、声闻、缘觉、菩萨、佛陀）之中轮转。谢无量认为，“此十界者，或以为实有其地，或以为即在人心中，或以人类住世所受苦乐。论其差别，与十界等，然其本意，在推明因果，以示报施一定之理，如影随形，而为宇宙之大法者耳。”④佛教报应论对中国人的道德观念影响颇深。

---

① 谢无量：《佛学大纲》，北京：中国人民大学出版社，2011 年版，第 283 页。

② 谢无量：《佛学大纲》，北京：中国人民大学出版社，2011 年版，第 283 页。

③ 谢无量：《佛学大纲》，北京：中国人民大学出版社，2011 年版，第 283 页。

④ 谢无量：《佛学大纲》，北京：中国人民大学出版社，2011 年版，第 284 页。

用现代伦理学术语来讲，佛教的报应论是动机论和效果论的综合。按照佛经教义，报应的大小差别，一方面要看动机，另一方面要看后果。以罪业为例，《梵网经疏》将罪业所成分为三个方面，其一为“根本”，即犯意。犯意不同于恶意。例如，故意杀人既有犯意也有恶意；投石误伤杀人虽无恶意在先，但结果杀人，就是犯意；其二名“起业”或“方便”，即所为；其三叫“成已”，也就是结果。因为意的不同和行为的区别，罪恶的之大小轻重、报应的等差以及种种结果就会相应地有所不同。① 如此看来，佛教报应论有比我国儒家报应论更精细之处。谢无量对佛教伦理的新开展，是将其与西方伦理思想的相通之处对接，来丰富我国固有的伦理道德观念。可以说，他找到了一种将宗教伦理世俗化的理想方式。

佛教判断罪行的轻重，主要是看其意图，即“多原其意而论之”。②《优婆塞戒经》中将物和意相对照，认为有物重意轻者(如无心投石而误杀人)，有物轻意重者(如见石像以为人而欲杀之)，有意与物共重者(如以恶意戕贼尊长之失)，有物轻意轻者(如折园花)。此外，该经还将罪行轻重分为八个等级：(一)方便重而根本与成已轻；(二)根本重，方便、成已轻；(三)成已重，方便、根本轻；(四)方便、根本重，成已轻；(五)方便、成已重，根本轻；(六)根本、成已重，方便轻；(七)根本、成已、方便并重；(八)方便、根本、成已并轻。佛教这种详细的划分，不仅丰富了世俗伦理的内容，而且也提供了一种思维方式的训练。

佛教中的业报可分为正报和依报两种。“正报如其本刑，依报如其附得之刑。”③方立天指出，“所谓正报是指依过去的业因而招感得的众

---

① 谢无量：《佛学大纲》，北京：中国人民大学出版社，2011 年版，第 284 页。

② 谢无量：《佛学大纲》，北京：中国人民大学出版社，2011 年版，第 285 页。

③ 谢无量：《佛学大纲》，北京：中国人民大学出版社，2011 年版，第 285 页。

生的身心，即具体的生命存在，是直接的果报主体，正体。所谓依报是指依过去的宿业而招感的众生生命存在所依止的外物、环境，包括衣物、房宅、国土山河，以至于整个环境世界。简言之，正报指众生，众生世间；依报指众生所依托的处所，即国土世间。……佛教的这些果报思想，表现了对主体世界与客体世界、主观世界与客观世界相互联系的缘起关系的洞察、体认，表现了对种种众生共同活动的结果的关注，表现了对自然环境、生活环境、生态环境的关怀"。① 因此，佛教报应论是有其积极意义的。谢无量是最早对佛教业报思想在伦理道德方面的积极意义进行肯定的现代学者之一。

业报是通于三世的。《因果经》将其受之果分为四种情况：(1)顺现业，现生造业，于现在世受果者；(2)顺生业，现生造业，于未来世受果者；(3)顺后业，现生造业，于未来后世受果者；(4)顺不定业，现生造业，于现世或未来世或未来后世受果，无一定者。② 佛教既然倡导三世因果，就不可避免提倡宿命论。但是，佛教的宿命论与通常所谓的运命是不同的。前者认为人之祸福是自己行为的结果，而后者则认为人完全被动听命于自然。谢无量指出，佛教宿命论"随所自作而定，非有主之者。由昔所作，遗传于今；由今所作，遗传于后；贯通三世，因果不失，祸福无不自己求之者。此与世俗所谓运命有别，俗称运命委诸自然，此则悉依自业。故业报之宿命论与自然之天命论，大有辨也"。③ 也就是说，在这方面，佛教伦理相比于世俗自然伦理更强调个人的主体能动性。佛教虽然认为善有善报、恶有恶报，昭昭不爽，但是也认为业报是可以转变的。即使是恶业，如果能够真心忏悔，所受的报应就会减

① 方立天：《中国佛教哲学的现代价值》，载《当代思潮》2004年第4期，第52页。

② 谢无量：《佛学大纲》，北京：中国人民大学出版社，2011年版，第286页。

③ 谢无量：《佛学大纲》，北京：中国人民大学出版社，2011年版，第287页。

少甚至消失。这对于治病救人、拯救现代人的心灵仍然是有积极意义的。

二、佛教伦理之实践部

在《佛学大纲》中，谢无量重点介绍了佛教实践伦理的戒律论、报恩论和六度论(六波罗密)。大小乘佛教都强调自律自觉，认为借此方能达到至善之境。而要做到守律成觉，则离不开实行之功，而要实行，则须始终修持不懈。佛教的修持之道(实践伦理)可总结为“八正道”及“三学”。

(一)“八正道”及“三学”

“八正道”是达到佛教最高理想境界(涅槃)的八种方法，其中包括正见、正思惟、正语、正业、正命、正精进、正念和正定。所谓“三学”指的是戒、定、慧。谢无量尤其强调“戒”的伦理学意义，把戒律视为践行佛教伦理的要道。“实行要道，莫大于戒律，故戒为无上菩提。戒所以明善恶之标准，不可不谨者也，虽小善小恶，古德皆兢兢焉。”① 佛教有二百五十戒、三千威仪、十万细行之说。②《佛学大纲》重点介绍了五戒和十诫。五戒包括不杀生、不偷盗、不邪淫、不妄语、不饮酒。十戒有身三、口四和意三之分。身三者包括不杀生、不偷盗、不邪淫；口四包括不妄语、不绮语、不恶口和不两舌；意三包括不贪欲、不瞋恚、不邪见。其实，五戒与十戒基本相同，只是五戒中多出不饮酒这一项。谢无量认为，“戒本是消极之德，以止恶为用，然一方止恶，一方即能进善，固兼有积极之德焉”。③ 例如，不杀生是止恶，因为不杀生而放生就是善。也就是说，在制止恶行的同时，也有进善的机会。能否遵守戒律，完全要看人格之高低。十戒约束的不外乎身、口、意三业。谢无量认为这就是佛教实践伦理的具体规范。

---

① 谢无量：《佛学大纲》，北京：中国人民大学出版社，2011 年版，第 289 页。

② 也有八万细行之说。

③ 谢无量：《佛学大纲》，北京：中国人民大学出版社，2011 年版，第 293 页。

关于戒律与八正道和三学的关系，他曾经作过专门探讨。“佛教戒律，由五戒、八戒、十戒，乃至二百五十戒等，虽若与八正道反，而为防止之义，然同时即以奖励实行；又定即当八正道中之正定、正念、正思惟等，而又加以抑遏邪念；慧则如八正道中之正见，而正思惟、正见等，亦可摄于慧中。综而论之，戒者，实统八正道之全体，定、慧自具戒中，谓之三学。直约八正道为之耳，三学相待为用，戒中有定、慧，定中有戒、慧，慧中有戒、定。”这是戒定慧之同，三者的区别在于：“戒主情，故扶高尚感情，而抑劣等感情；定主意，故摄精神之散乱，而使之坚练；慧主智，故求理性之充实，而破除妄惑具是三者，乃可以匹成人格，发皇性德，优人大觉之境矣。”①八正道和三学是佛教实践伦理的核心。“若释迦初说法，即说八正道，最后之《遗教经》，乃约为戒、定、慧三学，是释迦实践重德之要义也。”②谢无量虽然认为佛教的慧不同于知，但此处似乎是在用心理学之知、情、意来解释佛教之戒定慧三学。

(二)报恩论

在报恩论部分，谢无量重点探讨了父母之恩、众生之恩和三宝之恩三种。《心地观经》中说：“由慈父悲母长养之恩，一切男女，皆得安乐。慈父之恩，大如山王；悲母之恩，深如大海。”这种父母恩重如山的说法，其实与儒家伦理比较类似。③《父母恩重经》将父母之恩总结为十大方面：一怀胎守护恩；二临产受苦恩；三生子忘忧恩；四咽苦吐甘恩；五回干就湿恩；六乳哺养育恩；七洗濯不净恩；八为造恶业恩；九远行忆念恩；十究竟怜念恩。父母之恩如此广大无边，要报答父母十分困难。因此，能报恩就是尽孝。中国佛教的孝道思想有两个来源，一

---

① 谢无量：《佛学大纲》，北京：中国人民大学出版社，2011 年版，第 291 页。谢无量虽然认为佛教的慧不同于知，但此处似乎是在用心理学之知、情、意来解释佛教之戒定慧三学。

② 谢无量：《佛学大纲》，北京：中国人民大学出版社，2011 年版，第 292 页。

③ 谢无量：《佛学大纲》，北京：中国人民大学出版社，2011 年版，第 296 页。

个是印度佛典中的劝孝思想，另一个就是我国儒家伦理中固有的孝亲思想。① 佛教在其中国化（儒学化、伦理化）的过程中，以孝道为契合点，将宗教伦理与世俗伦理会通，一方面借孝道丰富了自身的伦理思想，也为传播教义、普度众生提供了方便，扩大了佛教的社会影响；另一方面，通过这种世俗化新开展，也赋予了儒家伦理以信仰的力量，强化了其教化功能。

佛教把报父母之恩的几个方面总结为五事，但诸经中的五事有所区别。《长阿含经》的五事包括供奉无乏、所为先白父母、所为恭顺不逆、父母正令不敢违背和不断父母所为正业等。《善生子经》的五事包括念家事、修债负、解诫、供养和承父母之欢心。《六方礼经》中的五事包括：一当念治生，二早起治饮食，三不增父母之忧，四念父母恩，五父母有病要及时求医。谢无量指出，这些仍然称不上大孝。因为《不思议光经》中说，仅仅是供给父母饮食，还算不上真正报答父母之恩，唯有将父母引导向于正法，才是真正的报亲。《毗奈耶律》也说，“父母无信，使起信心，若无戒，使住禁戒，若性悭，使行惠施，若无智，使起智慧，子能如是，方得云报恩”。其他《善恶所起经》《进学经》《大学经》等经文所表达出来的观念与此大同小异。总之，信佛者善事父母，其实也就是事佛，“故知孝之实践，大为最上之善矣”。② 通过总结佛教伦理中的孝亲思想，谢无量找到了佛教与儒家的会通之处，及佛教伦理世俗化之渠道。

此外，谢无量还注意到了佛教的“万有伦理”或生态伦理思想。他指出，佛教的“众生之义，所包至广，尽于人类，及诸生物，禽兽草木，咸括其中，故今说众生之恩，当先明博爱之本”。③ 博爱思想是佛

① 刘立夫：《佛教与中国伦理文化的冲突与融合》，北京：中国社会科学出版社，2009 年版，第 122 页。

② 谢无量：《佛学大纲》，北京：中国人民大学出版社，2011 年版，第 297 页。

③ 谢无量：《佛学大纲》，北京：中国人民大学出版社，2011 年版，第 298 页。

教思想的一大特色。《梵网经》中说："一切男子是我父也，一切女子是我母也，我无所不受生，故六道生类皆我父母。而杀食之，即与杀我父母等，又与我故杀身等"。所以，佛教提倡尊重生命，不仅是尊重人的生命，而且要尊重动植物的生命。如果见人杀生，要尽量予以救护。谢无量说，"推己及人，当行博爱"。① 他这是在用儒家忠恕思想来解读佛教博爱伦理。践行博爱首在施与。谢无量特别重视那种平等对待众生、施而不求报的施与。这也就是《华严经》所说的"菩萨施与不受报"的思想。这种施与"等施一切众生，而无所悔，不求果报，不求名誉，不求生胜处，不求利养，但欲救护一切众生，与学诸佛之本行，显现诸佛之本行而已"。② 人的能力和背景虽然不同，但都可以进行施与。《优婆塞戒经》说："虽极贫之人，亦可随分作施，若待富而后施，虽为国主犹不能施也。"③也就是说，人按照自己的能力所及主动去施与，而不要以自己条件不够为托辞。谢无量十分重视"随分作施"的思想，将其融入自己的慈善思想之中。④ 无论施与数量多少或价值大小，能尽其所能帮助有需要的人，就是一种高尚的道德行为。

谢无量还注意到佛教社会伦理对公益事业的重视。例如，他举出《梵网经》有七种广施福田：一兴立佛像、僧房、堂阁；二作清凉树园、浴池；三常施医药；四作坚牢船济渡人民；五作桥梁；六作井；七作圊厕。他认为，这是佛教伦理所提倡的个人处理与他人和社会关系的方式，也是其报众生之恩的题中之义。

最后，谢无量所谓的"三宝之恩"指的是佛宝、法宝、僧宝之恩。

---

① 谢无量：《佛学大纲》，北京：中国人民大学出版社，2011 年版，第 298 页。

② 谢无量：《佛学大纲》，北京：中国人民大学出版社，2011 年版，第 298 页。

③ 谢无量：《佛学大纲》，北京：中国人民大学出版社，2011 年版，第 298 页。

④ 谢无量：《妇女修养谈》，上海：中华书局，1917 年版，第 41 页。

关于佛宝，“如来大慈，饶益众生，其恩最大”。①《华严》说以“十法”②供养如来，就是对佛宝报恩方法。法宝有四种，教法、理法、行法、果法。法宝能破一切生死牢狱，犹如金刚能坏万物；法宝能痴暗众生，犹日光照世界。谢无量指出，法宝有不思议之恩。“报恩之义，不外专心思惟正法也。”③关于僧宝，谢无量解释说，“成就众善业，成就戒法，成就三昧，成就智慧，成就解脱，成就知见，是名为僧；僧者世之福田，故当恭敬礼事，故佛法颇重归依僧”。④ 如此看来，报三宝之恩宗教伦理因素居多，但谢无量也注重发挥其世俗伦理成分。

(三)六度论

梵语中的“波罗密”一词，指的是从此岸到彼岸(即度此愚迷)的方法。因为这种波罗密乃共有六种，所以也称“六度”。谢无量认为，六度事实上比五戒十善更加全面地概括了佛教伦理对人生道德的规定。在《佛学大纲》中，他对六度进行了详细的解释(参见下图)。

<table>
<tr><td>檀波罗密</td><td>布施</td><td>慈善</td><td>无悭贪</td><td rowspan="5">道德</td></tr>
<tr><td>尸罗波罗密</td><td>持戒</td><td>规律</td><td>无五欲过</td></tr>
<tr><td>羼提波罗密</td><td>忍辱</td><td>忍耐</td><td>离瞋恼</td></tr>
<tr><td>毗梨耶波罗密</td><td>精进</td><td>勤勉</td><td>离懈怠</td></tr>
<tr><td>禅那波罗密</td><td>禅定</td><td>静思</td><td>无乱想</td></tr>
<tr><td>般若波罗密</td><td>智慧</td><td>觉悟</td><td>离无明</td><td>自觉</td></tr>
</table>

① 谢无量：《佛学大纲》，北京：中国人民大学出版社，2011年版，第300页。

② 一以法供养，二以诸行供养，三平等利益一切众生，四以慈悲心随顺一切，五以如来力随顺一切，六勤修不舍一切善法，七不舍一切菩萨事业，八说如行，行如说，九长时修习，心不疲厌，十常不舍大菩提心。

③ 谢无量：《佛学大纲》，北京：中国人民大学出版社，2011年版，第300页。

④ 谢无量：《佛学大纲》，北京：中国人民大学出版社，2011年版，第300页。

第一度是布施(檀波罗密)，在伦理学上对应的概念是慈善。佛教的布施主要由三种：财施、无畏施(即济人危难)和法施(以所知教人)。佛教布施之义，《六度集经》中有全面总结，包括：慈育人物，悲愍群邪，喜贤成度，护济众生，跨天逾地，润弘河海；布施众生，饥者食之，渴者饮之，寒衣热凉，疾济以药；车马舟舆，众宝名珍，妻子国土，索即惠之。谢无量指出，佛教的布施重视“三轮清净”，也就是施者、受者要不见财物。如果施与者总是惦记着自己所做的那点好事，其实是一种伪善而非慈善。

第二度是持戒。谢无量将佛教伦理的持戒与通俗所谓的规律等同起来。在他看来，“戒为万善根本”。① 上文已经对佛教戒律论进行过介绍，此不赘述。

第三度是忍辱。谢无量将其等同于近现代伦理学家多有论述的忍耐。忍有两种情况，一种是即便是他人不依不饶，我仍然要予以容忍，内心没有报复思想；另一种情况叫“安受忍”，也就是说，无论是出于顺境还是逆境，无论利衰毁誉称讥苦乐，都要能忍受，如果能做到这一点，就是佛教伦理所谓的“八风不动”。佛教伦理中除了这种“生忍”之外，还有“无生忍”和“寂灭忍”，但谢无量未对后两者进行介绍。

第四度是精进。所谓精进就是勤勉不息的意思。佛教伦理中的精进思想对谢无量伦理思想影响颇深，其《国民立身训》中专门有一章论述“勇猛精进主义”。虽然出于儒家正统意识，谢无量并未说明其精进主义思想的来源，但是从其字里行间，我们可以看出佛教毗梨耶波罗密对其伦理思想的影响。谢无量引用《华严经》和《起信论》中的精进思想，鼓励国人要勤修诸功德，自利利他。他说，“盖须善心不懈，而立志坚定不退者，始为精进之本也”。② 谢无量会通儒佛伦理，此即显例。

---

① 谢无量：《佛学大纲》，北京：中国人民大学出版社，2011 年版，第 302 页。

② 谢无量：《佛学大纲》，北京：中国人民大学出版社，2011 年版，第 303 页。

第五度是禅定。《六度集经》中说："禅度无极者云何？端其心，壹其意，合会众善，内著心中，意诸秽恶，以善消之。"谢无量对四禅思想进行了详细介绍。简而言之，一禅是远离情欲，内心寂静的状态，主要是以善去恶，善进则恶退。二禅不再以善去恶，而是善恶消灭，外无因缘入于心中的境界。也就是说，善可以从内心散发出来，但是恶却无法通过耳目口鼻进入。第三禅是守意牢固，善恶都不能进入，身意都十分安定的状态。第四禅是抛却善恶，心不念善，也不存恶，一片澄明的境界。如果能够获得四禅，则达到了一种从心所欲不逾矩的道德自由境界。

第六度是般若。梵语中的般若即智慧。佛教伦理中的慧有闻慧、修慧、思慧之分。"闻慧者，闻法心常爱乐，不知厌倦；思慧者，深念一切有为法，皆是无常苦空无我，念念生灭，不得久住，因是厌离，求向佛智；修慧者，远离不善诸法，渐证大道也。"①所以，谢无量认为，六度之中，以智度最为重要。智慧就如同驱散黑暗的太阳，没有智慧就无法修行成功。

以上便是谢无量佛教伦理思想的主要内容。"对于中国佛教伦理思想的研究，在相当长的一个历史时期内，一直未能引起人们足够的重视。"②近年来，虽然佛教伦理思想研究已经取得长足进展，但是学界对谢无量等先行者的探索实践和理论贡献还不是很清楚，因而对其学术遗产没有能够很好地继承和发扬。在当代学者的佛教伦理研究专著中，谢无量的成果常常遭到忽视。例如，在佛教伦理学界影响较大的王月清《中国佛教伦理研究》一书认为，把佛教伦理作为中国传统伦理思想的有机组成部分来研究，是经历了一个逐步发展的过程。蔡元培先生1910出版的《中国伦理学史》中，并没有探讨佛教伦理学。直到1926

① 谢无量：《佛学大纲》，北京：中国人民大学出版社，2011年版，第304页。

② 赖永海：《序》，载王月清：《中国佛教伦理研究》，南京：南京大学出版社，1999年版，第2页。

年，商务印书馆出版了张宗元、林科棠翻译的日本学人三浦藤作的《中国伦理学史》，其中才有对佛教伦理的些许介绍。再往后就是沈善洪、王凤贤的《中国伦理学说史》和朱贻庭的《中国传统伦理思想史》对佛教伦理学的专章论述。① 这一粗线条的梳理大致符合历史事实，然而却忽略了民国时期佛学研究开启山林式的专著，即谢无量1916年出版的《佛学大纲》在我国佛教伦理研究史上的重要地位和作用。

谢无量之所以能够开佛教伦理学研究风气之先是由多方面因素造成的。首先，佛教伦理学的发展是佛教中国化的结果。佛教的中国化主要表现为佛教的儒学化、人性化和伦理化的过程。在儒学的长期冲突与融合的过程中，其善恶观、戒律观、修行观、人生观、孝亲观逐渐受到儒学思想的影响。正是通过这种方式，佛教在中国生根发芽，长出有别于印度原始佛教的中国佛教。隋唐以后，佛教的伦理化实则是中国佛教自身发展的内在需要与逻辑必然。所以，吕澂先生说，"中国佛学的根子在中国而不在印度"。② 晚清以降，西方哲学思想的引入，连带促进了佛学研究。梁任公指出，"晚清思想家有一伏流，曰佛学"。③ 随着佛学的复兴，其伦理思想也受到重视，被用作鼓舞革命志士前赴后继、舍生忘死之革命精神的有力武器。因此，谢无量对佛教伦理思想的系统总结，是近现代中国学术发展的自然结果。

其次，谢无量之所以能够担纲开佛教伦理学研究风气之先的历史重任，与其自身的学术背景和治学方法密不可分。谢无量学术视野广阔，虽然归宗儒家，但是很早便对佛学产生浓厚兴趣。早年曾与其三弟谢善(万慧法师)精研佛经，后来又与佛学界人士过从甚密，热心参加佛教协会的活动。由于谢无量对儒学、佛学和伦理学都有浓厚的学术兴趣，而其治学的重要方法和特点就是折衷诸学，冶于一炉，因此，由谢无量

① 王月清：《中国佛教伦理研究》，南京：南京大学出版社，1999年版。

② 吕澂：《中国佛学源流略讲》，北京：中华书局，1979年版，第4页。

③ 梁启超：《清代学术概论》，朱维铮校注，北京：中华书局，2010年版，第149页。

率先承担起系统总结佛教伦理学的历史重担，也是不难理解的，在一定程度上甚至是理所当然的。

谢无量对佛教伦理学思想的爬梳基本囊括了佛教伦理思想的主体。虽然《佛学大纲》对现代佛教伦理学者所关注的缘起论有所忽视，且其论说方式主要以引用佛教原典(前后稍加解释)为主，但是他用现代伦理学的术语和框架来整理传统佛教伦理思想，发掘其现代意义的做法，本身就具有十分重要的示范意义。诚然，谢无量对传统佛教伦理思想的梳理还有诸多不完善之处，但他毕竟开启了用现代伦理学对接传统佛教哲学的先河，其先行者的地位毋庸置疑，其学术贡献理应得到理解和承认。方立天先生曾指出，佛教必须现代化，因为一旦离开人间，离开生活，佛教便无路可走。反过来，佛教伦理也可以在人与自我、人与社会和人与自然等三个向度起到推动和谐社会发展的功能。佛教伦理虽然是为信徒提供修持准则和道德规范的，但是其中包含的世俗伦理部分，对于缓解人类社会的矛盾，减少社会的不和谐因素，推动社会发展有积极意义。① 100 年前，谢无量对于佛教伦理的世俗化新开展，对于我们充分挖掘其合理因素，以满足新时代的社会需求，提升人们的道德素质都有重要启示。

第四节　道家伦理之时代价值揭橥

清末民初的谢无量被视为现代新儒家的先导，但其学术思想在后来实则经历了重大转变。这有时代因素强加于人的身不由己，也是其主观选择的结果。谢无量的学术活跃期集中在 1914 至 1923 年。这一时期，全球饱受战乱之苦。在国内，由于封建势力的反扑而发生了护国运动和护法运动，还有各地军阀的彼此混战。在国外，由于爆发了第一次世界

---

① 方立天：《中国佛教》，北京：中国人民大学出版社，2012 年版，第 269、377 页。

大战，整个世界陷入空前的混乱状态。外部世界的混乱不堪，使得人们转而向内，试图寻找内心世界的宁静，因此，哲学家、伦理学家除了注重对理想世界和政治制度的思考之外，尤其关注人生观、价值观及修养法等一系列人生哲学的关键问题。在此方面，道家有着丰富的思想资源。这构成了谢无量研究和接受道家思想的外部环境。

就其个人经历而言，谢无量胸怀济世之志却屡不见用，一生几次沉浮起落，甚至面临生命危险。1903 年，谢无量因为《苏报》案避走日本。四年后，又因《京报》案被迫从报界隐退，转而潜心办学和著书。1923 年，他到广州投奔孙中山先生，担任其机要秘书。然而，正欲大展抱负之际，中山先生却不幸离世，谢无量身心遭受重创。抗日战争期间，他因对蒋介石不满出走香港，一度陷入穷困潦倒。后来，杜月笙派人持蒋手令将其带回重庆。不久，他称病到青城山疗养，广泛阅读《道藏》经典。家国之不幸加剧了其内心的苦闷，有"蜀之颜子"之称的谢无量逐渐转向了道家，以寻求精神上的慰藉和解脱。但是，他并非一位消极避世的道人，一如他研究佛学思想，却不像其三弟(万慧法师)那样遁入佛门。谢无量对道家思想的研究和践履有如下特点：

首先，把道家学说当作哲学而非宗教思想研究。谢无量先后撰有《蜀学会叙》《蜀学原始论》《老子哲学》《中国哲学史》和《古代政治思想研究》等著，系统梳理和阐发了道家哲学，尤其是其宇宙论、政治论和伦理学思想。1939 年，马一浮筹办复性书院时，计划开设"四学"，即"玄学""义学""禅学"和"理学"。其中，"理学"由马自己讲授，"义学"和"禅学"分别邀请熊十力和肇安法师讲授，而"玄学"则计划邀请谢无量讲授。① 虽然谢氏最后婉言谢绝，但此事足以说明他"玄学"造诣深厚，并深得马一浮等人的认可。

其次，重视道家的修身之法。如前所述，动荡不安的时局和坎坷的

---

① 郑大华：《马一浮》，载王寿南主编：《章炳麟·欧阳竟无·梁启超·马一浮》，台北：台湾"商务印书馆"，1999 年版，第 227 页。

人生经历，使得他逐渐接受并践履道家的修养论，其人生观也逐渐受其影响，由积极入世转向因时顺势、清虚无为，尤其是在中华人民共和国成立前。纵观其人生轨迹，谢无量多次由入世转向出世，而后又折回往复。但不管怎样，道家思想已经融贯到他的言行举止之中。马一浮在致谢无量的大量书信之中，自 1940 年 8 月起多称呼他为“啬庵道兄”、“啬庵道长”。① 另据其夫人陈雪湄回忆，他一生都在不断研究老庄，即便是在生命的最后时光，如果提到庄子，他仍然会心一笑，② 足见道家伦理思想对其影响之深。

最后，视道家哲学为书法艺术的指导思想。谢无量是二十世纪中国十大书法大师之一，被誉为“康南海后第一人”。其书法综合诸家之长而自成一体，别具一格，有一任自然、专气致柔的“孩儿体”之称。“孩儿体”颇有老子天真、淳朴的“婴儿之未孩”和“复归道”的精神。综合以上诸端，不难看出谢无量思想和人生价值上的真实取向。

一、道家伦理之修养法

谢无量十分重视道家修身养性之法，其《老子哲学》《中国哲学史》论老子、列子和庄子之修养法尤详。道家修养法以“清虚无为”为根本原则，以无知无欲为至德，以仁义礼为道德之失。道家伦理思想与政治思想相互贯通，对于当今时代的社会政治生活和个人修身养性仍然具有重要现实意义。这也是谢无量对传统道家伦理进行现代阐释的动因所在。

老子是道家学派的创始人。谢无量将老子的道德修养论总结为三个字——“复归道”。要达到这一境界，人之形体要与宇宙本体合而为一，达到无我无心，清虚无为的自然状态。但宇宙如此之大，如何才能与之合一？并非身体毁灭、复归于尘土才是与之合一。人间就是一个大宇

① 马一浮：《马一浮集》第 2 册，第 356~407 页。

② 陈雪湄：《漫谈谢无量的书法及其他》，《文史杂志》，1986 年第 1 期，第 58 页。

宙。谢无量运用现代哲学术语解释说，老子所倡导的静寂无为，不是去现象界归于实在界，而是合一于人间之大宇宙。老子的“复归道”，是说人的形体虽然是凡质，然而心却非常灵妙。所以，心能与宇宙本体合而为一。宇宙的体用与一心的体用是一致的。宇宙的作用再繁赜，也不外乎一心。简而言之，“复归道”就是融吾心于宇宙。所以，“吾人修养之效，能与本体合一至矣”。①

谢无量区分了老子哲学中的两种道德。一种是《道德经》中所说的道德，为宇宙之本体；另一种是伦理学意义上的道德，为日常行为之规范。谢氏把后者称为“实践道德”。老子实践道德之说，以慈俭后为三宝，以少私寡欲、虚无恬澹为根本。其实，所谓的实践道德论，就是处世修身论。老子认为柔弱可胜刚强，并以虚心弱志为贵。在他看来，世人的贪欲之行实际上是对人之天性的扼杀。因此，人要知足。“知足之足长足”“知足者富”。老子的理想人格是圣人。圣人遵循宇宙化育之法，不自伐其功，不展示自贤，如此才能接近于道。老子的实践道德论以身心清净为第一要谛，“清净为天下正”，提倡言语寡默，认为“多言数穷，不如守中”“轻诺必寡信，多易必多难”等。此外，在报偿论方面，老子认同天道无亲，天会赏善罚恶的传统观念。其报怨以德的观念与儒家以直报怨、以德报德有所不同，因为老子学说之根本在为无为，事无事，味无味，大小多少，一以其道遇之。即便是人情之中最难以忍受的怨恨，如果能做到以道遇之，那么好恶之情都可以忘却，因而报怨以德也就没有什么不可以的了。②

《列子》一书被胡适等人视为后人杂凑之作，不适合作为哲学史的资料。③ 但是谢无量却十分重视《列子》，尤其是宇宙论和修养法。谢著《中国哲学史》认为，列子思想本诸易教，其修养之法甚至比老子更

① 谢无量：《老子哲学》，《大中华》1915年第1卷第6期，第1164页。

② 谢无量：《中国哲学史》，载《谢无量文集》（第二卷），北京：中国人民大学出版社，2011年版，第126~128页。

③ 胡适：《中国哲学史大纲》，北京：东方出版社，1996年版，第8页。

加精密，更具可操作性。列子之修养法，“始则心无所念，口无所言，既则心无所不念，口无所不言，恣我所念，恣我所言，然终日念我而非我，终日言我而非我也。于是乃能以无念为念，以无言为言，所谓无为而无不为者也，乃能达于心凝形释，骨肉都融之境，是修养之极功也”。① 谢无量之所以采信《列子》，一是因为他认定书中思想宜有所缘，并非毫无根据。“盖是古说，而《列子》申之也”②。二是因为《列子》言之尤详，当代之人可以照此执行。这恐怕是谢无量重视列子伦理思想的两个最重要的原因。

庄子持道德退化说，认为自然是至化之极，而太古为至治之世。古人能够做到知与恬交相养，而后世风日下、德又下衰。因此，道德修养需要反其性情而复其初。具体而言就是去小智而得大智，去小我而成大我，去有为而就无为，超越义利，游于方外。谢无量指出，“庄子之修养法，在于心气恬静而知不荡，如是乃合于自然，而泯乎私智也”。③ 庄子所谓的游心于淡，其实就是一种无思，庄子所谓的合气于漠，说的就是无为。无思以养心，无为以养体。“知恬交养，无思无为，乃可反于淳朴之本性，以成其德。”④这就是庄子道德修养思想的核心所在。

此外，谢无量还分析了道家和儒家道德修身思想的差别。其最大不同在于道家只关注于一己的修身，而对于家族社会关注较少。儒家常常谈论君臣、父子、夫妇等五伦之教，道家则很少谈论这些。儒家最称仁义，老子却批评说：“大道废，有仁义；智慧出，有诈伪；六亲不和有

---

① 谢无量：《中国哲学史》，载《谢无量文集》（第二卷），北京：中国人民大学出版社，2011年版，第141页。

② 谢无量：《中国哲学史》，载《谢无量文集》（第二卷），北京：中国人民大学出版社，2011年版，第138页。

③ 谢无量：《中国哲学史》，载《谢无量文集》（第二册），北京：中国人民大学出版社，2011年版，第156~157页。

④ 谢无量：《中国哲学史》，载《谢无量文集》（第二册），北京：中国人民大学出版社，2011年版，第157页。

孝慈，国家昏乱有忠臣。”(第十八章)从儒家的观点来看，老子此言未免失之偏颇。谢无量解释说，“老子之意，或有为于春秋当时之弊而发，顾其事有为古今之通患者，亦可深观而得医石之效也”。① 由此观之，谢无量对道家道德修身思想的探讨，是有其现实针对性的。清末民初与春秋末期的中国一样，都处于前所未有的社会大变革时期，而老子的伦理道德观是针对春秋末期政治腐败、道德沦丧的社会现实提出的，对现代中国的社会现实仍然具有指导意义。谢无量对传统道家伦理思想的重新整理和阐释，无非是想通过深入研究其思想之精华所在，为当代社会道德疾病找到有效的医治之方。

二、道家伦理之人生观

老子生活在周朝衰败时期，严峻的社会现实使他以退隐为志。这是老子与孔子人生观的一大不同。孔子汲汲于行道，类似于现代伦理学中的乐天主义；而老子遁世无闷，类似于现代伦理学中的厌世主义。② 然而，老子也并非绝对的厌世者。他只是对道德败坏的社会现实不满。孔子多次感叹礼仪道德被奸人利用，老子也是如此，他向往的是太古宁静淳朴的生活。谢无量指出，老子的厌世与叔本华的厌世是不同的。叔本华受印度哲学影响，提倡绝灭意念，归于静寂，而老子的厌世观没有这么极端。老子之厌世，只是厌恶当时社会的紊乱状况，因而幻想回到伏羲神农时代。“即将以无为之大道，变春秋之政治是也。更推原人性之本，固清净至善，惟当守其清净而已。若好动妄作，任其智巧，必愈趋愈下”。③ 这就是说，谢无量从老子的厌世中看出了淑世思想。“老子既有实践道德论，有政治论，又有战争论，皆自清虚无为之根本主义演

---

① 谢无量：《老子哲学》，《大中华》1915年第1卷第6期，第1166~1167页。

② 谢无量：《中国哲学史》，载《谢无量文集》(第二册)，北京：中国人民大学出版社，2011年，第128页。

③ 谢无量：《中国哲学史》，载《谢无量文集》(第二册)，北京：中国人民大学出版社，2011年，第128页。

绎而出，以示济世之微志也……或疑老子尚虚无，何故数言兵？不知老子阅当时之乱，思救以不争之德，其经世之志深矣”。① 不难看出，谢无量重新总结和阐释道家伦理思想，也有其经世致用之目的在其中。他重视道家清虚无为之修养法，并非是要厌世或消极遁世，而是要从中发现归于平静、消弭纷争之道。其返本的目的在于开新，为当今社会问题找到药方，其济世之志可见一斑。

谢无量对道家伦理的另外一个关注点在于其生死观。他对老子、杨朱、列子和庄子的生死观都进行过考察。老子虽然很少谈论生死，但是从其基本哲学观念中可以推断出来。老子认为宇宙万物都生于道，又终究要复归道之本体，人生也是如此。人之死亡是完其天寿，还其本体。死生之道，变化而已，因此不必过于感伤。杨朱提倡快乐主义的人生观，虽然不免于追求外在之口体之养，然而其真实意图则在于内葆真性，不为世俗欣羡之所拘牵，进而能荡然肆志，自得其乐。世人之所以感到苦闷，是因为他们不理解死生之真义，徇名而忘实，贪生而怕死。谢无量充分肯定杨朱生死观的积极意义，“杨朱乃明名之不可以贸实，而死生一致，自然之道，不足为忧喜也，非破除此等常见，则不能得乐，故杨朱之快乐主义，与其人生观有密切之关系。……其论人生，虽近于厌世之观，而固不至于自杀”。② 杨朱人生哲学历来备受指责，谢无量是较早正面肯定其积极意义的现代伦理学者。

列子的生死观与老子基本相同。都认为生是必然，死为必至，都不过是道之变化而已，不容著忻戚于其间。谢无量实际上最推崇庄子。庄子的理想人格是圣人，即能等量齐观是非、死生、得丧的人。质言之，庄子的人生观也是死生一致，认为死生不过自然之化，如昼夜梦觉。从庄周梦蝶，谢无量得出来的结论是，“生不足赖，死不足悲审矣。故庄

① 谢无量：《中国哲学史》，载《谢无量文集》（第二册），北京：中国人民大学出版社，2011 年版，第 130~131 页。

② 谢无量：《中国哲学史》，载《谢无量文集》（第二册），北京：中国人民大学出版社，2011 年版，第 135 页。

子论死生，犹是厌世之人生观也”。① 将庄子的生死观总结为现代伦理学的厌世主义，同样也是谢无量用现代西学观念来重新阐释道家伦理思想的体现。通过重新阐释庄子哲学，谢无量认识到，人只是天地造化之一物，天地万物无时不在变化转移之中。死生一贯，因而人不必乐生哀死。作为一名追求进步的革命家，谢无量对列子和庄子生死观的重视，不能不说是为了鼓励国人(尤其是投身革命的仁人志士)看清生命的本质，为了国家民族的命运，不惜牺牲小我，保全大我。谢无量的道家人生观研究，不仅是一种学术研究，而且有其现实层面的考虑。

综上所述，谢无量胸怀济世之志，然而襟抱迟迟未开，只得游于玄境以求精神解脱。然而，这只是他重视道家伦理的一个次要原因。谢氏是极具经世致用思想的伦理学者，他对道家修养论、人生论(尤其是生死观)的探讨，是在整合前人成果的基础上，借鉴西方哲学术语来进行的，旨在用现代哲学话语来创造性转化中国古代伦理思想，使之能够成为现代国民道德重构的重要资源。谢无量对古代伦理思想的研究注重源流考辨，以明其变迁大势。他强调因世论人，能够把老子、杨朱放在他们所生活的时代大背景下进行考察，并探讨其对当代社会的积极意义，廓清了后人对道家思想的许多误读。在叙述老子、杨朱、列子和庄子思想时，常常采用条纪贯串，约其精蕴的方法，方便现代读者理解。此外，他具有强烈的比较意识，如比较老子与孔子、叔本华伦理思想之异同。总之，谢无量既是一位研究道家伦理思想的哲学史家和伦理学者，也是一位将道家思想贯注到日常生活和艺术创作之中的道长，其研究成果和治学方法值得借鉴和反思。

第五节 法家伦理之创造性转化

法家是先秦哲学的一个重要流派，对中国学术文化发展影响深远。

---

① 谢无量：《中国哲学史》，载《谢无量文集》(第二册)，北京：中国人民大学出版社，2011 年版，第 148 页。

虽然法家内部存在几个不同的流派，如齐法家与三晋法家，但是这些流派都重视发展生产，厉行法治。法家认为人都是趋利避害的，因此要顺应人的这种本性，为自己的政治目的服务。他们不相信天命，更强调人为。在政治上致力于革新变法，改造社会。在历史观上，坚持进化史观，提倡法后王。在伦理道德观念上，法家不同流派存在一定分歧，但都普遍重视国家道德。谢无量对法家伦理与政治思想十分重视。在《中国哲学史》《韩非》等著作中，他对管仲、申不害、商鞅、慎到和韩非的伦理道德思想曾有较为深入的探讨。

一、法家之进化历史观

法家认为历史是不断进化的，这与其他先秦哲学流派的历史观有所不同。例如，儒家所持的是道德退化说，认为太古之世是道德充盈时代，其后便世风日下、人心不古。道家代表人物老子幻想回到民愚而朴、少私而寡欲的小国寡民社会。法家则与此不同。其重要代表人物商鞅、韩非等，都持历史进化论。商鞅认为，古代道德之不可复原本无可厚非，因为社会在不断变迁，道德也在不断进步，所以人之伦理规范应该是因时制宜，无有定则。道德世世不同，因而不惮变法。唯有废除旧道德，提倡新道德，国家才能富强。谢无量指出，商鞅这种道德无定、治法无定说与近代实在论哲学家的伦理学说十分相近，因而是有其积极意义的。

法家思想的集大成者韩非也持历史进化论。他将自己所处时代及之前的历史划分为四个时期，即上古之世、中古之世、近古之世和当今之世。① 这四个不同的历史时期，上古和中古大致对应着原始社会，近古

① 蒋国保教授认为，谢无量对中国哲学史的上古、中古、近世的断代方法，明显是受到日本学者关于中国历史断代方法的影响。参见蒋国保《论“中国哲学史”学科创立初期的实践与方法》，载《社会科学战线》2012 第 6 期，第 22 页。笔者认为，考虑到当时师法东洋的学术风气及谢无量的日语水平和日本游学背景，这有一定可能性。然而，考虑到谢无量对国学和韩非思想的重视，其哲学史断代方法也有可能是在韩非上古、中古、近古和当今之世的分期基础上稍加转变而来。

则相当于奴隶社会，而当今之世则是刚刚确立的封建社会。不同的社会时期，人类的生产生活方式不一样，伦理道德观念也不同。韩非认为，时代是不断发展进步的。古今风俗异尚，世异则事异，世异则备变。也就是说，国家的政治制度和伦理道德要符合时代的需要。古代制度和道德只适用于古代社会，而不适用于当今社会。世变不同，人情代异，如果社会制度、道德观念不能适应已经变化的时代需求，国家就会陷入混乱甚至败亡。谢无量对韩非的这种历史进化论有着非常准确的认识，他将其定性为一种道德无定论。①

法家之所以持道德无定论是有其历史原因的。从中国伦理思想史上看，韩非之所以反对儒家仁义道德，实际上是因为这些伦理思想已经沦为统治阶级道德说教的工具。韩非所反对的，是那种虚伪的、名存而实亡的道德。“周末文敝，凡旧日所称为道德者，大抵名存而实耗。法家乃思有以变之。”②商鞅对旧道德也持否定态度。他之所以否定旧道德，是因为要推行其国家主义。商鞅把国家看作一个大团体，而全国之人都应当服从于国家主权之绝对命令。他所提出的“强国弱民”说，就是想通过任法重刑来实现国家富强。谢无量肯定商鞅的历史进化论和国家主义的积极意义，但对其危险也提出了批评。在他看来，“惟商鞅持国家主义太甚，故不留个人自由之余地”。③ 因此，如何处理个人道德与国家伦理的冲突(公私之辩)问题，成为谢无量法家伦理思想研究的一个重要方面。

二、法家之国家道德观

法家推崇法治，重视国家道德。管仲是法家的重要代表人物。管仲之学上承道家，下启刑名法术。古代有帝道、王道之分。所谓帝道就是

---

① 谢无量：《韩非》，载《谢无量文集》(第一卷)，北京：中国人民大学出版社，2011 年版，第 265 页。

② 谢无量：《韩非》，载《谢无量文集》(第一卷)，北京：中国人民大学出版社，2011 年版，第 242 页。

③ 谢无量：《中国哲学史》，载《谢无量文集》(第二卷)，北京：中国人民大学出版社，2011 年版，第 182 页。

化民以德，自然而治；所谓王道就是虽然有制度，但并无所用。管仲提倡霸者之道，自贵而不伐。“帝道一变为王道，王道一变为霸道，霸道一变为法治，即强国之术也。儒家以德化为本，故贵王而贱霸；法家以富强为本，故假王以行霸。”①谢无量认为，王者与霸者有四大区别：王者尚德，霸者尚力；王者尚仁义，霸者尚功利；王者守经，霸者行权；王者气象雍容，霸者气象迫促。除了功利主义和清净无为主义，谢无量尤为重视管子的国家伦理思想。

管仲虽然提倡霸道，但是并不忽视伦理道德建设。事实上，在法家学派内部，以管仲为代表的齐法家就强调德治与法治的相辅相成。谢无量对此有明确认识，“霸者之国家道德也。盖折衷于德治法治之间，以功利为本，不如王道之专重德化，亦不如法家之专重刑法。惟因人之天性，有知礼节知荣辱之美质，而为厚其资生之备，使得自充达于礼义焉”。② 具体而言，管仲的国家道德包括礼义廉耻四维。《管子·牧民》中说，“礼不逾节，义不自进，廉不蔽恶，耻不从枉”“四维不张，国乃灭亡”。也就是说，管子把礼义廉耻视为国家道德之根本。在上者应该率先垂范，遵守法度，在下者才能以之为标准遵照执行。谢无量对管子四维思想十分重视，认为在四维之中，礼义的作用在于正秩序，廉耻的作用在于防淫伪。管仲四维伦理思想，体现了霸者道德的严明和整朴。③

法家的其他重要代表人物商鞅和韩非对待伦理道德的态度与管仲很不一样。他们反对旧道德，提倡新道德；反对私德，提倡公德。“商君之所谓道德，以国家为主体，而直无所谓个人。质言之，即以公德为无上，凡自来所行之私德，皆以为有害于国家，而将一切去之。”④在个人

---

① 谢无量：《中国哲学史》，载《谢无量文集》（第二卷），北京：中国人民大学出版社，2011 年版，第 171 页。

② 谢无量：《中国哲学史》，载《谢无量文集》（第二卷），北京：中国人民大学出版社，2011 年版，第 174 页。

③ 谢无量：《中国哲学史》，载《谢无量文集》（第二卷），北京：中国人民大学出版社，2011 年版，第 175 页。

④ 谢无量：《韩非》，载《谢无量文集》（第一卷），北京：中国人民大学出版社，2011 年版，第 242 页。

与国家关系(公私之辨)问题上，谢无量重点考察了韩非的相关思想。他指出，“韩非持国家主义，故个人之行为，恒当屈于国家之下，而轨于法度之中。私善不足矜，公德乃为大，虽在其个人，有贤智高誉，倘无益于国，亦无取乎尔”。① 也就是说，韩非认为国家之利害与个人之私誉有时会出现严重冲突。此时，个人私利必须服从于国家公利。韩非要求一切齐之以法，而立法令的目的就是要废私道。“法令行而私道废矣。私者，所以乱法也。”(《韩非子·诡使》)韩非子倡导的法治，其实是教给国君驭臣之术，进而巩固自己的统治。谢无量重视法家国家主义，但并非对封建伦理道德的复古。在他看来，古代君主是国家的代表，且不区别国家与政府。因此，韩非所强调的利君实际上不仅是有利于一人，而是个人对于国家应当承担的法律上之义务。② 谢无量对韩非政治伦理思想的这种创造性转化，是想充分发掘其道德价值来为现代社会服务。

谢无量是把国家视为一个有机体，个人是这个有机体的组成部分。国家富强与每个人的命运息息相关。“故先公而后私，先国而后家，亦其责任所自定如此。”③他还说，“国家者，集合个个之众人而成，当使个个之众人，服从于国家同一法律之下，秩然如一有机体而不可逾者也。若其中之一个人，忽然离此法律而独立，以取殊异于众人，是乱之首也。执法者不求所以正之，而世或相与附同，各自伸其个人以出乎法律之外，则国家之体溃矣”。④ 民国初年，共和体制建立未稳。谢无量通过对法家思想的阐释，鼓励人们将个人命运与国家、民族的命运连为

---

① 谢无量：《韩非》，载《谢无量文集》(第一卷)，北京：中国人民大学出版社，2011年版，第328页。

② 谢无量：《韩非》，载《谢无量文集》(第一卷)，北京：中国人民大学出版社，2011年版，第332页。

③ 谢无量：《韩非》，载《谢无量文集》(第一卷)，北京：中国人民大学出版社，2011年版，第332页。

④ 谢无量：《韩非》，载《谢无量文集》(第一卷)，北京：中国人民大学出版社，2011年版，第331页。

一体。同时，他提倡法律面前，人人平等。不能容许有人具有超脱法律之外的特权。这实际上是对当时社会上的特权、专制、独裁思想和袁世凯尊孔复辟逆流的一种批判。

因此，考虑到清末民初的历史语境，谢无量对法家伦理思想的梳理和总结，实际上是为自身的政治和道德主张服务的。在一定程度上，他是借韩非等人之口说出了自己的心声。谢无量一方面倡言法治的重要性，另一方面强调治国之道和伦理道德的与时俱进。“治国之道，惟在适其时耳，岂必法古哉！自来道德法律，皆与时变迁。为治者当察其因革之端，举而措之，不可执古之术以自画也。”①此外，谢无量还详细介绍了韩非有关“朋党”的思想，实际上体现了他对当时军阀混战、私党乱国的批判态度。韩非虽然由于时代的局限，不知道政党对于国家政治的作用，但他却敏锐地指出私党对于国家的弊害所在。私党务交而轻法，不仅是君主之敌，而且与法律主义大相刺谬。私党不仅无益于国，而且可以导致国家弱亡。谢无量对韩非此论十分重视。此外，韩非还对树党以勾结国外势力的做法提出批评，他说，“群臣朋党比周，以隐正道，行私曲而地削主卑，山东是也”(《饰邪》)。谢无量不仅对这些思想都进行了详细介绍，而且还总结了韩非建议处理私党问题的方法：其一遣散其党；其二剥夺其兵权。② 考虑到谢无量写作的时代背景和政治气氛，他这是在借古讽今，剑指北洋军阀结党营私，勾结帝国主义势力出卖国家民族利益的行为。谢无量借韩非之口，提出了相应的解决之道。在当时混乱的时局中，其用心可谓良苦。

三、法家非道德观辨正

韩非持有一种非道德主义思想，这主要体现在他的非仁义论之上。

① 谢无量：《韩非》，载《谢无量文集》(第一卷)，北京：中国人民大学出版社，2011年版，第269页。

② 谢无量：《韩非》，载《谢无量文集》(第一卷)，北京：中国人民大学出版社，2011年版，第303~304页。

“韩非不承认儒家的仁义道德，更不承认道德有什么能动作用。”①在韩非看来，仁义是不够用的，严刑峻法才是治国之本。君主只见仁义之名而不察其实，大则国亡身死，小则地削主卑。这是因为行仁惠、施慈善会导致赏罚不当，赏罚不当则不能鼓励人民从事于耕战，人民不从事于耕战则国家败亡可指日而待。适合古代社会的仁义之治，不一定符合当代的实际需要。韩非反对孔子的“悦近来远”之说，认为这种惠民政策会使无功者受赏，有罪者逃脱惩罚，从而导致法律失去其权威和效力。“法败而政乱，以乱政治败民，本见其可也。”(《韩非·难三》)韩非之所以非难儒家仁义之说，是因为他相信有良法可依，则君主可无为而治。儒家认为，君主如果能躬行仁义，则可以为民众之表率，一身正则天下正。但是，韩非却认为，仁义之君旷世一遇，可遇而不可求。因而，求有贤君不如求良法。上下循法，国即富强。他反对空言仁义，认为民固服于势不服于仁。

然而，韩非是否反对一切伦理道德呢？谢无量认为答案是否定的。谢著《韩非》的最后一章，专门探讨了韩非“人生道德观”。韩非的道德无定论和非道德主义与其进化历史观是相一致的。也就是说，韩非否定的是虚伪的旧道德，他对古代伦理道德思想的合理成分还是有所继承的。例如，在对于他人之道德方面，韩非就特别强调“敬”与“信”。谢无量说“盖韩非斥仁义而非法古，凡旧日所谓道德，一切视为不足重，惟于敬与信有所取焉耳”。② 因为韩非之思想融会贯通儒家、道家和刑名法术，所以难免受到这些学派伦理思想的影响。韩非曾师从先秦儒家的集大成者荀子。法最初就是用来弥补礼之不足的。荀子最重视礼法，韩非师从荀子，并兼取黄老刑名之说，从而形成自己的思想体系。在人性论上，荀子是性恶论的代表。韩非的伦理思想，尤其是其克己说，与

---

① 罗国杰：《传统伦理与现代社会》，北京：中国人民大学出版社，2012年版，第213页。

② 谢无量：《韩非》，载《谢无量文集》(第一卷)，北京：中国人民大学出版社，2011年版，第336页。

荀子的性恶论有莫大的关系，在此基础上，他提出了自己的“计算”说。“韩非既承荀卿性恶之说，故以人之生也，即具有好自利之性。无论父子君臣之间，莫不各本其自利心以相计算者也。”①利己为道德之源。既然人人无不以利己为目标，那么人生之道德，“惟在勿侵他人之所以利己者，则亦不为人所害”。②

韩非著有《解老》和《喻老》二篇，道家思想是韩非政治、伦理思想的另外一个重要源头。“韩非之于道家，即取伊尹、太公、管仲。及精研于老氏，而后其学益秩然有贯。故韩非之学，实本老氏之旨而扩充之者也。”③谢无量认为，韩非伦理思想对道家思想的吸收和借鉴，主要体现在韩非的克己论、义务论和修养论三个方面。韩非以“理”为其哲学思想之根本，“以为人之不明理者，思虑胜而智识乱也，故取《老子》‘治人事天莫如啬’之语，以克己制欲为伦理之要”。④ 此外，韩非之乐生于苦，福生于祸，苦乐相资的观点，也是源自老子的苦乐价值论。⑤ 在义务论方面，韩非认为仁、义、礼都是人之应该自觉履行的义务，不能求之于他人。因此，在《解老篇》中说：“仁者谓其中心欣然爱人也，其喜人之有福，而恶人之有祸也。生心之所不能已也，非求其报也。”“义者君臣上下之事，父子贵贱之差也，知交朋友之接也，亲疏内外之分也。臣事君宜下怀上，子事父宜贱敬贵，宜知交朋友之相助也，宜亲者内而疏者外。宜义者，谓其宜也。”“众人之为礼也，以尊他人也，故时劝时衰。”⑥在道

---

① 谢无量：《韩非》，载《谢无量文集》(第一卷)，北京：中国人民大学出版社，2011年版，第333页。

② 谢无量：《韩非》，载《谢无量文集》(第一卷)，北京：中国人民大学出版社，2011年版，第334页。

③ 谢无量：《韩非》，载《谢无量文集》(第一卷)，北京：中国人民大学出版社，2011年版，第205页。

④ 谢无量：《韩非》，载《谢无量文集》(第一卷)，北京：中国人民大学出版社，2011年版，第208页。

⑤ 谢无量：《韩非》，载《谢无量文集》(第一卷)，北京：中国人民大学出版社，2011年版，第211页。

⑥ 谢无量：《韩非》，载《谢无量文集》(第一卷)，北京：中国人民大学出版社，2011年版，第211页。

德修养方面，韩非认为德有内外二义，德可以由内而推之于外。德者内也，得者外也。上德不德，无为而无不为。由此可见，其修养论主要基于老子之说。韩非的非道德主义并不是排斥一切伦理道德思想。

以上便是本书对谢无量在传统伦理思想的现代性、创造性转化方面之学术贡献的一个初步梳理。谢无量的古今中西文化观决定了他对传统伦理思想的态度。一方面，他秉持东海西海、心同理同的文化普遍主义，认为人类学术终究大同。这促使他积极学习西方近代伦理思想，并比较其与我国固有伦理思想的异同，强调中西伦理思想可以融会贯通、相互借鉴。另一方面，谢无量认为在不同文化相互接触的早期，既要认识到他者文化之优长，但也不能放弃自己文化之美。因此，在一个破旧立新的时代，伦理学者需要善察谨变，继承和发扬其合理成分。在伦理重构方面，不能采取激进的一边倒的立场，如要么提倡完全用西方道德取代传统道德，要么对一切外来思想采取深闭固拒的态度。

此外，谢无量从事传统伦理思想的现代诠释，也是要破除历史虚无主义思想和国内外学者对中国哲学合法性的质疑。他通过撰写《中国哲学史》这样的通史性著作和《孔子》《朱子学派》《阳明学派》《佛学大纲》《诗经研究》这样的专著，并在《大中华》等杂志上发表《老子哲学》《韩非》等著，对传统伦理思想进行了系统的阐发。总结起来，其对中国传统伦理思想的返本开新主要体现在两个方面：

一方面，谢无量试图在传统与现代、中学与西学之间找到可以融会贯通之处。正是在这种思想指引下，他对以儒家伦理为主体的传统伦理道德思想进行了系统的梳理和阐发。在这一过程中，他往往采用我国固有概念(包括中国佛教哲学概念)来“格义”现代伦理学概念。如将礼解释为伦理，将分解释为义务，用知情意来阐释仁义礼智信五常、智仁勇三达德和佛教的戒定慧三学，都是这种“格义”和“双向格义”的结果。谢无量的这些“格义”虽然不无牵强之处，但是为国人接受西方伦理学铺平了道路，对传统伦理提出了新解，为其注入了新鲜血液。应该说，在运用现代伦理学、心理学、生理学概念对传统伦理思想进行创造性、现代性转化方面，谢无量不仅用力甚勤，而且成果丰硕，影响深远。

另一方面，谢无量对非儒家传统的伦理思想也进行了系统总结。他对道家实践伦理，即修养论的重视，对法家国家伦理，尤其是公私之辨的讨论，对佛教伦理之善恶论、人性论、报应论等的开创性总结和阐发，都体现了他融中西古今之学、创返本开新之路的学术努力。正是通过这种返本开新，谢无量为传统伦理的守先待后、推陈出新以及现代国民道德的重构奠定了坚实的基础，既有学术传承与更新上的意义，又有重要的现实针对性。

当然，以时代为经，以学派为纬的梳理方法也存在某些局限。其一，谢无量探讨过的伦理学派和学者众多，无法全部涉及。其二，某些学术思想极富个性的伦理学者，往往是难以被纳入典型的儒家、道家或墨家学派范围之内的。例如，谢无量十分重视王充的哲学思想。其《王充哲学》一书当中，也不乏关于王充伦理思想的总结，并在此基础上提出了一些颇有洞见的观点。受王充启发，谢无量曾指出：

> 道德修之在己，而时势惟其所遭。道德在内者也，时势在外者也。在内者可以自为，在外者必有所待。故有道德之真价值者，不必当时之所谓道德。当时之所谓道德，亦不必其有道德之真价值也。圣贤之生也，创论立义，并世之人，或深骇不信，甚至放绝其说，形僇其人；乃异世之后，反又禀其教条，仰若神明。古今中西，若是者众矣。盖道德之与时势，有合有不合也。或不合于此而合于彼，或不合于今而合于后。一旧道德废，一新道德兴。社会之要求既有不同，道德之变易，固然无足怪也。学者欲求道德之价值，必先不拘牵于习俗，不曲从于时势，不希苟合，不顾毁誉，而后道德之真义，可以渐见。①

---

① 谢无量：《王充哲学》，载《谢无量文集》（第三卷），北京：中国人民大学出版社，2011年版，第435页。

在这段话中，谢无量对道德价值的探讨十分精辟。他一方面承认道德的特殊性和时代性，及社会变革对道德变易的影响；另一方面，他又肯定道德的普适性，并勉励伦理学者在研究道德之真价值时坚持其主体性和独立性，不屈从于时势、权威、私利或者名誉。按照冯友兰先生的看法，人类道德分为可变的道德和不变的道德。可变的道德可以用新旧来辨别，并且有些旧道德可以转化为新道德。以"忠"为例，忠君是旧道德，忠于国家则是新道德。不变的道德是所有社会共同遵循的规律，随着人类社会的产生而产生，可以不随某一社会的变化而变化，如仁义礼智信。① 也就是说，对于传统伦理思想中的不变成分，现代人应该毫无顾忌地继承和发扬；对于传统伦理思想中的可变成分，现代人应该加以改造和转化，变旧为新，变废为宝。实在不符合新社会需要的，在经过深入考察的基础上果断予以剔除。谢无量提出，对待道德变迁要"稽古以穷其变，而知守其常轨"。② 正是本着"穷其变，守其常"的原则，谢无量对传统伦理思想的合理成分进行大胆继承和发扬，对其不合理部分进行果断批判和剔除。例如，在谢无量写作的时代，人们对于孔子伦理思想的态度处于严重的分裂状态。复古派、孔教派高度赞扬孔子，但他们不是在为封建伦理道德招魂，就是在为自己的政治目的张目。自由主义派猛烈批评儒家传统伦理道德泯灭人性，高喊"打倒孔家店"。对此，谢无量有着十分冷静的思考。他坚信传统儒家伦理思想有其普适性内核。这些不变的道德可以为现代社会所利用。谢无量兼综百家、调和诸派的思想倾向，决定了其伦理思想不可能独尊孔子，但其文化保守主义倾向又决定了他不可能加入否定孔子的阵营。他对以孔子伦理思想为代表的传统伦理思想的现代性、创造性转化，事实上找到了一条契合传统中庸智慧的折衷道路。尽管身处波涛汹涌、暗礁密布的历史洪流之中，但谢无量保持了一位现代伦理学者应该具有的理性。

① 柴文华主编：《冯友兰思想研究》，北京：人民出版社，2010 年版，第 72 页。

② 谢蒙：《新制修身教本(四)》，上海：中华书局，1914 年版，第 10 页。

第四章 观念再造：谢无量对现代道德的重新建构

1912年，《中华民国临时约法》得以颁布实施。《临时约法》规定中华民国主权在民，全体国民一律平等，依法享有选举、参政、居住、言论、出版、集会和信教等权利。这也就意味着基于民主、自由、平等精神的新国民观在法律上得到确认。① 虽则如此，普通民众国民观的转变、其伦理道德思想的重构依然任重而道远。一方面，传统伦理道德思想不仅根深蒂固，而且常常被野心勃勃的军阀和政客用作争权夺利的工具。另一方面，激进人士对我国固有伦理道德全盘否定，极力提倡采用西方伦理替代中国固有伦理道德，进而达到改造国民性的目的。

彼时，勇担伦理思想启蒙重任、提倡道德革命的陈独秀认为，辛亥革命只是打碎了君主专制的政治框架，而以纲常伦理为核心的封建旧道德的思想框架，才是阻碍中国现代化和国民道德重构的根本性因素。② 所以，国民“最后觉悟之觉悟”，应为“伦理的觉悟”。1917年，在《文学革命论》一文中，陈独秀指出，我国“政治界虽经三次革命，而黑暗未尝衰減。原因之小部分，则为三次革命，皆虎头蛇尾，未能充分以鲜血洗净旧污；其大部分，则为盘踞吾人精神界根深底固之伦理道德文学

① 王小静：《清末民初修身思想研究——以修身教科书为中心的考察》，北京：人民出版社，2012年版，第29页。

② 金焕玲：《陈独秀伦理思想研究》，北京：中国社会出版社，2009年版，第97页。

艺术诸端，莫不黑幕层张；垢污深积，并此虎头蛇尾之革命而未有焉。此单独政治革命所以于吾之社会不生若何变化，不收若何效果也”。①

如何在吸收西方近现代伦理思想的基础上，通过批判性地继承和创造性地转化传统伦理道德的合理成分，以满足新时代、新社会道德重构的需求，是摆在中国学人面前的一个紧要问题。对此，谢无量有着自己的理念，也为此付出了不少努力。作为一位极具学术敏感性和现实关怀的现代学者，他从个人道德、家庭伦理、社会伦理、国家伦理和万有伦理等方面对新时期的伦理道德进行了重新建构。

第一节　个人道德之培养

个人是社会的细胞，个人道德是家庭伦理、社会伦理、国家伦理与生态伦理的基础。我国传统儒家伦理尤为重视个人道德修养。谢无量对现代国民道德的重构也是以个人道德为起点。其相关思想极为丰富，下文将从个人修养、立志、力行及人格等几个主要方面进行探讨。

一、内外、动静修养之法

谢无量认为，个人道德修养包括精神和身体两个方面，方法有动有静。这与儒家传统修身思想基本一致。儒家伦理历来认为，道德修养的提高不仅关乎精神之高贵，而且关乎身体之健康。这在现代社会仍然有其积极意义。

（一）个人道德修养的意义

个人道德修养是其他一切修养的基础。在《中学修身教科书》中，蔡元培先生指出，“道德之教，虽统各方面以为言，而其本则在乎修己”。②

---

① 陈独秀：《文学革命论》(1917 年 2 月 1 日，《新青年》第二卷第六号)，《陈独秀著作选》第一卷，第 263 页。

② 蔡元培：《中学修身教科书》，第一册，上海：商务印书馆，1907 年版，第 3 页。

陆费逵在其《修身讲义》中也指出，“道德者，本己与他人之关系而生。然己也者，行为之主体，且社会国家之所由立也。故欲尽对家族、社会、国家之责务，必先修己之一身，于是对己之责务以生。盖积身而成家，积家而成社会国家，道德之方面虽多，而行之无不在己，此所以修身为齐家治国平天下本也”。① 谢无量也认同上述观点，认为伦理关系就是人己之关系。“处己以正，而对人不以正者少矣。”②因此，个人有责任和义务提高自身道德修养。

在谢无量看来，国民立身之关键在道德修养，而修养之关键在于从善去恶。“故明善恶原理，是修养之根本问题也。”③知为行之始，“观于性善恶之原理，则人固可因修养而致于善，无可疑也”。④ 因此，其伦理学体系首先探讨了善恶原理。伦理学是关于行为的科学(Science of Conduct)。“人之动作而见于行者，则有善有恶。然其所以为善恶者，虽有由于习，亦莫不由于性焉。”⑤中国伦理学史上关于善恶原理的讨论虽多，但集中于性善恶论方面。我国伦理学者论性(参见第二章)，虽然可以分为五派，但都十分重视教化修养之功。“主性善亦须扩充。主性恶尤要矫治。湍水则待决而东西。壤地则待耕而高下。三品之说，推化法以相移。善之大本，或谓在于天，或谓存乎人。要其修养之不可懈则一也。”⑥这就是说，虽然关于善恶本源问题，学界存在争议，但有一点是一致的，即各个伦理学派都强调人应该不断坚持修身向善。

近代西方有学者认为，人性是由遗传决定的，因而是固定不变的，个人无法通过一己之意志左右其间。这样一来，个人修养就毫无意义可

① 陆费逵：《修身讲义》(师范讲习科用)，上海：商务印书馆，1910年版，第3页。

② 谢蒙：《伦理学精义》，上海：中华书局，1914年版，第89页。

③ 谢无量：《国民立身训》，上海：中华书局，1917年版，第198页。

④ 谢无量：《国民立身训》，上海：中华书局，1917年版，第209页。

⑤ 谢无量：《伦理学自叙》，载《雅言》1914年第4期，第117页。如此看来，就人性论而言，谢无量似乎认为性有善有恶。

⑥ 谢无量：《国民立身训》，上海：中华书局，1917年版，第209页。

言。叔本华(Arthur Schopenhauer)等厌世论者就持有类似观点。谢无量反对这种人性不移论。他批评说，这些人“盖以意志为宇宙之根本原理。人类有意志，则宇宙无本性。故人性决不可变化也。然此不过厌世学者之空想。人类虽由于遗传，遗传亦未尝不可变。近来人类学者，常调查犯罪者之骨质，欲用生理之方法改之，亦以人性可变也”。① 在我国伦理学史上，虽然也有孔子的上智下愚不移说和韩愈的性三品说，但社会上的大多数人属于中人，而中人之气质是可以通过道德教育和道德修养发生变化的。谢无量通过对比中西伦理学家的人性论，论证了个人道德修养不仅是必要的而且是可能的。

(二)修养包括精神与身体两方面

既然个人道德修养不仅必要，而且可能，那么这些修养包括哪些方面？个人该如何提升一己之修养水平呢？谢无量特别强调个人道德修养的主观能动性，即恃“己力”而非“他力”从善去恶。他指出，“修养之事，其恃国家社会种种教训之机关者，仍系他力。真能修养者，当恃己力为修养。其成功倍于专恃他力者也”。② 通过自己之力进行的道德修养包括精神与身体两大方面。“人必内强其心志，有坚忍不挠之气魄，外强其体力，有健壮耐劳之肢干，修养者所以自强也。自强而后能胜己之愿，以任世之事，不可不勉也。”③他指出古代有大学问、成大事业者，往往出身贫贱。“盖习于操作工事，身体健康，精神亦因之快适，故勤劳为修养第一义。”④因此，在闲暇之时，人要积极参与体力劳动，以及游戏、蹴鞠、竞走、骑马、试剑、射猎、游泳等体育运动。

在谈到女性道德修养时，谢无量特别强调身体修养的重要性。在他看来，我国女性面临诸多问题，其中最为突出的就是身体健康问题。女性在智力上并不输给男性，但在身体素质上则不如男性。因此，女性修

---

① 谢无量：《国民立身训》，上海：中华书局，1917年版，第209页。
② 谢无量：《国民立身训》，上海：中华书局，1917年版，第211页。
③ 谢无量：《国民立身训》，上海：中华书局，1917年版，第211页。
④ 谢无量：《国民立身训》，上海：中华书局，1917年版，第211~212页。

身首先要提高身体素质。“虽其智力之本原，不必逊于男子，而体质则远有不逮，或终身为疾病所苦。以致修学治事，其效恒居男子之后。故体育尤女子所不可不讲者也。健康为人生最大幸福。身体健康，则临事有勇。女子常多怯懦者，亦未始非体弱之所致也。”①然而，身体与精神关系密切，身心修养不可截然分开。所以，“欲强其体，必先强其心”“人之一喜一怒，所有忧愧，有所恐惧，皆不能掩于其色，及其过度，则至于伤生累性，凡人哀乐之情深，而欲身体健康，不可得也”。② 谢无量建议，女子在学校要积极参加体育锻炼，在家里要节制饮食、注意卫生、起居有常、游息有时、屏去杂念、节嗜欲、省思虑，如此才能保持身体健康。身体健康了，人自然能摆脱萎靡之气，具备勇猛精进之精神。“遇事自不怯懦而有勇气者，心之力也，固不仅属于身体。亦必身体先强，而后心力乃强。此在于平日修养之功也。所谓勇者，知善恶正邪，依然为善去恶，就正去邪，决心以实行之，而不肯有所退避者也。”③谢无量指出，我国妇女天性柔弱，因此要培养其勇气。“不惟自有勇气，并以此相夫教子，助成其勇敢之人格也。”④这也就是说，女性道德修养不仅关乎女性自身，而且有关乎整个家庭乃至整个民族的素质。女性有勇猛精进之精神，无疑会影响丈夫和孩子，从而促使国民养成高尚之人格。

谢无量将个人道德修养归结为养生和修身两个方面，是对传统修身养性思想的继承和发扬。他认同荀悦养生就是养性的说法。养性无常术，贵在中和。通过节制使喜怒哀乐思虑之情各得其中，就可以做到养性。养生不仅仅是内养神志，还应该包括外养体魄。《礼记》对衣服、宫室、居处、饮食等不厌其烦的规定，《论语·乡党》对孔子服食习惯的详细介绍，都是外养其体的体现。孟子说，“居移气，养移体，大哉

① 谢无量：《妇女修养谈》，上海：中华书局，1917年版，第24页。
② 谢无量：《妇女修养谈》，上海：中华书局，1917年版，第24页。
③ 谢无量：《妇女修养谈》，上海：中华书局，1917年版，第31~32页。
④ 谢无量：《妇女修养谈》，上海：中华书局，1917年版，第32页。

居乎”(《孟子·尽心上》)，说的就是体魄之养的重要性。“合神志与体魄之养，则养生之道，庶乎备矣。”①也就是说，身体和精神的修养都很重要，内外兼修才是真正的养生之道。然而，仅仅是养生还谈不上完成了对自己的责任和义务。“夫养生者，其义犹狭，至修身则能使善有诸己，且恩能够使人之意其善也”。② 因此，谢无量认为，人对于自己的义务，以修身最为重要。我国古代伦理学家素重修身。《大学》中说，“意诚而后心正，心正而后身修”。换言之，人的修身活动，根源于其心意。因此，由内而外的修身，才是修身正确而有效的方法。

谢无量对传统个人修身思想的总结与阐发，在当代社会仍具有积极意义。当前，随着社会的不断发展进步，人们工作和生活节奏加快，不少人面临身心方面的问题。过劳死、肢体乏力、心理疾病折磨着本该是朝气蓬勃的年轻人。再加上改革开放以后，社会物质生活水平显著提高，导致拜金主义思想的盛行。一些被蒙蔽了心智的人为了追逐商业利益，不惜损害他人的生命健康乃至整个社会的生态环境，进而威胁到人类子孙后代的幸福。他们戕害了他人的身心健康，自身也不能幸免。“在这种情况下，如果能充分汲取传统美德的精华，陶冶身心、修身养性，一定会极大地改善身心状态，确保自己安乐无忧。”③清末民初的社会情形，虽然与当代社会有截然不同，但同样都处于社会转型期，而且个人道德修养的提高是一个持续不断的过程，因此，谢无量通过重新发掘传统个人修身思想之精华来提高国民道德修养的做法，在当代仍然有其参考价值。

(三)读书是修养之良法

对精神和身体都有好处的修养之法是读书。谢无量要求学生在课外要多读书。但读书须讲究方法，“非徒广记诵而已。必要体之于身，切

① 谢蒙：《伦理学精义》，上海：中华书局，1914年版，第86~87页。

② 谢蒙：《伦理学精义》，上海：中华书局，1914年版，第87页。

③ 肖群忠：《中华传统美德的时代价值》，载《光明日报》2015年4月30日，第16版。

实有益”。① 现代社会，随着学术不断发展，每年出版的书籍资料浩如烟海，这给学习者提供了便利，但同时也要求他们具有理解力、辨别力，而且要有目的地读书。“特具理解之力，始不为众说所乱。又要所志有一定之目的。若徒事涉猎，虽多何用?”“读书杂乱无序，贪多而不精熟，最是大病。”②谢无量引用政论家波林白罗克(Bolingbroke)的话说，“凡学问不能使吾人成良善之国民，而徒以资辨博文巧之助者，虽终日孜孜讽诵，吾必谓之惰民矣。即以此见称世俗，吾宁谓其所学为愚也”。③ 谢氏此举旨在通过介绍知名人士之言行，来为现代国民道德修养提供资源。这些做法现在看来或许没有什么特别之处。但是在一百多年前，当国人刚刚从几千年的封建专制统治中醒来，尚且睡眼惺忪的时候，国民心理还受到历史惯性的影响，将读书看作是当官发财的手段。谢无量通过引入让人耳目一新的海外名人名言，激励国人通过读书提高自身道德修养的做法，无疑极具新意，也极有益于国民道德重构。

(四)静坐修养是我国伦理之特质

宋儒所倡导的静坐之法，也是修身养性的好方法，可以内养人之神志。“荀悦养性之论，宋儒静坐之说，皆行为之大本，对己之亟务也。”④在谢无量看来，随着教育思想的进步，现在已经有各种游戏运动，有益于锻炼人之身体。但是这都是“动之修养”，而另一种“静之修养”却常常为人所忽视。“欲其心性之纯粹，有非动之修养所能尽者。故不可无静处涵濡之功。凡人好动而不好静，则往往不能节其好恶，时有过情之喜怒，天才之人尤甚。诗人哲学者，率多狂易自杀。盖亦失乎情之正矣。宋明学者，每教人静坐。静之修养，为吾国伦理上之特质。”⑤也就是说，修养要动静结合，而且要注重自身的特点和需要。修

---

① 谢无量:《国民立身训》，上海：中华书局，1917 年版，第 214 页。
② 谢无量:《国民立身训》，上海：中华书局，1917 年版，第 215 页。
③ 谢无量:《国民立身训》，上海：中华书局，1917 年版，第 215 页。
④ 谢蒙:《伦理学精义》，上海：中华书局，1914 年版，第 86 页。
⑤ 谢无量:《国民立身训》，上海：中华书局，1917 年版，第 217 页。

养方法的选择要因人而异，对症下药。“偏于静者，则告之以动之修养法。偏于动者，则告之以静之修养法，二者固相资而不相妨也。”①谢无量强调动静修养之法，既受到现代体育思想的影响，同时也受到佛教伦理和宋明诸儒静坐修养法的深刻影响，是传统与现代因素综合作用的结果。他认为，动静结合的修养法，才能防止人之喜怒哀乐感情的过度释放。那些智商和才气很高的诗人和哲学家，由于其情商缺陷而导致的自杀悲剧，追根溯源，是由于其个人修养有失情之正道。动静结合，不失其正，才是个人修养之达道。

(五)外在仪容也是修身重要内容

除了内在道德，人之外在仪容也同样重要。“治气养心，修身之在内者也。仪容，修身之在外者也。古者亦礼仪并称。仪本作义。盖人之威仪，其字与善美同意，是善为仪容者，亦可以为善矣。未有君子而不贵修容者也。”②也就是说，具备理想人格的人，一定是内外兼修。内外兼得才是真正的德。“论内不论外不明；论外不论内不备。非内得人心之所同然，则莫能行之于外。非外之粲然可见，亦莫由知内之蓄德也。”③由此可见，无论对于养生还是修身，谢无量颇为重视内外之平衡。“夫能治气养心，而又加以仪容，如是乃可谓之修身。合养生与修身二端，则可以尽对己之义务矣。”④谢无量把养生和修身视作个人对于自己的义务，虽然与传统一脉相承，但是其内涵已经发生一些改变。现代的个人道德已经不同于封建社会的个人道德。谢无量对身体与心灵两方面修养的同等重视，与过去只强调德性修养，轻视身体素质和情商的提高大不相同。

二、立志立身，自主自信

我国传统伦理思想尤其重视内外兼修。受其影响，谢无量也将个人

---

① 谢无量：《国民立身训》，上海：中华书局，1917年版，第222页。
② 谢蒙：《伦理学精义》，上海：中华书局，1914年版，第88页。
③ 谢蒙：《伦理学精义》，上海：中华书局，1914年版，第128页。
④ 谢蒙：《伦理学精义》，上海：中华书局，1914年版，第89页。

道德修养分为内在精神修养与外在身体修养两大方面。他一方面强调身体坚强而后心力乃强，另一方面也指出，内因是决定性力量。个人修养源于其心意，由内以正其外才是修养之达道。而要提高个人内在修养，首先就需要树立远大志向。

（一）立志为学者第一要义

人要成就一番事业，首先就需要立志。“立志尤为学者第一要义。”①谢无量说，“心之所之谓之志，天下之所以有事业者，人为之也。人之所以能成事业者，志为之也。志于大则有所成者大，志于小则有所成者小，无志则无成”。② 古人特别重视立志，《学记》中说“先志”，孟子谈“尚志”，这是为学者指出立志的重要性。然而，对于普通人而言，立志又何尝不具有重要意义呢？各行各业的人要有所成就，都离不开志向的引领。谢无量指出，“志者百事之所由生也，善恶之所由判也。人之求有立于斯世者，亦求其志而已，他何求焉？”③他所谓的志既是一种志向和奋斗目标，也是一种动机。

古代有崇高道德修养的圣人君子，都要求人们要立志于善，所以“志为达善之专名”。④ 古人谈立志，是教导士人要以成圣成贤为目标。人之所以能成圣成贤，无外乎立志。圣贤是人伦之至，对于普通人（恒人）而言，成圣成贤的目标未免有些高不可及。但谢无量认为，圣人与普通人虽然有差别，所做的事情虽然也有不同，但在立志上却是一致的。因此，在其伦理学著作中，他往往将立志作为首篇，并引用我国立志古训来鼓励人们立志向善。

（二）摆脱依赖，反责此志

独立自主是人立身处世的基础，是人之所以为人的根本。蔡元培先

① 谢无量：《朱子学派》，载《谢无量文集》（第三卷），北京：中国人民大学出版社，2011年版，第132页。

② 谢无量：《国民立身训》，上海：中华书局，1917年版，第1页。

③ 谢无量：《国民立身训》，上海：中华书局，1917年版，第1~2页。

④ 谢无量：《国民立身训》，上海：中华书局，1917年版，第1页。

生认为，“人之立于地也，恃已之足。其立于世也亦然，以已之心思虑之，以已之意志行之，以已之资力营养之，必如是而后为独立，亦必如是而后得谓之人也”。① 谢无量也十分强调人的独立性、自主性、自信心和主体能动性，认为个人道德修养的提高，离不开独立意识。个人要在事业上有所成就，离不开独立自主之人格。他说，“不能立志，即不能立身。此身者，我之身也。此志者，我之志也。无志则身尚何存？我尚何存？虽生于世，犹之未生于世，更何事业之可成哉？故欲立志者，必先记忆我之人格。以我为主，以物为客。以我制物，不以物制我。有我斯有志矣。陆象山所谓六经皆我注脚，亦此意也”。② 谢无量对个人独立、自由和自主精神的重视，有别于封建伦理道德，极具现代精神。

谢无量特别强调，个人道德修养的提高，不能依赖于外在的力量，如国家制度、法律规范、命运安排、天才或机会。很多人之所以不能树立远大志向，是因为他们“坐忘我”，即缺乏对自我主体性、能动性的认识。“世人所以不能立志者，率坐忘我。不知祸福皆我所自为，而以己身幸福之未至，归咎国家制度之未善也。不知有志者事竟成，而以业务之失败，委之运命之不谐，机会之相左，或己之才力有未逮于人也。如是者皆依赖性害之，不知依赖自我，而别求可依赖者于自我之外。人人怀此依赖之意，则焉往而不堕覆者。人人弃其自我，则国族乌能生存者。”③因此，个人道德修养的提高，重在发现自我，去掉对外部因素的依赖性，这主要表现在以下四个方面。

首先，有志者不依赖国家。针对国人凡事依赖于国家，缺乏独立自主的道德意识的弊病，谢无量提出要“反责其志”，唯有如此，个人才能真正获得道德自由，并为社会、国家贡献自己的力量。“反责此志，反求诸我，则我之独立自主之精神，完全自具，无待他求。所以得一身

---

① 蔡元培：《中学修身教科书》（第一册），上海：商务印书馆，1907年版，第42~43页。

② 谢无量：《国民立身训》，上海：中华书局，1917年版，第9页。

③ 谢无量：《国民立身训》，上海：中华书局，1917年版，第9~10页。

之自由，所以成社会之福利，无不在我。为学者伸此我而已。为治者伸此我而已。积我之力，以为国家社会之力，积我之个性人格之力，以为国家社会生存强盛之力。如是焉，而后可以达于文明之极轨。”①也就是说，立志者可以养成自我独立精神。这不仅能造福于个人，而且有利于社会国家。由此可见，相对于传统道德，谢无量的个人道德思想有其进步之处。传统道德偏重于私德，而谢无量的个人道德是私德与公德并重。他对个人意志自由和独立精神的重视，及积个人之力为国家社会之力的观点，说明其伦理思想一方面对传统修齐治平思想有所继承，另一方面也具有浓郁的现代气息，相比于清朝末年的道德观念已经发生质的转变。

谢无量特别强调个人的自信力。他说，“人类若无自信力，则无以立于社会。盖有自信力，然后有坚固之意志，勇往之勇气。概而能履行一身所负之义务也”。② 他肯定西方谚语“天助自助者”的合理性，认为其并非空言。他还指出，“我为国家社会福利之本，非国家社会为我之福利之本。国家社会虽有良好之制度法律，而无与于我，人人能改善其我，即国家社会无有不善”。③ 他的这一认识与美国前总统肯尼迪(J. F. Kennedy)的一句广为传颂的名言有异曲同工之妙。肯尼迪说：“不要问你的国家可以为你做些什么，而要问你可以为自己的国家做些什么(Ask not what your country can do for you, ask what you can do for your country)。”谢无量“我为国家社会福利之本，非国家社会为我福利之本”的观点，对于促进国民道德意识的觉醒，树立其国家观念有重要意义。在其著作中，他多次引用英国道德学家、社会改革家塞缪尔·斯迈尔斯(Samuel Smiles, 1812—1904)关于关于个人自由、法与德的论说，鼓励国民做独立、自由、上进之人。谢无量的这些努力在当时对于重构国人的道德观念起到了一定作用。

---

① 谢无量：《国民立身训》，上海：中华书局，1917年版，第10页。
② 谢无量：《妇女修养谈》，上海：中华书局，1917年版，第193页。
③ 谢无量：《国民立身训》，上海：中华书局，1917年版，第10页。

其次，有志者不相信运命。谢无量提倡意志自由，相信每个人的命运都掌握在自己的手里。他说，“宁信意志自由，而不信运命。即使有命，亦制之在我，而非别有主之者也”。① 之所以制命在我，是因为“斯天地由我而位，万物由我而育，宇宙在乎手，万化生乎身。我之意志之外，无复有命。命即我也，我即命也。凡开物成务，以至盛德大业，自由意志之成功，而不听命于其余也”。② 谢无量对自由意志的高扬，颇有近代伦理色彩。他还认为，古代圣哲谈论运命，基本上就是自己意志的最高表象，意志越是坚强，自信心越强。例如，孔子说，“天生德于予，桓魋其如予何?”孟子说，“当今之世，舍我其谁!”释迦牟尼刚出生就说，“天上天下，唯我独尊”。因为其意志坚强，自信力满，所以“能先天而天不违”。③ 谢无量此言，对于提振国民自信心，鼓舞其斗志，消除其萎靡之气有重要作用。

谢无量还对命定论和命运不可知论者提出了批评。有人认为，人生万事都听命于不可知的东西，有一些甚至认为人生是不可改变的。谢无量反驳说，如果人生是一定不变的，那么其意义和价值就不复存在了。人如果贫困而不能自立，大部是因为自己之荒怠谬失。人天生自由，自由也因此成为人生宿命之一种。说人无法逃脱天命的限制，其实不过是自由的自然限制而已。谢无量特别重视个人智识、强力和精进之功的作用。他认为有这三点，运命就会自然而然失效。个人“所进愈广，所得之自由愈多。自由禀于天。惟吾所用，智识进一步，即运命退一步。故人能决然解脱流俗所谓运命之束缚者，恒能成大功也。然则吾人惟当以意志战胜运命。吾人之未来，受制于意志。世界之未来，受制于意志。而运命不与焉。凡委心任运，不知振作者，皆自贼者也”。④ 由此可以看出尼采对谢无量的影响，后者旨在用意志自由来调动国民的主体能动

---

① 谢无量：《国民立身训》，上海：中华书局，1917 年版，第 13 页。
② 谢无量：《国民立身训》，上海：中华书局，1917 年版，第 13~14 页。
③ 谢无量：《国民立身训》，上海：中华书局，1917 年版，第 13 页。
④ 谢无量：《国民立身训》，上海：中华书局，1917 年版，第 18 页。

性，鼓励人们积极上进，不要相信命运的安排。

又次，有志者不仰仗天才。有人认为，伟人之所以能成就大事业，是因为他们本身都是天才，具备一般人没有的超能力，而我们这些智力一般的普通人就只能安分守己。如果没有自我掂量就高睨远骛，只会成为别人的笑柄。谢无量认为这种看法似是而非。“人皆可以为尧舜。”道德修养至极的尧舜，其实跟普通人没有什么两样，他们之所以能够成为圣贤豪杰，靠的是勤勉不息、决心坚定，而不是天才。国人常常自暴自弃，但是“一旦起而自厉，何遽不逮……天才之定义，不过由常识而致于高明耳”。① 谢无量此论是鼓励普通国民要立志高远，人人皆可为尧舜。那些自己不立志，而把所有原因都归于才性不如人的人，其实都是惰夫。

最后，有志者不坐等机会。当今社会中，也常常有人说，不是我们自己不勤奋努力，而是因为缺少机会。不知道自己能做什么，该怎么做。古人也说，“虽有智慧，不如乘势。虽有镃基，不如待时”(《孟子·公孙丑》)。这种机会之说，实际上是运命论的一种变相。那些抱怨没有机会的话，其实都是志行薄弱者之遁辞而已。“世间无时无地，无立身成业之机会，俯拾即是，人不自察耳。”②然而，“机会虽流行于人事之间，非有志者亦莫能逢之。平时不勉励，机会当前，冥然不觉。机会一去，又何从更得。世人之失败，恒由不自振作，致机会背驰，而怨机会之不我值，岂不谬哉。”③这就是说，机会只会钟情于那些有准备的人。那些真正的良机的出现虽然只是一时的、短暂的，但功夫在平时。谢无量批评说，“世人每以功名富贵，可侥幸而致，不知自造机会，此终不遇机会矣。机会之来固至捷，然常与意志强固之人相亲，而与意志薄弱之人相远。能立志斯机会自在其中，何俟他求。不知立志而

---

① 谢无量：《国民立身训》，上海：中华书局，1917 年版，第 19 页。
② 谢无量：《国民立身训》，上海：中华书局，1917 年版，第 23 页。
③ 谢无量：《国民立身训》，上海：中华书局，1917 年版，第 24 页。

待机会，是惑也。”①他的这些观点，都是现代人十分熟悉的道理，而早在一百多年前，这些观点却是具有振聋发聩作用的新思想、新道德。

综上所述，谢无量对依赖国家、运命、天才和机会的观点一一进行了批驳，旨在激励人们充分发挥自己的意志自由，追求独立自主，积极上进，为个人气质之变化，也为社会国家之发展贡献力量。既然国家之法度不足恃，运命不足恃，天才不足恃，机会不足恃，人就只能“立志而已，求己而已”。② 不过，要立志，首先得有一定的道德自觉。

（三）立志者先贵自觉

谢无量十分重视人的道德自觉和主观能动性。“人之所欲，天必从之。自然之象，亦与吾同其惨舒。吾心乐时，则乌鸣花笑，触处可悦。吾心悲时，则天高日晶，动辄成碍。悲乐在我，而物遂而转移。天地之间，无不在我。我欲乐则得乐，我欲悲则得悲。我欲恶则得恶，我欲善则得善。能觉我性，何志不立，何事不成。凡未来世，皆吾人今日之心所造。今日之决心，即将来之运命也，将来之豫言也。有大志者，恒有大功。但开拓一己之心胸，无以戚戚为也。”③谢无量此论不免过于夸大人心之作用，陷入主观唯心主义。但是，这对于激起国人自信心还是有积极作用的。他还说，人与人的身体构造基本一致，但是他们所感受的世界各不相同，区别就在于是否有自觉。“夫眼人人所同有也，而有见有不见。心人人所同有也，而有觉有不觉。人生一也，而成材之高下万殊，无不自己求之者。”④谢无量将身比喻为一个荒园，而心就好比是园丁。“园之茂美，在乎园丁。人之自由，在乎方寸。故立志者先贵自觉也。”⑤有自觉之心，然后由内而外，人就能做到内养神志，外养体魄，成为一个身心健全、道德高尚、事业有成的人。

---

① 谢无量：《国民立身训》，上海：中华书局，1917年版，第25页。
② 谢无量：《国民立身训》，上海：中华书局，1917年版，第27页。
③ 谢无量：《国民立身训》，上海：中华书局，1917年版，第37页。
④ 谢无量：《国民立身训》，上海：中华书局，1917年版，第38页。
⑤ 谢无量：《国民立身训》，上海：中华书局，1917年版，第38页。

三、克己勤勉，力行不怠

受其业师、近代浙东学术传人汤寿潜的影响，谢无量特别强调知行合一，经世致用。他说，“学者，所以行之也。学而不能成行，无贵为学矣”。① 他尤其赞同王阳明的知行合一论，认为知之则必然能行之。知而不能行其实不是真知。不仅是做学问需要做到知行合一，做任何事情都要讲究力行之功，学以致用。然而，人要成为一位力行者，尚需具备几种基本道德品质：克己、勤勉、勇敢、坚忍、意志坚定等。

（一）力行者首须克己

古往今来成就大事业，垂誉于后世的人，没有哪一个不是因为力行之功得来的。他们勤勉服习，不达目标永不言弃。然而，人之力行的关键在于人之一心。要达到力行之功，首先要做到克己。人贵有自知之明，亦贵有自胜之强。谢无量说，力行“其要惟在一心。先能制得此心，则百事可为。一心尚把捉不定，则昏惰之气中之，所如必败矣。故力行者又首须克己。盖自见之谓明，自胜之谓强。既明且强，何求不得”。② 克己是东西方伦理家所共同强调的品质。古今豪杰之士，各有其克己之方。“虽取义不同，而同以能自胜为主，惟能自胜于内，故能发名成业于外。”③也就是说，成就大事业之人，必须具备高尚的道德情操，然后才能超越自身的限制，做到出类拔萃。所以，力行并不是一件很玄乎的事情，也不是一句空洞的口号而已，更不是非要通过接受正式的学校教育才能获得。事实上，在其日常生活中，每个人通过自己有意识的努力，就能收获力行之效。谢无量说，“夫惟操存有本，则其应事之精力，自越于恒人。然所谓力行者，非空言也，非必高远难知之事也。亦惟就人间日用常行者加之意而已。人间日用常行之道，能教人增

① 谢无量：《国民立身训》，上海：中华书局，1917 年版，第 39 页。
② 谢无量：《国民立身训》，上海：中华书局，1917 年版，第 39 页。
③ 谢无量：《国民立身训》，上海：中华书局，1917 年版，第 39~40 页。

其奋发之实力，人虽终身受教于小学中学大学，而尚有不足语此者”。① 这对于当代人而言是非常中肯的建议。学历高并不意味着道德修养水平高。当代大学生，甚至研究生、博士生仍然需要不断加强道德修身，培养克己意识，如此方能不断超越自己，真正做到出类拔萃。

（二）力行者勤勉不已

勤勉是中华民族传统美德。蔡元培先生指出，“人性之受害，莫甚于怠惰。怠惰者，众恶之母”。无论是小人还是善人，如果“饱食终日，无所事事，则必由佚乐而流于游惰，于是鄙猥之情，邪僻之念，乘间窃发，驯致滋蔓而难图矣”。② 谢无量认为，“一学术一事业之专精不懈，终底于成者言之，其力行之功亦不外于勤勉有恒。虽薄技小数，能致其巧，亦断非媮惰者所能达。至于富倾郡县，名满天下，智周万物，功济海内，若而人者，其才望声势所由来，尤莫不赖勤勉之手足与勤勉之脑力。此勤勉之手足，勤勉之脑力者，父不能传之于子，子不能受之于父，全在人人自尽其力而已”。③ 这就是说，无论是追求学术还是从事职业，人们既要勤于手足，也要勤于思考。为学之人除了勤于讽诵，也要勤于精湛之思。做事的时候，最重要的是要养成习劳的品性。人如果能习劳，处理世间事物便能应对自如。谢无量所谓习劳，就是“于其事反复之又反复之而已。反复习而不已，无论如何难事，皆不见其难”。④ 吃苦耐劳作为中华民族的传统美德，无疑是值得继承和发扬的。

然而，按照人之常情，如果是单调无味的反复，再勤勉的人也难免感到厌倦。因此，在力行的过程中要能自得其乐。唯有如此，人的勤勉才能够持久。与此同时，谢无量也强调忍耐的重要性。“惟能自得其乐，其勤勉乃足持久。知其乐而爱其味，斯有恒心。若以为苦，便弃之

---

① 谢无量：《国民立身训》，上海：中华书局，1917年版，第40页。

② 蔡元培：《中学修身教科书》（第一册），上海：商务印书馆，1907年版，第22页。

③ 谢无量：《国民立身训》，上海：中华书局，1917年版，第40~41页。

④ 谢无量：《国民立身训》，上海：中华书局，1917年版，第43页。

矣。当知勤勉为最大之职分，忍耐为最大之天才。作圣之功，亦不过纯亦不已。进锐而退速，始勤而终惰，极是性质之病。儒教惟在变化气质。耶教惟在治人性情。"①因此，国民道德修养的提升，国民气质的变化，离不开勤勉之性的养成。勤勉之性并非天生即有，需要人们后天的努力。

谢无量鼓励国人，"一朝决心自砥砺，气质自能改变"。② 在其《国民立身训》一书中，他列举了大量中西古今的名人轶事，旨在激励国人以这些勤勉有为之士为榜样，力行不已，勇猛精进。这些名人、伟人来自各行各业(艺术家、大文豪和哲学家居多)，谢无量以其事迹为模范，是想告诉国人，力行与个人的社会地位和所从事的职业是没有关系的。每个人都可以在其日用之间勤勉不已，力行不怠。针对当时社会对工人的歧视现象，谢无量曾予以严厉批评，他说，"士农工商，皆人生之正业，孰得以工人之勤苦尤甚者而独贱之"。③ 由此可见，谢无量提倡人人平等，无论他们从事何种职业。对于那些勤苦的普通劳动者，更要给予足够的尊重。古罗马的兴起是由于国民的勤勉，其败亡是由于国民放于恶德，习于逸乐。因此，力行者之勤勉精神必不可少。勤勉不已，自得其乐，便可变化气质。

(三)力行者勇猛精进

受佛教伦理思想影响，谢无量尤为强调勇猛精进之精神。力行虽重在勤勉，但是人之所以能够勤勉，是因为其具有勇猛精进之志气。所以他说，"仁者必有勇"，有仁心而无勇者不能行。④ 人之勇气不仅是个人品行问题，而且对国家强盛与有力焉。"个人之力，即国家之力。个人之力弱者，国何有矣。"⑤谢无量谈个人道德必然涉及国家伦理。其通

① 谢无量：《国民立身训》，上海：中华书局，1917年版，第46页。
② 谢无量：《国民立身训》，上海：中华书局，1917年版，第49页。
③ 谢无量：《国民立身训》，上海：中华书局，1917年版，第69页。
④ 谢无量：《国民立身训》，上海：中华书局，1917年版，第70页。
⑤ 谢无量：《国民立身训》，上海：中华书局，1917年版，第71页。

过学术救国，通过道德建设改造国民性的远大志向洋溢于字里行间。

针对当时萎靡不振的国民风气，谢无量鼓励说，有勇气就会有精力。人生要做一番大事业，就需要蓄养精力。“有一定之决心以趣善道，是人格之根本也。精力既强，则能在俗务上磨练，不惮经历繁琐无聊之事，以上趣高明广大之域，故成事之功。”所以，他提出“天才不若精力”的观点。这是因为，“天才常患嗟跌，而精力一贯，无所不届。与其有卓越不群之材干，毋宁有贞固不二之目的也”。① 谢无量国民道德重构的对象是可上可下的中人，而非天才和下愚者。他提出天才不若精力的论点，旨在鼓励普通人通过自己的努力改变命运。

谢无量此处所谓精力，指的是“意志之坚忍耐久，而确乎不拔者”，因此也叫“意志之精力”。“意志之精力，为人格权威之中心。一言以蔽之，无此意志之精力，亦无复以为人矣。人之起而行，则此动之也。人之勉而进，则此推之也。真正希望，建于此上。而能与人生以真味者，此希望也。”②也就是说，是否具有意志之精力是人之所以为人的原因。于此，可以明显感受到尼采哲学对他的影响。他还说，“天下事莫不成于有必，而败于有待。行则行耳，何待之有”。③ 因此，“人于一时一事，无不当用其全力，所谓勇力亦如是而已”。④ 这是在提醒国人要勇于实践，不要一味等待和拖延。

综上所述，谢无量的勇猛精进主义，对于消除当时国民萎靡之气，使其重新振作起来，起到了十分重要的作用。特别是当国民革命遭遇封建势力反扑的危急时刻，他通过提倡自由意志和勇猛精进，鼓励人们做内心强大之人，不畏个人和国家发展道路上的艰险和困难。他指出，“世之难事，无不以勇而成。人之所以得进步者，无非由意志之努力向前，以与所谓困难者战，卒之难者变为易，不可能者变为可能，可能者

---

① 谢无量：《国民立身训》，上海：中华书局，1917 年版，第 71 页。
② 谢无量：《国民立身训》，上海：中华书局，1917 年版，第 71~72 页。
③ 谢无量：《国民立身训》，上海：中华书局，1917 年版，第 72 页。
④ 谢无量：《国民立身训》，上海：中华书局，1917 年版，第 73 页。

变为实在。而性懦者，恶乎知之”。① 谢无量的这些思想，不仅在当时能够起到振奋人心的作用，对于饱受拖延症折磨的当代人而言，又何尝不是一剂良药？

（四）力行者意志坚定

谢无量倡言意志自由，认为人是自身行动的主宰者，人能自己辨别和选择善恶。无论是他人还是魔术禁诅，都无法约束人的自由意志。“世间万事，人生万行，乃至社会之序，公共之法，莫不以自由意志而得成就。不信自由意志，则举世复何有责任？一切教训，一切法律，何所匡矫？此义至明，故意志之为自由，不啻吾人良心之宣言。”②所以他说有真勇之人，一定具有不可夺之意志。有意志自由，人才会有责任心。因此，只要是自己职分之内的事情，他们会冒万死而蹈之。这是良心上的命令。

谢无量指出，“勇者决胜于几先，而怯者兆败于未作。一成一败，意志之力而已”。③ 然而，意志如果不坚定就会显得无力。所以，“凡成大事者，无不立时决志，稍纵即逝。人将胜我，我能自建其迈往之精神，则能鼓人人之勇气以从我，其胜敌必矣”。④ 他还指出，不仅是与敌人进行斗争的时候要意志坚定，勇往直前，人从事社会事业，也要有刚毅不拔之气，如此才有可能提高自己的能力，最后取得事业的成功。谢无量说，“人有确乎不拔之志，则其能力增长之度，直不可限量也”。⑤ 他引用了大量黑奴解放和美国独立战争中的事例，鼓励进步人士和革命青年为自己的理想和民族的未来不断奋斗。

（五）力行者坚忍不懈

力行者除了需要具备勇气，还需要有坚忍不拔的意志和持久不懈的

---

① 谢无量：《国民立身训》，上海：中华书局，1917 年版，第 73 页。
② 谢无量：《国民立身训》，上海：中华书局，1917 年版，第 74~75 页。
③ 谢无量：《国民立身训》，上海：中华书局，1917 年版，第 76 页。
④ 谢无量：《国民立身训》，上海：中华书局，1917 年版，第 77 页。
⑤ 谢无量：《国民立身训》，上海：中华书局，1917 年版，第 84~85 页。

精神。只有坚忍不懈，遇到意外挫折才能不为所挠，愈挫愈勇。“盖失败即成功之母，坚忍者以失败为药石。经一度失败，则自信之心，愈愈强固。”①谢无量引用哥伦布矢志航海的故事，激励国人应勇猛精进，坚忍不拔。他说，“盖坚忍之道，百事皆赖之以成也。世间率因坚忍之力，而后有大事业。工程之伟大者，如吾国之万里长城，埃及之金字塔，耶路撒冷之大寺，此非一手一足之烈也。舟车以济不通，降而有汽船汽车，此非一朝一夕之故也。乃至科学之发明，天体之测定，陆地之发明，所以揭宇宙之秘密，濬人心之智源，何一非积忍耐之力，而贻后人以莫大之利者耶。以人生论之，即或富于天才，而短于恒性，或心虽勤奋，而体质不强，此非加以坚忍，何事可成？力行之中，坚忍尤要也”。② 事实上，清末民初的很多伦理学者都提出，人要增长学识，成就事业，就必须有“忍耐”精神。所谓忍耐，就是“一不畏难，二耐久”。③ 坚忍（即忍耐）是个人德行修养的重要内容，力行者当坚忍不懈。谢无量认为力行者要克己、勤勉、勇敢、坚忍、意志坚定，尤其是不要心存依赖或者侥幸。“世间开物成务，未有不循因果之定法者也。盖能去其侥幸依赖之心，真勇自见矣。…… 侥幸者苦，勤勉者乐。侥幸者恃偶然，勤勉者恃人格。故人生之大义，在以勇气贯彻其意志。当自拓一境，以为吾安身立命之所，则他人不能干也。吾但自信而力趣之。充其所欲为，不可间断，不可怯懦，未有不成者也。立心当如日沃雪，如雷震蛰，凡有未至，责己而已。”④谢无量的知行说和力行说可谓别开生面，超迈古人。既有世俗道德有关勤劳、坚忍的内容，也有传统儒家伦理智仁勇思想的精髓，佛教伦理勇猛精进精神的影响，亦有西方伦理克己意识、自由意志的因素。由此可见，谢无量能够在折衷诸学的

---

① 谢无量：《国民立身训》，上海：中华书局，1917 年版，第 91 页。

② 谢无量：《国民立身训》，上海：中华书局，1917 年版，第 95 页。

③ 李步青：《新制修身教本》（师范预科用）（卷首），上海：中华书局，1914 年版，第 29 页。

④ 谢无量：《国民立身训》，上海：中华书局，1917 年版，第 87~88 页。

基础上推陈出新，提出有别于宋明新儒家的新知行观和力行主义思想。其为现代国民道德重构所进行的艰苦探索，既有学术史价值，也有现实价值，充分体现了其学术救国、经世致用的治学倾向。

四、自由意志与伟大人格

清末民初，是个人道德发生重大变革的时代。在个人道德修养方面，清末和民初学者虽然都十分重视人的全面修养，但是清末更重视个人的德性修养，民初更重视独立人格的养成。① 清末，身体修养和精神修养只是用来实现德性修养的手段。例如，1907 年蔡元培在《中学修身教科书》中指出，"体力也，知能也，皆实行道德者之所资，然使不率之以德性，则犹有精兵而不以良将将之，于是刚强之体力，适以资横暴，卓越之知能，或以助奸恶，岂不可惜欤？"②民初伦理学者虽然也十分重视人的德性发展，但是更强调其人格之力。谢无量就十分重视现代国民之道德人格的培养问题。

(一)人格即品性，品性即势力

谢无量将人格视为人生最为宝贵的东西。"人格为人生之宝。君子宁死不易其人格。"③他提出了一个十分特别的观点：人格即品性，而品性即势力。品性高的人不需要家财万贯或是高官厚禄，一样能拥有社会影响力。"人生斯世，孰为有真正之权势者，盖惟品性而已。人之敦品者，不假爵位而自贵，不攡货财而自富，无论居何地位，如何社会，人皆敬之。……一人之品行醇美，其一人即具强力。人人之品性醇美，其一国即具强力。"④这就是说，无论在什么社会环境中，人格高尚之人都

① 王小静：《清末民初修身思想研究——以修身教科书为中心的考察》，北京：人民出版社，2012 年版，第 79 页。

② 蔡元培：《中学修身教科书》，载《中国伦理学史》(外一种)，北京：商务印书馆，2010 年版，第 139 页。

③ 谢无量：《国民立身训》，上海：中华书局，1917 年版，第 197 页。

④ 谢无量：《国民立身训》，上海：中华书局，1917 年版，第 189~190 页。

会得到社会的尊敬和认可，并能行为世范，潜移默化地影响他人。如果每个人都能有高尚之品性，那么整个社会国家将会因此变得强大起来。

民国初年，英国哲学家培根的名言“知识就是力量”深入人心，但谢无量认为“知识即势力，然不如谓品性即势力更觉完美。盖无天良之知觉，无品行之才调，虽未始不可得势力，要所谓势力，适以佐其欺诈盗窃之技，为正人君子之所贱，盖不足道矣”。① 这也是蔡元培担心“卓越之知能，或以助奸恶”②的原因所在。谢无量“品性就是力量”的提法在道德上更为完善。他坚信，人的品性以善良之德为本，如果附以强大的心力，人就会具有为善去恶的巨大力量。“有善良之德，加以心志贞固之力，其势力之强，天下莫能御焉。以之作善，以之成勇，以之防恶，以之胜强，以之忍艰难，以之敌灾祸，皆此力也。”③谢无量此论虽然有道德决定论，甚至道德至上主义的色彩，但是在当时政治腐败、军阀混战、弱肉强食的社会情境下，对于鼓励国人努力向上，追求自身道德人格的完善而非经济或军事强力有一定的现实针对性。

（二）人格之力可变化气质

一个人的品格具有变化气质的力量。道德高尚的人可以通过自己的人格魅力感化他人，而他人的道德品性同样也能感化我们自己。“我之品性，之势力，足以感人。人之品性，之势力，亦足以感我。……人生得品性最高之人以为依归，亲炙濡染，与之俱化，以变化己之气质，而成为德行，真何可胜数。”④这种通过人格之力感化他人的方式，是一种春风化雨、润物无声，要比空洞的道德说教有效得多。同样的话从不同的人口中说出来，其分量轻重不同，就在于人格力量的差异。因此，谢无量十分强调品格这种无声的教化对于改造国民性的作用。

---

① 谢无量：《国民立身训》，上海：中华书局，1917年版，第190页。

② 蔡元培：《中学修身教科书》，载《中国伦理学史》（外一种），北京：商务印书馆，2010年版，第139页。

③ 谢无量：《国民立身训》，上海：中华书局，1917年版，第190页。

④ 谢无量：《国民立身训》，上海：中华书局，1917年版，第190~191页。

道德人格和榜样的力量是无穷的。人格力量不仅可以感化人，而且可以慑服人。因此，我们在家庭和社会交往中，就不能不谨言慎行，以人格高尚者为榜样，并通过自己的人格魅力去感化、慑服他人，从而促进道德风气的转变。我们的一言一行不仅关乎一时，而是会对后世造成很大影响。“善言善行，常能感他人于不觉。恶言恶行亦然。古之圣贤，所以传名于后世者，无非其言行之力耳。言行布在方册，使人读之兴起奋厉。故言行为人之精神。人之身体虽朽，而其行言之力不朽。今日之世，过去世之言行之力所造成也。未来之世，今日之行言之力所造成也。吾人一言一行，皆有继往开来之责，岂可忽乎哉？”①也就是说，人格之力不仅对于自己所处的社会和时代非常重要，而且对于将来社会当中的人的道德品格建构也有非常重要的影响。谢无量正是看到了人格与品性的这种强大力量，所以才会在一个充满喧嚣和浮躁的氛围中，甘坐书斋冷板凳研究中西伦理学，在融汇中西古今之学的基础上构建中国伦理学体系，重塑新时代的道德风尚。

（三）自由意志、人生价值与独立人格

人有自由意志，才有自由选择。有自由选择权，就必须对自己的行为承担相应的责任。所以谢无量说，“有自由之意志，然后有独立之人格”。② 孔子七十而从心所欲，不逾矩，就是处于人格圆满之极的状态。“人之所以为人，有真价值存焉。无论其为男为女，与遗传境遇教育之殊，而其个性所存，自然不可磨灭。凡思想言动能守一定之主义，由内发外，不相矛盾。如是，则为具其人格矣。故思想我之思想也，言动我之言动也。选择去就，出于我之自由，而无与于人。我之行为，一切皆自负其责任。此人格所由卓然表现者也。若夫言无常道，行无常仪，今日如此，明日如彼，或随人动转，或与世浮沉，而恶知人格之义哉？”③这就是说，人格与性别无关，与遗传无关，与家境无关，与教育也无

① 谢无量：《国民立身训》，上海：中华书局，1917 年版，第 191 页。
② 谢无量：《妇女修养谈》，上海：中华书局，1917 年版，第 56 页。
③ 谢无量：《妇女修养谈》，上海：中华书局，1917 年版，第 55~56 页。

关。具有高尚人格的人，能坚守自己的信念，思想与行动高度统一、毫不冲突。在一个动荡不安，充满诸多变数的社会，谢无量鼓励国人树立高尚的人格，并坚守不动摇。

要树立高尚的人格，就必须树立正确的价值观，了解人生的真正价值所在。要了解人生之真价值，首先得树立高尚的道德理想。① 然而，所谓的人生之真价值到底是什么？谢无量认为，“人生之真价值，不在于功名、富贵，而在于德义。功名富贵，过眼辄忘，而德义可以不朽。世间惟不朽而长存者，乃有其真价值也。人之所以为人，全视其与人生之真价值认知之度如何，以为人格大小高下之差而已”。② 也就是说，名利易朽而德义不朽。人如果能认识到人生之真价值在于德义而非名利，并以其为人生唯一的目标坚持不懈，就可以建立最高之人格。

谢无量特别强调立志与反省的重要性，认为“欲立其人格，不可无贞固之志。于平日行事，时时加以反省”。③ 他指出，现代人在学校接受普通教育，对于道德之大端、正邪之标准有所了解。如果他们能立志向前，通过不断反省自身的思想和行为，就一定能建立高尚之人格。“由其良心之能力而自反省，则改过迁善，以成纯美之人格不难矣。曾子曰：‘吾日三省吾身’。孔子曰：‘过则勿惮改’。反省即善之动机。人孰无过，惟在改之之勇耳。人虽有学问才能，倘人格卑下，亦何足贵？学者所以学为人也，可不勉乎？”④作为一名教育家，谢无量了解学校教育对于个人道德修养的作用，同时也注意到其不足。因此，他勉励学子在获得基本道德知识的基础上，通过立志和反省，在日常生活中不断实践，以培养自己高尚的人格。

（四）士君子：理想人格之模范

英语中的“绅士”（gentleman），类似于中国的士君子。在谢无量的

---

① 谢无量：《妇女修养谈》，上海：中华书局，1917年版，第64页。
② 谢无量：《妇女修养谈》，上海：中华书局，1917年版，第56页。
③ 谢无量：《妇女修养谈》，上海：中华书局，1917年版，第64页。
④ 谢无量：《妇女修养谈》，上海：中华书局，1917年版，第64页。

伦理体系中，对士君子的要求极高，是英语中的“绅士”所不能穷尽的。谢无量所谓的士君子不是封建社会的上层统治者，而是有知识且道德高尚的人。他既继承了古代儒家有关君子的思想，也为其注入了新的内涵，使之富有时代气息。

(1)君子品性重于才智。谢无量以士君子为理想人格的标准，是每个人修养立身的目标。士君子跟一般人到底有什么区别？谢无量认为，“其异于人者，品性而已。品性于何见之？于言行见之而已。人当视品性重于才智。社会品性之善，不惟合于众人天良是非之心，直为邦国郅治之本”。① 也就是说，士君子异于常人的地方并非在于其才智，而是在于其言行中所体现的品德。那么，怎样才能达到士君子之标准呢？谢无量基于《论语》等儒家经典，总结出士君子品性的四大要素，即实行、尚义、谦逊、悦乐四种美德。士君子之所以能成为众人之模范，就是因为他们重实行而不重空言，见利而思义，谦逊而有礼，所有动作均依于良心，内省不疚，所以能够恒得其乐。要提高自己的道德修养，使其达到士君子之标准，就不能不以上述四德自勉。德行是德性的体现。人要砥砺自己之品性，使自己成为善人君子，首先就必须树立远大志向，并通过自己的勤勉之力和力行之功，实现德性的进步和提升。人如果有远大志向，即便不能完全实现，也不至于流于污下。所以，心怀卑陋之志的人，是无法养成高尚之人格的。“世虽多伪德伪行之人，而真正之品性，绝不可以欺饰。货物之价，或可以伪乱真，品性之价，决不能逃于众人之目也。”②这是对清末民初中国社会某些人欺世盗名，假装革命，实则反动等伪善现象的激烈批评。谢无量认为群众的眼睛是雪亮的。

(2)君子以信为重，言行一致。人的内在品性是通过一言一行表现出来的，而人之言行都是别人能耳闻目睹的。所以，士君子必定谨言慎行，言行一致。要做到言行一致，则不能离开诚实守信。谢无量指出，

---

① 谢无量：《国民立身训》，上海：中华书局，1917 年版，第 168 页。
② 谢无量：《国民立身训》，上海：中华书局，1917 年版，第 170 页。

"君子以信为重，故以真理为万物最高点，而处事能尽其诚"。① "诚实则能言行一致。言行一致，虽最高至品性尚何以加于此乎？"②他还说，"言行一致，表里无间，斯为诚实品性之本质。故人之发见于外者，必与存于内者相同，是士君子之义也"。③ 谢无量特别强调内在之志的诚实，有内心的诚实才可能生发出外在诚实之言语与诚实之行为。"盖在内之志不诚实，则不能根于良心，而发为在外之品性。己之行为与言语相反，则不为人所重。己之言语乌有价值，则不为人所信，是亦自然之理也。"④谢无量继承了儒家学者的慎独之说，认为人不仅在社会交往中需要做到诚实和言行一致，而且即便周围没有他人，也要内心敞亮无垢。慎独之人才能具备德性，进而有高尚之德行。

(3)君子之善行出于善习。伦理源于习惯。人要成就德行，就必须从身边小处做起，以小见大。谢无量认为，"先要制得此心，将邪恶摆除，而猛向善行上著力。久之善行自成习惯"。⑤ 他特别强调善习养成善行的道理，因为在他看来，"所谓人格者，无非去其恶习惯而就其善习惯也。惟在于所以养成此习惯者加功耳"。⑥ 这也就是人们常说"习惯为第二天性"的道理。

人天生好逸恶劳，并不断有恶习侵袭。因此，有志于树立高尚人格的人，做任何事情都不得不慎之又慎。通过自己不断的反省和修炼，一步一步养成良好的道德习惯。谢无量指出，"善行出于习惯，而习惯又莫非所自造。初觉其难，久而渐易。初如蜘蛛织网，丝理甚弱。一旦成习，则如铁索之相络也。故绝大之功，起于微细。能积微细，其大无外。雪花飘地，静而无声。积则摧林木，圮屋宇。夫人亦在乎习之而

---

① 谢无量：《国民立身训》，上海：中华书局，1917 年版，第 177 页。
② 谢无量：《国民立身训》，上海：中华书局，1917 年版，第 170 页。
③ 谢无量：《国民立身训》，上海：中华书局，1917 年版，第 170 页。
④ 谢无量：《国民立身训》，上海：中华书局，1917 年版，第 171 页。
⑤ 谢无量：《国民立身训》，上海：中华书局，1917 年版，第 171~172 页。
⑥ 谢无量：《国民立身训》，上海：中华书局，1917 年版，第 172 页。

已”。① 那么，谢无量所称的善习具体包括哪些呢？总结起来，有自重、自助、勤勉、信实等几种。“一切称为道德之事，无不可由习惯以成之。”②而且，人之善习的养成要从小就开始培养，并终身坚持不懈。

因此，养成善习的过程就是人社会化的过程。而且，养成善习之人会具备更加精敏的道德判断能力。谢无量认为，“天下明暗一而已。吉凶醜好一而已。喜怒哀乐惧爱恶一而已矣。然人有常见其明而不见其暗者，有常见其吉与好而不见其凶与醜者，有常见其喜与爱而不见其哀与恶者，所习之不同也。故士君子在审所习”。③ 也就是说，世界是复杂的，善恶正邪有时候不是那么容易分辨。养成良好习惯的人具备准确的道德判断能力，能辨别好坏美丑，自立于正而不惑。

(4)君子不取非义。义利之辩是古代伦理学的重要命题。自董仲舒以来，儒家的主流观念是“正其谊不谋其利，明其道不计其功”。但儒家并非是完全排斥利益的。孔子不仅有富、庶、教之说，而且还说“富而可求，虽执鞭之士吾愿为之”。谢无量继承了儒家的义利观，认为“君子之处已必廉，而不取非义，不为利所动”。④ 他还说，“君子不欲富，以德为富。故见利而思义。虽有黄金万镒，而德行不足存焉。可谓极贫也已。世有身贫心富之人，有身富心贫之人。身贫非贫，心贫乃贫也。身富非富，心富乃富也。心富莫如德。君子唯恐德之不有于已，善之不在于躬，终日皇皇，凡以此也”。⑤ 谢无量一方面承认物质基础对伦理道德的重要性，另一方面，他强调身富与心富的区别。身富不是真正的富裕，道德高尚的心富才是真的富裕。其业师“布衣都督”汤寿潜就是崇尚心富的典型例子。当时的北京国民政府为表彰其修筑浙江铁路四年多未支薪水之功，特赠 20 万银元。他辞而不收，后虽由女婿马一

① 谢无量：《国民立身训》，上海：中华书局，1917 年版，第 173 页。
② 谢无量：《国民立身训》，上海：中华书局，1917 年版，第 173 页。
③ 谢无量：《国民立身训》，上海：中华书局，1917 年版，第 174 页。
④ 谢无量：《国民立身训》，上海：中华书局，1917 年版，第 175 页。
⑤ 谢无量：《国民立身训》，上海：中华书局，1917 年版，第 176~177 页。

浮做主收下，但他嘱咐儿子将其悉数捐给浙江省教育会，后用于建造浙江图书馆。谢无量之士君子人格思想，在一定程度上是受到汤寿潜言行潜移默化的影响。

(5)君子宽容大度。谢无量虽然强调人要有勇猛精进之气，但是，他也特别强调，勇与仁是不离不弃的。“君子必有勇，然外甚勇而心甚仁。”①既有勇又有仁的人必然内心宽容、敞亮。因此，谢无量还特别强调君子的气度。他说，“君子之所以为君子，在休然有容。遇侮辱而能忍，古所谓犯而不校，及唾面自干之类，皆足见君子之德量也。君子之有容也，非徒以处己，其施于人亦然。故不居上而骄下，不挟智以玩愚，不凌弱，不暴寡，虽于妇人孺子而不敢忽焉，小心翼翼，蔼然和悦”。② 他还认为，君子不能随便对人抱有仇怨、忌恨、偏邪、猜疑。有气度的人是不会为一孔之见，一己之得失而耿耿于怀的，他们甚至会损己利人。“君子有能不以自耀，有功不以自伐，宁自受害，不欲损人。施惠于人，不望其报。无有德色，虽在造次颠沛之际，自守不乱。”③谢无量对君子雅量的详细论述，相比于传统只言片语式的格言警句，更加明确，更有可操作性，也更能满足现代人修身之需要。

(6)君子处事以悦乐。谢无量特别强调以积极正面的精神面貌待人接物。以悦乐之心处事，就会有一种乐观的精神。遇到艰难险阻，志气就不会轻易受挫，因而更容易取得成功。谢无量所谓的悦乐之心，即通过乐教来涤荡人心，消除心中块垒。就此，他曾以夏伯当为争取禁止买卖黑奴，在抗争之余弄笛奏乐来安慰自己的内心为例，鼓励人们通过音乐陶冶情操。这不仅符合古代君子无故不废琴的道理，而且，在现代社会仍然要发挥乐教在道德教育、个人修身中的作用。“世间难事，惟恃悦乐之精神以胜之而已。”④谢无量所谓的悦乐之心，其实也是一种乐观

① 谢无量：《国民立身训》，上海：中华书局，1917 年版，第 177 页。
② 谢无量：《国民立身训》，上海：中华书局，1917 年版，第 178 页。
③ 谢无量：《国民立身训》，上海：中华书局，1917 年版，第 179 页。
④ 谢无量：《国民立身训》，上海：中华书局，1917 年版，第 179~180 页。

主义精神，能起到鼓舞国人的作用。

(7)君子有强烈自信。谢无量特别推崇孟子舍我其谁的精神。古往今来，那些忧国忧民、青史留名的士君子都具有强烈的道德自信。例如，范仲淹还是秀才的时候便以天下为己任。又如，苏东坡每次作画的时候，都会在后幅留一方，上书：留与五百年后人作跋。谢无量指出，“惟其自信之坚，故恒能成事也”。① 在近代以来，由于国弱民穷，加上列强入侵，很多中国人丧失了民族自信心。谢无量继承顾炎武“天下兴亡、匹夫有责”的思想，鼓励国人通过自我修身，以高度的自信心和责任感投入到救国家、民族于水火之中的事业当中。

(8)君子以礼仪服人。就个人道德修养而言，谢无量颇为重视内在修养与外在修养的平衡。上文所谈到的立志、力行与理想人格等，主要是就个人修养的内在方面而言的。而在外在修养方面，谢无量特别强调礼节容貌的重要性。在他看来，“君子所以服人者，又在礼节容貌之间，即自其进退举措观之，已有不同者矣”。② 不少人认为，人之外貌礼节都是小节，而大人不拘小节。但谢无量不这么认为。他说，“太阳之光，虽极细之孔隙而无不照。人生之品行，虽于极小之事为而无不见。盖所谓品行者，无非积日用常行之小事，而以成其全体也。故曰：不矜细行，终累大德。君子则无所苟而已矣。颜色容仪，为人所易忽，而品行之所著在是焉。君子慎之，无论所接之人，为尊于我，为卑于我，为与我同等，待之皆宜温和有礼，不可存一毫倨慢之心。所以尽吾恭敬之实，使人受之而悦，如是之谓有礼。凡容貌辞气，皆德行之华采而愈光明，然若伪饰于外，内诚不孚，亦不足贵也”。③ 由此可以看出，谢无量特别强调君子要平等待人，以礼待人。这种待人接物的方式要体现在人伦日用当中。

礼仪甚至能弥补个人天性之缺陷。“礼仪在身，则觉其人都雅。无

---

① 谢无量：《国民立身训》，上海：中华书局，1917年版，第180页。
② 谢无量：《国民立身训》，上海：中华书局，1917年版，第180页。
③ 谢无量：《国民立身训》，上海：中华书局，1917年版，第181页。

礼仪则觉其人鄙僿。礼仪所以美身，有动容周旋之美。无论其天性中他种之缺陷，皆可于此弥之。”①礼仪虽为外在，但其实是发自内心的，是自然而然不需要伪装的。因此，人人都需要重视礼仪之美，而不仅仅限于那些位高权重、家境富厚者。“君子之真义，即谓有礼之人。有礼之人，能制其欲，抑其情，慎其口，信人不疑，亦为人所信。君子如陶器，常先画于未烧之前，故一烧而不复变。常人则画于既烧之后，故一洗而即消。君子虽贫贱，而有勇有乐有得有不已之大愿，有无匹之自重心，发而为礼仪，进退之度，彬彬然，訚訚然。其为富且贵，如之何其可及也。”②君子与常人的区别就在于君子之礼是发自于内的，是淘洗不掉的内在品质，而常人的礼仪是浮于表面的，一洗就掉。因此，谢无量鼓励国人以士君子为道德模范。

然而，凡事都有一定的度，过犹不及。过度讲究容貌礼节，不仅不是高尚道德修养的表现，反倒让人觉得有些失节无礼。换言之，追求外在之美固然合理，但不能因此牺牲内在之美。内在之美才是最高级别的美。谢无量告诫人们说，“服御要为低级之美，不可因是而牺牲高级之美。高级之美，则惟求之在内，非徒饰其外所可得也。当兼溺情衣服之人，每役思想，掷光阴，费金钱，以求如时，往往有怠其本务而不自觉者，又不足道也”。③ 总而言之，就是要做到由内至外、表里如一。

以上就是谢无量个人道德思想的主要内容。个人道德是传统伦理的核心，是家庭、社会和国家伦理的起点。儒家传统伦理以为人修身为基础，逐渐外推到社会国家。谢无量尤为重视个人的内外修身、养生之法，鼓励国人树立远大的志向，并通过力行将道德理想付诸实践，以士君子为理想人格之模范，全面提升自己的道德修养水平。其个人道德思想虽然对传统私德继承较多，其理想人格也是传统儒家伦理所推崇的君子，但是，仔细考察谢无量有关君子道德品质的阐述，其士君子人格已

① 谢无量：《国民立身训》，上海：中华书局，1917年版，第182页
② 谢无量：《国民立身训》，上海：中华书局，1917年版，第184~185页。
③ 谢无量：《国民立身训》，上海：中华书局，1917年版，第188页。

经被赋予了新的、符合时代精神的内涵。谢无量对国民个人道德的重新建构与其文化普遍主义和保守主义立场是一致的。其个人道德思想融合了中西古今个人道德道德思想的精华，既具有现代精神，也具有明显的从传统到现代的过渡色彩，是资产阶级革命阶段道德改良思想的一个缩影。

第二节 家庭伦理之建设

家庭是德性养成之所。家庭是个人生活的重要领域，也是构成社会的基本单位。家庭之和谐幸福不仅关乎一家，而且关乎整个社会、国家的和谐幸福。中国传统伦理的特点是先致其孝于亲，而后再推而广之，履行个人对社会、国家的义务。因此，家庭伦理是社会伦理和国家伦理基础，也是清末民初国民道德重构的重要内容。蔡元培先生指出，“家族者，社会国家之基本也。无家族，则无社会、无国家。故家族者，道德之门径也。……家族之顺戾，即社会之祸福，国家之盛衰，所由生焉”。① 家正而后天下定，家族伦理是传统伦理思想的核心，也是中国伦理的特色所在。

由于中国传统社会组织是以家庭为中心，而且家庭往往超然于社会政治变革之外，所以，中国家庭伦理具有一定的稳定性。就清末民初而言，虽然有新文化运动主将陈独秀、吴虞等对传统家庭伦理的猛烈抨击，但是很多伦理学者还是明显体现出对传统家庭伦理思想的继承，谢无量即为明证。其思想一方面体现出对现代家庭伦理的向往，另一方面也体现出对传统家庭伦理的继承。在其伦理学著作中，谢无量重点论述了家族伦理中的父子之伦、兄弟之伦和夫妻之伦。由于言父兼母，言子兼女，言兄弟兼姊妹，所以，他所探讨的父子、兄弟和夫妻互相所肩负

① 蔡元培：《中学修身教科书》（第二册），上海：商务印书馆，1907年版，第5~6页。

的义务，事实上也就涵盖了个人对于整个家庭的义务。此外，他还对与传统家庭伦理紧密相关的族人之道和主仆之道进行了论述，从而使其伦理思想更加丰富和全面。

一、亲子之伦为家族之本

父慈子孝是父子伦理的核心。然而，与封建伦理的父权中心主义不同，谢无量特别强调亲子伦理的交互性。他将子女对父母的义务归结为敬身、养亲、从命三种，并将父母对于子女的义务归结为教养和慈爱两端。

(一)子女对待父母之道

子女对于父母之道被称为子道，也就是子女对于父母应尽的责任和义务。我国传统伦理对子道的要求主要是孝道。蔡元培先生在《中学修身教科书》中说，“事父母之道，一言以蔽之，则曰孝”。① 谢无量继承了这一观点，并指出，“子对于父之义务，则孝是也”。② 对于未出嫁的女子而言，也是“以孝德为最大也”。③ 子女之孝道，包括多个方面。要做孝子难，要做孝女更难。最基本的一点，就是子女要让父母放心自己的学业和事业，不让他们为此担忧。因此，子女要注意个人卫生，勤于学业，注重品行、养成德性，使父母安心悦乐。分而言之，以如下三个方面最为重要。

(1)敬身。爱护保养好自己的身体，是子女对父母尽孝道的一个重要方面。蔡元培先生说，“凡人之所贵重者，莫身若焉，而无父母则无身”。④ 谢无量也认为，“父母生之，续莫大焉。故孝以敬身为重”。⑤

---

① 蔡元培：《中学修身教科书》(第二册)，上海：商务印书馆，1907年版，第10页。

② 谢蒙：《伦理学精义》，上海：中华书局，1914年版，第91页。

③ 谢无量：《妇女修养谈》，上海：中华书局，1917年版，第36页。

④ 蔡元培：《中学修身教科书》(第二册)，上海：商务印书馆，1907年版，第8页。

⑤ 谢蒙：《伦理学精义》，上海：中华书局，1914年版，第92页。

也就是说，子女对于父母的孝道，首先体现在敬身之上。所谓敬身就是爱护身体发肤。曾子说："身者，父母之遗体也。"(《吕氏春秋·孝行览第二》)因此，无论是居处、事君、莅官、交友还是打仗，人们的言行举止就不敢不庄敬，待人接物就不能不笃敬。"父母全而生之，子全而归之。不亏其身，不损其形，可谓孝矣。"(同上)谢无量专门举了乐正子春伤足而有忧色的例子，用来说明敬身致孝的道理。

(2)养亲。所谓养亲就是要赡养父母，唯有禽兽和野蛮之人才不知道养亲的道理。养亲不仅是要养其体(修宫室、安床笫、节饮食)，而且要养其目(树五色、施五采、列文章)、养其耳(正六律、龢五声、杂八音)、养其口(熟五穀、烹六畜、龢煎调)、养其志(龢颜色、说言语、敬进退)。孔子特别强调养亲不仅是让父母吃饱穿暖，而且要有敬，所以他说，"今之孝者，是谓能养。不敬，何以别乎?"(《论语·为政》)《盐铁论》中也说，"赡养者，不必刍豢也。善供服者，不必锦绣也"。谢无量对此深以为然。子女尽自己之力孝敬父母就是孝道的极致，不必追求锦衣玉食。另外，光从物质上提供父母所需，也是不够的，养亲还要"和颜悦色、承意尽礼"。① 这是谢无量对孔子孝道思想的继承和发扬。

(3)从命。所谓从命是指子女不仅要和颜悦色服事父母，而且要顺从其命令。"父母爱之，喜而不忘。父母恶之，劳而不怨。没世而不已焉。"②然而，子女对于父母是否需要无条件服从呢？如果父母有过错，子女是否应当为其隐瞒呢？对于"父为子隐、子为父隐"正当与否的命题，谢无量在前人的基础上提出了自己的看法。他认为，"父母有过，不可得而言，子为父隐，是谓之直。尤当几谏，使勿陷于不义"。③ 如果父母不听从劝告，就可以不服从父母的意愿。孝有大小。如果明知父母可能陷于不义境地而一味顺从父母，不是真正的大孝。"父母之乱

① 谢蒙：《伦理学精义》，上海：中华书局，1914年版，第93页。
② 谢蒙：《伦理学精义》，上海：中华书局，1914年版，第93页。
③ 谢无量：《妇女修养谈》，上海：中华书局，1917年版，第38页。

命，亦可不从。”①谢无量赞成荀子所谓不从父命的三种情况。一是从命则亲危，不从命则亲安；二是从命则亲辱，不从命则亲荣；三是从命则禽兽，不从命则修饰。“故可以从而不从，是不子也；未可以从而从，是不衷也；明于从不从之义，而能致恭敬、忠信、端悫以慎行之，则可谓大孝矣。”(《荀子·子道》)如此看来，谢无量对于是否应该服从父母命令这一问题的认识，是强调要有经有权，因而是比较合理的。

(二)父母对待子女之道

父母对于子女的义务主要有教养和慈爱两个方面，而以教养之道尤为关系重大。

(1)教养。蔡元培先生曾指出，“养子教子，父母第一本务也”。②谢无量不仅认同这一观点，而且认为父母对子女的教育应该从胎教开始，以至于成人。“戒慎于胎教，为父母对子女最初之义务也。”③古人十分重视胎教，自天子以至庶人都是如此。“古者妇人妊子，寝不侧，坐不边，立不跸，不食邪味，割不正不食，席不正不坐，目不视于邪色，耳不听于淫声，也则令瞽诵诗，道正事。如此，则生子形容端正，才德必过人矣。故妊子之时，必慎所感。感于善则善，感于恶则恶。人生而肖万物者，皆其母感于物，故形音肖之。”④由此可见古人对后代教育的重视。这还是孩子未出生之前，待子女出生以后，父母更要操心其健康成长。少年儿童的健康状况，决定了一个民族的健康状况。“增进小儿之健康，即增进国民之健康”。⑤ 谢无量要求父母重视孩子的游戏和玩具。游戏和玩具不仅具有娱乐作用，而且有助于智力发展和道德教育。⑥ 在明末清初，谢无量能够有如此先进的儿童教育理念，并将其与

---

① 谢蒙：《伦理学精义》，上海：中华书局，1914年版，第94页。

② 蔡元培：《中国伦理学史》(外一种)，北京：商务印书馆，2010年版，第156页。

③ 谢蒙：《伦理学精义》，上海：中华书局，1914年版，第95页。

④ 谢无量：《妇女修养谈》，上海：中华书局，1917年版，第134~135页。

⑤ 谢无量：《妇女修养谈》，上海：中华书局，1917年版，第162页。

⑥ 谢无量：《妇女修养谈》，上海：中华书局，1917年版，第179页。

父母道德义务联系起来，是非常难能可贵的。谢无量强调父母对于子女的义务以教养为最重要。他们不仅要关心子女的饮食起居，而且要关心其智力发展之问题，继而要操心其学业、职业和事业问题。子女能否成材，除了国家教育之外，在很大程度上主要依靠父母的教导有方。因而，人乐有贤父母。

此外，谢无量尤为重视母亲在少儿道德教育中所发挥的作用。《妇女修养谈》对母教有详细论述。母教不仅对于孩子一生至关重要，而且是社会进步的重要推动力。“古之贤母，其教子也，既严之于童蒙之时，及子既长大，从事于国家社会，犹有秉母教不衰，以成其德者。盖少时受母之感化既深，则终身不敢畔越。世多贤母，斯社会未有不进化者也。”①针对现代社会家庭教育主要由母亲承担的现实，谢无量尤为强调母亲教养儿童的义务和职责。他认为母教之方法虽多，但最重要的体现为五个方面：一是要导其性，二是要广其志，三是要养其才，四是要鼓其气，五是要攻其病。如果母亲能“引导儿童于普通道德之基础，养成其诚实之性格，已为无负母职”。② 谢无量此论不仅说明了母亲在儿童普通道德教育中的重要作用，而且指出了母教的内容与方法。

“教儿婴孩，教妇初来。”③家庭教育的主要目标是促进儿童伦理的发展(气质变化)，使其养成最基本的美德。所以说“母氏之天职，即在养成儿童普通之美德”。④ 具体而言，母亲应该养成儿童的从顺之德、诚实之德、廉正之德、节俭之德，此外还要培养其清洁习惯、礼让观念、勤勉与秩序之精神、自信力与自觉力、仁爱及同情之观念。儿童教育很重要，也很难，因此需要一定的耐心和手段。对于那些生性躁急，不近人情的儿童，尤其要选用合适的教育手段予以矫正。“即由于训

① 谢无量：《妇女修养谈》，上海：中华书局，1917 年版，第 161 页。
② 谢无量：《妇女修养谈》，上海：中华书局，1917 年版，第 183 页。
③ 谢无量：《妇女修养谈》，上海：中华书局，1917 年版，第 200 页。
④ 谢无量：《妇女修养谈》，上海：中华书局，1917 年版，第 183 页。

诚、爱情、忍耐与善良之指导，而变化其气质是也。”①谢无量的儿童教育之方在今天仍然有其积极意义。

(2)慈爱。慈爱是父母之道的总括。管子说，“为人父者，慈惠以教”(《管子·王辅》)。在《中学修身教科书中》，蔡元培先生将父母之道归结为一个字：“慈”。② 陆费逵也认为，父母之道有“慈爱、养育、教训”三者，而以后“慈爱”为首。在他看来，慈爱是父母对于子女的第一本务。③ 谢无量的观点与此类似，认为父母过于严肃，会伤害与子女的感情。他引用韩非子的话说，父子之礼应该是“朴而不明”(《韩非子·解老》)。换言之，父子之间貌薄而实厚。因此，为人父母“不汲汲于苛礼，以致家庭和穆之气，是慈爱之道也”。④ 由此可见，谢无量的家庭伦理思想不仅受到儒家传统的影响，也受到法家的影响。

在子女教育方面，古人提倡易子而教。这是因为父教子以正，而父子之间不责善。责善会导致父子关系的疏离，父子关系疏离则为极大不详。但是，易子而教或出就外传并不是不要家教，而是“虽亦有所教，在善导之，不以力强之”。⑤ 孔子就认为，父母教育子女不应使用暴力，而子女也不应让父母陷于不慈的境地。孔子弟子曾参做错了事，其父曾皙将其暴打一顿。孔子让人找来曾参，给他讲了舜“小箠则待笞，大仗则逃。索而使之，未尝不在侧；索而杀之，未尝可得”的故事，用以说明委身而待暴怒，拱立而不去，事实上不仅自己吃亏，而且也让其父陷入不慈境地。这也说明，父母与子女之间的责任和义务都是相互的。

---

① 谢无量：《妇女修养谈》，上海：中华书局，1917年版，第203页。

② 蔡元培：《中学修身教科书》(第二册)，上海：商务印书馆，1907年版，第27~28页。

③ 陆费逵：《修身讲义》(师范讲习科用)，上海：商务印书馆，1910年版，第34页。

④ 谢蒙：《伦理学精义》，上海：中华书局，1914年版，第96页。

⑤ 谢蒙：《伦理学精义》，上海：中华书局，1914年版，第96页。

二、兄弟为分形连气之人

兄弟姊妹是分形连气之人，应该兄友弟悌。友以致其爱，悌以致其敬。朱子就曾批评时人只知奉养父母之体，而不知兄弟之爱的错误做法。所以谢无量认为，能尽兄弟之道的人，才是真正能事父母之人。他是这样说，也是这样做的。谢无量兄弟姊妹多，他在家中虽然排行第二，但实际担负起了长兄之责。四弟参加护国运动负伤，无人敢收留，极重手足之情的他冒着危险将其接回家养病。他对弟弟妹妹的关爱甚至胜过自己子女。在上海工作期间，几个弟弟妹妹也在上海读书，谢无量每年需要支付高额的学费。他不仅没有怨言，而且每次都是先交完弟弟妹妹的学费，然后才轮到自己的子女，以至于他们不得不推迟报到，等父亲筹到学费之后才去学校。① 由此可见谢氏对兄弟之道的重视。

兄弟之间有敬爱和让财两种义务。一方面，谢无量赞同朱子之说，即事兄之道要起敬起孝，接弟之道要爱敬有加。兄弟之间不可有怨恨之情。人生在世，难免遇到急难侮辱之事，兄弟之亲就会显得非常重要。即便平时有些小的摩擦和矛盾，但在关键时刻，兄弟总能抛弃前嫌一致对外，即虽阋不败亲。另一方面，谢无量之所以提出兄弟之间应该让财，是因为无论古今，有太多兄弟之间为争利夺产而交恶的现象。他举出后汉许武的例子，提醒人们不能因为财产而伤害手足之情。② 应该说，谢无量所提倡的兄弟之道，在过去的大家庭应该如此，在今天的社会也应该如此。当今时代的大部分家庭虽然没有那么多兄弟姊妹，但是所面临的道德问题是一样的。

谢无量的兄弟之伦不仅包括姊妹，而且包括亲族之伦。亲族伦理也是中国伦理之特色。“中国家族制度，以宗法最为纤悉，可尽亲亲之谊，他邦所不及。”③在清末民初，很多伦理学者都和谢无量一样将兄弟

---

① 谢德晶：《回忆我的祖父谢无量》，载《谢无量文集》（第九卷），北京：中国人民大学出版社，2011 年版，第 704 页。

② 谢蒙：《伦理学精义》，上海：中华书局，1914 年版，第 98~99 页。

③ 谢蒙：《伦理学精义》，上海：中华书局，1914 年版，第 100 页。

之伦衍推到亲族之上。例如，陆费逵认为，亲族包括宗族和姻亲，父族、母族和妻族都是亲族的组成部分。我们对于父母、兄弟和妻子的责务，也包括对其家族的责务。因此，亲族要"互相往来，休戚相共，吉凶相庆吊，穷乏相救恤，尊卑长幼，相敬相爱，俨如一家之人，协力以谋彼此之幸福"。① 谢无量的亲族伦理思想是对传统伦理的一种继承和发扬。

三、夫妻平等无贵贱之分

夫妇为人伦之始，风化之源。家庭的和睦幸福，根本在于夫妻关系的和睦。从小的方面而言，夫妇之道关乎一家之幸福。从大的方面而言，夫妇之道关乎一国之富强。因此，如果不讲夫妇之道，则"一家之道德失其本"。"一国之道德，亦由是而颓废矣"。② 谢无量认为，"生人之道，伦理之原，皆造端乎夫妇也。"③夫妇之间应当爱敬有别，而勿背反。"必有夫道而后有妻道，亦必有妻道而后有夫道，夫妻兼举，于义乃具。"④综观其家庭伦理思想，夫妻伦理是核心。谢无量有关夫妇之道的思想，既体现出对传统伦理的继承性，也体现出对现代伦理的兼容性。他一方面充分发扬传统哲学之精华，从本体论上证明了男女平等的道理；另一方面，又参考西方近代家庭伦理，提出了男女平权和夫妇之道的思想。

(一)男女平等，公理之明

男女关系的变革是伦理变革的核心之一，其要点在解除束缚女性的压迫力量。清代以降，男女不平等问题开始引起学者越来越多的关注。俞正燮在其《贞女说》《节妇说》等著作中，对封建社会性别伦理的不平

---

① 陆费逵：《修身讲义》(师范讲习科用)，上海：商务印书馆，1910 年版，第 39 页。

② 蔡元培：《中学修身教科书》(第二册)，上海：商务印书馆，1907 年版，第 35 页。

③ 谢无量：《妇女修养谈》，上海：中华书局，1917 年版，第 65 页。

④ 谢蒙：《伦理学精义》，上海：中华书局，1914 年版，第 101 页。

等性进行了猛烈批评，引发了国人的深思。近代以来，随着西方自由、平等学说的传入，男女平权意识逐渐深入人心。“经由郑观应、康有为等人积极提倡兴女学、废裹足的思想以及实践活动，对女性受压迫伦理的抗议逐步深化，使女权运动成为改良运动以及其后的伦理政治思想焦点之一。”①思想开明的谢无量提倡男女平等，支持妇女争取历史地位和现实权益的斗争。他充分肯定女性在中国文化史上的重要贡献，反对女性历史虚无化。

为提倡女权，谢无量从本源上论证了男女平等的理论依据，并对历史上男女性地位变化的原因进行了解释。他说，“天地之间，一阴一阳；生人之道，一男一女。上世男女同等，中世贵男贱女，近世又倡男女平权。上世之男女同等者，自然之法也；中世贵男贱女者，势力之所致也；近世复倡男女平权者，公理之明也”。② 谢无量专门写成女性伦理学著作《妇女修养谈》，编撰了《中国妇女文学史》，一方面肯定了女性在家庭中的重要作用，另一方面，从女性文学的角度肯定了女性的历史地位和历史贡献。概而言之，谢无量有关男女关系的思想可以总结为以下几个方面。

(1)男女所授天性本一。如上所述，谢无量认为天地之道一阴一阳，生人之道一男一女。这也就是说，男女天生平等。他们虽然有性别差异，但是同为人类，其所承受的天性本来无二。他运用近代生物学理论来说明男女所授天性一致的道理。例如，生物考古发现，原始民族的男女骨骼形体往往酷似，因此，最初男性在身体上并不比女性占有优势。但因为环境的影响，后来女性在体力上才逐渐处于下风。“女性劣于男性，实自来所遭受之外境有以致之。太古之时，民以渔猎为生。男子出入山泽，逐禽兽、习争斗，或掠夺妇人为妻，星宇清旷寥廓之地，

---

① 陈少峰：《中国伦理学史新编》，北京：北京大学出版社，2013 年版，第 194~295 页。

② 谢无量：《中国妇女文学史》，北京：中国人民大学出版社，2011 年版，第 1 页。

驰于奋战用力之场，故其体力日以强盛。而妇人率居家中，主饮食、衣服之事，所以磨练其身体者，远不及男子，久之遂以积弱，盖数千年以来矣。"①男女天性本一的另一条生物学证据是就其他动物而言，雌雄之力不相上下，没有很大差别。因此，"男性女性之所以相差，以科学证之，惟系于在外之境遇矣"。② 这就从女性天性与男子无异的角度论证了男女平等的合理性。

(2)女子之心智与男子无异。在论证了男女天生平等之后，谢无量进一步指出，"夫男女先天之地位，既无有不同，心智之本体，亦无有不同。则凡百事之才能，女子何遽不若男子？"③世界上男女各居其半，虽然因为分工、外在环境、风俗习惯或遗传方面原因导致女性在体质上稍逊于男性，然而其内在心智则与男子没有什么不同。④ 这也就是说，女性同样可以从事学术研究，也可以拥有自己的事业。事实上，女性从事学术研究，或追求其他事业所取得的成绩未必不如男性，有时还做得更好。以文学论之，"女子固亦可与男子争胜。然自来文章之盛，女子终不逮于男子者，莫不由境遇之差，有以致之"。⑤ 他撰写《中国妇女文学史》的目的之一，就是重构女性的历史。

清末民初，随着社会风气的逐渐开化，女性也逐渐有机会接受良好的教育。虽然与欧美还存在差距，但是谢无量对妇女教育的未来充满信心。他说，"今世女学稍稍为教育界所注，使益进其劝厉之方，加以岁月，自不难与欧美相媲。男女终可渐几于同等，非特文学一事而已"。⑥

① 谢无量：《妇女修养谈》，上海：中华书局，1917年版，第1页。

② 谢无量：《妇女修养谈》，上海：中华书局，1917年版，第1页。

③ 谢无量：《中国妇女文学史》，北京：中国人民大学出版社，2011年版，第2页。

④ 谢无量：《妇女修养谈》，上海：中华书局，1917年版，第1~2页。

⑤ 谢无量：《中国妇女文学史》，北京：中国人民大学出版社，2011年版，第2页。

⑥ 谢无量：《中国妇女文学史》，北京：中国人民大学出版社，2011年版，第2页。

这也就是说，只要女性立志自勉，就一定能够在文学以及其他方面取得成功，其社会地位也一定可以与男性相等。但他同时也认为，“瀛夏不同俗。吾国今日女子地位之改善，固不能不效法欧美，亦不能全法欧美”。① 因此，其女性伦理思想既有浓郁的传统特色，也不乏新鲜的现代气息。既有其进步性，也有一定的保守性。充分体现了其道德改良主义思想的本质。

(3)教育有助于提高妇女地位。中国女性地位的提高，离不开妇女教育水平的提高。谢无量对近代欧美女性教育的发达充满肯定和溢美之词。曾几何时，欧洲也奉行男尊女卑，然而“近世女子地位之所以日进，实以女子教育之发达为一总因”。② 在美洲，女子教育尤为发达。美在校女大学生人数，有时比男生人数还要多。而这些女性毕业之后也可以成为大学讲师甚至教授。谢无量认识到，女性地位的提高，与其学识修养的提高有莫大的关系。因此，在上海接受新式教育之后，他就鼓励自己的妹妹们都去上海读书，他的五个女儿(有一个为四弟过继)也都接受了良好的教育。

谢无量常常引用西方近代女子教育为例，来说明教育对于提升女性经济和社会政治地位的重要性。“欧美诸邦，凡男女皆教之学，则女子之才能，已往往与男子争衡，任职受事，敏达不减男子。近且争参与政治之权，美利坚女子，尤为自由。近来学者多持男女同性之公理，故男女终有趋于平等之一日，断可知也。”③因此，谢无量特别重视女性道德修养、学问以及技能的提升。为了打消极端保守主义分子对女性教育的抵触，他还专门考察了古代女子教育史，认为我国虽然近代女子教育落后，但是在古代并非如此。在我国历史上，凡是注重女子教育的时代，女性文学作品的成就则更为巨大。例如，“周之学制，似自宫廷以至齐

① 谢无量：《妇女修养谈》，上海：中华书局，1917 年版，第 1~2 页。

② 谢无量：《妇女修养谈》，上海：中华书局，1917 年版，第 3 页。

③ 谢无量：《中国妇女文学史》，北京：中国人民大学出版社，2011 年版，第 1~2 页。

民，无不有学。以女子教育之普及，故妇人文采多有可观。及汉以来，女学既废，妇人以文章名者，或名家显族，承其旧学，又必自负殊才，仅乃成就，世亦不以妇人有学为重，此风会之变，而妇人之境遇，盖自是异矣”。① 谢无量的这种为论证女子教育合理性而努力寻找外在参照和内在根据的做法，充分体现了其重构现代国民道德的良苦用心和努力探索。

当然，谢无量所谓的现代女学不仅是要重视文学，而是要使女子教育符合现代教育体系的要求。他说，“今之女子从事于学，亦宜依今日教育之统系而勉力焉。今世教育大纲，曰智育、曰体育、曰德育、曰美育，此数者，皆女子所不可不尽心者也”。② 总而言之，妇女教育可以分为理想教育与实用教育两种。理想教育实际上就是道德修养和基本知识教育，旨在陶冶女性的性格和情操，增加其智识与兴趣。主要包括五个方面：(一)增长知识；(二)养成学力；(三)娴习技艺；(四)培养经验；(五)磨练精神。学问对于女性个人道德发展十分重要，“人格由此而立，道德由此而成矣。”③实用教育是教给女性实用技能，使其能够“独立于社会，而任相当之职业”。④ 知识学问和实际技能也不是截然分开的。“学问不仅求其学理，又当得其实际应用之法，今之科学，多重在实际应用也。”⑤如此观之，谢无量的女性教育思想相比于清末又有进步。此外，谢无量还特别强调女性的自学能力。这是因为民初我国女子教育还不是很发达，仅仅依靠学校教育还是不够的。因此，“女子欲深造于学者，不可仅恃学校之教科，其恃平日之自修者恒半也”。⑥ 谢无量的女子教育思想顺应了近代妇女解放运动和男女平等的思潮。他不

① 谢无量：《妇女修养谈》，上海：中华书局，1917年版，第9页。
② 谢无量：《妇女修养谈》，上海：中华书局，1917年版，第11页。
③ 谢无量：《妇女修养谈》，上海：中华书局，1917年版，第12~13页。
④ 谢无量：《妇女修养谈》，上海：中华书局，1917年版，第11页。
⑤ 谢无量：《妇女修养谈》，上海：中华书局，1917年版，第13页。
⑥ 谢无量：《妇女修养谈》，上海：中华书局，1917年版，第13页。

仅从哲学上论证了男女平等的合理性，而且通过对西方近代和我国古代女子教育历史的梳理，从内外两个方面为女子教育找到了根据。

(4)夫妇一体无贵贱之分。男女性别平等，才有夫妻关系的平等。古代所谓“夫妻”，本有“匹敌”之义。谢无量指出，“吾国论宇宙之大法，一阴一阳而已。故男女犹阴阳之义。其分未尝不均，后世圣人，扶阳抑阴，始以男子为主。然非必不平等也。女者如也，谓如男子(旧训以为如者，从如之义)。妻者齐也，谓与夫齐”。① 这就是说，在家庭内部，夫妻地位本来相同。后来因为史上“圣人”重男轻女，所以导致夫妻关系的不平等。谢无量虽然并未指明“扶阳抑阴”的古代“圣人”是谁，但他认为，历史上男尊女卑是以齐太公诛杀营荡为标志的。

营荡曾为齐国司寇，太公向他请教治国之道。营荡回答说：“任仁义而已。”太公接着问道：“仁义奈何?”营荡说：“爱人尊老而已。”太公又问：“爱人尊老奈何?”营荡对曰：“爱人者有子不食其力，尊老者妻长而夫拜之。”太公以营荡乱齐，将其诛杀。“自是以来，男日益尊，女日益卑。”②然而，男女之天性，最初是没有差别的。营荡所论，不过是继承了古代仁义自然之法。也就是说，谢无量试图论证，在封建社会对女性权益和思想进行压迫之前的古代社会，男女本来平等无贵贱，进入封建社会以后，才出现贵夫贱妻的现象。

这种夫妻关系的不平等状况出现的原因主要有二。一是上文提到的“外境”之差别，导致男女体质方面的差异。“数千年以来之境遇、习惯、遗传，有以致之，纯出于后天之人事，而非其先天之本质即有异也。上世游猎时代，男子恒掠妻于外群，又日驰逐山林清旷之地，以奋斗为业，其身体益强。而妇人每居家内主饮食、衣服之事，身体渐弱。”③二是历

---

① 谢无量：《妇女修养谈》，上海：中华书局，1917 年版，第 2 页。

② 谢无量：《中国妇女文学史》，北京：中国人民大学出版社，2011 年版，第 1 页。

③ 谢无量：《中国妇女文学史》，北京：中国人民大学出版社，2011 年版，第 1 页。

史上的多妻习俗，导致女性地位更加低下。“多妻之习，尤使女子不得与男子同等。久而久之，男尊女卑，几成定义。要决非生物本原，便有此区别也。……女性不胜，大半自有多妻之法以后。男子可以多妻，斯女子恒制于男性，生女多得女性。又传以多方之束缚，女性终劣，殆坐此也。①这是谢无量对封建婚姻制度的批评。他还专门考察了“妻”字的最初含义。“妻古义本训闺女。对于舅姑，而后称妇。然则妻本匹敌之义，妇则奉亲之名。故曰夫尊于朝，妻贵于室。夫妇一体，安有贵贱于其间哉？”②谢无量想通过这种方式论证夫妻关系的平等性。

（二）嫁娶：有礼则安，无礼则危

（1）男可择妻，女亦可择夫。男婚女嫁是天经地义之事。“男子生而愿为之有室，女子生而愿为之有家。有天地然后有万物，有万物然后有男女。故匡衡曰：匹配之际，生民之始。万福之原，婚姻之礼正，然后品物遂而天命全。盖由夫妇以为父子兄弟亲戚朋友，乃至积而为社会国家。生人之道，伦理之原，皆造端乎夫妇也。”③因此，婚姻问题是不可不研究的问题。但是，在封建社会，青年男女是没有多少婚姻自由的。因此，近代道德改良，婚姻自由问题首当其冲。

谢无量试图从理论上论证男女婚姻自由的合理性，尤其是女性的自主权。他说，“人间幸福，莫如男女各得佳偶。以理论之，男子故可以择妻，女子亦可以择夫”。④然而，这仅仅是就理论上而言。在实际生活中，我国部分年轻男女的婚姻还是父母做主。“男子固不尽能自择偶，女子自行择偶，尤为习惯所不许。然父母于子女结婚之礼，颇极慎重。”⑤谢无量虽然肯定婚姻自由的合理性，但是考虑到清末民初女子教

① 谢无量：《中国妇女文学史》，北京：中国人民大学出版社，2011年版，第2页。

② 谢无量：《妇女修养谈》，上海：中华书局，1917年版，第2页。

③ 谢无量：《妇女修养谈》，上海：中华书局，1917年版，第65页。

④ 谢无量：《妇女修养谈》，上海：中华书局，1917年版，第65页。

⑤ 谢无量：《妇女修养谈》，上海：中华书局，1917年版，第65页。

育不发达，女性的社会经验并不丰富，他认为婚姻大事还是应当以父母之命为主，但子女可以参与其事。

关于结婚对象，谢无量认为应该以贤德为标准来挑选。“夫结婚之义，合二姓之好，承先世之重而负使后嗣发达繁盛之责，必将之以礼，选之以德，然后可以无悔也。”①在他看来，现代西方社会的婚姻之道以爱为本，这与欧美女子参与社会活动较多有莫大的关系。这自然是不错的。然而，谢无量又说，因为中西风俗习惯的差异，如果我国青年结婚也以爱为主则接近于徒徇一己之欲。这就凸显出其思想的保守性了。以现代的标准来看，没有爱情的婚姻是不道德的。谢无量关于婚姻道德的思想，相比于传统封建伦理虽然有所进步，但是也存在明显的保守成分。当然，谢无量也有他的考虑。因为婚姻伦理关系重大，所以他提出“宜以德礼为先，而后结之以爱，然其始亦不可不求所以全爱之道。男女之间，品质必有相称，乃可望无后忧也”。② 这也有其合理之处。在《妇女修养谈》中，谢无量专门为女性择偶提出了一定的标准。在他看来，“择婿之事，无论出于父母或女子得自与其议，选择之标准，终不可不定辄折衷今世之义”。③ 其标准有四：(一)身体之健康；(二)德性之备具；(三)职业之必要；(四)趣味之相合。除此之外，男子之言论风采、年龄地位等也应考虑在内。结婚非小事，必须慎于始。“若品性、习惯、门第、教育相去太远，比为后日反目之基，宁详慎于始之为得也。”④所以，从总体上来看，谢无量的婚姻伦理思想还是比较符合现代精神的，也有利于保护女性权益。

(2)嫁娶之礼以重人伦。婚礼是合室家，立人道之始。古代婚礼有纳采、问名、纳吉、纳徵、告期、亲迎六礼，而且婚姻必须由媒人交接介绍，其实是为了培养人之廉耻心。清末民初，随着西方自由、平等思

① 谢无量：《妇女修养谈》，上海：中华书局，1917年版，第66~67页。
② 谢无量：《妇女修养谈》，上海：中华书局，1917年版，第67页。
③ 谢无量：《妇女修养谈》，上海：中华书局，1917年版，第67页。
④ 谢无量：《妇女修养谈》，上海：中华书局，1917年版，第67页。

想的传入，女权主义兴起，提倡男女平权，婚姻自由，鼓励妇女走出家庭，迈入社会。中国人沿袭已久的嫁娶之礼也被置于批判的矛头之下。对此，谢无量是持有保留意见的。婚礼在于明一家之德，体现出中国伦理的超绝之德，因此其事尤重。① 他认为，从父母之命、媒妁之言是有其道理的。很多人不明就里地斥之为不自由，其实是不知道嫁娶之真义。

《白虎通》中说，"嫁娶以重人伦，广继嗣也。男不自专娶，女不自专嫁，必由父母，须媒妁何？远耻防淫佚也。"(《白虎通·嫁娶》)所以，古代娶妻必备六礼，这都是重人伦之始的体现。在古代，即便是贵为天子，也要亲迎，充分体现出"男下女之义，且以行承宗庙、重继嗣之大义也"。② 由于男女居室是人之大伦，所以古代有专门的媒氏之官和合独之法，从制度和法律层面避免旷男剩女的出现。此外，谢无量认为男女虽然都有选择结婚对象的自由，但是也不能完全放任自由。

> 若一切任自由而已，父母之与国家，皆不必为之干涉，欲使男女多有独身不嫁娶者，淫辟之路多，而攘夺轻生之事众，非所以节人情而成治化也。况或野合猝离，或纵欲而避孕，其弊渐于习俗，有礼则安，无礼则危，盍亦反求我国嫁娶之道乎？③

谢无量之所以有如此观点，是因为他认识到了恋爱自由、婚姻自主的弊端(如壮夫老妇、老夫少妻、旷男剩女、攘夺轻生、纵欲、性滥交等)。他是想用传统婚嫁之礼来弥补现代两性道德沦丧之弊端。因此，对于时人"以欧化胜于旧礼"的做法，他保持了一位伦理学者应有的理性，并尽自己所能为传统习俗解释和辩护。在他看来，"顾旧礼亦自有

---

① 谢蒙：《伦理学精义》，上海：中华书局，1914 年版，第 145 页。
② 谢蒙：《伦理学精义》，上海：中华书局，1914 年版，第 145 页。
③ 谢蒙：《伦理学精义》，上海：中华书局，1914 年版，第 103 页。

其意义”。① 谢无量理想中的嫁娶之礼是“谨之以父母之命，媒妁之言，又申之以国家之法令，欲使天下男女，咸得其所，内无怨女，外无旷夫，夫是乃谓王道之极则也”。②

如果仔细考察谢无量写作的时代背景，他的这种相对保守、折衷的婚恋观、嫁娶观其实是有其现实针对性的。家庭是社会的构成单位。家庭道德的稳定性对于社会的稳定性至关重要。在清末民初那样一个价值淆乱的时代，各种主义，各种行为甚嚣尘上。有人受无政府主义、大同主义思想的影响，公开主张废除男女婚嫁制度。③ 1912 年，他们公开成立“晦鸣学舍”和“心社”。晦鸣学舍的八条纲要之一就是反家族主义。“心社”的十二条戒约中也有不婚姻和不称族姓的规定。废婚毁家论者主张，人类进步“必自废绝婚姻制度实行恋爱自由始”④“盖家也者，为万恶之首，自有家而后人各自私，自有家而后女子日受男子羁縻，自有家而后无益有损之琐事，因是从生”。⑤ 这种极端主张虽然推动了妇女解放，但是其对家庭伦理和社会稳定的消极影响不容忽视，因而受到文化保守主义者的反驳。谢无量的家庭伦理思想虽然不乏新意，但同时也具备一定的改良主义和保守主义特征。

(3)后世立妾，非经义也。对于清末民初的置妾之风，谢无量曾予以猛烈批判。有人认为中国采用的是多妻制，这其实是一种误解。虽然世俗多立妾，但是“妾固不可名妻，而后世立妾，又非经义也”⑥“置妾

---

① 谢蒙：《伦理学精义》，上海：中华书局，1914 年版，第 102 页。

② 谢蒙：《伦理学精义》，上海：中华书局，1914 年版，第 103 页。

③ 李桂梅，黄爱英：《辛亥革命时期中国女性伦理的嬗变》，载《伦理学研究》2011 年第 5 期，第 24 页。

④ 葛懋春等：《无政府主义思想资料选》(上册)，北京：北京大学出版社，1984 年版，第 269 页。

⑤ 张枬，王忍之：《辛亥革命前十年间时论选集》(第 2 卷)，北京：生活·读书·新知三联书店，1960 年版，第 916~917 页。

⑥ 谢蒙：《伦理学精义》，上海：中华书局，1914 年版，第 103 页。

仅成于后来之弊俗耳”。① 谢无量考证了他国的婚姻习俗。“欧洲自希腊时，即行一夫一妻之制。当时虽偶有置妾，而妾最为社会所贱。”②这就是说，在欧洲置妾不仅为社会所不容，而且对女性权益造成损害。后来女权主义在欧洲兴起，这主要有三个方面的原因：“一由耶教之教义，二由于骑士之风气，三由于人权论之影响。”③

从中国自身传统来看，普通百姓也是不被允许置妾的。《礼记》中已明确记载，庶人不可以有侧室。《文中子》也说，“一夫一妻，庶人之职业”。谢无量解释说，古代之所以会出现纳妾现象，实际上与封建君主担心断绝国嗣有关。而且，古代后妃的作用是佐助政治，皆有女官理阴阳、供祭祀，其务繁多，而不一定都是妾媵。抱朴子认为，古代社会女性多于男性，所以出现置妾现象，谢无量对此表示认同。但他反对自然人性论和存在即合理说。在他看来，“礼岂顺性盈欲而已”，④ 即不能用现世置妾之陋俗来否定礼之本义。

(4)夫可出妇，妇亦可去夫。清末民初，有关离婚、改嫁、再娶问题的讨论，曾经引起社会的广泛关注。关于离婚问题，陈独秀认为男女尤为不平等。“我们中国的律例，女子不好，男子虽有七出的权利，男子不好，却没说女子可以退婚，这不是大大不平的事吗？天生男女都是一样，怎么男子可以退女人，女人就不可以退男人呢？”⑤谢无量通过考证后指出，其实在古代丈夫可以“休妻”，妇女也可以“去夫”，而且这种情况并不少见。他说，“古之言礼者，以为妇人有七出之条，而夫无一去之义。所谓一与之齐，终身不改也。然揆之于理，夫既可以出妇，妇亦何尝不可去夫。古者妇人或轻去其夫，夫制理者作是以矫之耳”。⑥

---

① 谢无量：《妇女修养谈》，上海：中华书局，1917 年版，第 2 页。

② 谢无量：《妇女修养谈》，上海：中华书局，1917 年版，第 2~3 页。

③ 谢无量：《妇女修养谈》，上海：中华书局，1917 年版，第 3 页。

④ 谢蒙：《伦理学精义》，上海：中华书局，1914 年版，第 103 页。

⑤ 陈独秀：《恶俗篇·婚姻下》(1904 年 9 月 24 日，《安徽俗话报》再版第六期)，《陈独秀著作选》第一卷，第 45 页。

⑥ 谢无量：《妇女修养谈》，上海：中华书局，1917 年版，第 68 页。

谢无量此论似乎是说，古代婚姻伦理其实是对丈夫权益的一种保障，旨在避免妇女轻易退婚。这一解释虽然有些不尽如人意，但从另一方面来看，他肯定历史上有女子退婚现象，也肯定女子正当退婚之合理性，反观社会更加进步的今天，女性当然享有此自由之选择权。因此，其思想的进步性还是值得肯定的。然而，在现实社会中，休妻比去夫要容易，发生几率也大得多，这是不容否认的事实。谢无量没有考虑到妇女经济地位、社会地位的低下给"去夫"带来的巨大阻力。其伦理思想的局限性也由此显现。

当然，如果发生针对女性的家庭暴力，或其他严重违反夫妇之礼的行为，妇女是可以选择"去夫"的。"如男子任意侮蔑妇人，而妇人必安忍之，斯蹂躏女子之人格，亦已甚矣。然则遇难堪之事，不去者固见妇人之德，求去者亦非必大背于礼也。"①这是对俞正燮等人妇女观、婚姻观的继承。谢无量还指出，"盖结婚为女子当然之天职，而离婚为女子最不得已之事。女子结婚，务慎之于始。既择人而事之，当先有偕老之志。志不可以苟合而猝离为期。处女时代，必须守身纯洁，修习学术，即万一不得已而离婚，将来犹得以所能自立于社会也"。② 这些忠告不无道理。结婚当然需要抱有白头偕老的目标，但是如果夫妻关系不和睦，无法继续共同生活下去，女性则更需要具备一定的独立自主能力。这就要求女性通过学习掌握一定的知识和技能，以为自立的根本。谢无量的这些思想无疑具有进步性。

在再嫁与再娶问题上，封建伦理虽然没有明文规定女子不能再嫁，但是三从四德的道德规范对女性再嫁多有限制，对男性再娶几乎没什么限制。这是陈独秀坚决反对旧道德的原因之一。但是，谢无量在考察古代典籍后提出，在再婚问题上其实男女负有同等伦理责务。按照古代家庭伦理，妇女有三从之教，而一般男子妻死也不再娶，大夫年届五十才

① 谢无量：《妇女修养谈》，上海：中华书局，1917年版，第69页。
② 谢无量：《妇女修养谈》，上海：中华书局，1917年版，第69~70页。

能继娶。这些伦理规范的目的，其实都是在于明笃于情，厚养其德。①谢无量的这些论述，虽然有浓郁的传统色彩，但是与其男女平等思想也是一致的。古代婚姻道德对男女双方都有限制，而不仅仅是对女性的压迫。另外，提出婚嫁伦理的根本目的，在于鼓励人们明笃于情、厚养于德。这些基本的道德是超越历史的，因而也可以通过改造和转化，成为现代国民道德重构的宝贵资源。

(5)礼无贞女，而诗有贞女。贞女问题是清末民初伦理学者关注的另一大焦点。针对贞女现象，当时报刊上曾出现大力赞扬与极力反对等完全不同的声音。对此问题，谢无量重视礼与法的规定性，但也不否定习俗道德的力量。他说，"所谓一与之齐，终身不改者，义不得改耳。礼欲为其厚，是以恶其薄者。固非必法之所禁也。若夫贞女之事，直非礼之所许，惟在于习俗，则不得谓之美德。故礼无贞女，而诗有贞女。礼以合法，诗以颂习，经义有然也"。② 这说明，妇女改嫁虽然有悖于"一与之齐"的精神，但是法律上并不禁止。妇女守贞只是一种习俗道德而已，妇女本没有相关义务，在伦理(礼法)上并不允许。在谢无量看来，"遭丧犹可以嫁，安有未婚夫死不嫁之理乎？俗之有贞女，是为礼之过者。为礼之过者，即非礼也。"③当然，如果妇女自己不愿再嫁，则是另话。谢氏指出，"凡习俗之道德，有时超出伦理之上，即超出法律之上。吾国伦理与政治合辙，故所谓礼者，宜取中道，过乎中道者，虽时有感于非常之化，诗人叹美，形诸咏歌，庸非义务之所强制矣。"④因此，贞女之俗"虽在妇人为高行，终不得为常道"。⑤ 对于欧美女子多独身不嫁的现象，谢无量认为，这是女子不幸之事，也非人之常道，因此不值得效仿。"即彼等持独身主义者，类能自守贞操，又有才能技

① 谢蒙：《伦理学精义》，上海：中华书局，1914 年版，第 145 页。
② 谢蒙：《伦理学精义》，上海：中华书局，1914 年版，第 104 页。
③ 谢无量：《妇女修养谈》，上海：中华书局，1917 年版，第 69 页。
④ 谢蒙：《伦理学精义》，上海：中华书局，1914 年版，第 105 页。
⑤ 谢无量：《妇女修养谈》，上海：中华书局，1917 年版，第 69 页。

艺，足以自赡而无仰于人，顾将终身不识家庭之乐，于人生之趣味，既有所缺，又无子女之希望，不负后来社会之责任，此亦矫情，不足效也。”①民国初年，谢无量积极参与有关贞女问题的讨论，并提出了自己的独特看法，为当时社会风气的变化和国民心理的塑造贡献了力量。即便是在社会高度发达的今天，他的这些有关贞女、剩女的看法，也是基本站得住脚的，为人们解决当代社会问题提供了一定的参考。

（三）爱敬得中，是夫妇之道也

在蔡元培先生看来，爱是“夫妇之第一义”。② 谢无量在“爱”字前面又加上了一个“敬”字。他说，“夫妇有偕老之义，故必志趣相合，乃能终始无间。妇人以从夫为主，宜同化于夫之好尚，相敬相爱，久而不渝。……爱敬得中，是夫妇之道也”。③

在敬之一方面，谢无量认为“妇之道在敬身以承其夫。孰谓闺门为放肆之地，夫妇为亵狎之人哉”。④ 妇女应该成为丈夫的贤内助，要管理好家政，为其解除后顾之忧。此外，如果丈夫之言行有不对的地方，也不能一味顺从，而要进行适当规劝。“盖妇人之义，不仅以柔顺为主，必能济夫之所不及，而后无负于敬爱之道。”⑤

在爱之一方面，“夫妇之间，本以义合。其结婚之始，必当审慎，务须志趣相合，乃可为终身之侣。及情爱既结，虽不幸夫死，义不得改嫁，古训然也。盖即以情爱言，夫死而一朝背之，于爱亦有所未至”。⑥虽然谢无量也承认，以实际情况来看，改嫁是常有之事，也不足为奇，但只有从一而终者才能称之为美德。我国自古至今的法律并不禁止改嫁。然而，“世多奖贞一，隆节义，此诚吾国习俗之善者，异于他邦

---

① 谢无量：《妇女修养谈》，上海：中华书局，1917年版，第69页。

② 蔡元培：《中国伦理学史》（外一种），北京：商务印书馆，2010年版，第159页。

③ 谢无量：《妇女修养谈》，上海：中华书局，1917年版，第80页。

④ 谢无量：《妇女修养谈》，上海：中华书局，1917年版，第70页。

⑤ 谢无量：《妇女修养谈》，上海：中华书局，1917年版，第118页。

⑥ 谢无量：《妇女修养谈》，上海：中华书局，1917年版，第89页。

矣。欧美夫妇间虽讲爱情，独夫死不嫁者为少，是岂得为尽其爱耶。往往前夫之子，为后父所虐。遇文人辄述其事，以为讽叹。比观瀛夏之俗，益见吾国妇德之高”。① 谢无量看到了中西关于婚姻与爱情观念的异同，也看到了西方社会因为父母再婚问题给子女成长带来的不良影响。应该说，这些问题在当代社会中仍然存在，而且随着中国社会的不断开放，中国家庭也面临着这些问题。谢无量所提出的观点或解决方案虽然不一定完全适用于当今社会，但是在传统向现代过渡的清末民初时期，其进步性、现代性是毋庸置疑的。

不可否认，谢无量的从一而终思想，以及他所提出的那种高得难以企及的道德标准，对于今天的女性来说并不一定公平。他有关夫妻“爱敬得中”的思想，实际上对女性的义务谈论较多，对男性的义务谈论偏少，因而也带有很强的传统伦理色彩。例如，谢无量曾说，“至于夫妇不同欲，所务者异，是由结婚时之未审，妇人即能安而无怨，男子对之终有惭德。夫妇相合，未有不以同心为贵者也”。② 在他看来，“妇人有坚守从一之义，不必主于情爱，但以礼之所在，则不敢不勉”。③ 这就是说，对于夫妇缺乏共同目标或感情不和者，谢无量片面强调女方应当尽量隐忍，等待丈夫回心转意。这与现代精神颇为不合，体现出其家庭伦理思想的局限性。谢无量高度赞扬历史上妇女替丈夫申冤，或代夫出征的事迹。但他也认为代夫受罪、代夫去死的行为是值得称赞的，④ 这与现代人权思想和法律精神就有些不符了。因此，其家庭伦理思想也存在一定保守落后成分。

（四）男女分工，而后家道始成

在法律上男女一律平等，但在性质上，则难免会有差别。因此，男女有所分工，也是天经地义之事。“男子体力较强，而心性亦较为刚毅；

---

① 谢无量：《妇女修养谈》，上海：中华书局，1917 年版，第 90 页。
② 谢无量：《妇女修养谈》，上海：中华书局，1917 年版，第 89~90 页。
③ 谢无量：《妇女修养谈》，上海：中华书局，1917 年版，第 89 页。
④ 谢无量：《妇女修养谈》，上海：中华书局，1917 年版，第 90 页。

女子则体力较弱，而心性亦毗于温柔。故为夫者，当尽力以护其妻，无妨其卫生，无使过悴于执业，而其妻日用之所需，不可以不供给之。”①所以，蔡元培先生认为，“为夫者，必勤业于外，以赡其家族。……男子无养其妻之资力，则不宜结婚。既婚而困其妻于饥寒之中，则失为夫者之本务矣”。② 谢无量赞同男女因体质不同而应有内外分工的观点。“男子于社会之职业，无所不当尽力，自无暇顾及家务之琐琐者。虽保持家庭，爱护眷属之念，男女所同。然男子或商于市，或农于畎亩，或从事他务，在外之日恒多，至于衣服饮食室家日用之事，惟妇人主之。男子劳心劳力，但求仰事俯畜之资，而以家事之安全，托助于妇人之手。”③谢无量如此说，也是如此做的。其家庭日常事务，基本是让妻子全权负责。在他看来，为夫之道在勤业于外，赡其家族。然而，平心而论，谢无量对男性家庭义务的谈论不算多，而对于妇女之家庭之义务则论之尤详。总结起来，他认为妇女对丈夫及其家庭之义务主要有三。

第一，孝事舅姑。夫妇一体，妻子对于丈夫及其家庭有当然之义务。妇人如果能够尽到对丈夫家庭的义务，那么也就是尽到了对丈夫的义务。所以，谢无量说，“家人有严君焉，父母之谓也。故妇人诸德，尤以孝事舅姑为首”。④ 由于我国家庭大多数世同堂，因此妇人要做到与家人和睦相处，才能真正称得上尽到了妇人的职责。秉着伦理学为研究习俗之科学的理念，谢无量指出：“此其风俗流传既久，素为社会所尚。后来纵情势略有变迁，而其大部分终必保存无疑。”⑤在他看来，孝事舅姑是妇女的一种贤德，也是家庭和睦的保障。

然而，随着社会不断发展进步，年轻人与长辈因为生活方式和教育

---

① 蔡元培：《中国伦理学史》(外一种)，北京：商务印书馆，2010年版，第159~160页。

② 蔡元培：《中国伦理学史》(外一种)，北京：商务印书馆，2010年版，第160页。

③ 谢无量：《妇女修养谈》，上海：中华书局，1917年版，第118页。

④ 谢无量：《妇女修养谈》，上海：中华书局，1917年版，第75页。

⑤ 谢无量：《妇女修养谈》，上海：中华书局，1917年版，第75页。

背景的差异，难免产生观念上的冲突。对此问题，谢无量不仅进行了分析，而且提出了解决方案。他指出，“就吾国现状而论，社会方新之势，且日异而月不同。故青年恒邻于进步，老人恒似于保守。女子或受学校之教，于旧来习惯，不免意所素轻。此不可不挈长补短，以折其中。大抵老人之所长在经验，青年之所长在学识。必经验与学识相辅，乃鲜错误。两者调和，始得谓之真文明，此宜深察者也”。① 由此可见，谢无量的家庭伦理思想颇具现代性和针对性，即便放在今天也仍然不过时。

第二，相夫教子。妇人对于家庭负有相夫教子之责任。上文中已经提到母亲对于子女的教养之道。此处专谈其相夫之道。夫妇为人伦之本。男子娶妻的目的不仅仅是在传宗接代，而妇女嫁人也不仅是要“充房帏，议饮食”。妻子对于丈夫的立身治业，应当鼎力相助。对于丈夫的职业，她们可以“随分尽力，以助其成”。② 妻子对于丈夫的帮助分为直接和间接两个方面。间接帮助是妻子帮助丈夫整理家政，使其无内顾之忧。直接帮助是如果发现其不足，而加以规劝和匡正。“夫妇之间，倘爱敬素洽，妇人之感化男子，其事甚易。有时闺中之讽劝，胜于师友之箴砭者矣。妇人谏夫，有不必显言，主文而谲谏，其夫因以焕然解悟，此其效至捷。妇人之柔德，每能感人于不觉，况乎才智杰出，识议超迈。一事当前，男子优柔不断之际，乃出数语以促进而鼓动之，为益往往不细也。”③谢无量列举了大量近代西方社会妻子襄助丈夫成就功名和事业的实例，并认为“凡中西妇人，所以相夫之道，不一其端，或有以坚夫之志向，或有以辅夫之事务，然皆为有益于夫，而能尽其妇职一也”。④ 通过这种中西参照的方式，谢无量继承和阐扬了传统相夫教子思想的时代价值。

① 谢无量：《妇女修养谈》，上海：中华书局，1917 年版，第 76 页。
② 谢无量：《妇女修养谈》，上海：中华书局，1917 年版，第 103 页。
③ 谢无量：《妇女修养谈》，上海：中华书局，1917 年版，第 92~93 页。
④ 谢无量：《妇女修养谈》，上海：中华书局，1917 年版，第 118 页。

第三，家政处理。女性天生善于处理家政。男子如果有贤内助，就能全力注重外事。当然女性不仅仅擅长家政，她们也可以相夫成名立业。但谢无量认为，“要之一内一外，为男女相须之常道。专于家政处理，尤为妇人之本务也。……即使世界若何进步，家庭之阶级不废，则不可无处理家政之人。与其付诸于男子，毋宁付之于女子也。妇女天然富于治家之本能，其仁慈之色象，宜于抚育儿童。其勤勉之性质，宜于主持中馈。皆男子所不及。故妇女不必顾乎外界之种种业务，但于家政之处理，用其高尚之智识，尽心力而为之，即补益于国家社会不少也”。① 在这一点上，谢无量也基本是言行一致的。按照其孙女谢德晶的回忆，他对家政几乎是放任不管的，一切交于前妻陈顺庵处理。虽然妇女因为其细心、勤勉和仁慈之美而善于处理家政事务，但是因此将妇女限制在家庭，并认为家庭之阶级不可废除，则带有明显的思想局限性。

当然，谢无量强调男女分工合作也是有其道理的。男女天性不同，适合的工作自然不一样。家庭的稳定幸福关乎整个社会、国家的稳定幸福基础，因而至关重要。“男女相合而家道始成。治家一端，为世界最当注重之事业。凡国家之幸福，无非人民之家庭之幸福所积而成者也。故妇女实操治平之大本。”②他还认为，“世界文化日进，妇人果有优越之才能，适当之机会，固不妨出任社会之事。然坐是遂鄙薄家政，以为不足措意，则又非也。家政处理之难，未必不胜于经营社会之事业。而经营社会之事，其功效利益，或远不及造成一良家庭也”。③ 也就是说，能处理好家务的，也一定能处理好社会其他事务，因为处理事务的道理是相通的。家政虽然琐碎，但是其重要性并不亚于社会事业。谢无量如此肯定家政及妇女在家政中的作用，既是对其工作价值的充分肯定，也是对妇女平等地位的充分肯定。家齐方能国治，国治方能天下平。谢无

① 谢无量：《妇女修养谈》，上海：中华书局，1917 年版，第 119 页。
② 谢无量：《妇女修养谈》，上海：中华书局，1917 年版，第 119 页。
③ 谢无量：《妇女修养谈》，上海：中华书局，1917 年版，第 119 页。

量承认妇女掌握治平之大本，认为家政工作不仅是对其所在的家庭很重要，而且对于整个社会、国家的幸福都是一种保障。

四、主仆之道应推己及人

清末民初，中国社会蓄婢现象仍然较为普遍。当时的中等人家，几乎没有不蓄婢的，其中也不乏对仆婢施加非人待遇的情况发生。谢无量对这种社会陋习进行了批评，认为其有悖人道主义。他说，仆婢“同是人家子女，本推己及人之念，过事凌藉，殊背人道”。① 然而，基于当时的社会现实，谢无量并未提出废除仆婢的主张，而是提出应尽量雇佣而非买卖仆婢。其理由是婢女买入之时多在童稚之年，个性品性如何不可预料。如果只是雇佣关系，主人则有选择之余地，不满意可以辞退。所以，他主张仆婢最好是雇佣而非买卖。② 虽然谢无量此时还未认识到买卖仆婢是对其基本人权的侵犯，但是他提倡采用雇佣劳动关系，这是符合时代和社会发展潮流的。而且谢无量也认识到蓄俾及虐待行为的非人道性。因此，其思想还是有一定积极意义的。

好的仆婢须具备一定的素质：第一要身体健康，第二要应事警敏，第三要小心从顺。如果身体多病，则不能给事。所以，应该选择身体健硕者作仆婢。但是仅仅是身体健硕还不够，如果个性鲁钝粗莽，那也是不行的。唯有身体健康、言语举止警敏者才不会误事。然而，良婢之最终标准是小心从顺，而且其从顺要出于中诚，阳奉阴违者更不足取。谢无量此论，既是主人家选择仆婢的标准，实际上也是对仆婢的一种道德要求。

谢无量对主人役使仆婢之道也提出了一些道德要求。主妇对待仆婢的方式，实际上是其妇德之标志。③ 谢氏指出，仆婢无全才，所以主人“当自立于教育者之地位，随时随事，为之指导而诱诲之，不厌求详，

---

① 谢无量：《妇女修养谈》，上海：中华书局，1917 年版，第 129 页。
② 谢无量：《妇女修养谈》，上海：中华书局，1917 年版，第 129 页。
③ 谢无量：《妇女修养谈》，上海：中华书局，1917 年版，第 129 页。

使之久而自化”。① 主人对于仆婢拥有“管理指导之权”，如果驭之有道(恩威并行)，对家庭管理将大有裨益。具体而言，主人对于仆婢之道主要包括以下几个方面：

首先，主人对仆婢要役使有法。对于仆婢每天应该完成的事务，主人应该有明确的规定，如此时该做什么，彼时该做什么，如此方能秩然不紊。但是，谢无量反对主人肆意指使仆婢，剥夺其人身自由的行为，认为应该给予仆婢“休假之隙”。他批评当时很多人家像驱使动物一样使唤仆婢，一件事没做完就催着做另外一件事，导致他们忙乱不堪、无所适从。还有一些主人克扣佣金，却“俨然自居以统治仆婢身体之全权”。② 整天吩咐仆婢不停干活，动不动就加以责骂，这都是不合道理的行为。

其次，主人要变化仆婢之气质。谢无量指出，主人对于仆婢之道，不仅要“课其治事之勤惰而已，并不可不详察仆婢之性行，而有以改变其气质，防止其邪恶”。③ 有些仆婢可能对主人十分忠诚老实，而对于家里其他人则有所憎恶。如果他们从中造作是非，往往影响家庭和睦。仆婢之心地性质，对于整个家庭也有一定影响，因此主人要知其所短，并随时惩戒，因事而匡导之。被雇佣的仆婢家境通常比较贫苦，应该帮助其养成贮蓄习惯。另外，主人要注意仆婢交际的品行，告之以立身之道，避免其走入邪道。

又次，主人要给予仆婢同情待遇。仆役也有其独立人格，也有自由之身体及自由之意志④，因此主人要发扬慈爱之美德。“对于女仆婢女待遇之法，以同情为最要。即推其爱爱之之意是也。主妇尽其爱，则仆

① 谢无量：《妇女修养谈》，上海：中华书局，1917 年版，第 130 页。
② 谢无量：《妇女修养谈》，上海：中华书局，1917 年版，第 130 页。
③ 谢无量：《妇女修养谈》，上海：中华书局，1917 年版，第 130~131 页。
④ 蔡元培：《中学修身教科书》(第二册)，上海：商务印书馆，1907 年版，第 51 页。

婢效其忠。慈厚所感，有胜于威严者。”①也就是说，主人要把仆婢当作自己家庭之一员，喜则与之同欣，悲则与之共戚。如果仆婢不小心犯了错误，也要多宽容，“先教而后怒”。不能因为无心之过动辄责骂。如果仆婢生病，主人要予以医药，并让其善自调理、休养。此外，对于其良好表现，也要给予适当言语和物质奖励。

最后，主人要教给仆婢立身修养之道。仆婢大多出于贫贱之家，没有多少接受教育的机会。因而，主人对其有教育之责，但“不惟教之从诸役使已也”。② 谢无量认为，主人应该交给仆婢基本的学问和技能，以便树立其人格，使其将来能够自立。“暇时可略教之读书识字，及浅近之艺术。此于仆婢自身之将来，大有利益。所谓爱人以德，此类是也。”③而且，主人要以身作则，他们的品性往往会影响仆婢。因此，主人之德不能不修，不能不讲。

当然，由于时代的限制，谢无量的主仆之道也有其局限性。他虽然看到了虐待仆婢的非人道特征，但并未主张彻底废除蓄婢陋习。他还说，“仆婢者，子女教育之恶魔也。仆婢绝无高尚之思想，与子女同处，习闻其言论，殊为无益。……仆婢之身体，或不甚清洁。易使子女感受传染之病也”。④ 所以，子女不可与仆婢同寝室，这有助于养成其独立心。“子女的一切琐事，当自治之为佳，不可完全依赖仆婢。”此言虽然不无其道理，但是也明显带有一定的偏见和传统思想残余。随着社会的发展进步，当今时代中国已经没有仆婢。然而，家境殷实者往往聘有保姆或管家，一般家庭也常常雇佣临时工或钟点工。这类雇佣关系虽然不能用主仆关系来概括，但也分享某些共同特征。因此，谢无量所论主仆之道对当前社会也不无启示意义。这也是值得现代伦理学者关注的一个方面。

---

① 谢无量：《妇女修养谈》，上海：中华书局，1917年版，第131页。

② 谢无量：《妇女修养谈》，上海：中华书局，1917年版，第131页。

③ 谢无量：《妇女修养谈》，上海：中华书局，1917年版，第131~132页。

④ 谢无量：《妇女修养谈》，上海：中华书局，1917年版，第133页。

第三节　社会伦理之拓展

随着近代资本主义经济的发展，中国的社会结构发生重大变化。“城市社会”逐渐发育壮大，并产生了诸多不同于以往的社会关系，因此急需出台相应的伦理道德来予以规范和调节。谢无量社会伦理思想的产生，旨在满足这些新的社会需求。总体观之，其社会伦理思想吸收了一些西学思想，同时也深深扎根于传统儒家亲民思想和家国同构理念。“中国伦理皆自亲亲仁民之义推之，故社会伦理即寓其中。”①孔子所说的“泛爱众而亲仁”，子夏所说的“四海之内皆兄弟也”，其实都包含了古人的社会伦理思想。社会伦理与家庭和国家伦理有不可分割的联系，但是也有其独特之处。“社会之义务，与家族异，以无骨肉血统之关系也；与国家异，以无法律之统一也。”②我国传统社会偏重家庭伦理，然而，随着时代的发展和社会结构的变化，现代社会关系的变化呼唤与之相适应的现代社会伦理。“惟吾人不能离社会而孤生，则自有相维相系之道。尽其道，即自受其安乐。不尽其道，亦自蒙其祸害。不可不察也。”③由此可见，谢无量对社会伦理建设是非常重视的。

一、社会义务与社会幸福

“社会”一词虽然早已有之，④ 但现代意义上的“社会”之概念是通过日语转译而来。清末著名翻译家严复将“society”翻译为“群”。然而，国人却沿用了日语对该词的译法。谢无量认为，日语中的译名并非毫无

---

① 谢无量：《新制修身教本(四)》，上海：中华书局，1914 年版，第 36 页。

② 谢无量：《新制修身教本(四)》，上海：中华书局，1914 年版，第 36 页。

③ 谢无量：《新制修身教本(四)》，上海：中华书局，1914 年版，第 36 页。

④ 《旧唐书·玄宗本纪》中记载，十八年闰六月辛卯，“礼部奏请千秋节休假三日，及村闾社会，并就千秋节先赛白帝，报田祖。然后坐饮，从之。”

根据，而是源自我国古训。换言之，“社会”这一译名并非随意得来。合在一起的“社会”，虽然是新概念，但其中“社”与“会”的含义，在传统典籍中都能找到根据。按照古训，“社以喻成群聚集之所，会则有其成群聚集之道”。① 因此，日语用“社会”翻译“society”是“因而非创”。谢无量不仅从词源学和翻译学角度考察了“社会”的语义概念，而且对中西社会起源学说进行了比较。其社会伦理思想既有对传统社会伦理思想的梳理，也有对现代社会伦理之条目的探讨。

（一）我国社会之起源

要考察社会之义务，首先就需要弄清楚社会的起源。谢无量认为，西方的社会起源学说较多，但基本认为在政治未兴之前就已经有社会。所谓社会就是“群居而有约束者也”。社会的形式有蛮夷社会、宗法社会和国家社会三种。这种观点颇具社会进化论色彩。我国的社会起源与西方不同。“盖西方社会，起于政治未立之先，吾国社会，制于政治已立之后。故吾国社会初成，即为国家社会，此其所异矣。”②谢无量关于中国古代社会起源的认识源自墨子。按照墨子的观点，人类最初是没有刑政的，人的语言也是一人一义，十人十义。人越多，义就越多。这时没有社会和宗法可言，人与人交相非，父子兄弟尚且怨恶离散。为改变这种无序状态，人民选出有贤德的人为天子。天下太大，天子一人难以领导和治理。所以人们又选出有贤德的人为三公，并将天下进行划分，建立诸侯国。这就是说，中国社会的形成与国家的形成是同步的。③

> 推中国古说，则知民之初生，直无社会。有圣人起，于是社会与国家同时并成。有国家而后有教、有兵、有宗法。凡敬神之礼，父子兄弟之伦，无非国家之所敷布，使民信守，即渔猎之事，因山

① 谢蒙：《伦理学精义》，上海：中华书局，1914年版，第107~108页。

② 谢蒙：《伦理学精义》，上海：中华书局，1914年版，第108页。

③ 谢蒙：《伦理学精义》，上海：中华书局，1914年版，第109页。

因泽，各有方所，亦由国家出令为之制焉(据《尸子》及古尸考)。故吾国社会起原，以国家社会为最先，比诸他族，固已进矣。就社会字义而言，社是国家所颁，会是什伍，是官司之职。有国家乃有社会，义至瞭矣(社会或译作群。群字是由君字孳乳而生，亦可喻有国家而后有社会之义)。夫然，则中国社会之与国家，始本无可区别。①

既然中国社会与国家同时形成，那么中国的社会义务则往往为国家教令之所强制，这是中国古代社会伦理的一大特质。例如，“帝典五教，始于父子而终于朋友，则已合家族与社会之义务言之。诚中国伦理之特质。亦其进化之序，与他国异也”。② 谢无量通过分析古代社会形成的起源，论证了中国古代并非社会伦理不发达，而是具有与西方社会伦理不一样的产生形式。当然，这与中国家国同构的思想也是有关系的。社会处于家庭与国家之间，而我国古代家族伦理尤为发达，因此，社会和国家伦理是由家族伦理推达而来。

(二)古代社会伦理之精义

对于我国古代社会伦理思想，谢无量在其《新制修身教本(四)》和《伦理学精义》中都进行过一些探讨。

(1)大同：社会伦理发达之极。谢无量十分重视社会伦理，将其放在伦理体系十分重要的位置。“社会伦理之发达，则契于道”。③《礼记·礼运》中所说的“大道之行，天下为公”“人不独亲其亲，不独子其子。使老有所终，壮有所用。鳏寡孤独废疾者，皆有所养”，指的就是社会伦理最为发达时的状态。“此中国古代预想社会伦理最发达之时期，谓之大同之世。盖伦理进化，则人人对于社会之义务无所不尽，而

① 谢蒙：《伦理学精义》，上海：中华书局，1914年版，第109~110页。
② 谢蒙：《伦理学精义》，上海：中华书局，1914年版，第110页。
③ 谢蒙：《伦理学精义》，上海：中华书局，1914年版，第114页。

自成和睦之象。”①谢无量把大同社会视为社会伦理高度发达的状态，足见他对社会伦理的重视。

(2)社会义务自师友为始。人的社会交往，首先是与师友的交往。所以，从古代学者所谈论的师友之道，就可以窥出古代社会伦理的端倪。“古人既冠，则得执贽以见于乡大夫乡先先生，接于社会，求所以尽其义务之始。而尤切者，莫如师友。”②因此，“社会义务，自师友为始，由师友而推之，则对于凡社会之人，莫不有其当然之义务”。③ 概而言之，古人对于老师的义务是生则致其敬，没则为之制服。谢无量赞成荀子的提法，即言必称师，教必称师，否则就是背叛(倍畔)之人。同师曰朋，同志曰友。朋友关系属于儒家五伦之列。古代社会中，个人对于朋友的义务主要有两条：“以同师同志而相交者一也。以同力合作而相交者二也。”④他提倡古代的朋友之道，“辅德进善、通惠济难。生或为朋友捐躯，死则哭之于寝”。⑤ 老师和同学是人走出家庭、走向学校和社会之后首先接触的社会群体，因此，谢无量十分重视师友之间的社会伦理。

(3)公与爱：社会交往之常道。社会关系就是人我之关系。“吾身与人并生，人己之间，厉害相关至切，君子设秉常道以立于社会。”⑥这里所谓的君子社会交往的常道到底是什么？谢无量将其总结为两个字：一是公，二是爱。

所谓公，就是无私。所见广博即为公，所见狭小就是私。谢无量认同尸子和商鞅的说法，即人最初都是自私的，利己而好争，后来才渐进于公，慢慢养成利他精神。“公则宽裕而中正，不务损人之所善，不务

① 谢无量：《新制修身教本(四)》，上海：中华书局，1914 年版，第 38 页。
② 谢无量：《新制修身教本(四)》，上海：中华书局，1914 年版，第 37 页。
③ 谢蒙：《伦理学精义》，上海：中华书局，1914 年版，第 112~113 页。
④ 谢蒙：《伦理学精义》，上海：中华书局，1914 年版，第 111 页。
⑤ 谢蒙：《伦理学精义》，上海：中华书局，1914 年版，第 112 页。
⑥ 谢蒙：《伦理学精义》，上海：中华书局，1914 年版，第 112~113 页。

殖己之所便。能尽其力于社会者，殆蔑不先怀公心者也。”①古代制字者以自营为私，背私为公。“人之初生，度必哆然，各营其私。后见夫利害之大者，非一手一足之力所能胜也，必互相依赖，而后可以图存。”所以，顾炎武才会有“合天下之私，以成天下之公”(《日知录》)的说法。因此，人的社会伦理经历了一个从自营到共营的观念转变。

谢无量同时也指出，“公私本相表里。利于公者，未必不利于私也”。② 我国古代有丰富的公共伦理思想。孔子的己欲立而立人、己欲达而达人，墨子的兼爱交利、视人犹己，曾子的人非人不济，汉儒的相人偶为仁，以及宋儒言民胞物与，其实都是公私互为表里，“皆足阐社会义务之精义也”。③ 如此观之，谢无量的社会伦理思想在公德和私德之间找到了一个平衡点，走出了清末民初的公德与私德之争。

所谓爱就是爱其同类。“必爱其类，乃知社会之义务矣”。④ 谢无量赞赏墨子的兼爱思想，认为“墨子言爱，最为博大。夫古一命之士，苟存心与济物，于人必有所济，本爱则推恩及于社会矣。今世有振恤孤寡废疾，而作为慈善事业者，殆莫非爱意之所流与”。⑤ 如此观之，虽然整体而言，谢无量不太重视墨子思想，但是在社会伦理方面，他是非常重视墨子的。谢无量有关社会的起源，社会义务之公与爱的思想，对传统墨家、法家伦理思想的继承和阐发也较多。这也是其折衷主义思想的体现。

(三)现代社会义务之条目

除了重视发掘传统伦理思想资源中的社会伦理思想之外，谢无量对现代社会伦理，尤其是义务论的基本条目也有论述。“社会义务之条目，约言之，则当守礼仪、重秩序、振其公心、加意慈善、敬老、幼

① 谢蒙：《伦理学精义》，上海：中华书局，1914年版，第113页。
② 谢无量：《新制修身教本(四)》，上海：中华书局，1914年版，第37页。
③ 谢无量：《新制修身教本(四)》，上海：中华书局，1914年版，第37页。
④ 谢蒙：《伦理学精义》，上海：中华书局，1914年版，第113页。
⑤ 谢蒙：《伦理学精义》，上海：中华书局，1914年版，第113~114页。

幼、视人犹己、知己之名誉之足贵，则勿毁他人之名誉、知己之财产之宜保，则勿侵他人之财产、尔勿我诈，我勿尔虞。此社会义务之要旨。”①短短几句话，已经概括出社会伦理的主要内容与核心所在。虽然因为篇幅限制，《新制修身教本(四)》中未能就此问题进行深入阐发，但是在其他著作中则多有涉及。

(1)礼仪。人之外貌礼仪体现出的是人的内在学识与道德修养水平，与人之权势大小与财富多少无关。在个人道德部分，我们曾经详细讨论谢无量的礼仪论。“颜色容仪，为人所易忽，而品行之所著在是焉。君子慎之，无论所接之人，为尊于我，为卑于我，为与我同等，待之皆宜温和有礼，不可存一毫倨慢之心。所以尽吾恭敬之实，使人受之而悦，如是之谓有礼。”②“有礼之人，能制其欲，抑其情，慎其口，信人不疑，亦为人所信。”③无论中西古今，这些基本的社会交往礼仪都是不可或缺的。

(2)秩序。现代社会更加复杂多样，为了保证其正常运转，秩序的观念不可缺少。“人生不在好高骛远，矜奇立异，在能从世界通常之道德，而保守其通常之秩序而已。”④因此，社会的方方面面都需要有一定的秩序。例如学校有学校的规则，国家有国家的法律。如果在校不遵守规则，在社会不遵守法律，那就是破坏秩序之行为。无论多么聪明能干，如果不守秩序，那么也不会受人尊重。“己之一身，亦当范之秩序之中。言行容止有定度，只是交际有定时，斯通于男女之常道也。”⑤也就是说，无论男女，遵守社会礼仪和秩序都是基本道德修养。

(3)正义。正义是社会伦理的核心话题之一。仔细考察谢无量的社会义务论，发现其所谓的正义主要指不可损人利己。“正义者，实行己

---

① 谢无量：《新制修身教本(四)》，上海：中华书局，1914年版，第38页。
② 谢蒙：《伦理学精义》，上海：中华书局，1914年版，第181页。
③ 谢无量：《国民立身训》，上海：中华书局，1917年版，第184~185页。
④ 谢无量：《妇女修养谈》，上海：中华书局，1917年版，第42页。
⑤ 谢无量：《妇女修养谈》，上海：中华书局，1917年版，第42页。

之义务，不肯稍损他人之幸福利益，以求自便者也。”①借钱要还，与同事共利害，乃至受人之托忠人之事，都是正义的题中应有之义。谢无量还专门举出苏格兰诗人司各特的例子②，勉励国人应当坚守正义。实际上，他所谈的正义主要指一种信义。跟当代社会公平正义思想还是有些不同。

(4)公德与公益。自梁启超以来，很多近代中国伦理学者十分关注公德问题。一般认为中国自古以来私德发达，而公德却不甚发达，因而大力提倡公德。谢无量也不例外。“文明之程度，悉视公德发达与否为衡。……欧美诸邦，人民颇能恪守公德。吾国则往往计一身一家之私，而不顾公众之厉害。此当勉力以求其养成者也。”③不插队，不高声喧哗，不妨碍交通，不多占座位，不乱丢垃圾，不攀折公园树木，不污损图书馆图书及其他公物等，都是公德之内容。有公德然后才会有公益。“公德发达，然后以公益为务者自多。盖吾人生于斯世，凡所享受者，何莫非社会之赐。吾人何可不图所以增进社会之幸福者。譬如建学校、设图书馆、立病院、修道路、治桥梁及其他一切善举，皆属于公益。男女之有力者，类能为之也。”④谢无量的公德观融汇中西古今，堪称巨细靡遗，可为现代人社会行为之指导。

(5)慈善。慈善是社会义务之重要内容。“人生境遇，千差万别。故有余者，当竭其力以济人之不足。凡仁者皆有不忍人之心。己欲立而立人，己欲达而达人。推其同情所至，安有坐视他人饥饿冻馁而不救者乎。所谓慈善者，不论金钱物品之多少，能称其所处以自尽其力而已。”⑤然而，在谢无量心目中，人的社会义务不仅包括对他人的慈善之

---

① 谢无量：《妇女修养谈》，上海：中华书局，1917年版，第42页。

② 司各特曾与友人合作经商，但不幸遭遇失败。他不仅散尽家财用于还债，而且举借大量外债，使自己陷于极度困厄之中。然而，他通过不断发奋著作，终于还清所有债务。参见谢无量《妇女修养谈》，中华书局，1917年版，第42页。

③ 谢无量：《妇女修养谈》，上海：中华书局，1917年版，第41页。

④ 谢无量：《妇女修养谈》，上海：中华书局，1917年版，第41页。

⑤ 谢无量：《妇女修养谈》，上海：中华书局，1917年版，第41页。

心，而且包括对万事万物的慈善之意。“仁者之为惠也，不仅及于人，而且及于物。对于禽兽虫鱼而不忍杀伤之焉，亦慈善之意也。”①这就有些生态伦理的色彩了。

(6)人权。谢无量提倡视人犹己、人己交利的社会道德观。人是社会的动物，不能孤立生存。因此处理好自我与他人的关系至关重要。“他人与己身，各具独立之人格，各有权利，有思想，有信仰，有感情，有希望。凡知尊重己身者，必知尊重他人。无论境遇有贫富贵贱，而人格则无有差异，皆当遇之以礼。损人利己之事，自好者不为。故他人之权利不可侵也。他人之思想信仰，虽与己异，可从容各陈其意见，不得辄加轻侮嘲弄也。乃至他人之身体，不可加以危害。他人之名誉，不可加以诽谤。”②这是一种新型的人己交利大法。

谢无量所谓的“人己交利之大法”，其实就是要尊重他人之基本人权。不仅要尊重他人的人格，而且要尊重他人的基本权利、思想、感情和信仰。应该说，谢无量的这些伦理思想是非常先进的，符合清末民初的时代思潮。1910 年，陆费逵在《修身讲义》中说，“人与人平等，各有天赋之权利”，侵人权利，“不惟其人受莫大之损失，社会之安宁秩序，或以不保焉”，故侵人权利之事不可为。而人的权利中，最重要的莫过于“人格、生命、财产、名誉”四端。③ 在蔡元培先生那里，这种基本人权被称作“公义”。他说，“吾人之权利，莫重于生命、财产、名誉”。人不能侵犯他人之生命权、财产权和名誉权。“人我之权利，非有径庭。我既不欲有侵我之权利者，则我亦决勿侵人之权利。人与人互不相侵而公义立矣”。④ 谢无量虽未直接使用人权这一概念，但这并不减损

① 谢无量：《妇女修养谈》，上海：中华书局，1917 年版，第 42 页。

② 谢无量：《妇女修养谈》，上海：中华书局，1917 年版，第 40 页。

③ 陆费逵：《修身讲义》(师范讲习科用)，上海：商务印书馆，1910 年版，第 44 页。

④ 蔡元培：《订正中学修身教科书》，上篇，上海：商务印书馆，1912 年版，第 63~64 页。

他对独立人格、个人权利、人生自由、思想自由、信仰自由、财产权、名誉权等基本人身权利的重视。其社会伦理思想的现代性由此可见一斑。

除了以上诸端，谢无量还曾论及其他社会义务，如尊老爱幼、诚信无欺①等，在他处已经有所涉及，此不赘述。

(四)女性对于社会之义务

谢无量十分重视男女平等。虽然他认为妇女应该以处理家政为主，但是也提出妇女应有必要的学识和技能以自立。在他看来，走向社会的妇女和男子一样，也应承担一定的社会责任。“社会上之实力，男女各有其半。男女之相须，如左右手。左手发育虽逊于右手，然无左手则右手亦失其用矣。故女子与男子实同负此社会之责任。”②也就是说，谢无量的男女思想，既包括男女权利的平等，也包括义务的平等。

(1)女性之社会常识。要使妇女也能真正步入社会，承担起应有之责任，就不能不培养其常识以发展其才能。“所谓常识者，即具有一般普通之理解力，有责任心、道义心，有不越乎常规以适应于其时代之识见之谓也。”③所以，谢无量给女性的建议是，在校学习期间，要努力学习“学问之常识”。而在完成学校教育之后，则应当努力获得“世间普通之常识”。学术和社会常识对女性非常重要。“女子必先具有常识，而后能发展其才能。国内女子具有常识者既多，则女子之地位始可得而进也。”④谢无量的这些思想是对过去“女子无才便是德”的思想的一种突破，颇具现代精神。

正因为认识到学识的重要性，所以谢无量大力提倡女学，认为教育有助于女性地位的提高。但是，光有学识而无社会经验(常识)也是不

---

① 谢无量认为，“诚实者，道德之根本也。”参见谢无量《妇女修养谈》，中华书局，1917年版，第43页。

② 谢无量：《妇女修养谈》，上海：中华书局，1917年版，第14页。

③ 谢无量：《妇女修养谈》，上海：中华书局，1917年版，第15页。

④ 谢无量：《妇女修养谈》，上海：中华书局，1917年版，第15页。

够的，“常识之应用最为要也”。① 书本知识必须运用于社会实践，这样个人的见识方能与时代和社会现实相适应。“学问之常识与世间普通之常识，全然二物。人固不可不学，然徒读死书，亦不足以应用于世事也。故常识之难，尤在于读书，而所见能与其时代相适。”②谢无量此论当然是有其道理的，足见其学以致用、经世致用的思想。

谢无量虽然鼓励妇女融入社会，并承担起相应的社会义务，但反对妇女参加激进的社会运动。他说，“社会固有待于进步，然骤进亦必蹶其趾。故今日之女子，但宜先从事学问，以培养其实力，而树自立之基，保存吾国妇学固有之美，而不亟于社会之运动，庶得积渐而与欧美之女子相埒矣”。③ 也就是说，他提倡一种循序渐进式的改良。从提高妇女之学识入手，增强其知识水平和实际技能，使其能够取得一定的经济独立。然后辅以我国传统女性道德之精华，就可以实现妇女社会地位的提高。

(2)女性之社会道德。人是家庭的成员，同时也是社会的成员。因此，谢无量也特别重视女性的社会道德。他说，“家族与社会，为人类生存所须臾不得离者也。积人而成家，积家而成国。国家者，实不外一种之社会。其间聚处之人，不必有血族之关系，而思想感情相通，礼仪相共，危急相扶，乃可以同享其幸福。故女子对于社会亦有通常当守之道德”。④ 在他看来，无论男女，都是社会的一员，因而对于公众都负有一定的道德义务。女性要养成其社会道德，同样需要了解自我与他人之关系、基本的社会交际规范、公德与公益之内涵，也要具备和发扬其慈善心。此外，谢无量还专门讨论了妇女处世之普通道德。其内容主要包括：秩序、正义、诚实、谦逊、宽恕、亲切等。前三项已于他处介绍，此处就后三项道德要求稍加介绍。

---

① 谢无量：《妇女修养谈》，上海：中华书局，1917年版，第23页。
② 谢无量：《妇女修养谈》，上海：中华书局，1917年版，第23页。
③ 谢无量：《妇女修养谈》，上海：中华书局，1917年版，第23页。
④ 谢无量：《妇女修养谈》，上海：中华书局，1917年版，第39~40页。

首先，与人交往以谦逊为美德。“谦逊则彼此之感情始和。若固执己意，两不相让，争由此兴，不可不慎也。”①如果人动不动就夸耀自己的艺能、功劳、名誉、财产或者门阀，不仅会伤害他人感情，而且也会自贬其品格。“盖傲慢以临人，实自状其不德也。”②其次，与人交往要存宽容、宽恕之心。“责己不可不严，而待人不可不恕”“宽之意在乎内，恕之迹在乎事”。③ 他世人好为已甚，吹毛求疵，兴争构怨都是因为缺乏宽恕之心所致。孔子所谓有一言可终身行之者就是恕。最后，亲切、热情在社会交往中也很重要。人仅仅是遵守消极社会道德(如不侵害他人利益)还不够。“人之所以能群者，在于互相亲切。若冷峭落寞，何能群？”④为陌生人指路、救助有疾病之人或雨中给人撑伞等虽然是小事，却可以让接受者感动。这种热心、亲切之行为会让人积久而不忘，给社会以积极、正面的能量。随着国际往来的日渐增多，人们在社会交往中不仅需要对本国人待以热情和亲切的态度，对于外国人也需要如此。这并非崇洋媚外，而是因为外国人远在异国他乡，言语风俗不同，饱受阻隔之苦。如果能给予热情帮助，更能凸显国人之道德修养水平。反之，如果对其加以轻蔑，则非文明人所当为也。谢无量此论虽然出自《妇女修养谈》，但其实也是针对所有国人而言的，不分男女。这也正是他将秩序、正义、诚实、谦逊、宽恕、亲切等称为“处世之普通道德”的原因。与此同时，我们也可以看到谢无量社会伦理思想已经涉及现代人社会生活的方方面面，其伦理思想的现代性特征尤为明显。

(五)社会义务与国家义务之不同

谢无量对社会与国家义务的关系的认识，符合清末民初伦理学者的普遍共识，但也曾提出一些独特见解。例如，1903年，由麦鼎华翻译出版的日本学者元良勇次郎之《中等教育伦理学》中指出，“国家者，为

---

① 谢无量：《妇女修养谈》，上海：中华书局，1917年版，第43页。
② 谢无量：《妇女修养谈》，上海：中华书局，1917年版，第43页。
③ 谢无量：《妇女修养谈》，上海：中华书局，1917年版，第43页。
④ 谢无量：《妇女修养谈》，上海：中华书局，1917年版，第44页。

法律与权力所统一之人民之团体，有治人者，有治于人者，各人相互之间，皆有权利义务。社会者，本人情之自然，而为交际，以互相结合者也”。① 1912年，蔡元培在其《订正中学修身教科书》中指出，“凡趋向相同利害与共之人，集而为群，苟其于国家无直接之关系，于法律无一定之制限者，皆谓之社会”。② 谢无量继承了这一思想，认为社会与国家关系密切，但也有所不同，其主要差异在于社会伦理规范不具法律效应，但也并非全然如此。谢无量认为中国古代社会与国家同时并生，因此，我国社会伦理规范其实也具有一定的强制性，即“社会义务，往往为国家教令之所强制”。③ 此外，受德国法学家基尔希曼的影响，谢无量认为道德是法律之本源，后来才逐渐分离。然而，作为道德最为重要的组成部分，法律有时会与道德形成不可避免之冲突。④ 这充分说明，谢无量的伦理思想能与时俱新，但并不随波逐流，而是有其独特思考在内。

此外，谢无量还曾引用韩非子《八说》中的公私之辨，指出社会伦理与国家伦理出现冲突时的应对之道。“国家伦理之发达，则明于法。社会伦理之发达，则契于道。二者不能无冲突势也。”⑤承担社会义务的关键在于执中，即无过无不及。不及当然不好，但是太过也不对。“师立而为门户，友植而成党，任变而为侠，皆于社会义务，持之太过。虽起私誉，或致公患，此犯禁之文、谴交之论，所以生也。”⑥在谢无量的伦理思想体系中，《礼记·礼运》中的大同、小康社会，分别是社会伦理与国家伦理的代表。大同社会“天下为公，选贤与能，讲信修睦”，

---

① [日]元良勇次郎著，麦鼎华译：《中等教育伦理学》，上海：广智书局，1903年版，第28页。

② 蔡元培：《订正中学修身教科书》(上篇)，上海：商务印书馆，1912年版，第60~61页。

③ 谢蒙：《伦理学精义》，上海：中华书局，1914年版，第110页。

④ 谢蒙：《新制哲学大要》，上海：中华书局，1914年版，第37页。

⑤ 谢蒙：《伦理学精义》，上海：中华书局，1914年版，第114页。

⑥ 谢蒙：《伦理学精义》，上海：中华书局，1914年版，第114页。

因此是社会伦理极度发达的状态。小康社会“大道既隐，天下为家”，必须建立礼乐刑罚制度来规范人之行为，指的就是国家伦理之发达状态。

二、现代社会之职业伦理

近代国民伦理观念的嬗变与社会发展变迁有莫大关系，其中体现最为明显的就是现代职业道德的建立。职业道德是生产发展和社会分工的产物。首先，随着小农经济的解体、现代资本主义的发展，大批失去土地的农民涌入城市，成为产业工人。其次，随着妇女解放运动的深入，大批妇女走出家庭，走向社会，成为职业妇女。这就对职业伦理建设提出了新的课题。谢无量敏锐地把握住时代变迁对国民伦理重构的召唤，对职业伦理进行了一系列深刻的思考。这些思考一方面对我国重“士”，轻“农”“工”“商”的传统进行批判；另一方面，在西方近代职业伦理的基础上，尝试提出了我国职业伦理的基本内容。这些尝试不仅在当时具有重要现实意义，在当前也具有重要理论和现实意义。

（一）职业与职业伦理之重要

职业对于个人和社会具有双重意义。个人需要谋求职业以养家糊口。社会的发展进步也离不开各行各业的发展进步。古代社会分工相对简单，职业不甚发达，士农工商是四种最主要的职业。随着现代科学技术的发展，社会分工越来越细，职业种类越来越多，人们择业范围更加广泛。现代人如果不能择一术以自立，那就只能成为被人鄙夷的惰民。“人材性未必一致，长于此者或绌于彼，因其所近，各俛焉以尽其力，则世无弃材，各得其所。所谓治化，亦使人人并有其职而已。”①这也就是说，政治治理和人民教化水平的基本标志，就是人人都有职业。每个人虽然才性和禀赋有差异，但是都能发挥各自在社会中的作用，这是社会伦理的基本要求。

---

① 谢无量：《国民立身训》，上海：中华书局，1917年版，第125页。

职业并不仅仅是养家糊口而已。谢无量引用马敦的话说，“职业之有益于人，胜于余物。能坚人之筋肉，强人之身体，周流人之血液，敏锐人之精神，矫正人之知识，觉醒其创造之天才，以其智力驰骋于世，鼓其志气，使不甘碌碌，以充男子之事，而尽人之所谓人之本分”。① 这是在鼓励国人在各自职业中努力工作、奋发有为。谢无量甚至认为，“无职业者非人也，未尝以人之事自任也。虽骨与肉重百五十磅，不可谓人。虽脑髓包头盖骨，不可谓人。必有此骨肉脑髓，为事人之事，思人之思，行人之道，戴夫人之性与分之重，而后可以成为人者也。人生之不可无职业盖如此”。② 也就是说，是否从事职业，是人与非人，社会的人与动物的人之区别所在。

对于传统儒家轻视某些职业（如商业）的思想，谢无量解释说，这或许是因为论者主要是针对高明者而言的。儒家其实并不排斥普通人从事商贾贸易。例如，许衡就曾说“治生为亟，则商贾”。③ 随着社会日益进化，人民思想更加开放，从事商贾贸易者也多有高尚德行。商贾贸易可以满足人的生活之需，没有什么值得隐讳或歧视的。“生理为人所自然不可缺，求生理而讳其名，则世习为伪。内好利而外言仁，其行殆”。④ 如此看来，谢无量的职业道德是符合新兴资本主义发展需要的、具备现代精神的伦理道德思想。

（二）职业伦理之内容

谢无量的职业伦理思想包含许多方面的内容，却没有一个系统。本书就其职业伦理之大端作如下几点总结。

（1）致力于实务。我国古代社会重士而轻农工，从而导致“尚空理而忽实务。故物质之文明，郁而不发”⑤，最后造成国家民族因落后而

---

① 谢无量：《国民立身训》，上海：中华书局，1917 年版，第 128 页。
② 谢无量：《国民立身训》，上海：中华书局，1917 年版，第 128 页。
③ 谢无量：《国民立身训》，上海：中华书局，1917 年版，第 125 页。
④ 谢无量：《国民立身训》，上海：中华书局，1917 年版，第 125 页。
⑤ 谢无量：《国民立身训》，上海：中华书局，1917 年版，第 95~96 页。

挨打的局面。放眼世界，欧洲各国之所以繁荣昌盛，无疑不是重视实务，重视科学工艺所赐。因此，现代职业伦理建构的一个重要方面，就是要改变传统重士轻农工的职业观念。“吾人将以立国，将以立身，皆不可不致力于此。”①谢无量尤其重视近代科学工艺发明。“人生最大之义务，惟在于自利利他而已。自利利他之道虽多，而其实际之效，尤莫如发达工艺。盖工艺之进步，则国家生产之力强，个人资生之道广，利用厚生莫大乎是。”②如此可知，谢无量是充分发挥了佛教伦理思想(自利利他)在现代国民道德重构中的作用。其职业伦理有助于解放人们的思想，促进近代资本主义生产的发展。面对清末民初国家政治混乱，百废待兴的现实，谢无量提倡以实业救国。“工艺之盛衰，亦可补国家之治忽也。”③近代的科学工艺大家之所以能够有所发明创造，并不是因为他们本身是奇人、异人，而是依靠其勤勉苦思得来的。谢无量考察了大量中西古今工艺发明家之事迹，目的是通过榜样的力量为国人树景行之规。他分析了我国近代科技落后于人的原因，认为“吾国人自来以科学工艺著者，未必无其人，特国家奖励之道未至，而社会褒扬而利用之者少，是以其艺未极也”。④ 因此，要促进科技的发展，离不开国家政策和社会风气的改变。谢无量所做的工作，就是在建立新的职业伦理，引导新的社会风气。

因此，谢无量尤其反对古人将科学技术贬低为奇技淫巧的观点，并提出了自己对于“巧”的新解。“所谓巧，利于人谓之巧，不利于人谓之拙。”⑤谢无量此论的目的，是想通过重新解释传统观念，为其注入富有时代气息的内涵，来鼓励国人改变传统的职业伦理观念，拥抱现代科学技术。他相信科学技术的发展不仅能满足人们的物质需求，还有助于实

---

① 谢无量：《国民立身训》，上海：中华书局，1917年版，第96页。
② 谢无量：《国民立身训》，上海：中华书局，1917年版，第111页。
③ 谢无量：《国民立身训》，上海：中华书局，1917年版，第97页。
④ 谢无量：《国民立身训》，上海：中华书局，1917年版，第96页。
⑤ 谢无量：《国民立身训》，上海：中华书局，1917年版，第98页。

现国家的繁荣昌盛，弥补国家政治之不足。为了提振国人自信，他不仅梳理了历史上工艺发明大家的事迹，还提出自己的“西学中源”说。谢无量指出，我国历史自汉魏以下，如张衡、蒲元、马钧、祖冲之等工艺发明家代不乏人，并能造器，究极精微。后世虽然有继承者，但不被重视，因此，传习者不多。“西方科学工艺，其始颇亦源渊于中国，惟彼治之甚勤，充之不已，至于今日，遂以独擅其奇。《史记》谓畴人子弟分散，或适西夷，说者遂谓天算之术，西人先实资之中国者，此外如指南车遗法之用于航海，道家方士炼丹之术，自印度传入西方，遂启化学，乃至印刷术、瓷器等，皆中国先有。故谓中国人不及西方之巧者，自为目论，有务有不务耳。”①谢无量此论虽有可商榷之处，但是其目的在于提振中国人对于实务，尤其是科技创新的重要性的认识。其拳拳之心当然是值得肯定的。

当今世界职业各种各样，但有一点却是一样的，那就是职业精神。“实务固不一端，其所以成之之道亦不同，然其所以成之之精神，则未尝不同也。夫读书不治事，无为贵士矣。”②谢无量一改过去学而优则仕的思想，鼓励国人不要死读书，而是要读有用之书，做有用之人。能胜任社会实际实务的人，才是对社会有用的栋梁之材(贵士)。其经世致用思想由此可见一斑。然而，要成为这样的实务家并非易事。“必有特别之才能，有统一多数人劳动能力，有当机敷事之敏慧，有通达人情之实智，有勉力自修之恒心，有练习事务之经验。凡成大功业者，所当具之性能，实务家无不当具之。”③也就是说，要成为对社会有用的实干人才，不仅需要特别才能、领导力、应变力，而且要有较高道德修养水平。这也是谢无量重视职业伦理的重要原因。

(2)职业无贵贱。职业平等思想是现代职业伦理的一个重要方面，与人人平等的思想是一致的。为了宣传职业平等思想，谢无量充分发掘

---

① 谢无量：《国民立身训》，上海：中华书局，1917 年版，第 99 页。
② 谢无量：《国民立身训》，上海：中华书局，1917 年版，第 126 页。
③ 谢无量：《国民立身训》，上海：中华书局，1917 年版，第 126~127 页。

了中西思想资源，他认为，“人之贵贱，了不关于职业。职业不能使人贱，惟人或使职业贱耳”。① 谢无量指出，自古以来，很多德高望重的大学问家都曾从事比较简单、粗糙的工作。孔子自称少贱故多能鄙事。柏拉图在埃及旅行的时候曾卖油筹集路费。荷兰哲学家、伦理学家斯宾诺莎(Spinoza)曾以磨玻璃为生。英国文豪莎士比亚曾执业剧台，等等。这些在后代声名远扬的人物，并不因为他们从事过低贱的职业而使他们的声名有所贬损。人之贵贱关键在于人之内心纯洁与否。内心纯洁高贵，其人即纯洁高贵，反之亦然。“所谓贵者，岂不以其心之纯洁。所谓贱者，岂不以其心之秽浊。心在内也，纯洁与秽浊，在内者也。职业在外者也，亦求之内而已矣。”②这也就是说，人之高贵与否，关键在于一己之品性，与其所从事的职业无关。换言之，职业本身无所谓贵贱。这与孔子“人能弘道，非道弘人”的思想也是一致的。

(3)成功之常道。人要取得职业上的成功，需要具备一定的道德素养。在谢无量看来，这些素养主要包括忍耐、勤勉与专心，也就是日常道德修养的基本德目。③ 首先，无论从事何种职业，都离不开勤勉坚忍之功。其次，人要有所成就，天资、学问和实行缺一不可。“实行不已，从善不厌，己有所短，不惮立改，是谓大智成事之秘，尽于此矣。”④谢无量反对那些持依赖、等靠思想的人，认为“职业之有成，惟当依赖自己，而不依赖他人。凡吾身之幸福安宁，皆吾力之所自为也”。⑤ 他也猛烈批评那些祈求幸运光顾的人，认为这就好像是一种赌博行为，正人君子是不会等待天上掉馅饼的。“欲趋善路，不可畏远也。路远则费时日经劳苦愈多，而其中所生之快乐，亦愈真实。虽寻常

① 谢无量：《国民立身训》，上海：中华书局，1917 年版，第 127 页。
② 谢无量：《国民立身训》，上海：中华书局，1917 年版，第 127 页。
③ 谢无量：《国民立身训》，上海：中华书局，1917 年版，第 129 页。
④ 谢无量：《国民立身训》，上海：中华书局，1917 年版，第 129 页。
⑤ 谢无量：《国民立身训》，上海：中华书局，1917 年版，第 129 页。

辛苦之业，若每日能完成其定课，则余时皆觉其甘也。”①也就是说，如果要取得职业上的成功，坚持中国人的吃苦耐劳精神不可少。

(4)精细之习惯。细节决定成败。从事任何职业，都应当精细不苟。“人生虽至细之事，皆不宜忽。凡一家之破灭，一国之覆亡，其始皆起自细微之事，故其渐不可谨也。……治事之士，当养成精细之习，自能丝忽不妄。察物当精细，出言当精细，治事当精细，处处检点，务令完善，行一小事而完，胜于行十事而未完也。”②这也就是古人所说的“徐行者先至”的道理。如果不能养成精细之习惯，“人虽有才具，有品行，而常疏漏脱略，则决不能为人所倚任。所为无论何事，不始终完备，不得不改作，如此则一生之间，唯烦扰哗闹，不能成就一事也”。③如果能在小事上都十分精细，那么大事上精细也就不难。谢无量之所以将“精细之习惯”作为职业道德之一种，是视其为医治国人做事马虎、“差不多就行”的态度的一味良药。

(5)循序而渐进。谢无量还强调做事统筹安排和循序渐进。“人之作业治事，又贵循序。能循序者，不求速而自速。”④事实上，循序渐进与上面谈到的忍耐、精细、有恒和专心都是相关的。“夫能精细而循序者，必有恒者也，必专心者也。一事之成败之差，其几至微。成者守其一事，孳孳不已，故常能有成。败者今日为之，明日败之。右手作之，左手破之。有恒者，常转祸为福，因败而为功。非必其才能之殊，即其乾乾不息之效也。”⑤谢无量强调循序而渐进，是教给国人从事任何职业所通用的方法。

(6)专注之重要。谢无量不仅强调精细，而且强调专精。人之精力有限，如果能将有限的精力专注于一件事情，则其效果一定非常明显。

---

① 谢无量：《国民立身训》，上海：中华书局，1917年版，第129页。
② 谢无量：《国民立身训》，上海：中华书局，1917年版，第130页。
③ 谢无量：《国民立身训》，上海：中华书局，1917年版，第130页。
④ 谢无量：《国民立身训》，上海：中华书局，1917年版，第131页。
⑤ 谢无量：《国民立身训》，上海：中华书局，1917年版，第131~132页。

他说，“奔流激岩，其迹不见也。故精力之凝聚，其功实多。今之时代，一精力凝聚之时代也。昔求以马力之器械，今求一器械而有十马力者代之，故社会之上，亦求一人而有十人之力。所知不必多，能精一鄙事，胜于博学而不精也。……世之终身碌碌者，皆坐以细事分割精力，而不知专注一事”。① 这对于纠正现代人的兴趣和精力过于分散、时间过于碎片化导致最后一事无成的毛病，也是非常有指导作用的。专注意味着必须有所取舍。“事多则心滋乱，而失其精力。精力一失，何事可成？……故人人但能就当时实用之目的，集聚其精力以为之，其有益于国家便甚大也。”②也就是说，人之专注精神不仅有益于自身事业的成功，而且对于社会、国家也大有裨益。

(7)改行与跳槽。人有不同的才性和兴趣，所适合从事的职业也各有不同。现代社会职业种类发达，就业机会也有很多，因此，改行和跳槽成为十分普遍的社会现象，其中也不乏盲目、混乱和有悖职业道德的情况，因此急需予以规范和调节。改行和跳槽者首先需要有自知之明。如果发现自己确实不适合当前所从事的工作，如已经倾注全力还是无法取得成功，改行或者跳槽当然是可以的。“人之于职业，有宜于此而不宜于彼者，欲因材而各适其适，则不可不有自见之明，虽改业无伤也。”③但是，谢无量提醒国人，“改业虽无所不可，然亦必屡经失败，必不得已而后为之”。④ 人在改业求变通之后，仍然要专心致志，不能心浮气躁，轻易一换再换。热爱当前所从事的职业，也是人所应当承担的社会义务之一。

热爱自己的职业，才能保持对职业的忠诚。忠诚是现代职业伦理的一个重要方面。“人必忠于当时所操之职业，即忠于父母，忠于主人，忠于己身，忠于社会之道。于职业不肯放弃其责任，久之兴趣自生，而

① 谢无量：《国民立身训》，上海：中华书局，1917 年版，第 132 页。
② 谢无量：《国民立身训》，上海：中华书局，1917 年版，第 134 页。
③ 谢无量：《国民立身训》，上海：中华书局，1917 年版，第 134 页。
④ 谢无量：《国民立身训》，上海：中华书局，1917 年版，第 135 页。

有相当之成功矣。”①现代社会职业种类繁多，实力强劲的优秀人才也为数众多，一开始感到不适应的情况自然不少。但是，如果人人都不忠诚于自己的职业，人人都易地而后快，也会引发一些社会问题。因此，谢无量建议，在变换工作之前一定要想清楚所选择的时间和地点是否合适。此外，还需要考虑自身的能力问题。如果自身能力突出，则拥有更多选择自由；如果自身能力一般，改业和跳槽就不能不慎重。此时，安守本分和自知之明或许更为重要。

（三）女性职业伦理

随着清末民初越来越多的妇女走出家庭，或从学校毕业，走向社会成为职业女性，女性职业道德建设被提上议事日程。过去，女性地位不高与其职业方面的限制有莫大的关系。“人生以职业为最贵。女子之地位，所以逊于男子者，亦职业之限制使然也。今世女子进步稍胜于前。昔日立名成业，为男子所独有之特权。今则女子亦可勉而跂之。欧洲女子有著述家，有事务家，近且汲汲与参政之权。盖其才智未必遽与男子相远，为境遇相沿之有异耳。社会日进，则女子从事职业者必日多。故职业问题，是男女共通之问题也。”②由此可以看出，谢无量认为成名立业不再是男人的特权，随着社会的发展进步，女性也同样可以做到。因此，不能不关注女性职业及相关之伦理问题。谢无量的女性职业伦理思想，颇能凸显其女性主义思想和职业伦理思想之精华所在。

（1）艺术职业与女性自立。古代社会女性职业并不发达，封建道德强调女性的“三从四德”，所以，女性要实现独立自主的生活非常困难，从而造成女性长期依赖男性生活，社会地位无法提高的局面。到了现代社会，要保证妇女地位就不能忽视其自立之道。谢无量提出，“艺术职

① 谢无量：《国民立身训》，上海：中华书局，1917 年版，第 136 页。

② 谢无量：《国民立身训》，上海：中华书局，1917 年版，第 136~137 页。

业，所以助成女子之自立者也”。① 此处所谓的艺术，实际指的是技艺。也就是说，女性需要学习一定的专业技能，为日后自立之生活做准备。清末以降，随着传统经济结构的解体，充满竞争性的现代社会一方面为女性争取政治权利和经济独立提供了机遇，另一方面也对其职业素质提出了一些新的要求。

(2)女性职业之类型。清末民初，女性从事职业有两种情况。一种是不需要离开家庭而从事的职业，例如慈善事业和文学艺术之类。另一种是需要离开家庭生活而独立自营的，例如在商店上班或从事其他社会事业等。谢无量虽然认为女性天生长于家政之处理，但是在社会职业方面，女性如果能专心致志，其成就并不输于男性。② 女性也可以成为著作家、科学发明家、音乐家、美术家。女性经营实业，也往往有昭著之效。

女性在学校中可以学习各种科学技术，然而，女性特别适合学习艺术(技艺)，“以供社会之用，而为自立之资”。③ 现代社会可供女性修习的实用技术包括装饰、裁缝、编织、烹饪、养蚕、纺织、机织、印染等。其中装饰艺术又包括造花、刺绣、绘画、音乐、雕刻、园艺，等等。从事这些职业不仅可以学习高等之艺术，而且能够锻炼身体。此外，由于女性在学校所受的往往是普通教育，而不是专门的职业教育，因此，女性要从事职业，还应该自己加以补习或自修。

随着社会的不断发展进步，女性的就业面会越来越广，可供女性选择的职业范围会越来越大。“社会益进于复杂，则职业之种类亦增加。男子既日不暇给，而女子之教育渐良，可以任男子昔所专治之事。此女子职业范围扩充之原因也。”④应该说，谢无量的这一观点是符合新兴资产阶级道德需求的。但他同时指出，女性职业选择面虽然在扩大，但是

① 谢无量：《妇女修养谈》，上海：中华书局，1917 年版，第 44 页。
② 谢无量：《妇女修养谈》，上海：中华书局，1917 年版，第 48 页。
③ 谢无量：《妇女修养谈》，上海：中华书局，1917 年版，第 53 页。
④ 谢无量：《妇女修养谈》，上海：中华书局，1917 年版，第 54 页。

也还需要因时察势，不可一概而论。以妇女的天性来看，教师、保姆是最适合女性的职业，而研究医学则对女性最有帮助，因为女性一生常常为疾病所苦。

(3)女性择业注意事项。男怕入错行，女又何尝不是如此。“职业之选择，最要慎之于始。”①女性择业需要注意的有如下几点。第一要看个人性质、才能与兴趣。这是因为女性自由时间比较有限，所以最好预先做好计划，选择才性相适的职业才不会中途而废。第二要看自己与家庭是否能够提供足够的学费来完成学业。第三要从自己现在的处境来考虑将来的境遇，也就是说，女性在结婚之后，家庭状况与自己的职业最好不要有冲突。

(4)女性之特长所在。相比于男性，女性在某些方面非但不输于男性，反而具有一定的优势。谢无量将其总结为如下五个方面：“常勤勉不息一也。虽单纯无味之事务，而能忍耐持久二也。处置事物，每能精细三也。不敢立意为大恶事，四也。不似男子之多嗜好，如吸烟、酗酒之类，五也。”②谢无量充满信心地预言说，等将来社会风气大通，女子教育普及之后，女性从事社会事业，并成为“事务家”者一定会逐渐增多。

(5)女性应专精一艺。谢无量提出，女性应该有一技之长。唯有如此，女性才能实现自己的经济独立。现代欧美女性多从事电信、邮政、银行、商店等社会事业，但是因为风俗习惯的差异，我国女性短时难以达到如此职业化程度。此外，导致我国女性职业不发达的另一个重要原因，是真正精通某种技艺的女性少之又少。因此，女性要注意常识培养，专注于自己的学业。如果能够做到这一点，就不必担心将来无自立之地位。他说，“女子之智能既已进步，则社会职业之需要女子者，亦因而益多。女子有独立之生活，不全倚恃男子。一家男女老幼各得尽力

---

① 谢无量：《妇女修养谈》，上海：中华书局，1917年版，第53页。
② 谢无量：《妇女修养谈》，上海：中华书局，1917年版，第55页。

其相当之勤务，不啻骤增一国之富源也”。① 这是对女性半边天作用的充分肯定。

第四节　国家伦理之建构

对于近代中国伦理学者而言，国家伦理是一个至关重要的命题。近代历史是一个中华民族面对内忧外患、饱受凌辱和动乱之害的时代，因此也是一个救亡图存、争取民族独立和国家富强的时代。在饱受屈辱与不断抗争的过程中，“国民当如何修身，如何对国家尽一份责任和义务，不仅关乎个人荣辱，更关乎国家的前途命运，因此，忧国、为国、爱国无不成为近代仁人志士最强烈的呼声”。② 谢无量等一批先进的伦理学者积极致力于近代国家观念的建构，并向国人指出其应该承担的对于国家的责任和义务。

一、树立正确的国家观念

中国人近代国家观念的形成，与近代内忧外患的政治形势与西方政治思想的传播密切相关。由于长期实行闭关锁国政策，导致国人对世界的认识严重不足。1840 年的鸦片战争，促使一部分先进的中国人开始开眼看世界。然而，对于普通民众而言，他们对外部世界的了解还非常有限。甲午中日战争中，泱泱大国惨败于蕞尔小邦，深深刺痛了麻木沉睡的中国人。八国联军攻陷北京之后，朝野为之震动，全国上下各个阶层的民众才真正开始警醒，并感受到迫在眉睫的亡国灭种之危机。此时，中国人对古人“国破家亡”的道理有了更为深刻和直观的感受。随着西方现代民主、立宪等治国思想的传播，中国人的现代国家观念开始

① 谢无量：《妇女修养谈》，上海：中华书局，1917 年版，第 55 页。

② 王小静：《清末民初修身思想研究——以修身教科书为中心的考察》，北京：人民出版社，2012 年版，第 149 页。

形成。

在《论国家》一文中，陈独秀曾详细描述自己的国家观念形成过程："我十年前，在家里读书的时候，天天只知道吃饭睡觉。就是发奋有为，也不过是念念文章，想骗几层功名，光耀门楣罢了。那知道国家是什么东西，和我有什么关系呢？到了甲午年，才听见人说有个什么日本国，把我们中国打败了。到了庚子年，又有什么英国、俄国、法国、德国、意国、美国、澳国、日本八国的联合军，把中国打败了。……我生长20多岁，才知道有个国家，才知道国家乃是全国人的大家，才知道人人有应当尽力于这个大家的大义。我从前只知道，一身快乐，一家荣耀，国家大事，与我无干。那晓得全树将枯，岂可一枝独活；全巢将覆，焉能一卵独完。自古道国亡家破，四字相连。若是大家坏了，我一身也就不能快乐了，一家也就不能荣耀了。我越思越想，悲从中来。"①

那时，很多人就和少年陈独秀一样，对于国人只知有家，不知有国，只知道保守自己财产，不知道现代国家的国民义务，也缺乏应有的参与意识，以为国家大事与普通百姓没有关系。我国虽有"天下兴亡，匹夫有责"的古训，但在普通民众当中，基本上还是"个人自扫门前雪，不管他人瓦上霜""事不关己高高挂起"的态度，以为国家大事有皇帝和官府做主，与平头百姓无干。这都是因为没有确立起适当的国家观念的缘故。②

因此，树立正确的国家观念成为近代救亡图存的重要内容，也是近代国民道德重构的重要内容。1900年的北京之行，让谢无量对国破家亡、政治腐败和民不聊生的社会现状有了直观的体验。他辗转回到安徽和上海后，坚决放弃科举之路，决定投身社会实践，积极参与社会运动，并从事著述和翻译活动，丰富国人对近代立宪制度和国家伦理的认识。

---

① 陈独秀：《说国家》(1904年6月14日，《安徽俗话报》第五期)，《陈独秀著作选》第一卷，第55页。

② 谢无量：《新制修身教本(四)》，上海：中华书局，1914年版，第39页。

谢无量认为，“有人民、土地、法度，而营都邑以安阜之，则古称建国”。① 他的这一认识虽然根源于我国固有思想，但与清末民初诸多伦理学者的认识也一致。例如，1906 年，杨志洵《中等修身教科书》中指出，国家有三大构成要素：“一曰定土，二曰众民，三曰主权。”② 1907 年，蔡元培在其《中学修身教科书》中说，“国也者，非徒有土地有人民之谓，谓以独立全能之主权，而统治其居于同一土地之人民者也”。③ 1910 年，陆费逵在《修身讲义》中说，“人口、土地、主权，为国家之三要素”“缺一即不可以为国矣”。④ 1913 年，樊炳清在其《共和国教科书修身要义》中也指出，“国所与立，非徒有土地、有人民之谓，又必有独立全能之主权，以辖制之，而后可谓之国，土地、人民、主权，是谓国家之三要素”。⑤ 然而，树立正确的国家观念不仅是要了解国家的构成，而且需要了解个人、家庭、社会与国家的关系。

首先，个人与国家关系密不可分。受近代社会进化伦理思想影响，谢无量认为国家是个有机体，而个人是其组成部分。“国家者，集合个个之众人而成，当使个个之众人，服从于国家同一法律之下，秩然如一有机体而不可逾者也。”⑥他又说，“盖个人之力，即国家之力。个人之力弱者，国何有矣”⑦“积我之力，以为国家社会之力，积我之个性人格之力，以为国家社会生存强盛之力。如是焉，而后可以达于文明之极轨。”⑧

---

① 谢蒙：《伦理学精义》，上海：中华书局，1914 年版，第 115 页。

② 杨志洵：《中等修身教科书》，上海：文明书局，1906 年版，第 3 页。

③ 蔡元培：《中学修身教科书》（第四册），上海：商务印书馆，1908 年版，第 1 页。

④ 陆费逵：《修身讲义》（师范讲习科用），上海：中华书局，1910 年版，第 53 页。

⑤ 樊炳清：《共和国教科书修身要义》（中学）（卷上），上海：商务印书馆，1913 年版，第 43 页。

⑥ 谢无量：《韩非》，载《谢无量文集》（第一卷），北京：中国人民大学出版社，2011 年版，第 331 页。

⑦ 谢无量：《国民立身训》，上海：中华书局，1917 年版，第 10 页。

⑧ 谢无量：《国民立身训》，上海：中华书局，1917 年版，第 71 页。

因此，在谢无量看来，“国无道而贵耻也。国有道而贱耻也”。① 不仅如此，他还认为女性与男性一样，也需要承担起对于国家的责任和义务。他说，我国历史上本来扶阳抑阴，“然以王霸雄略之主，而其成功犹多假助于妇人，然则内助恶可少哉”。② 当国家陷入危难之中，也有诸如花木兰、穆桂英等巾帼英雄挺身而出。因此，谢无量说“危难之中，谁谓女子知爱国为无益哉”。③

其次，家与国是同构关系。“吾国以国之本在家，故人人有对于家之义务，即同时而有对于国之义务。古者夙隆君臣之义务者，或疑其效忠于一人过甚，然推其原理，殆以一君为国之代表，故即以效于君者，效于其国耳。”④谢无量这一观点的进步性非常明显。封建时代的国家观念是皇帝一家的“家天下”：“普天之下，莫非王土。率土之滨，莫非王臣”。谢无量却认为，国君其实是一国之代表，因此，根深蒂固的传统“忠君”观念就可以成功转化为“忠于国家”的现代观念。谢无量对传统伦理的创造性转化由此可见一斑。

再次，社会与国家各有其功能。在“社会伦理”的结尾部分，我们曾经详细介绍谢无量论社会伦理与国家伦理之区别，此不赘述。在谢无量看来，“国家与社会，虽相似而实非。凡人情之所通，小之自亲戚朋友之集合，大之至于人类全体，皆得谓之社会。至于国家，则有一定之组织。此国与彼国之间，或时异其利害，故国家之成立，一则以求人民之幸福安宁，一则以防敌国外患”。⑤ 谢无量此论不仅辨明了社会与国家组成方式之异同，而且说明了国家对于国民之义务所在，即对内保障人民幸福安宁，对外以防敌国外患。

事实上，个人对于家族、社会的义务都在国家义务之中。家是国之

---

① 谢无量：《妇女修养谈》，上海：中华书局，1917 年版，第 81 页。
② 谢无量：《妇女修养谈》，上海：中华书局，1917 年版，第 95 页。
③ 谢无量：《妇女修养谈》，上海：中华书局，1917 年版，第 17 页。
④ 谢无量：《新制修身教本(四)》，上海：中华书局，1914 年版，第 39 页。
⑤ 谢无量：《新制修身教本(四)》，上海：中华书局，1914 年版，第 39 页。

本，群是治之源。国与家的关系是相即不离的。这也就是《礼记》所称的修齐治平一贯之旨。谢无量在解释《周礼》建国之制的时候指出，“家国天下，其义务各有所当，不可乱矣。有一家之观念者，为一家之人。有一乡之观念者，为一乡之人。有一国之观念者，为一国之人。有天下之观念者，为天下之人”。① 这就是说，谢无量认为人要树立起适合自己身份的国家观念。而且，个人对于国家的义务，不仅仅是对于自己母国之义务，而且包括对于天下其他国家的义务。只不过君子对于故国“念之尤深”而已。孔子到了异邦，必闻其政。既然君子到了异国他乡尚且必闻其政，何况是在本国呢？因此，“国之所耻无异国民人人之耻；国之所荣，无异国民人人之荣。如是乃能爱国而尽其义务矣。此国家观念之必要也”。②

二、个人与国家互负义务

谢无量的国家伦理集中于国家义务论中。其国家义务论分为国家对国民之义务和国民对于国家之义务。对于前者，他所谈不多。主要观点就是国家有对内保障人民生命、财产和幸福以及社会安宁的义务，对外有保障国家不受外来侵略、侮辱的义务。对于后者，谢无量所谈相对较多，可以总结为守法律、服兵役、交租税、受教育四个方面。

(一)守法纪之义务

个人对于国家之义务，首先就是要树立正确的法律观念。“人之所以当尽义务于国家者，以国家能保卫其生命财产名誉也。而其所以保卫之者，则法律是已。故既知己之生命、财产、名誉之足重，亦知他人之生命、财产、名誉之足重而不侵犯之，此为对于他人之义务，亦即对于国家之义务，盖出自尊重法律之心也。”③管子认为，法是天下之至道，也是天下之程式，为天下所共有，也是天下所共立，是处理人间日用之

---

① 谢蒙：《伦理学精义》，上海：中华书局，1914年版，第116页。

② 谢无量：《新制修身教本(四)》，上海：中华书局，1914年版，第39页。

③ 谢无量：《新制修身教本(四)》，上海：中华书局，1914年版，第40页。

道。谢无量对此十分赞同。在他看来，古代的悬书、布宪之事，就是为了使法律观念普及于人民大众之中，让他们“相戒以犯禁，相劝以守义，则侵越之行寡，而国家之化成矣”。①

谢无量比较了古代的立法主体与今天的立法主体的差别。“古之为法，上之人虑民之所宜，而作法以治之。今之为法，民自虑其所宜，而作法以自治。”②在古代，法律制度设立之后，统治者会通过悬书、布宪等方式来宣传。但是，中国已经推翻君主专制，正在建立民主共和制，所以民众需要知道共和制度下人民自己立法以自治的道理。国民既明白国家之观念，又了解法律之观念，就可以尽其义务于国家。他说，“若夫立宪国家，其法律与政府，咸由国民之意所称，政府之施行法律，不过如建筑者实行绘图者之意而已。然则立宪国民，尤当富于法律观念，乃无负一国家之义务也”。③

（二）服兵役之义务

国家成立之后，难免会遇到内乱与外患，因此要保有一定的军事力量。战争虽然难免杀戮和破坏，但有时战争不可避免。《司马法》中指出，“杀人安人，杀之可也。攻其国而爱其民，攻之可也。以战止战，虽战可也”。（《司马法·仁本》）这就是古人所谓的“天讨有罪”说。既然是天讨有罪，那么战争就有其正义性。谢无量对近代欧洲的兵役制和我国固有的兵役制进行考察后指出，“执干戈以卫社稷，亦国家义务之不可缓者也”。④ 也就是说，人民服兵役，参与正义的战争，既是服从天命的要求，也是尽人之职分的必然要求。

（三）纳租税之义务

建立国家意味着建立一整套与之相应的礼乐政教制度，并需要供养专门人才来进行管治。因此，国家机构的正常运转，需要巨额资金支

---

① 谢蒙：《伦理学精义》，上海：中华书局，1914年版，第117页。
② 谢蒙：《伦理学精义》，上海：中华书局，1914年版，第117~118页。
③ 谢无量：《新制修身教本（四）》，上海：中华书局，1914年版，第40页。
④ 谢无量：《新制修身教本（四）》，上海：中华书局，1914年版，第40页。

持。这些资金从何而来？当然只能从国民而来。“夫立国以为民也。国既立矣，将制国之用。舍取诸民以外，无他道焉。且非取之民也，民固自尽其义务，以为立国之所任也。”①“各国皆供以人民之租税。故租税为万国所同有。国家之成立，若不得所以给其用者，将一事莫能治。”②有人认为，人民给国家纳税，其实是向政府支付保护费(报酬)。谢无量不同意这种观点。“保护人民为国家对于人民之义务。纳税则人民对于国家之义务，非所云报酬也。故纳税之义务，实与有生俱来。无论财产多寡，职业如何，无不当从法律之规定，纳适当之租税于国家焉。”③封建专制统治的末期，各种名目的租税徭役压得老百姓喘不过气来，使其忘记了交租纳税本是个人对于国家义务之一种。谢无量考察了古代租税制度，认为“视国家之责，若己之责，汲汲先公后私，非有所强制于其间也。此中国租税制度之原”。④ 这也就是说，无论是在古代，还是在现代社会，纳税均为国人之义务，也是其道德修身之一义。

(四)受教育之义务

接受教育既是一种权利，也是一种义务。“此身既为国家之身，则当养其才能，以备国家之用。若自暴自弃，耻莫大焉。”⑤中国古代的兵役、租税、教育制度，在井田制时期就已经非常完备。当时小孩八岁入小学，十岁就外传。也就是说，超过十岁还没有入学的，国家将采取强制措施。这就是古代的义务教育制度。学子十五岁入大学，成绩优异的移于乡入庠序，庠序之学优异者移于国入太学，成为造士。“然而爵命焉。是学成而负国家义务之始。”⑥这是古代的情况。到了现代社会，教育的大门是向所有适龄儿童敞开的，这是他们的权利，同时也是他们的

---

① 谢蒙：《伦理学精义》，上海：中华书局，1914年版，第119~120页。
② 谢无量：《新制修身教本(四)》，上海：中华书局，1914年版，第41页。
③ 谢无量：《新制修身教本(四)》，上海：中华书局，1914年版，第41页。
④ 谢蒙：《伦理学精义》，上海：中华书局，1914年版，第120页。
⑤ 谢无量：《新制修身教本(四)》，上海：中华书局，1914年版，第41页。
⑥ 谢蒙：《伦理学精义》，上海：中华书局，1914年版，第121页。

义务。“逸居而无教，则近于禽兽。受教育之义务，诚凡民之所必勉者与。”①无论男女，人人接受教育，意味着他们将共同担负起对国家之义务。② 由此可见，谢无量国家伦理思想在当时是十分先进的。正是在这种受教育为国民之义务的思想基础上，我国建立了现代义务教育制度，保证了适龄儿童(包括女童)受教育的基本人权。

第五节 生态伦理之阐扬

谢无量的国民伦理重构还包括对我国生态伦理思想的继承和阐发。他将其称为人对于万有之义务。所谓万有主要包括两个方面，一是生人、养人的天地，二是与人并生的万物。我国传统文化拥有丰富的生态伦理思想，体现出一种博大而和谐的生命精神。中国古代哲学提倡天人合一，认为人可以通过与天地万物融为一体来体认宇宙的根本精神。既然天道与人道贯通为一，那么人就应该把个人的小生命融入宇宙的大生命之中，最后达到一种与天地万物和谐共生的境界。以现代的眼光来看，这样一种道德观念所体现的，是中国古人尊重自然、保护自然、顺从自然的精神。然而，在这个尊重、保护和顺从的过程中，人并未丧失其主体地位。按照焦国成的话说，人依然是万物之灵长，是宇宙中唯一能够认识万物一体关系的精灵。在广漠浩瀚的大宇宙中，也只有人能够以主体的身份去参赞天地之化育，去关怀天地万物。③ 在现代社会，这样的道德观念具有非常重要的意义。近代以来，社会生产力的发展极大改善了人类物质，但同时也促使其物欲不断膨胀，导致自然资源和生态环境被掠夺和破坏，引发天灾人祸和生态危机，最终威胁到人类自身的健康、幸福和可持续发展。因此，有必要充分发掘传统生态伦理的现代

---

① 谢蒙：《伦理学精义》，上海：中华书局，1914年版，第122页。

② 谢无量：《新制修身教本(四)》，上海：中华书局，1914年版，第41页。

③ 焦国成：《传统伦理及其现代价值》，北京：教育科学出版社，2000年版，第37页。

价值，肯定人在管理地球、维护生态平衡中的责任和义务。

中国先民认为，“万物本乎天，人本乎祖，此所以配上帝也。”(《礼记·郊特牲》)因此，人类通过自我修身，使自己的行为无愧于天，就是人对于天之义务。① 在中国伦理学史上，董仲舒的“人副天数”说，就是一种典型的天人同构思想。“人与天地，关系密迩，是以得有对之义务。”②这种称象比类的天人关系论虽然有些粗疏，但是“要其意则在发扬天命。天命之赋于人，咸由常道。所谓人之于天，以道受命是也。道为德义之所自出，而伦理之大本。……吾国古之学者，莫不勉焉。凡恐惧戒慎，皆基于寅畏天命之一念，即对天地之义务也”。③ 能够承担起对天地义务之人，称为大人。“所谓大人者，与天地合其德，与日月合其明，与四时合其吉凶，先天而天弗违，后天而奉天时。故曰：天垂象，圣人则之。以见天之关于人至切迩也。凡天有灾异变象，则因戒惧修省。孔子迅雷风烈必变，是其义矣。”④谢无量的天人合一、天人同构思想源自儒家传统思想，但是按照现代伦理学的理论框架，将其视为人对于自然之义务的一种，无疑又极具现代气息。

人对于万有之义务不仅包括天地，而且包括万物。“万物与人错生，人之对之，亦有其应尽之道。”⑤虽然人贵为万物之灵长，但是有德之人对于万物依然不敢怠慢。“夫天地犹言人之所生也，故对之莫敢不敬。至于万物，其贵不及人类，然君子亦不敢慢焉。”⑥这既是谢无量所谓认为的“慈善”，也是现代意义上的生态伦理和动物伦理。中国古代有非常丰富的生态伦理思想。例如，《礼记》中说，“孟春之月，禁止伐木，毋覆巢，毋杀孩虫，胎夭飞鸟，毋麛毋卵。仲春毋竭川泽，毋漉陂

① 谢无量：《新制修身教本(四)》，上海：中华书局，1914年版，第42页。
② 谢蒙：《伦理学精义》，上海：中华书局，1914年版，第123页。
③ 谢蒙：《伦理学精义》，上海：中华书局，1914年版，第123页。
④ 谢无量：《新制修身教本(四)》，上海：中华书局，1914年版，第42页。
⑤ 谢无量：《新制修身教本(四)》，上海：中华书局，1914年版，第42页。
⑥ 谢蒙：《伦理学精义》，上海：中华书局，1914年版，第123页。

池，毋焚山林。”(《礼记·月令》)谢无量指出，古代一年四季都有所禁，其目的在于尽人类对于万物之义务。

《孟子》中也有丰富的生态伦理思想，如“数罟不入洿池”和“斧斤以时入山林”。(《孟子·梁惠王上》)又如，“见其生，不忍见其死，闻其声，不忍食其肉”(《孟子·梁惠王上》)。贾谊《新书》中说：“礼，圣王之于禽兽也，见其生，不忍见其死，闻其声，不尝其肉，隐弗忍也。故远庖厨，仁之至也。不合围，不掩群，不射宿，不涸泽。豺不祭兽，不田猎；獭不祭鱼，不设网罟；鹰隼不鸷，眭而不逮，不出颖罗；草木不零落，斧斤不入山林；昆虫不蛰，不以火田；不麛不卵，不刳胎，不殀夭，鱼肉不入庙门；鸟兽不成毫毛，不登庖厨。取之有时，用之有节，则物蕃多。”(《新书·礼》)谢无量指出，“夫以古代君王之尊，而对于禽兽之义务，犹兢兢不敢或过，何况于平人乎？对于禽兽草木，且能致其义务，何况于同类乎？故对于万物之义务，诚伦理上所宜重者矣”。①这是他对古人爱物思想的继承。

受儒家和道家传统伦理思想影响，谢无量认为天地万物与人可以相互感通。他说，“夫天地与我并生，而万物与我为一。故大人者，以天地万物为一体者也”。② 由此可以看到《庄子》和王阳明《大学问》对其生态伦理思想的影响。在谢无量看来，“伦理发达之极，于是人类道德，同止于至善。天地万物，亦为之呈其感应焉。自吾国古义言之，则人之修德，即行其对于天地之义务，而休祥之应，不啻即天地万物，对于人而报其义务也”。③ 如此观之，谢无量的伦理思想规模是十分宏大的。一百多年前，这种生态伦理思想虽然并不为其所独有，但是将我国传统伦理学各家各派的相关思想融为一体，则是谢无量学术思想的一大特色。

正因为其天人合一，人物感通的哲学观，谢无量相信古书所记载天降祥瑞、地出醴泉、麒麟芝草、瓠巴鼓瑟游鱼出听、曾子讴吟山鸟下翔

① 谢蒙：《伦理学精义》，上海：中华书局，1914年版，第124页。
② 谢无量：《新制修身教本(四)》，上海：中华书局，1914年版，第42页。
③ 谢蒙：《伦理学精义》，上海：中华书局，1914年版，第124页。

之事。他说，“虽事无其近验，而理可以实信”。① 谢氏能看到人与天地万物之间的联系，这自然有其合理性。然而，他过于迷信古人的天人交感思想，甚至对一些寓言、荒诞式的记载也抱有同情态度，就未免有些落后于时代了。例如，他认为“虽吹谷挥戈之事，有类于寓言，然孟宗流叹，林笋应茁，王祥涉冰，沈鲤自跃，斯颇著于《孝记》，列在史书，谅符中国伦理一贯之谈，未必悉为齐东无稽之说也”。② 这就凸显出谢无量伦理思想的复杂性，及其从传统到现代的过渡性特征。

以上便是谢无量现代国民道德重构思想的主要内容。总的来说，谢无量在这方面的思想与实践具有如下特征。

第一，谢无量对传统伦理道德进行了继承和发扬。我国传统伦理思想尤为重视个人道德和家庭伦理。谢无量也在这两个方面倾注了大量的精力和笔墨。在个人道德方面，谢无量与传统儒家伦理一样极为重视个人身心、内外的全面修养，并极为重视立志（确立正确动机）和知行合一的重要性。在家庭伦理方面，他十分重视家庭的稳定幸福对于社会和国家的重要性。通过重新阐释亲子、兄弟、夫妇和主仆之伦，谢无量对现代家庭伦理的诸多方面都进行了讨论，并特别强调行为主体道德关系的交互性。

第二，谢无量在近代思想的影响下，对传统伦理思想进行了拓展和更新。这集中体现在他对传统五伦中的君臣关系的重新阐释和对现代职业伦理的关注之上。由于辛亥革命结束了封建君主专制，传统的君臣伦理已经不再适应新时代的需要。虽然如此，现代社会仍然存在上下级领导关系，也需要面对个人利益与国家利益冲突的问题。因此，谢无量对君臣伦理进行了重新阐释。在他看来，君主是国家的代表，因此，人们对于君主的服从或义务，其实就是服从于个人对国家的义务。此外，随着资本主义的发展，现代社会的职业范围得到极大拓展，早已突破传统

① 谢无量：《新制修身教本(四)》，上海：中华书局，1914年版，第43页。
② 谢蒙：《伦理学精义》，上海：中华书局，1914年版，第125页。

士农工商的范围。为满足现代社会的需求，谢无量批评了重士轻农工商的观念，提倡职业平等无贵贱的思想。他还讨论了现代社会颇为普遍的改行和跳槽问题。因此其现代性特征十分明显。

第三，谢无量极为重视社会公共道德建设。我国传统伦理思想重私德，而轻公德。虽然也有关于公德的阐述，但并不条理化。谢无量一方面对传统公德思想进行了总结和阐发，如将大同社会视为社会伦理最为发达的状态，认为社会义务始自师友，公与爱是社会交往的常道。另一方面，他确立了现代社会公共道德的基本条目，如守礼仪、重秩序、维护正义、爱护公物、加意慈善、敬老、幼幼、视人犹己、尊重他人的个人、生命、财产和名誉等。

第四，谢无量尤为重视女性伦理道德。其女性道德观念对传统伦理有所突破，如提倡男女平等，重视妇女教育，包括学习一技之长的职业教育。当然也存在一些局限，如认为妇女对公婆和丈夫要顺从、忍耐，且主要职责在管理家庭事务，甚至认为对妇女而言，家庭事务的管理比社会事务更为重要。应该说，谢无量的这些观念与当时的社会现实是相适应的。在传统社会到现代社会过渡的过程中，真正走出家庭、走向社会的女性仍然是少数。另外，谢无量极为强调夫妻关系。他对西方的婚姻自由制度的弊病也有所认识，如男女关系混乱，家庭稳定性欠缺，离婚率居高不下，独身主义盛行等。在此情况下，奉行折衷主义的谢无量一方面肯定传统婚嫁制度的合理成分，扬弃其落后成分，另一方面，他试图在传统和现代之间找到切合点。

第五，谢无量对国家伦理和生态伦理也十分关注。针对近代国人国家观念的缺失，他尤为强调树立国家观念的重要性。认为国家是一个有机体，而个人和家庭是其组成部分。国家对内有保护人民生命财产安全的义务，对外有抵御外敌入侵和外侮的义务。人民对于国家则有守法纪、服兵役、纳租税和受教育的义务。在天人关系和人与物的关系方面，谢无量继承了传统儒家、道家伦理的相关思想，确立了人对于万有之义务。

第五章　超越范式：谢无量伦理思想之反思

谢无量留给后人最为重要的学术遗产到底是什么？我们研究谢无量，能够给当前乃至未来的学术研究带来什么启示？这是笔者一直在思考并尝试去回答的问题。通过前面几章的梳理和分析，我们已经基本厘清谢无量在传统伦理思想的创造性转化、现代道德观念重构和中国伦理学理论体系建构方面的艰苦探索和重要成绩。这些都是谢无量留给后世的固化的、看得见的学术遗产。然而，除此之外，谢无量还曾留下一些不是那么容易看得见的珍贵遗产，也就是他自己没有明说，需要我们帮他总结出来，并加以继承和发扬的那部分内容。笔者认为，谢无量通过采用分析折衷主义的方法，引发了中国哲学史和中国伦理学研究范式的转换与拓展，推动了中国学术从传统到现代的转型。这是谢无量学术思想的独特贡献所在，也是其历史价值和当代价值所在。然而，由于种种个人与社会因素，加上学术发展的内在逻辑，他的这一学术遗产未被充分认识并继承下来，导致谢无量及其学术思想红极一时，后来却几乎湮没不闻的命运，这也成为中国近现代学术史上一个有待破解之谜——“谢无量现象”。

第一节　谢无量伦理思想的中西比较

谢无量自幼聪颖过人，家学渊源深厚。后来，他师从晚清立宪派重要人物汤寿潜，并在其鼓励下熟读早期启蒙思想家顾炎武、黄宗羲等人的著作，学习外语和西学知识，注重经世致用。1901 年，谢无量考入南洋公学特班，在学贯中西的蔡元培先生的指导下较为系统地学习日语和西学知识。在学习之余，还与马一浮、马君武等人创办《翻译世界》杂志，广泛译介各国哲学和社会科学经典著作，立志以学术拯救中华。在《苏报》案发生之后，他东渡日本，继续学习外语和西学知识，并在马一浮影响下开始接触马克思主义。回国后与马氏一同在镇江和杭州饱读《四库全书》。因为其勤奋和天赋，也因为其独特的学术经历，谢无量不仅具备良好的中学和西学功底，而且培养起敏锐的学术洞察力，这为其将来从事中西哲学、伦理学思想的比较研究奠定了坚实基础。

一、明确的中西比较意识

中西比较研究是谢无量学术思想的一大特色，目前已经开始引起部分国内学者的注意。柴文华、张耀南、许苏民等教授等曾就此发表自己的看法。柴文华教授认为，谢无量已经初步具备中西哲学的比较意识。例如，谢无量指出，中国古代的君主都是圣哲，而在西方哲学王仅仅是一种想望，并未成为现实。又如，谢无量比较了孔子的仁爱、孟子的兼爱、佛教的慈悲和基督教的博爱思想，并辨析了其异同所在。虽然它们都同出“仁之一念”，但是孔子的仁是差别之仁，而佛教和基督教的仁是平等之仁。① 张耀南教授则认为谢无量的《中国哲学史》坚持“中西哲学同质论”，奠定了“以西释中”的中国哲学史书写格式，因此是一部划时代的著作。②

近期，国内学者开始认识到谢无量中西哲学比较研究的历史和现实意义，并对其展开系统研究。例如，在其专题研究论文《论谢无量的中

---

① 柴文华：《论中国哲学史学科的创立及诠释框架》，载《哲学研究》2008 年第 1 期，第 41 页。

② 张耀南：《谢无量先于胡适“划时代”》，载《经纪人学报》2005 年第 2 期，第 48 页。

西哲学比较研究》中，许苏民教授指出，要公允评价谢著《中国哲学史》并非易事，但其中西哲学比较研究是一个很好的视角。要深入谢无量哲学文本内部，仔细考察谢无量论证中国哲学为中国固有之学的方式，及其对各家学说所作的学理分析。同时也要关注谢无量是如何参照西方哲学来辨析中国哲学各个流派思想之异同的。唯有如此，有关谢著的一切不实之词就会不攻自破，其高远境界、深湛之思也会因此彰显出来。① 许苏民教授的相关讨论，也包括谢无量有关中西伦理思想的比较研究。

除了重视宇宙论、本体论之外，谢无量最重视伦理学。在重新总结和阐释古代哲学家、伦理学家思想时，他既重视其宇宙本体论，也重视其人生论。换言之，谢无量重视形上之维与形下之维的贯通，并认为这是中国伦理思想有别于(甚至是优于)西方某些伦理学模式的关键所在。在其力作《中国哲学史》中，谢无量的这一研究特点表现无遗。他采用条纪贯串的方法，对中国哲学的宇宙本体论和伦理道德学说进行了系统梳理，其中不乏中西伦理思想比较研究。例如，谢无量认为，孔子的仁爱学说强调的是差别之仁，与耶教之平等慈爱之说有异。孔子的仁类似于西方的利他主义学说，但是不像欧美学者那样将利他主义与利己主义对立起来。谢无量比较了孟子的良知说与近代西方的直觉派伦理学说，认为孟子的道德存于先天，与西方直觉派哲学良知固有的观点不谋而合。此外，谢无量还比较了孔子伦理思想中的悦乐主义与康德伦理思想的严肃主义、老子的厌世说与叔本华的厌世主义、子思的时中与亚里士多德的中论、儒家的君子人格与西方的绅士(gentleman)等，颇有独到见解。

就目前而言，充分认识到谢无量中西哲学比较研究的特色与价值的国内学者并不多，许苏民教授是其执牛耳者。他除了注意到学界比较熟悉的谢著《中国哲学史》，还曾对谢著《孔子》《新制哲学大要参考书》

---

① 许苏民：《论谢无量的中西哲学比较研究》，载《社会科学研究》2015 年第 2 期，第 142 页。

《阳明学派》《国民立身训》等著中的中西比较思想进行解读。由于许教授的关注焦点在于哲学思想方面，因而，他并未论及谢无量《新制修身教本(四)》《伦理学精义》等伦理学论著中的中西比较研究。

通过广泛阅读谢无量的相关著作，不难发现中西比较是谢无量运用得最为广泛，也是最为熟练的一种研究方法。谢无量的中西比较不仅涉及中西社会制度的对比，而且探讨了其对伦理道德观念的影响。尤为值得注意的是，谢无量的中西哲学比较不是简单的求其同异所在即可，而是一种更为复杂和深刻的异中求同和同中观异。换言之，其中西哲学比较研究不仅有一般意义上的比较，而且还有特殊意义上的“比较”(compare)与“对比”(contrast)。特殊意义上的“比较”与“对比”的共通之处都是比较不同事物之间的异同所在。但是特殊意义上的“比较”更为偏重于从异中求同，而特殊意义上的“对比”则更偏重于从同中求异。从异中求同才能发现中西哲学、伦理思想的会通之处，进而为中国哲学、伦理学的合法性正名。从同中求异才能发现中西哲学、伦理思想的特质所在，进而为中国哲学、伦理学的主体性辩护。细读谢无量的哲学、伦理学论著，可以发现大量这种特殊意义上的“比较”和“对比”的实例，但总体观之，谢无量在字里行间更多地流露出一种“对比”色彩。这种特殊意义的“对比”不仅有助于建立起现代伦理学体系，而且也不至于调和矛盾，抹杀中国伦理思想的特色，进而使其失去与世界其他民族伦理思想进行平等对话的基础。

谢无量的中西伦理思想的对比分析，不仅涉及某些重要概念范畴的对比，而且包括中西伦理思想的总体倾向和主要特征的对比；不仅涉及中西伦理学内部不同流派和思潮的对比，如孟子性善一元论与荀子性恶一元论的异同，而且尤为重视中国伦理思想与外国伦理思想的对比，如对孔子差等慈爱与佛教、基督教平等慈爱和博爱思想的对比。此外，谢无量还将中国伦理思想史内部不同思想流派的对比与西方伦理学史内部不同思想流派的对比结合起来，进行一种更为复杂的中西伦理思想对比。例如，他曾将阳明与朱子的差别比作西洋哲学中理性论者与经验论者的差别。① 正是通过这种有内亦有外，有历时也有共时的中西伦理思想对比分析，谢无量发现了中国伦理思想与现代西方伦理思想的共通之处。更为重要的是，正是通过这种不同层次的中西对比，谢无量发现了中国伦理学自身的特质。他对中西比较方法的纯熟运用，从其对中西人性论的比较研究中可见一斑。

人性论是中国伦理学的核心论题，也是中西伦理学的共有命题。在中国伦理思想史上，几乎所有重要伦理学家都对人性问题展开过深入思考和论述。因为"人性善恶的根源问题，又往往涉及道德的起源和本质，伦理思想家对人性的看法，又常常影响到他的政治主张。因此，对人性问题的研究，有着很重要的意义"。② 谢无量十分重视中国伦理学的人性论，也曾对中西人性论的异同展开深入系统的比较研究。西方基督教经典以人性为恶，宣扬凡人皆有原罪的观念，这对西方伦理学思想影响深远。霍布斯的《利维坦》(Leviathan)就认为，人最初也是追求一己之私利，从而与他人争夺无厌。为限制这种无序状况，才出现君主和法律，用权力予以治服。③ 也就是说，"人性恒放于私利，故不得不为之节制"。④ 通过比较分析，谢无量认为霍布斯的这一伦理思想与荀子的性恶论颇为类似。霍布斯的伦理学是利己主义之宗，后来演变为功利派、进化派。这些派别的主张虽然存在不同，但都以快乐为善。快乐属于情之范畴，因此，这些伦理学派是主情欲的。与此不同的直觉派，倡言良心和理性，则与我国伦理学思想中的性善论有些接近。然而，要真正了解中国伦理学中的善，就不能不与西方伦理学上的善进行比较。唯有通过比较其异同得失，善之概念方可得而明。

---

① 谢无量：《阳明学派》，载《谢无量文集》(第三卷)，北京：中国人民大学出版社，2011年版，第234页。

② 罗国杰：《传统伦理与现代社会》，北京：中国人民大学出版社，2012年版，第9页。

③ [英]霍布斯：《利维坦》，黎思复等译，北京：商务印书馆，1995年版。

④ 谢蒙：《伦理学精义》，上海：中华书局，1914年版，第62页。

西方伦理学基本可分三派：直觉派、经验派和调和派。概而言之，“直觉派之论善，主于理性。经验派之论善，主于感情。调和派则取于理性与情感之间，以为之调和也”。① 其中，直觉派又可分为理性说和良心说两种。理性说认为，自然界有至高无上之命令，为神所赋予的良心。服从这一至高无上的命令，就能杜绝私欲，判断善恶，最后达到至善的终极目标。有人认为，我国儒家伦理学家所提出的性善论，与西方伦理学直觉派的先天良心说相似。对此，谢无量不以为然。两者表面相似，实则深浅不同。儒家虽然认为善之本原是先天的，然而善根据阴阳五行，顺布变化，流赋于人。这些其实很有自然哲学的趣味，也颇有唯物论的精神。而直觉派将善之本原追溯到神的身上，跟儒家伦理学是很不相同的。以王阳明为例，不少中国学者都认为，王阳明的伦理学类似于先天良心说。谢无量也曾指出，“阳明之言天理，颇有近于康德所言无上命令法”。② 但是，阳明也认为性善之端必须是气上才看得到，所谓的恻隐、羞恶、辞让、是非之心都是气。由此，谢无量得出结论说，我国儒家学者谈善，是兼体用内外而言的。而西方直觉派不惟失之疎，又失之偏。

就经验派伦理学而言，西方经验派以快乐为善，快乐越多就越善。经验派又可分为自利说、功利说和进化说三种。自利说以个人快乐为善。功利说以大多数人的快乐为善。进化说则只重视全体，认为凡是有助于人类进化的行为，就是能够带来快乐的，因而也就是善的。谢无量批评说，经验派伦理学虽然也在不断改进和完善，但是闇于大本。经验论所谓的善，归根到底只是竞利而已，或者说是一种舍本逐末。有些经验论者甚至拘泥于衣服饮食等世俗之乐趣，而称之为善，这都是顺人的情而行，闇于君子之大道的做法。因此，经验论伦理学不够精细，因而最终不免陷于困境。

---

① 谢蒙：《伦理学精义》，上海：中华书局，1914 年版，第 39~40 页。

② 谢无量：《阳明学派》，载《谢无量文集》（第三卷），北京：中国人民大学出版社，2011 年版，第 39~40 页。

西方调和派伦理学兼顾理性与感情，也被称为实现说。以个人自我实现为善的，叫完全论。以社会自我实现为善的，叫公善论。完全论以实现自我理想为目标。公善论以实现社会理想为目标。总体而言，调和派更为偏向经验论。在谢无量看来，西方调和派的规模制度，不如永嘉学派之粲然有条。永嘉学派既讲究经世致用，又能归本于礼义。但完全论对道德之本原不甚了了，而公善论也无法达到亲民之宗旨，与我国伦理学之至善论相去甚远。作为深受浙东学术濡染的近代学人，谢无量此论虽然不无抬高永嘉之学的嫌疑，但是也有几分道理在其中。

受中国传统伦理思想影响，谢无量强调内外并具、体用兼赅。如此观之，西方伦理学家对善的意义其实有所未尽。西方伦理学谈论的善之标准，要么举内而遗外，要么详用而略体，不知有本末精粗一贯之旨。因此，谢无量得出结论说，西方伦理学之论善，不如吾国格物之说之深切著明。西方论理学家"若能深求吾国格物之说，则庶靡有此失乎？"①这也就是说，谢无量通过中西伦理学思想的比较研究，既发现了中西伦理思想的会通之处，也发现了西方伦理思想的不足。更为重要的是，通过细致的对比分析，谢无量发现了中国传统伦理思想的特质所在，这对于建立中国特色的伦理学体系，确立其主体性、合法性，创造性转化传统伦理思想，反对全盘西化和历史虚无主义都具有非凡的意义。

二、中国伦理特质的发现

通过对中西哲学、伦理思想展开不同层次、深入系统的对比分析，谢无量发现了中国伦理思想之特质所在。这种重新发现，不仅对于当时甚嚣尘上的历史虚无主义是当头一棒，有助于提升民族自豪感和学术自信心，而且奠定了中西伦理思想平等对话的基础。与此同时，还能以此为基础探讨东方伦理思想可对西方伦理思想补偏救弊之处，甚至思考以儒家思想为核心的中国伦理思想对全人类伦理思想的特殊贡献所在。例

---

① 谢蒙：《伦理学精义》，上海：中华书局，1914年版，第41页。

如，西方伦理学发源于古希腊，然而在古希腊社会道德最为缺乏。虽然也有哲学家研究伦理学，但是并未能够将其发扬光大。相比而言，在中国有孔子这样的哲学家、伦理学家，通过折衷六艺之学，制定人们行为之常道。“故中国伦理，发达最先。”①在其伦理学论著中，谢无量多次提及中国伦理相比于他国伦理所具有的特质。例如，中国伦理学家以志为善，认为志公意私，“此殆吾国伦理学中论志之特质”。②“静之修养，为吾国伦理上之特质”；③“明于性论，斯我国伦理之特质”；④“家族关系，最为吾国伦理之特色”；⑤“先致其孝于亲，而后乃及于社会国家之义务，是中国伦理之特质矣”；⑥“帝典五教，始于父子而终于朋友，则已合家族与社会之义务言之。诚中国伦理之特质。亦其进化之序，与他国异也”，⑦ 等等。但总结起来，谢无量认为中国伦理最重要的特质主要有三：

其一是家族之本。中国伦理学家认为，家道为人伦之始。对于某些学者肤浅地将我国的家道等同于罗马家族制度的做法，谢无量进行了严厉的批评，认为这是“不考之甚”。虽然在表面上看，罗马家族制度重父权，与我国家族制度有相似之处。但是，习惯上的家族与学理上之家族是不同的。从学理上看，中国学术多由天道推之人道。《易经》中说“女正位乎内，男正位乎外，男女正，天地之大义也”。因此，中国传统伦理把父母比作天地，称之为家人之严君。父母与子女的道德义务是父慈子孝。由此外推可以亲睦九族。家为人道之始，所以有夫妇之伦，然后有家族之伦。如果天下之人，都能尽到自己对家族的爱，则由此推达于国家天下，就不是一件难事。因此，中国家族伦理十分精密，如通

---

① 谢蒙：《伦理学精义》，上海：中华书局，1914 年版，第 6 页。
② 谢无量：《伦理学自叙》，载《雅言》1914 年第 4 期，第 118 页。
③ 谢无量：《国民立身训》，上海：中华书局，1917 年版，第 217 页。
④ 谢蒙：《伦理学精义》，上海：中华书局，1914 年版，第 61 页。
⑤ 谢蒙：《伦理学精义》，上海：中华书局，1914 年版，第 90~91 页。
⑥ 谢蒙：《伦理学精义》，上海：中华书局，1914 年版，第 107~108 页。
⑦ 谢蒙：《伦理学精义》，上海：中华书局，1914 年版，第 110 页。

过大宗小宗以尽亲亲之义，由亲亲进而仁民与爱物。这就是中国以家族为本位的伦理思想的学理。谢无量指出，“倘能本学理上之宗族，施于现实，亦可谓幸福之最大者”。① 谢无量此论带有一定理想色彩。因为伦理道德基于习俗，学理是否适用尚需付诸社会实践考验。换言之，纯学理层面的推论能否成为社会发展和人类幸福之保障，是需要经过社会实践检验的。总体而言，谢无量对传统家族伦理的学理论证较多，对于当代社会的家族伦理则论述较少。随着传统宗族关系的逐渐松散，加上现代社会流动性的增强，家族伦理面临不少新的问题与挑战。谢无量的家族伦理思想明显是对传统儒家伦理的继承和发扬，带有传统向现代的过渡性特征。虽则如此，无论是在古代社会还是当今社会，家族伦理仍然是中国人社会关系的一个最为重要的方面。家族伦理发达也的确是中国伦理的一大特色。谢无量在对中西伦理思想进行深入对比分析的基础上，明确提出家族伦理是中国伦理的特质，无疑是准确合理的。

其二是中庸之善。西方伦理学的善恶标准，多为一种外在标准。而中国伦理学的善恶标准，则为一本而万殊的涵养之道。“正位居体，动于事业而无不曲当”。② 所以中国伦理学有中和之说，“喜怒哀乐之未发，谓之中。发而皆中节，谓之和。”(《礼记·中庸》)古代尧舜禅让天下，所传授的治国经验不外乎“允执厥中”。朱熹认为，执中的古训，千年不异。自孔子以来，以至于孟子，都以执中为道统之传。因此，中国传统伦理思想中的中庸之善，实际上是体用具备、内外兼尽。谢无量指出，“中实为吾国伦理之大本，而学者之所不可忽焉”。③ 这里所谓的“中”其实就是不偏不倚，无过无不及。“中”有“未发”和“随时”两种。先有未发之中，而后随时能得其中。“庸”是不易的意思，中庸虽为两个字，但是在概念上合而为一的。“庸是中之常理。二者相须不可

① 谢蒙：《伦理学精义》，上海：中华书局，1914年版，第8页。
② 谢蒙：《伦理学精义》，上海：中华书局，1914年版，第8页。
③ 谢蒙：《伦理学精义》，上海：中华书局，1914年版，第8~9页。

得而离也”。① 谢无量总结了孟子、扬雄、徐干、文中子、阮逸的中论之后指出，中无形无象，既不流于虚无，也不限于器用，“惟变所适，惟义所在。……盖中无定体，随时而在。溯其未发者，则为心性之本原，天下之大本，此时中之义所由来也。吾人性情，果不失乎中正，则发于行为，以应百事，自不失中和”。② 这就是我国传统伦理的中庸之德。

谢无量不仅对中国伦理学史上的中庸思想进行了系统梳理和比较，而且对比了我国中庸思想与西方中道思想之异同。我国的中庸思想以孔子和子思为代表，西方的中道思想以亚里士多德为代表。二者几乎产生于相同的历史时代，在理性精神、思想方法上，也都显示出高度一致。③ 然而，颇具学术敏感性和洞察力的谢无量既看到了二者之同，也发现了二者之异。一方面，中庸之道是东西哲人并尊之的普世性道德。“盖世间万事，不太过则不及。其轻重缓急，适得其分者，寡矣。”④另一方面，中庸并非一德之专名，而是普通诸德之标准。“所谓君子时中，即自揆所处之时与位，行之而宜，故中不可以豫计者也。”⑤这就是说，谢无量认识到“中”是中国伦理学家处理天人关系时对时空的一种表识(表帜)，也是一种绝对价值标准的象征。相比而言，亚里士多德所谓的中道，如节俭为吝啬与奢侈之中，勇敢为怯懦与强暴之中，温良为卑污与傲慢之中，敏达为鲁钝与轻佻之中，机智为谐谑与严厉之中等，只是就过与不及的中间位置而言的，是一种经验层面的适中。与孔子和子思不同，亚里士多德并未将“中”提升到心性之本源、天下之大

① 谢蒙：《伦理学精义》，上海：中华书局，1914 年版，第 9 页。

② 谢蒙：《伦理学精义》，上海：中华书局，1914 年版，第 9~10 页。

③ 余仕麟：《孔子“中庸”思想与亚里士多德“中道”思想之比较》，载《北京大学学报》(哲学社会科学版)2003 年第 S1 期，第 16 页。

④ 谢无量：《中国哲学史》，载《谢无量文集》(第二卷)，北京：中国人民大学出版社，2011 年版，第 88~89 页。

⑤ 谢无量：《中国哲学史》，载《谢无量文集》(第二卷)，北京：中国人民大学出版社，2011 年版，第 89 页。

本的高度。所以，其中道思想看似更为详尽，也更具可操作性，但实际上仅“就事物之行迹之粗者而比拟之，未足以立至善之符，契精神之趣也”。① 应该说，谢无量对儒家中庸思想与亚里士多德中道思想的评价是基本中肯的。他既看到了东西致中、时中思想的共通之处，也看到了中国传统中庸思想的高明之处。他的论述虽然简短，但是往往切中肯綮。

其三是天人关系。中国古人认为，有天道，有地道，有人道，人道源自天道。天地人三才，而人居其一。人是天地之德和天地之心。天地合气而生人。因此，谢无量指出，“中国儒者，多详天人交感之说。人不可不敬天，亦不可不法天”。② 所谓敬天，就是把天视为人的祖先。所谓法天，是因为人本肖天地而生，所以要法天。董仲舒的人副天数说是其最佳体现。儒家伦理认为，人之道德行为要顺从天理。孔子说，“惟天为大，惟尧则之”(《孟子·滕文公上》)。《中庸》中说，“天命之谓性，率性之谓道，修道之谓教”(《礼记·中庸》)。因此，“天所以为伦理之大原也”。③ 此外，谢无量还曾用阴阳学说来解释天人关系。阳是天之德，而阴是天之刑。阴阳调和，则人事顺理。阴阳不调，则出现灾异。这也就是说，天能赏善罚恶。《易经》“一阴一阳之谓道，继之者善也，成之者性也”的说法，所体现的是天人一贯之旨，是将天视为人间行为的至善标准。后来儒家学者的天人关系说更加精密，以天为道理之表象(Vorstellung)，从而混言天理，如朱子的太极说。朱子的有关理的论说，类似于西方哲学中的“Aprio”④。“可谓之天，可谓之理。所以礼大本，前民用，范围万事而不过者也”⑤。儒家学者认为，人能尽性则可与天地参。因此，天人感应、天人相与之说，堪称中国伦理的又一

① 谢蒙：《伦理学精义》，上海：中华书局，1914 年版，第 10 页。
② 谢蒙：《伦理学精义》，上海：中华书局，1914 年版，第 10 页。
③ 谢蒙：《伦理学精义》，上海：中华书局，1914 年版，第 11 页。
④ 原文拼写如此。疑为 A priori，先天。
⑤ 谢蒙：《伦理学精义》，上海：中华书局，1914 年版，第 12 页。

特质。

通观谢无量的伦理学论著，他经常提到的一个字眼就是“特质”。其中，中国传统伦理思想最为重要的特质就是上述三个方面。“凡家族之本、中庸之善、天人之符，皆中国伦理之特质，是固然矣。”①谢无量对中国哲学、伦理学思想之普适性价值和特殊性质的探讨，在一定程度上回应了西方学者(尤其是黑格尔、库赞之流)对中国哲学的贬低和苛责。在其《哲学史讲演录》中，黑格尔曾说，“我们看到孔子和他的弟子们的谈话，里面所讲的是一种常识道德，这种常识道德我们在哪里都找得到，在哪一个民族里都找得到，可能还要好些，这是毫无出色之点的东西。孔子只是一个实际的世间智者，在他那里思辨的哲学是一点也没有的——只有一些善良的、老练的、道德的教训，从里面我们不能获得什么特殊的东西”。② 在黑格尔看来，孔子提出了“极为枯燥无味的关于祭祀和礼仪的规定”，算不上思辨哲学家。③ 不仅如此，他还认为“东方及东方的哲学不属于哲学史”。④ 虽然黑格尔也承认中国有哲学，但是他认为中国哲学处于一种原始阶段。黑格尔此论影响了当时欧洲的众多学者。例如，法国著名哲学家维克多·库赞(Victor Cousin)就十分赞同黑格尔有关中国哲学的评论。在大学讲堂上及其著作《哲学史导论》中，库赞提出，东方哲学总体而言是通过与宗教相关联而发挥出来的。在东方，所有东西都被笼罩了起来。哲学的发展也不例外。中国好像是另外一个世界，其哲学是一种“早期哲学”(incipient philosophy)。⑤

---

① 谢蒙：《伦理学精义》，上海：中华书局，1914 年版，第 13 页。

② [德]黑格尔：《哲学史讲演录》(第一卷)，贺麟，王太庆译，北京：商务印书馆，2014 年版，第 130 页。

③ 参见[美]杨坤金(Young Kun Kim)《黑格尔对中国哲学的批判》，孟庆时译，载《哲学译丛》1979 年第 6 期，第 66 页。

④ [德]黑格尔：《哲学史讲演录》(第一卷)，贺麟，王太庆译，北京：商务印书馆，2014 年版，第 130 页。

⑤ Cousin, Victor. *Introduction to the History of Philosophy*, trans. by Henning Gotfried Linberg. Boston: Hilliard, Gray, Little, and Wilkings, 1832: 36-37.

为了应对上述针对中国哲学合法性的质疑，谢无量通过对比分析的方法，不仅找到中西哲学、伦理学的共通之处，而且特别重视对中国哲学、伦理思想特质的发掘。例如，针对西方学者对儒家祭祀等礼仪规范的贬低，谢无量曾予以明确回应。在他看来，中国伦理中重视冠、婚、丧、祭等礼仪，实际上体现的是中国伦理对超绝之德的重视，这是中国伦理的一大特色。他说，“中国伦理，精意其本也，事实其末也。必由精意，推之于事实，而后德至而化隆，故谓之超绝之德”。① 谢无量甚至还自信地指出，中国伦理学不仅发达最先，而且还有优于西方伦理学之处。例如，永嘉学派的伦理思想不仅讲究经世致用，而且能归本于礼义。相比而言，很多西方伦理学派要么缺乏对道德本原的追问，要么无法付诸实践，为民所用，因而不如我国伦理学体系完备。

综上所述，谢无量的中西伦理思想的对比研究，不仅涉及基本伦理学概念和伦理学理论体系及其发展变迁的对比，而且也涉及伦理思想产生的时代背景和社会制度层面的对比。通过这种对比，谢无量发现了中国伦理学的普遍性和特质性所在，有力地回应了对中国哲学、伦理学合法性和主体性的质疑，破除了历史虚无主义的负面影响。

第二节 谢无量伦理思想的范式特征

清末民初的中国社会经历了一个从理学到伦理学的范式转换，这一范式转换体现了中国人道德意识的转化。② 谢无量的哲学史和伦理学著作，往往是开启山林之作。然而，国内学界围绕其学术思想是否具有范式特征，产生了诸多分歧。例如，葛兆光先生就直言谢无量的《中国哲学史》无范式意义，出版后很快便堙没不闻。与之不同，张耀南教授认为谢著奠定了中国哲学史的书写格式（范型），先于胡适的同类著作，

---

① 谢蒙：《伦理学精义》，上海：中华书局，1914 年版，第 148 页。

② 黄进兴：《从理学到伦理学：清末民初道德意识的转化》，北京：中华书局，2014 年版。

因而具有划时代意义。孰是孰非，众说纷纭。笔者认为，要公允评价这两种观点，首先需要厘清范式转换的基本内涵，然后探讨谢无量在清末民初哲学史书写和伦理学研究范式建立方面是否作出了独特的贡献。如果答案为是，那么他作出了怎样的贡献？其历史意义和当代价值何在？

一、范式转换的概念及应用

库恩的科学哲学思想，尤其是范式转换的概念，对于我们分析清末民初的学术思想嬗变非常有帮助。虽然《科学革命的结构》是一本科学史或科学社会学著作，而且自然科学的价值追求、演变规律与哲学社会科学不尽一致，但该著自诞生以来对哲学社会科学研究产生了深远影响，却是一个不争的事实。从某种程度上说，这也正是库恩本人所喜闻乐见的。他曾自称，“我自始至终的目标是从历史中研究哲学。……我不打算回过头去试着当一名哲学家，学着研究哲学；如果那样的话，我绝不可能写出那本书！但我的抱负却一直在哲学。当我写完《结构》这本书时，我把它看成一本为哲学家写的书”。① 也就是说，库恩自认为他所提出的思想也同样适用于哲学社会科学。因此，本书采用其理论模式来分析清末民初我国伦理学研究范式的转型也是适当的。

库恩所谓的范式(paradigm)，指的是一种共有的范例。在《科学革命的结构》的序言中，库恩宣称，“我所谓的’范式’通常是指那些公认的科学成就，它们在一段时间里为实践共同体提供典型的问题和解答”②“范式是一个成熟的科学共同体在某段时间内所认可的研究方法、问题领域和解题标准的源头活水。因此，接受新范式，常常需要重新定义相应的科学”。③ 然而，要深入了解库恩的范式转换的概念，就不能

---

① ［美］托马斯·S. 库恩：《结构之后的路》，邱慧译，北京：北京大学出版社，2012年版，第276页。

② ［美］托马斯·S. 库恩：《科学革命的结构》(第四版)，金吾伦、胡新和译，北京：北京大学出版社，2012年版，第4页。

③ ［美］托马斯·S. 库恩：《科学革命的结构》(第四版)，金吾伦、胡新和译，北京：北京大学出版社，2012年版，第88页。

不厘清他对常规科学与科学革命的区分。

库恩认为，科学史由常规科学和科学革命组成。常规科学时期虽然可能存在多种竞争性范式，但是一般由某种范式主导。不同的研究范式意味着不同的研究传统。他指出，所谓常规科学，“是指坚实地建立在一种或多种过去科学成就基础之上的研究，这些科学成就被某个科学共同体在一段时期内公认为是进一步实践的基础”。① 以某种范式为主导的常规科学有很多谜题需要解答，所以常规科学的目标就是解谜。这些谜题实际上是由范式所规定的。范式吸引了一批坚定的拥护者来从事解谜活动。认同一种研究范式意味着需要放弃其他竞争性范式。

然而，任何研究范式都有其缺陷，由其提供的方法并不能完美解决所有问题。常规科学在大部分时间内运转良好，能够成功预测大部分问题的答案，但是也难免会出现一些反常。最初，偶尔出现的反常要么被忽视，要么被排除在研究对象之外。直到一定时候，主导范式规定的方法再也无法应付一系列反常现象。这就导致危机的爆发。随着危机的不断持续，会涌现出多种不同的竞争性研究范式，每一个都可以包容一组反常，并拓展出新的研究方向。② 直到一项新的、革命性科学成就诞生，并逐渐取得主导地位，危机才得以平息，这就是所谓的科学革命。科学革命产生的成果被用来指导新的研究，并被奉为新一代的主导范式，从而完成新旧范式的转换。库恩指出，“科学革命是打破传统的活动，它们是对受传统束缚的常规科学活动的补充”。③ 科学革命导致科学发展中的旧范式全部或部分地为一个与其完全不能并立的崭新范式所取代。④ 一

---

① ［美］托马斯·S. 库恩：《科学革命的结构》（第四版），金吾伦、胡新和译，北京：北京大学出版社，2012 年版，第 8 页。

② ［美］托马斯·S. 库恩：《科学革命的结构》（第四版），金吾伦、胡新和译，北京：北京大学出版社，2012 年版，第 25 页。

③ ［美］托马斯·S. 库恩：《科学革命的结构》（第四版），金吾伦、胡新和译，北京：北京大学出版社，2012 年版，第 5 页。

④ ［美］托马斯·S. 库恩：《科学革命的结构》（第四版），金吾伦、胡新和译，北京：北京大学出版社，2012 年版，第 79 页。

种范式通过革命向另一种范式的过渡，是成熟科学通常的发展模式。"其中的每一次革命都迫使科学共同体抛弃一种盛极一时的科学理论，而赞成另一种与之不相容的理论。每次一革命都将产生科学所探讨的问题转移，专家用以确定什么是可接受的问题或可算作合理的问题解决的标准也相应地产生了转移。而且每一次革命也改变了科学的思维方式，以至于我们最终需要做这样的描述，即在其中进行科学研究的世界也已经发生了转变。这些改变，连同几乎总是伴随这些改变而产生的争论一起，都是科学革命的基本特征。"①

因此，新旧研究范式是不可通约的。相继范式之间的差异也是必然的和不可调和的。库恩认为，"科学革命中出现的新的常规科学传统，与以前的传统不仅在逻辑上不相容，而且实际上是不可通约的"。② 所谓的不可通约性，指的是"在革命和范式转换中，新的思想和主张无法与旧的进行严格的比较。即便是同样的用词，它们的真实含义也已改变。由此导致的一个概念是，一个新理论之所以被选择来取代旧理论，与其说是因为其真，还不如说是因为一种世界观的转变"。③ 这就是库恩有关常规科学、科学革命、范式转换、不可通约性的基本观点。这些观点虽然引发了不少争议，但是对于20世纪的哲学社会科学研究影响深远。

为了进一步廓清学界对其范式转换思想的疑惑，并回应某些学者的质疑，在1969年撰写的后记中，库恩将这种不可通约性比喻成不同语言之间的不可翻译性。也就是说，接受不同研究范式，持有不可通约性观点的人，就好比不同语言共同体的成员。他们之间的交流离不开翻译的参与。④ 翻译不同于语言学习。人们可以学习一门外语，但这并不意味着他们就能

---

① [美]托马斯·S. 库恩：《科学革命的结构》(第四版)，金吾伦、胡新和译，北京：北京大学出版社，2012年版，第5页。

② [美]托马斯·S. 库恩：《科学革命的结构》(第四版)，金吾伦、胡新和译，北京：北京大学出版社，2012年版，第88页。

③ [美]托马斯·S. 库恩：《科学革命的结构》(第四版)，金吾伦、胡新和译，北京：北京大学出版社，2012年版，第5页。

④ [美]托马斯·S. 库恩：《科学革命的结构》(第四版)，金吾伦、胡新和译，北京：北京大学出版社，2012年版，第147页。

胜任两种语言之间的翻译。库恩指出，“任何可用一种语言说出来的东西，通过想象和努力，都可以被另一种语言的说话者理解。不过，这种理解的前提条件不是翻译，而是语言的学习”“尽管可学习性可能在原则上意味着可翻译性，但是必须对这个论点进行论证。可是许多哲学讨论却将其看成理所当然”。① 在库恩看来，“学习翻译一种语言或一种理论，部分是学习描述该种语言或理论起作用的世界”。② 他相信，通过翻译而思，就可以把科学共同体看成语言共同体，从而把不同范式的不可通约性问题阐释清楚。笔者认为，库恩的范式转换思想可以用来解释清末民初中国学术从传统范式到现代范式的转型。那么，我们能否从科学革命和范式转换的视角来重新审视谢无量在中国哲学史书写和中国伦理学理论建构方面的历史贡献呢？

二、从范式转换到范式拓展

目前，已经有学者开始从范式转换的角度来研究清末民初伦理思想的演变，或从伦理学范式转换的视角探讨当代道德建设的突破口。例如，黄进兴认为，清末民初道德意识的转变导致传统理学蜕化为近代伦理学。“从理学过渡到伦理学，正是近代中国道德意识转化的结果。借用孔恩(Thomas S. Kuhn，1922—1996)的用词，理学与伦理学恰恰代表两种不同典范(paradigm，或译‘范式’)的转移。”③这种范式转换体现在“有意识的向善”“祛除形上学的伦理观”和“迈向以权利为基底的伦理”三个方面。④ 又如，鲁元军指出，传统伦理学范式与现代伦理学范式存

① [美]托马斯·S·库恩：《结构之后的路》，邱慧译，北京：北京大学出版社，2012年版，第53页。

② [美]托马斯·S·库恩：《结构之后的路》，邱慧译，北京：北京大学出版社，2012年版，第147页。

③ 黄进兴：《从理学到伦理学：清末民初道德意识的转化》，北京：中华书局，2014年版，第168页。

④ 黄进兴：《从理学到伦理学：清末民初道德意识的转化》，北京：中华书局，2014年版，第167页。

在一些重大区别。传统儒家心性伦理是良心主导型的伦理范式。这一范式注重个体的主观自觉与自律。其特点是：(1)重视私德；(2)树立一个崇高的、至善的道德理想，鼓励人们以此为目标；(3)重视道德楷模的示范带头作用；(4)重视自律。①

笔者基本赞同鲁元军的观点。传统伦理虽然不乏有关公德和私德的讨论，但是两者并非居于同等地位。总体而言，传统伦理更为偏重私德，重视个体的道德自觉与道德自律。此外，传统伦理以止于至善为终极目的和最高理想，以成圣成贤为道德修养的目标，提倡士君子之人格模范。这种伦理思想的产生和发展是与传统宗族社会制度相一致的。传统社会基本上以“熟人社会”为主，强大的礼教、习俗势力、家族、宗族势力对传统伦理道德观念的维系起到了非常重要的作用。近代以来，随着社会经济基础的变化，加上内忧外困的严峻形势，传统社会结构陷入解体。随着资本主义的发展，人口流动性加强，一个“生人社会”逐渐形成，这就导致传统伦理已经不能左右现代社会之道德人心。

在不少学者看来，传统范式为现代范式所取代，主要是因为其内在缺陷。甚至有观点认为，传统伦理既不具备普遍合理性，也不具有普遍的现实性，而且缺乏普遍的可操作的约束力。所谓不具备普遍合理性，指的是传统伦理范式的逻辑是善端引发善性，而善性导致善行。其前提建立在主观特殊性的基础之上，即“吾欲仁，斯仁至矣”。所谓不具备普遍现实性，指的是传统伦理将良心视为道德的来源、实现和最终依据，而良心实则很难承受这一重担。此外，传统伦理注重道德自律、个性体悟与自我德行追求，导致监督约束能力不足。② 应该说，随着经济社会的发展，适用于传统宗族社会和封建主义生产关系的伦理范式确实已经不能适应新时代的社会需求。当传统范式越来越难以解释或解决现

① 鲁元军：《从伦理学的范式转换谈道德建设的突破口——兼论道德建设与制度安排》，载《浙江社会科学》1998年第1期，第52页。

② 鲁元军：《从伦理学的范式转换谈道德建设的突破口——兼论道德建设与制度安排》，载《浙江社会科学》1998年第1期，第53页。

代社会的一些反常现象时，伦理道德的危机就此爆发。

清末民初的中国社会，就是一个典型的道德危机时代。随着传统社会结构的土崩瓦解，附着其上的传统伦理关系随之改变。以严复、梁启超、王国维等为首的思想家在接受西方近代伦理思想的基础上，开始为伦理变革和“新民德”大声疾呼。公德、私德之辨成为学界讨论的热点话题。与传统伦理范式偏重私德不同，现代伦理范式更加注重公德，不再追求至善理想，而是提出一个底线伦理，强调体制性因素的约束性，注重发挥他律的规范作用。这与现代社会的主要特征是相适应的。例如，现代社会的理性化、制度化、法律化，要求建立一套与之相适应的现代规范伦理学。① 辛亥革命以后，新建立的共和政体迫切需要建立一套与之相适应的伦理道德体系。此时，传统伦理范式还没有完全退出历史舞台。一方面，因为传统伦理的合理成分仍然能够解决现实社会的某些问题。另一方面，新的伦理范式虽然不断涌现，但是它们相互辩难和竞争，缺乏一种主导性范式。

谢无量敏锐地感觉到传统伦理思想在新的历史环境下已经不合时宜，但是他并不认为传统伦理都是糟粕，也并不赞同全盘西化，即完全用西方近代伦理取代传统伦理的做法。谢无量所做的工作，是在敞开胸怀接受新潮思想的同时，努力探索传统伦理创造性转化的方式，结合新时期的社会需求，赋予其新的伦理价值。他试图通过引入西方伦理学的基本概念和理论框架，来重新整理传统伦理思想的人性论、义务论和德论，并在吸收西方近代伦理道德观念的基础上，重构中国人的个人道德、家庭伦理和社会伦理，确定个人对于国家乃至万事万物的义务。谢无量的这些工作现在看来也许微不足道，但从范式转换和伦理革命的视角来看，其积极进步意义是非常明显的。

然而，国内学界在认识谢无量从传统学术到现代学术，从传统伦理

① 鲁元军：《从伦理学的范式转换谈道德建设的突破口——兼论道德建设与制度安排》，载《浙江社会科学》1998 年第 1 期，第 53 页。

到现代伦理的范式转换方面还存在一些不足。葛兆光先生的观点就十分有代表性。他认为，谢著《中国哲学史》只有一个新式的名称和一堆粗加选择的资料，并不具备范式意义。然而，什么样的著作才具有范式意义呢？或者说一本具有范式意义著作需要具备哪些范式特征？谢无量的学术著作与思想是否具备这些基本的范式特征？这是我们必须认真思考的问题。

按照库恩的观点，常规科学的主导型范式一般具备如下四大特征：(1)决定了常规科学的核心研究问题；(2)决定了常规科学所使用的理论词汇；(3)决定了常规科学可接受的研究方法；(4)决定了针对某个研究问题产生的研究成果的评估标准。如果以这四个方面为标准来衡量谢无量的哲学和伦理学思想，则其范式特征是非常明显的。

第一，就核心研究问题而言，谢著《中国哲学史》所讨论的哲学定义、哲学与科学的关系、哲学史的体例与方法，及中国哲学的宇宙本体论、伦理学、认识论问题，谢著《伦理学精义》所讨论的伦理学定义、效用、研究范围与研究方法，及中国伦理学体系中的人性善恶论、义务论、德伦等问题，都成为后来中国哲学史、中国伦理学研究的核心问题。作为中国哲学史学科草创时期的重要代表，谢无量所研究的问题也是后来学者所关注的问题。例如，谢无量有关中西古今文化的历史与当代价值，及中国哲学史方法论问题的思考，成为后来学者重新书写中国哲学史时必须思考和讨论的问题。今天的“中国哲学史学史”学者在探讨中国哲学史的古典形式时，也不得不承认谢无量在一百多年前就已经开始深入思考这些问题了。① 作为中国伦理学科的早期创建者，谢无量伦理学论著对人性论(即道德起源问题)、至善论(即道德理想与道德原则问题)、志与功(即动机与效果问题)、人格独立与意志自由问题、伦理学与宇宙论的关系问题、权利与义务的关系问题、私德与公德的关系

① 参见田文军《古典中国哲学史研究的一种范型——读朱熹编纂的〈伊洛渊源录〉和〈近思录〉》，载《湖北大学学报》(哲学社会科学版)2013年第6期。

问题、义利之辨问题、个人修养方法等问题的讨论，都起到了继往开来、推陈出新的作用。

第二，就理论词汇而言，谢著《中国哲学史》所采用的术语名词被后来学者大量采用。谢著是我国首部以《中国哲学史》命名的中国哲学通史，之前虽然也有日本学者的类似著作出版，但几乎都名为《支那哲学史》。谢无量之后，有胡适《中国哲学史大纲》，钟泰《中国哲学史》，冯友兰《中国哲学史》《中国哲学简史》《中国哲学史新编》，范寿康《中国哲学史通论》，任继愈《中国哲学史》，萧萐父、李锦全《中国哲学史》，郭齐勇、冯达文《新编中国哲学史》，郭齐勇《中国哲学史》，杨国荣《中国哲学史》等数十部以中国哲学史命名的著作。张汝伦指出，谢著《中国哲学史》的出版与北大"中国哲学门"的设立，"这两件事标志着现代中国哲学的自觉和哲学研究的开始"。[①] 因此，说谢著初步奠定了"中国哲学史"这一常规科学的基础，毫不为过。

除了书名之外，谢无量在研究中国哲学问题时所使用的大量概念术语，很多被后来学者接受和沿用。例如，谢著《中国哲学史》指出，古代的天论有四种意蕴：(1)就其主宰者言之；(2)就运命言之；(3)就形体言之；(4)就理言之。后来，冯友兰的同名著作也基本沿用了这一说法，指出中国文字中的天有五种含义，即物质之天、主宰之天、运命之天、自然之天和义理之天。只不过冯著将谢著形体之天进一步分为物质之天和自然之天两种。又如，谢无量在对中国哲学进行形而上学、认识论、伦理学三分基础上，既吸纳现代哲学概念，也兼顾中国哲学固有的特色，采用宇宙本体论、伦理学、阴阳论、三才论、数论、修养论、实践道德论、人性论、理气二元论、性善一元论、性恶一元论、人生观、政治论、至善论、功利论、义务论、死生观、定命论、辩证法、天道无知主义、破除迷信主义、世运进步主义、才性论、虚无论、崇有

① 张汝伦：《他者的镜像：西方哲学对现代中国哲学研究的影响》，载《哲学研究》2005 年第 2 期，第 55~60 页。

论、神仙论、无君论等术语来描写和解释中国哲学思想，其影响绵延至今。

第三，谢著《中国哲学史》和《伦理学精义》建立了中国哲学和中国伦理学的组织体系和理论框架，确立了中国哲学史书写的基本方法。这是对松本文三、心斋学人（笔名）、远藤隆吉等日本学者的最好回应。“19世纪末的日本学者对传统的中国学术有很多批评，认为缺乏系统、缺乏组织。当时在日本很多人觉得中国文明僵化了，没有活力了”。① 例如，远藤隆吉在其《支那哲学史》的序言中说，“支那人之为性，长于叙述，短于概括。是以后世所著，愈出愈支。未尝有叙思想之渊源与其所推移，以使人一目了然庶几乎夫欧米人之所为者也”。② 谢无量对此并不认同。在他看来，《伊洛渊源录》《明儒学案》《宋元学案》在记述一学派、一时代哲学思想之源流方面十分精详，其体例已经接近于近代哲学史。但其不足是要么陷入门派之见，要么拘泥于某一朝代。谢无量《中国哲学史》所要做的，是要对传统书写体例有所突破和创新。为突破门户门派的限制，谢著强调并存异学，求其会通。为突破断代哲学史的局限，谢著囊括了古往今来最为重要的哲学家、伦理学家的思想，成为国人首部中国哲学通史。因此，在中国哲学史书写方面，谢著无疑是一本具有科学革命性质的著作。

谢无量的中国哲学史书写，不仅是对过去哲学史的突破，而且为未来哲学史书写树立了典范。他认为，“哲学史之作，在述自来哲学变迁之大势，因其世以论其人，掇学说之要删，考思想之同异，以史传之体裁，兼流略之义旨”。③ 许苏民教授就此指出，谢无量的哲学史方法论

① ［澳］梅约翰：《诸子学与论理学：中国哲学建构的基石与尺度》，载《学术月刊》2007年第4期，第63页。

② ［日］远藤隆吉：《支那哲学史》序，金范臣译，1902年版，第2页（石印本）。

③ 谢无量：《中国哲学史》，载《谢无量文集》第二卷，北京：中国人民大学出版社，2011年版，第4页。

实际上已经将胡适备受称道的“明变”“求因”“评判”三大哲学史书写方法(目标)包括在内。①“述自来哲学变迁之大势”就是“明变”；“因其世以论其人”就是“求因”和“评判”。本书第二章已指出，谢无量的伦理学研究方法注重对社会道德现象的观察，强调对古往今来事实材料的分析，借此得出其中所体现的道德标准。经过研精覃思，反思其背后的原因所在，并加以评判，最后按照当前社会的现实需要有所取舍、有所论列。这与胡适“明变”“求因”“评判”的方法论其实也是相通的。谢无量所谓的“由现世之状态，而推之现世以前之状态”“熟虑古来学者所论善恶标准之异同”，② 就是一种“明变”；其求善恶标准之所在并为之熟虑和深考，自然包括“求因”；其“必为之批判焉”，无疑就是一种“评判”。因此，谢无量初步拟定了中国哲学史书写的方法，胡适在此基础上加以提炼、完善和发扬光大，并对后来者(如冯友兰)产生了深远影响，推动中国哲学史研究方法逐渐走向成熟。

第四，就入选中国哲学史的条件而言，谢无量率先确立了一些确实可行的基本原则和评判标准。他指出，“凡哲人巨子，树风声于当时，标新意于后来者，皆掇其学说之要，用今世哲学分类之法述之。以其条纪贯串，便易观省也，约其精蕴，故无取繁词，求其汇通，故并存异学”。③ 这就是说，谢著《中国哲学史》的选材绝非葛兆光等人所认为的那样“粗加选择”，而是有着极高的学术标准，即“树风声于当时，标新意于后来者”。换言之，谢著所讨论的对象，都是史上提出了独创性思想，并产生过广泛学术影响的哲学家、伦理学家，他们是中国哲学史上最值得关注和重视的人物。此外，谢著所采用的方法，如用现代哲学分类法进行叙述，条纪贯串，约其精蕴，并存异学，不仅明显有别于传统

---

① 许苏民：《论谢无量的中西哲学比较研究》，载《社会科学研究》2015 年第 2 期，第 143 页。

② 谢蒙：《伦理学精义》，上海：中华书局，1914 年版，第 24~25 页。

③ 谢无量：《中国哲学史》，载《谢无量文集》第二卷，北京：中国人民大学出版社，2011 年版，第 5 页。

经学、理学门户森严的研究范式，而且为后来同类著作树立了典范，同时也是后来哲学史著作进行比较、评判、借鉴、超越的对象。

因此，如果秉承实事求是的态度，学界理应承认谢著《中国哲学史》的范式转换意义。毋庸讳言，该著传统色彩依然浓厚，本书将其视为中国哲学史书写的科学革命性著作，在某些学者眼中有抬高其学术价值之嫌。然而，谢著率先运用现代哲学概念重新整理传统哲学思想，并率先采用了蕴含“以西释中”倾向，但同时也注重中国哲学特质的中国哲学史书写格式，其“开山之作”的事实不容否认。在民国时期，谢无量所开创的哲学史书写方法，经过胡适的改进提升和发扬光大，在冯友兰那里最终走向成熟，从而形成一个从谢无量到胡适和冯友兰的学术链条。虽然在对待史料问题上，三位哲学史家分别表现为“信古”“疑古”和“释古”的特点，在哲学背景上，也各自体现出折衷主义、实用主义和新实在论的影响，但是他们哲学史书写的基本路数和方法在根本上是一致的。这也正是许苏民教授称胡适和冯友兰并未跳出谢无量之思路的原因。

在民国学界，真正跳出谢无量哲学史书写格式的是张岱年先生。同为学贯中西的哲学史家，谢无量和张岱年创立了两种风格迥异的中国哲学史书写范式。谢著《中国哲学史》是以时代为经，以学派为纬，以哲人为中心展开；张著《中国哲学大纲》是以中国哲学核心问题为中心进行展开，可谓独树一帜。谢无量融汇中西、平章华梵，但述多论少，彰显出历史学家的本色；张岱年纵横捭阖、夹叙夹议、研精覃思，体现出哲学家的睿智。这是两人的不同。除此之外，两人还有诸多相似之处，其中，最为明显的是他们都重视对传统思想的现代阐释，尤其重视伦理学研究。谢著《中国哲学史》谈及重要哲学家，必然要辟专节讨论其伦理学(人生论)。张著《中国哲学大纲》将人生论视为“中国哲学之中心部分”。① 如

---

① 张岱年：《中国哲学大纲》，南京：江苏教育出版社，2005 年版，第 71 页。

果说张岱年的伦理学研究拓展了中国哲学史的研究空间和研究方法，促进了中国哲学史的理论发展，并“成功地将传统道德思想作为伦理学从中国哲学史中剥离出来，凸显中国哲学史中伦理学作为一门‘显学’的存在”，① 那么，在这一方面谢无量无疑是张岱年的先导。谢著《伦理学精义》甚至先于其《中国哲学史》出版。同为哲学史家，冯友兰也十分重视伦理学。他认为哲学的对象、目标和任务都是人生。除了“贞元六书”中的《新世训》《新原人》外，其《人生理想之比较研究》(*A Comparative Study of Life Ideals*)②、《一种人生观》及在二者基础上改写而成的《人生哲学》，都是重要的伦理学著作。因此，就现代中国哲学史家的伦理学研究而言，似乎可以形成一个从谢无量到冯友兰和张岱年的学术链条。当然，这一链条同样也有抬高谢无量学术地位之嫌，因为其伦理学体系不一定对后两者产生过直接影响。但是，同为哲学史家，他们对待伦理学的态度与方式确实颇为相近，且谢无量所做的工作先于后两者几十年。在中国哲学史学科内部，谢无量及其著作所发挥的示范作用不可抹杀，也不容忽视。

本书以谢无量伦理思想研究为中心，专就其伦理学思想而言，他在一年之内提出两套风格迥异且各具特色的中国伦理学理论体系，在中国近代伦理思想史上即使不是绝无仅有，至少也是十分罕见的。谢无量为中国伦理学科的早期创立奠定了坚实基础。其伦理学著作打破了传统儒家心性伦理定于一尊的地位，通过并存异学、求其会通的方法，兼容并包古今中外、儒释道法的伦理道德思想，推动了传统经学、理学到现代伦理学的转化。其伦理思想不仅注重传统的人性论，而且吸收西方近代经典伦理学的理论框架和思想内容，尤为兼顾权利论和义务论、规范论

① 刘军平：《传统的守望者——张岱年哲学思想研究》，北京：人民出版社，2007年版，第261页。

② 此书为1923年冯友兰先生在哥伦比亚大学完成的博士论文《天人损益论》(*The Way of Decrease and Increase with Interpretation and Illustration from the Philosophies of the East and West*)易名而来，由商务印书馆出版。

与德性论、自利与利他、私德与公德的平衡，强调个人道德、家庭伦理与社会伦理、国家伦理的一贯之道。他的这些思想，都是基于但又有别于传统伦理学研究范式的。

虽然谢无量的哲学、伦理思想还存在一些不够精细的地方，但是这对于具备范式意义的开拓性成果而言是十分正常的，也是可以理解的。库恩曾指出，“当一个范式的候选者首次被提出来时，它只能解决它所面临的问题中的少数几个，而且大部分解释还远不完善”。① 对于大部分解释的完善，那是常规科学解谜工作的任务。诚然，谢无量伦理著作当中还有不少传统伦理概念，如“忠君”。但是其含义已经发生了根本性变化。谢无量所谓的忠君是忠于国家，因为君主是国家的代表。这就有别于封建伦理所强调的对国君和上级的愚忠。正如库恩所言，“因为新范式由旧范式产生出来，所以它们通常都收编了许多传统范式以前使用过的词汇和仪器，既有概念上的也有操作上的。但是新范式很少以传统的方式去应用这些借来的要素”。② 所以说，虽然谢无量哲学、伦理学著作带有不少传统色彩，其范式转换看似不是那么彻底，但是，如果以库恩所提出的范式的四大特征来判断，谢无量的伦理思想无疑具有范式转换意义。

需要注意的是，库恩的范式转换理论虽然具有很强的解释力，但是对于思想脉络驳杂而深邃的谢无量而言，也还存在某些解释力有所不逮的地方。根据我们的观察，谢无量的伦理思想除了表现出范式转换的特征之外，还体现了一种范式拓展的特征。虽然库恩认为新旧范式之间存在不可通约性，但是这并不意味着旧范式的思想成果不能变成新范式的理论资源。而且，在同一时期，常常有多种不同的竞争性范式并存。科学革命的出现，并不意味着新范式完全取代旧范式的全部内容。这在清

① [美]托马斯·S. 库恩：《科学革命的结构》(第四版)，金吾伦、胡新和译，北京：北京大学出版社，2012年版，第131页。

② [美]托马斯·S. 库恩：《科学革命的结构》(第四版)，金吾伦、胡新和译，北京：北京大学出版社，2012年版，第125页。

末民初体现得尤为明显。

事实上，在人文社会科学领域，范式转换特征并不像自然科学那样明显，因为很多问题是不能通过非正即误、非此即彼式的判断来解决的。人文社会科学的问题往往是见仁见智，言人人殊的。因此，随着新的研究视角和研究方法的引入，原有研究范式可能会经历一些变化，但也不至于被完全地、彻底地取消。更符合现实的情况是，仍然会有不少学者和学术共同体坚持使用这些旧的研究范式。库恩也说过，“从原则上讲，被舍弃的过时理论也不是非科学的”。① 而且随着新方法和新视角的引入，这些研究范式会得到不断更新和拓展，重新焕发出理性的光彩。

例如，在翻译学领域，自20世纪50年代起，语言学研究范式曾经一统天下。然而，到了20世纪70至80年代，随着文化翻译研究范式的兴起，语言学研究范式辉煌不再，但也并非完全被前者取而代之。因为翻译主要是不同语言符号之间的转换，有关翻译问题的讨论不可能脱离语言符号问题，所以，语言学研究范式不可能被完全排除在翻译学研究场域之外。近期，随着计算机语料库技术的兴起，语言学研究范式重新焕发青春，并发展出翻译研究领域颇有发展潜力和影响力的语料库翻译学。

由此可见，人文社会科学的演进过程与其说是一种范式转换，还不如说是一种范式拓展。一种新研究范式的出现，并不是以旧研究范式的彻底消亡为代价。虽则如此，在人文社会科学领域，学界公认的科学革命性的成果也是存在的。例如，康德哲学就被公认为人文社会科学领域的哥白尼式的革命。因此，我们认为，一个更为准确的提法是范式的转换与拓展并存，简称“范式转拓”。我们还认为，“范式转拓”正是谢无量哲学、伦理学研究的特色和贡献所在。

从谢著《中国哲学史》中西比较、兼容并包、调和折衷的倾向来看，

---

① Kuhn, Thomas S. *The Structure of Scientific Revolutions*. Chicago & London: The University of Chicago Press, 2012: 4.

有关谢著“不具备范式意义”的观点是值得商榷的。毋庸讳言，谢著经学色彩浓厚，但其所采用的研究范式绝非传统经学范式。谢著虽然以儒学为主干，但并不排斥道家哲学、佛教哲学，遑论现代西方哲学术语与观念的采用，此与门户思想浓厚的传统经学范式迥异。而且，越来越多的学者(如柴文华、许苏民、颜炳罡、田文军等)开始认识到谢无量哲学史研究方法，在很多方面并不输于胡适或者冯友兰。

如前所述，胡适《中国哲学史大纲》所提出的“明变”“求因”“评判”的方法，谢著《中国哲学史》均已包括在内。中国哲学史书写的集大成者冯友兰的哲学史研究方法，其实也未跳出谢无量的思路。例如，冯友兰提出，从事中国哲学史研究，需要“一钻研西洋哲学，二多方搜集史料，三详密规划迹团，四探索时代背景，五审查哲人身世，六评述哲人哲学”,① 这事实上也在谢无量并存异学、求其会通，因世论人、述变推源，时代为经、学派为纬，分类述之、条纪贯串，约其精蕴、无取繁词的哲学史方法论范围之内。②

因此，与其说谢著因为浓郁的经学色彩而不具备范式意义，还不如说谢著既体现了传统经学范式向现代哲学、伦理学范式的转换，也体现了经学研究范式的拓展。范式的转换和拓展在谢无量的哲学和伦理思想中并存。事实上，谢无量伦理思想的这种特征并非个案。就研究范式本身而言，一种研究范式往往难以彻底取代另一种或几种不同的研究范式，反而更多地体现为一种范式的更新、修正和拓展。就研究者而言，在这样一个跨学科时代，他们完全可以通过折衷诸学的方式超越不同研究范式的藩篱，从而体现出一种研究范式的拓展。因此，无论是作为模仿的对象还是超越的起点，后来的中国哲学史书写或多或少受到了谢无量范式的影响。

---

① 冯友兰：《怎样研究中国哲学史？》，载《三松堂全集》(第 11 卷)，郑州：河南人民出版社，2001 年版，第 412 页。

② 覃江华：《“兼总百家，必归于儒”——谢无量的中国哲学史研究》，载《理论月刊》2013 年第 12 期，第 54~55 页。

需要注意的是，谢无量持天下学术、终究大同的普遍主义文化观，这似乎与库恩不同范式的不可通约性产生了不可调和的矛盾。谢无量不仅认识到了这一对矛盾，而且找到了解决这一矛盾的切实可行的办法，那就是采用分析折衷主义的方法超越范式导向研究的藩篱。分析折衷主义是一种重要的理论工具，但是也具有其内在的局限。这也正是谢无量学术思想在不同时期遭遇不同命运的重要原因。

第三节 谢无量伦理思想的折衷主义

折衷主义(eclecticism)是谢无量哲学致思的另外一大特色。折衷主义不同于逃避矛盾、简单拼凑的混合主义。谢著《中国哲学史》并存异学、求其会通的立场，就是其折衷主义的最好体现。然而，要系统梳理和公允评价谢无量哲学、伦理思想的折衷性，就不能不首先对折衷主义在中西哲学史上的演变作一番简要梳理。事实上，无论中西，折衷这个词的语义色彩都经历过一个由褒到贬，再被重新认识的演化过程。

一、折衷主义的演变与命运

折衷主义盛极一时，而如今颇显落寞，这与其自身的学术旨趣与问学方法有关系，也与学术发展的内在逻辑密不可分。因此，对折衷主义的认识需要采用历史与逻辑相统一的方法，予以公正客观的对待。对折衷主义发展历史的梳理，有助于我们更加深刻地认识谢无量学术思想的特征、贡献与局限。

(一)折衷主义在西方的演变

西方语言中的折衷一词源自希腊语词根“eklegein”或“eklegesthai”，本义是选择或挑选。其同源名词或形容词形式是“eklektikos”，意思是折衷的、折衷主义的。因此，折衷的最初意思是择善而取。作为一个哲学概念，折衷主义常被用来指代那些既认同某一哲学体系的基本理论和方法，同时也接受其他哲学体系的某些理论和方法的哲学家及其观点。

按照《大英百科全书》的介绍，折衷主义不同于试图调解或结合不同哲学体系的混合主义。在抽象思考领域，折衷主义常常饱受批评。批评者认为，任意并置不同理论学说的有机组成部分，会导致根本上的不连贯性。然而，在实践领域，折衷精神是值得称赞的。① 因此，在那些理论性和实践性都很强，或既是理论科学又是实践科学的学科领域中，在理论上乏善可陈的理论体系，也许在实践层面却显得至关重要。

一般认为，希腊晚期哲学体现出较多折衷主义特征。例如，安提阿古(Antiochus)整合了斯多葛学派、怀疑论派思想；巴内修斯(Panaetius)综合了柏拉图主义和斯多葛主义。他们被认为是古希腊折衷派的代表。到了古罗马时期，那些没有建立起自己独立的哲学体系，但是吸收了斯多葛学派、怀疑论派和逍遥派思想的哲学家，如西塞罗(Cicero)等，也被视为折衷主义派。

到了18世纪，折衷主义作为一种哲学致思的方法受到重视。在其多卷本《哲学史》中，著名哲学史学家雅各·布鲁克(Jakob Brucker)指出，长期以来，折衷主义是那些最睿智的学者所同意，也是最有能力的哲学家所实践的一种哲学化方法。② 布鲁诺、培根、坎帕内拉、霍布斯、笛卡尔、莱布尼茨、托马修斯等都为这种普遍折衷主义哲学作出了贡献。受布鲁克影响，狄德罗(Diderot)宣称："折衷主义哲学家把偏见、传统、古训、普遍认同、权威，或者说一切控制民众心灵的东西，都踩在脚下。他敢于自己独立思考，回到最清晰的一般原则之上，检验它们、讨论它们。除了经过自身经验和理性获得的证据之外，什么都不予承认。他不带崇敬或偏见地分析各种哲学，并从中创造出一种独特的、属于自己的哲学。"③在狄德罗看来，折衷主义者是哲学家中的王

---

① 参见《大英百科全书》网络版：http：//global. britannica. com/topic/eclecticism 访问日期：2015年10月1日。

② Dillon，J. M. & Long，A. A.（eds）. *The Question of Eclecticism：Studies in Later Greek Philosophy*，Berkeley & Los Angeles：University of California Press，1988：18.

③ Dillon，J. M. & Long，A. A.（eds）. *The Question of Eclecticism：Studies in Later Greek Philosophy*，Berkeley & Los Angeles：University of California Press，1988：19.

者，是仅有的保持在自然状态(所有东西属于所有人)下的哲学家。

然而，自18世纪末开始，一直到19世纪结束，折衷主义的命运却急转直下。这与德国古典哲学的影响不无关系。其中爱德华·策勒(Eduard Zeller)的观点影响深远。策勒认为，折衷主义的产生主要有两大原因。一是由于希腊晚期哲学发展的内在逻辑。在后亚里士多德时代激烈的学术争鸣过程中，斯多亚学派、伊壁鸠鲁学派、怀疑学派的继承者们不再固守本派思想的独特性和纯洁性。他们开始承认对立思想中的共通性，甚至通过相互借用来混合这些对立的思想。二是由于希腊哲学在罗马的传播接受的结果。折衷主义是希腊精神与罗马性格融合的产物。① 然而，总体而言，策勒对折衷主义持排斥态度。他将其定义为"无批判的哲学"。受其影响，后来学者倾向于将折衷主义的出现视为"科学观的死亡"或"科学的衰亡"，并给其贴上了诸如"放弃本学派特质""趋同""无原则的混合""追求公认"的标签。折衷主义因此"失去了积极的批判性的含义，逐渐成了坏哲学的代名词，而不再是一种理想的哲学方法"。②

法国的情况有所不同。在19世纪的法国哲学界，折衷主义虽然受到不少批评，但是著名哲学家、教育家维克多·库赞却予以大力弘扬，他公开宣称自己的哲学是折衷主义哲学。库赞试图调和德国主观唯心主义、法国理性主义与苏格兰形而上学思想。在他看来，折衷主义预示了未来，也是未来的先驱。"在哲学的发展次序中，折衷主义居于一个缓冲的位置；缓冲虽然在危机时期无能为力，但是在此后却十分必要。"③ 折衷主义胸怀宽广，可以兼收并蓄已经发展成熟的不同哲学体系，除此

---

① Zeller, Eduard. *A History of Eclecticism in Greek Philosophy*, trans. by S. F. Alleyne. London: Longmans, Green, 1883: 1-5.

② 王晓朝：《"折衷主义"考辨与古希腊晚期哲学研究》，载《哲学动态》2001年第9期，第11页。

③ Cousin, Victor. *Introduction to the History of Philosophy*, trans. by Henning Gotfried Linberg. Boston: Hilliard, Gray, Little, and Wilkings, 1832: 440.

之外别无选择。不仅如此，折衷主义还应该成为新哲学史的理论基石。库赞指出，“折衷主义可以从哲学本身转换到哲学史之上；就像更新哲学体系一样更新哲学史”。① 也就是说，折衷主义可以成为重写哲学史的理论基础。

自20世纪下半叶开始，西方学界开始重新认识折衷主义的价值。这种重新认识在哲学、艺术、文学、心理学、建筑史、经济学等不同学科领域内展开。例如，克莉丝汀·柏乐思-瑞切特(Christine Bolus-Reichert)认为，关于折衷主义主要有两种不同的理解。其一是对彼此冲突观念或迥异历史风格不加反思的接受；其二则是一种批评性鉴赏模式(a mode of critical engagement)。这一模式最终将引发对创造与批评之对比的再思考，以及对原创性这一观点本身的反思。② 这一模式虽然用于分析文学思潮，但是对于哲学和伦理学研究亦有参考价值。在政治学领域，西方出现了分析折衷主义(analytical eclecticism)的提法③，主张以问题研究为导向，跨越不同研究范式的藩篱，采用“对比理论”的方法，从不同思想体系中吸收合理成分，用以解释国际关系中的各种复杂现象。④ 笔者认为，上述批评性、对比性、分析性折衷主义方法对哲学和哲学史研究具有积极意义，同时也为解读谢无量的哲学致思方式提供了一种很好的理论工具。

(二)折衷主义在中国的命运

在中国，折衷主义也经历了一个由褒到贬，再到被重新认识，褒贬兼具的转变。在古汉语中，衷也训为中，折衷也就是折中、持中的意

① Cousin, Victor. *Introduction to the History of Philosophy*, trans. by Henning Gotfried Linberg. Boston: Hilliard, Gray, Little, and Wilkings, 1832: 422.

② Bolus-Reichert, Christine. *The Age of Eclecticism: Literature and Culture in Britain*, 1815-1885. Columbus: Ohio State University Press, 2009.

③ Sil, Rudra & Katzenstein, Peter J. *Beyond Paradigms: Analytic Eclecticism in the Study of World Politics*. London: Palgrave Macmillan, 2010.

④ Cornut, Jeremie. Analytic Eclecticism in Practice: A Method for Combining International Relations Theories. *International Studies Perspectives*. Vol. 16, Issue 1, 2015.

思。古人以衷为善。所谓衷就是不轻不重，所以有“决狱折中”之说。因此，折衷常常被理解为无过无不及的中庸之道。此外，折衷也有兼收并蓄以取其正的含义。人们常用折衷诸学来表示对集大成者思想成就的肯定。如司马迁在《史记》中说“自天子王侯，中国言六艺者折中于夫子，可谓至圣矣”(《史记·孔子世家》)。在《论语集注》中，朱熹在解释孔子“述而不作”的时候说，“夫子盖集群圣之大成而折衷之。其事虽述，而功则倍于作矣”(《论语集注·述而第七》)。事实上，这种褒义用法一直持续到清末和民国时期。如梁启超在《论湖南应办之事》称：“更折衷于古经古子之精华，略览夫格致各学之流别”。① 这里的折衷就明显是一种褒义。

中华人民共和国成立以后，由于受到唯物主义、唯心主义两个对子的影响，折衷主义受到越来越多、越来越严厉的批判。1955 年，赵俪生在一篇评论文章中指出，折衷主义方法不引发矛盾、不解决矛盾，只停留在事物的表面。虽然也可能使用一些材料，但是没有经过苦心钻研。② 1962 年，汪永祥从哲学研究的党派性角度对折衷主义进行了无情的批判。他认为，哲学发展史上始终存在着唯物主义与唯心主义两大派别的斗争。折衷主义既有唯物主义因素又有唯心主义因素，试图但却没能超越这两个基本派别之外。③ “文革”期间，学界针对折衷主义的批判变得更加猛烈。折衷主义完全被视为一种唯心主义的形而上学。例如，伍言峰指出，“折衷主义者主观任意地把事物或现象的一切联系和关系平列起来，等量齐观。他们在说明事物或现象时，总是企图把它们所有的个别特征和个别因素罗列起来，‘东抽一点，西抽一点’；‘又是

---

① 梁启超：《论湖南应办之事》，载《饮冰室合集·文集》(第三)，北京：中华书局，1989 年版，第 42 页。

② 赵俪生：《对“中国历史纲要”农民战争部分的几点意见》，载《文史哲》1955 年第 3 期，第 35 页。

③ 汪永祥：《谈谈哲学的党性问题》，载《教学与研究》1962 年第 4 期，第 17 页。

这个，又是那个'；'一方面，另一方面'。他们的这种做法表面上好象很全面，实际上却模糊了事物的本来面貌，使人只见树木不见森林，把握不住矛盾的总体，抓不住事物的本质"。① "文革"后期，针对折衷主义的批评更加上纲上线。例如，受列宁有关折衷主义与辩证法思想的影响，高路在《折衷主义必须批判》一文中指出，折衷主义是修正主义者的诡辩术。它有两大特点，一是用形而上学的均衡论代替辩证法的重点论，二是用阶级调和论代替马克思主义的阶级斗争学说。②

由此可知，在中华人民共和国成立后很长一段时间，尤其是在"文化大革命"期间，国内学界有关折衷主义的探讨完全受到政治和意识形态的绑架，丧失了学术研究的独立性和公允性。折衷一词及折衷主义在近现代学术史上的命运，也因此经历了一次大逆转。中华人民共和国成立前，折衷一词以褒义为主，主要指一种无过无不及的适中，或者是兼收并蓄以取其正。因此，折衷可以作为一种判断事物的准则。然而，中华人民共和国成立以后，受马克思主义、列宁主义思想的影响，折衷主义被认为是与唯物主义相背离的唯心主义形而上学，是一种需要被打倒的修正主义诡辩论。传统的"中庸"思想也因此受到波及，被认为是庸俗的调和主义和折衷主义③。对折衷主义的批判在1976年达到空前高潮，当年全国有多种言辞激烈的反折衷主义著作出版。④

---

① 伍言峰：《折衷主义浅释》，载《学术月刊》1966年第3期，第67页。

② 高路：《折衷主义必须批判》，载《北京大学学报》(哲学社会科学版)1975年第6期。

③ 蔡尚思：《论孔子中庸及变革思想的实质》，载《学术月刊》1963年第11期，第51页。

④ 这些著作包括：北京化工设备厂哲学研究组编：《批判折中主义》，北京：北京人民出版社，1976年版；黎明机械厂工人哲学研究组编：《批判折中主义》，沈阳：辽宁人民出版社，1976年版；上钢三厂七·二一工人大学哲学史班，复旦大学哲学系七五级马列研究班编：《列宁对折中主义的批判》，上海：上海人民出版社，1976年版；辽宁人民出版社编：《折中主义就是修正主义》，沈阳：辽宁人民出版社，1976年版；山东人民出版社编：《折中主义就是修正主义》，济南：山东人民出版社，1976年版。

20世纪80年代中后期，受外来思潮的影响，国内学者开始对经济学思想中的“折衷主义”进行重新认识。① 也有学者探讨折衷法在外语教育中的运用，肯定其易变性与可接受性的积极意义。② 在艺术学界，也不少人才开始重新认识并折衷主义绘画和折衷主义建筑美学的价值。随着思想解放的逐渐深入，上述这些领域的探讨逐渐带动整个学界对折衷主义的重新认识。目前，虽然还有人坚持认为折衷主义就是机械的凑合，但越来越多的学者已经开始认识到折衷主义的两重性问题。

何谓折衷主义的两重性？显然不是上纲上线式讨论所谓的“诡辩性”与“均衡性”，而是我们在梳理完中西哲学史相关讨论之后，得出的有关折衷主义特征的两点基本认识。其一，折衷主义是一种经常使用的哲学化或哲学致思的方法。这一方法具有一定的普遍性，并不专属于折衷主义学派。其二，因为其固有特点，折衷主义的兴起或复兴具有某种阶段性和暂时性，往往处于库赞所说的哲学变迁序列上的缓冲位置，出现在危机爆发之后。中国近代思想史上的“西学中源”说和“中体西用”说，就是十分典型的，且风靡一时的文化折衷主义思想。③

笔者认为，对折衷主义这两个方面的复杂特征的认识非常重要。正是因为其普遍性、阶段性和暂时性，所以在人类思想发展史上，折衷主义一般处于学术场域的边缘。但是，在某些特定的历史阶段，如不同文明、文化相互接触的早期，或是某些思想体系由盛而衰的危机或转折期，或是某门新兴/分支学科的诞生期，折衷主义会逐渐从边缘走向中心，发挥其兼容并包、取长补短、综合创新的功能。随着文化融合的不断深入，新兴理论体系逐渐发展成熟，折衷主义又将不可避免地从中心

---

① 石士钧：《为马歇尔“折衷主义”正名》，载《安徽财贸学院学报》1985年第1期。

② [法]丹尼斯·吉拉德，严彤：《折衷法》，载《外语界》1987年第2期。

③ 参见王继平《论近代中国的文化折衷主义》，载《贵州社会科学》1997年第6期。当然，谢无量的折衷主义伦理学与张之洞的“中体西用”有着很大的不同。就伦理思想而言，张之洞的中学本体所保守的是封建纲常名教，而谢无量的中国文化本体是经过转化的、具有现代精神的国民道德。

走向边缘。对折衷主义的上述认识，有助于厘清谢无量伦理思想的历史和时代价值。

二、谢无量的分析折衷主义

清末民初的社会变迁和特殊的学术语境，以及谢无量独特的个人学术背景和文化立场，使其哲学和伦理思想带有明显的折衷主义特征。谢无量的折衷主义思想的产生，既有西学东渐的刺激，也有浙东学术精神的影响。当然，与谢无量个人方面的诸多因素关系最大。通观谢无量的伦理学著作，其折衷主义主要体现在三个方面。

其一，谢无量对儒家内部各个学派的伦理思想持调和折衷态度。例如，他对宋儒的"道统论"有些不满，认为这是导致门户之争渐盛、"抑扬进退，恒各殊科"的原因。因此，他提倡兼收并取、调和折衷的学术立场。例如，在分析朱子与阳明学派的异同之时，谢无量指出，朱子求理于外，阳明求理于内，虽然理路不同，但"各含一部之真理，可以并行而莫能偏废者也"。① 阳明之所以提倡知行合一和心即理之说，是因为当时朱子学如日中天，阳明担心汲汲求理于心外会导致世人陷入支离的弊端。其思想虽然与朱子有异，但实际上是为了矫正一时之弊，而并非故意挑起门户之争。② 这也就是说，朱子、阳明之伦理学说虽然各自有所偏重，但各有其具体的历史语境。伦理学说的产生需要顺应不同外境和时势的新要求。谢无量对朱陆学派的调和及其对折衷主义方法的运用由此可见一斑。

其二，谢无量对儒释道法墨名杂等诸家哲学、伦理学思想持折衷态度。在《中国哲学史》中，有"蜀之颜子"之称的谢无量，做到了兼总百家之说而求其会通之处。他不仅对道、墨、名、法、杂家的思想都进行

---

① 谢无量：《阳明学派》，载《谢无量文集》（第三卷），北京：中国人民大学出版社，2011 年版，第 235 页。

② 谢无量：《阳明学派》，载《谢无量文集》（第三卷），北京：中国人民大学出版社，2011 年版，第 235 页。

了介绍，而且对渊源于印度的佛教哲学也十分重视。相比而言，在张岱年《中国哲学大纲》中，佛教哲学则遭到冷落，因为佛教虽然是“中国人的哲学”，但是却不是“中国系的哲学”。① 谢著作为国人第一部中国哲学史，不仅重视佛教哲学思想，而且还专门论及史上三教调和之说。其伦理思想对佛教伦理中与世俗伦理相通的部分也多有吸纳。由此可见谢无量折衷诸学、观其会通的治学特点。

其三，谢无量对中西古今哲学、伦理思想持调和折衷态度。谢无量的伦理思想有着明显的“信古”倾向，他提倡“法古”。然而，谢无量并非顽固不化的极端保守主义者，他积极吸收借鉴西方现代哲学、伦理学思想为中国伦理学建构和国民道德重构提供理论资源。谢无量对中西伦理思想的折衷，主要通过其融会贯通的学术大同主义思想体现出来。他赞同庄子道通为一的思想，也推崇陆九渊和王韬的东海西海、心同理同之说，其《中国哲学史》将儒学、道学、理学、义学等同于哲学，写法虽然传统色彩浓厚，但把哲学划分为形而上学、知识论和伦理学三大部分，却又是典型的西方模式。② 其学术思想的会通特征由此凸显。谢无量指出，“夫夷夏殊轨，瀛陆异教，其究固且终趋于大同”。③ 他对待中外文化的态度不是肯定一切，或者否定一切，而是相互借鉴、取长补短。在他看来，“天下之美，固吾所当取，而吾之所美，亦当与天下共之”。④ 这就是一种典型的文化折衷主义。

谢无量的折衷主义伦理思想与同属于保守主义阵营的东方文化派、学衡派的伦理思想有诸多相似之处。东方文化派学者认为，东西文明一静一动，各有利弊和乐苦，因此应该提倡中西会通、文明对话。其代表

① 刘军平：《传统的守望者：张岱年哲学思想研究》，北京：人民出版社，2007年版，第373页。

② 刘军平：《传统的守望者：张岱年哲学思想研究》，北京：人民出版社，2007年版，第369页。

③ 谢无量：《伦理学自叙》，载《雅言》1914年第4期，第123页。

④ 谢无量：《伦理学自叙》，载《雅言》1914年第4期，第123页。

性人物杜亚泉持有一种道德本位的文化观，认为要调和折衷东西方文明。“以科学的手段，实现吾人经济的目的；以力行的精神，实现吾人理性的道德。”①学衡派学者致力于“昌明国粹，融化新知”。受白璧德（Irving Babbitt）新人文主义（Neohumanism）的影响，学衡派认为，虽然中西文化表面上存在一些差别，但在本质上是相通的，因为天理、人情和物象的根本规律是一致的。② 文化形式虽然多种多样，但对真善美的追求都是一样的。每一个时代的文化，都应该由古今中外一切真善美的文化因素融会贯通而成。因此，“宜博采东西，并览古今，然后折衷而归一之”。③ 谢无量的折衷主义伦理思想与此基本一致，且提出时间更早。

保守并不意味着落后，折衷并非意味着拼凑。在特定的历史环境下，保守主义和折衷主义伦理学甚至是一种十分超前、有重大现实意义的学术思想。谢无量的保守主义与复古派有着根本区别，与新文化派表面看上去立场相反，实则拥有一致的终极目标。在“科玄论战”之后，新文化派旗手胡适在反思其文化观时说，“我是主张全盘西化的。但我同时指出，文化有一种‘惰性’，全盘西化的结果自然会有一种折衷的倾向。……旧文化的‘惰性’自然会使他成为一个折衷调和的中国本位新文化。……我们不妨拼命走极端，文化的惰性自然会把我们拖向调和折衷上去的”。④ 也就是说，胡适的自由主义全盘西化思想与谢无量的保守主义、折衷主义伦理思想虽然出发点不同，但却殊途同归。他们的最终目标都是一样的，即建立中国本位的新道德、新文化。

因此，有学者指出，“中国伦理启蒙各派思想家长期争论的结果，是推动了中西文化向融合、互补、折中、调和的方向演进，综合为具有

① 杜亚泉：《战后东西文明之调和》，载《杜亚泉文集》，上海：上海教育出版社，2003 年版，第 350 页。

② 吴宓：《论新文化运动》，载《学衡》1922 年第 4 期。

③ 胡先骕译：《白璧德中西人文教育谈》，载《学衡》1922 年第 3 期。

④ 胡适：《编辑后记》，载《独立评论》1935 年第 142 号。

本民族特色的新文化”。① 这一观点有其道理。在近现代的伦理启蒙过程中，虽然各派学者提出了诸如中体西用、西体中用、中西互补、中西调和、全盘西化、中国本位等各种不同的、相互竞争的观点，“但中国的现实理想生活却正是沿着折衷的道路在走着，具体表现为不中不西，半中半西，亦中亦西，甚至是倒中不西。这说明民族传统事实上是既离不开，也摆不脱的”。② 由此可见，谢无量的折衷主义伦理思想有其前瞻性和现实针对性，其时代价值有待进一步挖掘。

本书作者认为，谢无量的折衷主义伦理思想，除了具有上述现实(时代)价值之外，还有重要的学术价值。谢无量的折衷是在对中西古今哲学、伦理思想进行深入对比分析基础上的折衷。其伦理学研究的方法，是基于中西对比分析的折衷主义方法。在不同文化接触的早期，包括当前跨学科研究时代，这种基于对比分析的折衷主义方法是可以发挥其特殊作用的。它不仅是创立新的哲学、伦理学体系的重要理论工具，而且是新哲学史书写和新伦理学史书写的理论基础。

在西方，这种基于对比分析的折衷主义被称为分析折衷主义(analytical eclecticism)。按照希尔(Rudra Sil)和卡赞斯坦(Peter J. Katzenstein)的定义，分析折衷主义是“试图辨析、转化并有选择地使用不同理论和叙事中的概念、逻辑、机制、解释等要素的研究方式；这些理论源自不同范式，但讨论的均是与既有学术意义又有实际意义的实质性问题相关的内容”。③ 这里有几点值得注意。一是分析折衷主义不同于没有自身观点、原则，纯粹是机械凑合的混合主义。分析折衷主义是建立在辨析、转化、选择，尤其是对比分析基础之上的，而对比分析倾向于同中求异。

---

① 徐嘉：《中国近现代伦理启蒙》，北京：中国社会科学出版社，2014 年版，第 325 页。

② 罗荣渠：《中国近百年来现代化思潮演变的反思——代序》，载《从“西化”到现代化》(上册)，合肥：黄山书社，2008 年版，第 39 页。

③ [美]鲁德拉·希尔，彼得·卡赞斯坦：《超越范式：世界政治研究中的分析折中主义》，秦亚青、季玲译，上海：上海世界出版集团，2013 年版，第 9 页。

也就是说，分析折衷主义并不会以抹杀差异和个性为代价。另外一点，就是分析折衷主义理论特别关注现实问题。而在实践领域，折衷精神是值得称赞的。① 谢无量的中国哲学史书写和中国伦理学理论建构对西方现代哲学、伦理学概念、逻辑、机制和解释的借鉴，既有其学术意义，也有现实针对性，是符合分析折衷主义之精神的。然而，如果要将谢无量哲学、伦理思想的特征界定为分析折衷主义，还需要对分析折衷主义的主要原理和标志性特征进行一番梳理，并考察谢无量的学术思想与这些原理和特征的契合程度。

赫希曼(Albert Hirschman)、希尔和卡赞斯坦等学者认为，"依照范式进行研究确实能够产生深刻的洞见，但是，如果不能以相互补充的方式对多种范式引发的洞见加以比较和融合，这些范式反而有可能成为'理解障碍'"。② 因此，他们提倡一种基于不同研究范式优长，但又超越不同研究范式局限的，以问题为导向的，具有明显实践意义的研究方法，也就是分析折衷主义的研究方法。分析折衷主义的目的，不仅是要指出范式主导性研究的不足，而且要克服这种不足。希尔和卡赞斯坦指出，学者应该放弃某种理论传统在提出问题和解决问题方面具有先天优越性这一思维定势，他们需要厘清不同研究范式所确立的诸多概念、观点和因果机制之间的联系。也就是要说，研究者可以而且必须超越不同研究范式的局限。"'超越范式'并不意味着摒弃或是无视以范式为导向的研究成果。'超越范式'意味着探索似乎不能通约的各类范式类理论要素之间的实质性关系，揭示它们之间的内在关联，目的是提出对政策辩论和实际问题有用的新颖见解。这就要求我们用一种新的思维方式思考假定、概念、理论、研究设计以及实际问题之间的关系。我们将这种

---

① 参见《大英百科全书》网络版：http：//global. britannica. com/topic/eclecticism. 访问时间：2015 年 10 月 1 日。

② [美]鲁德拉·希尔、彼得·卡赞斯坦：《超越范式：世界政治研究中的分析折中主义》，秦亚青、季玲译，上海：上海世界出版集团，2013 年版，第 1 页。

方法称为'分析折中主义'"。①

简而言之，分析折衷主义试图建立一个可以融会贯通不同研究范式的共同基础，然后将不同理论观点有机整合起来。然而，理论整合并不是分析折衷主义的唯一和最终目的。因为分析折衷主义还有明确的问题意识和实践指向。也就是说，在分析折衷主义者看来，学术研究需要与实践者、决策者所面临的、急需解决的实际问题结合起来。如果我们以此为基础来考察谢无量的学行事迹，不难发现谢无量融会贯通式的伦理学理论建构和现代国民道德重构，都具有明确的问题意识和强烈的现实关怀，旨在解决清末民初伦理革命和道德风尚建设所面临的实际问题，是儒家入世主义和实用主义精神的体现。

分析折衷主义不是不同理论的机械组装和简单合成，而是一种十分灵活的研究方式，这种研究以问题为导向，根据当下针对某些具体问题的讨论进行整合。② 谢无量对传统哲学和伦理思想的时代价值的论证，正是通过将其与民主、法治、公德私德之辨等当时学界所热议的话题结合起来进行的。此外，"分析折中主义可以用于多个层面，从对一个范式之中不同理论流派的讨论，到对跨越诸如生物学和社会学等多种学科的理论进行更为整体性的研究，都是如此"。③ 谢无量对儒家伦理学内部孟子与荀子伦理思想的异同比较，以及对心理学、生物学理论的吸收与借鉴，都可以被视作分析折衷主义这种跨学科理论整合的具体体现。

此外，对谢无量而言，折衷主义是哲学史书写的最初（而且也是最佳）体例。如前所述，法国哲学家库赞认为，折衷主义理应成为新哲学史的理论基石。谢无量也持有类似观点。在梳理中国哲学史书写的历史

---

① ［美］鲁德拉·希尔、彼得·卡赞斯坦：《超越范式：世界政治研究中的分析折中主义》，秦亚青、季玲译，上海：上海世界出版集团，2013年版，第2页。

② ［美］鲁德拉·希尔、彼得·卡赞斯坦：《超越范式：世界政治研究中的分析折中主义》，秦亚青、季玲译，上海：上海世界出版集团，2013年版，第15~16页。

③ ［美］鲁德拉·希尔、彼得·卡赞斯坦：《超越范式：世界政治研究中的分析折中主义》，秦亚青、季玲译，上海：上海世界出版集团，2013年版，第17页。

渊源时，谢无量指出，“溯厥前例，远自孔门，如《论语·尧曰》章述尧舜禹执中之传，而《系辞》载伏羲至尧舜之取于易道者，宜是哲学史之滥觞也”。① 质言之，《论语·尧曰》和《系辞》其实就是我国哲学史的古典形态。② 他还指出，“若夫庄子之《天下》篇，荀卿之《非十二子》；司马谈之《论六家》，淮南之《要略》，刘向之《别录》，班固之《艺文志》，虽辞有详略，而谊贵通方，皆折群言以居要，综百氏以辨类。于是又有列史之《儒林传》，创自马迁，而后世承之”。③ 也就是说，这些早期哲学史著作都是采取折衷主义的，即谢无量所谓的“通方”。“通方”就是通晓道术，不限于一经一论的研究方法。“通方”的标志性特征是折群言、综百氏。换言之，“通方”就是折衷诸学。然而，自宋代以降，哲学史著作学派意识增强，门户之争亦渐盛，于是有汉学宋学之分。即便是在宋学内部，也有朱陆之异同，永嘉永康之杂学。而且到了明代以后又有朱学王学之争，交相非而未有已。在汉学宋学之外，还有释老之说，道不同不相为谋。“叙述源流之书，亦视出于何派之学者，其抑扬退，恒各殊科，是以学者欲通观古今学术之变迁，实难得一适当之书也。”④正是有感于这种各种不同理论范式分裂、纷争的现状，谢无量提出以“求其会通，故并存异学”的折衷主义来作为新哲学史的指导思想。

综上所述，谢无量的学术研究，整体上与分析折衷主义的特征是十分契合的。因此，完全可以将其研究方法视为分析折衷主义的方法。然而，需要指出的是，分析折衷主义方法不能与多元主义方法混为一谈。

① 谢无量：《中国哲学史》，载《谢无量文集》第二卷，北京：中国人民出版社，2011 年版，第 4 页。

② 田文军：《古典中国哲学史研究的一种范型——读朱熹编纂的〈伊洛渊源录〉和〈近思录〉》，载《湖北大学学报》（哲学社会科学版）2013 年第 6 期，第 58 页。

③ 谢无量：《中国哲学史》，载《谢无量文集》第二卷，北京：中国人民出版社，2011 年版，第 4 页。

④ 谢无量：《中国哲学史》，载《谢无量文集》第二卷，北京：中国人民出版社，2011 年版，第 5 页。

“分析折中主义的重点在于理论建构，我们通过这种理论建构能够把握重大社会问题的复杂性特征。分析折中主义的合成逻辑不是依赖于多种研究方法的叠加，而是发现原本在不同研究传统中单独分析的机制和逻辑之间存在的多重关联。”①但是，分析折衷主义“既不会构建普适性理论，也不会编织特殊性叙事”，② 尤其是不试图建立一种优于其他研究范式的理论模式，因为这是违背折衷主义的根本宗旨的。由此观之，谢无量虽然学术视野开阔，学术敏感性高，思想洞察力强，但是并未建立自己独特的哲学理论体系。他虽然提出了两套伦理学体系构想，但都还不够完善。其内因或许正是谢无量所采取的分析折衷主义立场。分析折衷主义虽然重视理论建构，但是并不试图建立一种凌驾性的普适性理论。这就构成一个悖论。这一悖论或许有助于我们破解近代学术史上的“谢无量现象”。

三、“谢无量现象”之释解

谢无量在民国时期名噪一时，而后却陷入相对沉寂。尤其是中华人民共和国成立以来，虽然谢无量的书法艺术得到了艺术界的肯定，被认为是 20 世纪的十大书法家之一，但是在学术界，尤其是哲学界和伦理学界，广大学者对于谢无量这个名字实际上是相当陌生的。谢无量在中国近代学术史上的经历，堪称一个有待破解的“谢无量现象”。对这一谜题的破解，不仅有助于我们更加深入地理解谢无量，从他身上汲取宝贵的经验教训，而且能为当前乃至未来的学术史书写乃至理论创新指明方向。

谢无量及其学术思想在现代学术史上遭受如此命运，有其内因，也有一定的外缘。石凤珍等学者曾对这一问题进行初步探讨，将当前国内

---

① ［美］鲁德拉·希尔、彼得·卡赞斯坦：《超越范式：世界政治研究中的分析折中主义》，秦亚青、季玲译，上海：上海世界出版集团，2013 年版，第 16 页。

② ［美］鲁德拉·希尔、彼得·卡赞斯坦：《超越范式：世界政治研究中的分析折中主义》，秦亚青、季玲译，上海：上海世界出版集团，2013 年版，第 19 页。

学界谢无量研究的薄弱归结为六个方面的原因。① 应该说，这些分析和讨论十分难得，也是颇有价值的。然而，整体观之，国内学界目前对“谢无量现象”的解读还流于肤浅，不少提及谢无量及其学术思想的论著往往人云亦云，故而乏善可陈。有观于此，我们在石凤珍工作基础上，对导致“谢无量现象”产生的诸多可能因素逐一进行了梳理和论证，以期还历史一个公道，并为当前乃至未来的研究提供可资借鉴和超越的基础。

第一，“谢无量现象”的产生，与谢著的再版与流传情况有莫大的关系。谢无量虽然著作等身，然而，1949 年以后这些著作长期未能再版。虽然在中国台湾和中国香港有过零星出版，但是在中国内地实则难觅踪迹、流传甚少，从而导致谢无量论著几近埋没不闻。直到 2009 年以后，国内的广陵书社和中国人民大学出版社才开始重新整理并接连出版谢无量的文史哲著作。此外，与谢无量有关的其他学术资料(如书信、日记)十分罕见，使得当代学者难以了解其学术思想之全貌。谢无量虽然有写日记的习惯，与友人书信往来也都会专门誊写备案。但是目前尚未见到谢无量日记出版，在全国各大图书馆也没有找到相关文献收藏。他与友人的学术交往，仅能从《马一浮集》《蔡元培自述》等文献中找到一些旁的证据。这就造成了谢无量研究的现实困难。

第二，“谢无量现象”现象的产生，与谢无量学术活跃期持续较短有关。有观点认为，谢无量的治学活动集中在 1915 年至 1918 年，此后便淡出学术界。② 此论虽有道理，但并不完全准确。严格来讲，谢无量的学术活动，应该从 1901 年底参与创办《翻译世界》开始。因为《翻译世界》译介的一些社科名著，如基尔希曼(楷尔黑猛)的《哲学泛论》，直接影响了谢无量思想的走向。1915 年前，谢无量曾担任《苏报》《国民日

---

① 石凤珍：《谢无量先生学述》，中国艺术研究院博士后出站报告，2009 年，第 3 页。

② 石凤珍：《谢无量先生学述》，中国艺术研究院博士后出站报告，2009 年，第 3 页。

日报》《京报》《民呼日报》《民吁日报》《民权报》《独立周报》《神州日报》的编辑、主笔或撰稿人。他在这些报刊上发表了大量政论文，其中不少体现了其学术思想。1913 年，谢无量还曾为廖平《孔经哲学发微》一书撰写序言。就目前的资料来看，谢无量撰写出版的学术专著，最早可以追溯到 1914 年 5 月出版的《新制哲学大要》及《新制哲学大要参考书》。此外，《新制修身教本(四)》和《伦理学精义》也是在这一年出版的。同年，他还编写了《新制国文教本》，并翻译出版了《宪法论》。因此，谢无量学术活跃期至少应该从 1914 年算起，一直持续到 1923 年左右。在 1923 年，他有《诗经研究》《楚辞新论》《古代政治思想研究》《平民文学之两大文豪》等 4 部著作出版。此后，谢无量还曾于 1932 年出版《李白》和《中国古田制考》。1923 年至 1932 年，谢无量主要从事社会运动和教学工作，并无新论著出版。而 1932 年以后，他的个人兴趣已经转移。这也就是说，谢无量的学术活跃期主要集中于 1914 至 1923 年。这十年的工作为其赢得了巨大的学术声誉，但是，在 1928 至 1937 年的民国学术繁荣期，谢无量却悄然淡出了学术界。学术活跃期不长，导致谢无量的学术贡献在后来被低估。

第三，“谢无量现象”的产生，部分原因在于谢无量学术兴趣太过广泛，其思想的个性特征不甚明显。谢无量热衷于开拓全新的研究领域，但却又不愿(难以)集中精力深入挖掘。因此，给学界留下了一个善于抢占学术山头，但并不擅长掘井及泉的负面印象。平心而论，无论是国人近代首部中国哲学通史《中国哲学史》、近代首部佛学专著《佛学大纲》，还是《中国大文学史》《中国妇女文学史》《朱子学派》《王充哲学》《伦理学精义》等，在民国学界都堪称上述学术领域的先锋之作。但是，在其中大部分学术领域，谢无量后来没有更多深入性研究论著出版。其学术思想虽然在当时具有明显的创新性，但是因为缺乏学术个性和持续跟进，以至于在后来逐渐被超越，因而，受到学界忽视也在情理之中。相比而言，其学术论战的对手胡适却以“全盘西化”为标签的自由主义伦理思想而受到重视；其一生挚友、学术知音马一浮则凭借更为彻底的文化保守主义（如反对废除经学）而被目为“现代三圣”之一。

然而，如果我们说谢无量没有在上述领域当中的任何一个继续深入研究，那绝对是对谢无量的误读和极大不公。他虽然涉猎甚广，但也不乏自己情有独钟、研精覃思的领域。例如，在哲学史、伦理学史研究方面，谢无量既有通史性著作《中国哲学史》，也有十分深入的个案研究，如《孔子》《老子哲学》《韩非》《王充哲学》《朱子学派》《阳明学派》。其通史性研究是建立在深入个案研究之上的。即便是以今天的学术标准来衡量，其研究的深入性也是毋庸置疑的。此外，谢无量在文学、文章学，尤其是诗词研究方面也有持续的兴趣。因此，笔者认为，谢无量学术兴趣的广度在某种程度上的确制约了其学术思想的深度，但是在某些方面，其学术成就的厚重程度，即便是当今学者也无法望其项背，因而是值得被肯定和重视的。例如，谢无量有关佛教伦理思想的研究，理应在近代佛教哲学史和伦理学史上占有一席之地。

第四，由于谢无量学术思想驳杂，导致其学术身份定位困难。石凤珍指出，“谢无量并不自觉归属某一学术派别和艺术群体，这就使今人亦不能轻易识别和归纳其学术身份，造成命名的困难，导致研究忽略”。① 这的确是一个重要原因。民国时期，为解决传统学术的危机，确定未来的发展方向，学术界涌现出大量主张不同研究范式的学术流派。其中，最为重要的有自由主义、文化保守主义和马克思主义三大阵营，而谢无量与三大阵营的主将都有学术上的往来。总体而言，谢无量的思想更为倾向于文化保守主义阵营，但他也敞开胸怀接受现代哲学和科学知识，提倡自由、民主、平等和法治，并较早运用唯物史观分析中国古代的经济、社会制度和伦理思想。由于很难将其归入某一个具体的、旗帜鲜明的阵营，所以造成了当前文史哲各个领域的专家学者，都多少了解一些有关谢无量的东西，但是都未能充分重视和发掘其学术思

① 石凤珍：《谢无量先生学述》，中国艺术研究院博士后出站报告，2009年，第3页。

想的内在价值。

笔者认为，虽然存在上述困难，但是对谢无量进行一个基本的定位也并非没有可能。人是社会化的动物。人之思想和行为，看似是个性化的，实则是社会化的结果。谢无量的哲学、伦理学思想虽然十分驳杂，但是也带有明显的群体性特征。比较谢无量与同时代伦理学者的思想，会发现诸多共同之处，如对于公德的强调、对于国家伦理的重视等。前面也曾提到，就谢无量学术思想的整体特征来看，他应该属于广义的文化保守主义阵营中的现代新儒家一派。这可以从他以儒家哲学思想为主体书写中国古代哲学史，及以儒家伦理思想为主体进行现代国民道德重构窥见一斑。此外，哲学界、伦理学界往往忽视了谢无量曾为南社成员这一史实，其文学、哲学和伦理思想难免受到南社群体的影响。南社成员的共同特征是一方面根柢于国学，十分注重对"经义史事诸子"等传统文化的传承，另一方面又根柢于西学，对"法律政治经济之学"敞开胸怀。他们中很多人是文化保守主义者，但是对外来新潮思想持一种接纳态度。① 谢无量的中西会通思想和文化保守主义立场与此无异。这一点在哲学界和伦理学界却还未引起足够的重视。由于当前的谢无量研究都是分散和割裂的：研究文学的就只关注谢无量的文学思想，研究中国哲学的就只关注谢无量的哲学史思想，研究书法的就只关注谢无量的书法艺术。这种研究视角的偏狭，导致当代学者很难全面掌握谢无量思想的全貌。

第五，"谢无量现象"的产生，也有其自身知识结构方面的原因。有学者认为，"谢无量出生和学术形成的时代决定其知识结构主要以旧学为主，这与'五四'一代知识分子处在新学的时代风云之中不同，所以其思想和地位并不能在现代主流意识形态之中得到充分显现"。② 应

---

① 孙之梅：《前言》，《南社研究》，北京：人民文学出版社，1999年版，第5页。

② 石凤珍：《谢无量先生学述》，中国艺术研究院博士后出站报告，2009年，第3页。

该说，这种判断有一定根据，但也需要进一步讨论。谢无量生在清末，其学术成长期也在清末。因此，所受教育以传统教育为主。虽然在南洋公学期间，谢无量曾广泛接受现代西方学术，然而，由于发生“墨水瓶”事件，他不得不中途辍学。后来，谢无量曾赴日本学习一年，但主要精力用于学习日语和德语。期间，他可能关注过日本汉学家的研究成果，但是日本汉学著作也与中国传统学术有关。故谢无量虽然思想开明，但受旧学影响较深。然而，如果就此断定谢无量的思想和地位不能在主流意识形态中得到充分体现，则有待进一步商榷。谢无量拥护新文化运动，虽然他在《新青年》上发表古体诗引发胡适不满，并由此成为文学革命的导火索，但是谢无量积极拥护白话文运动，他不仅撰成《平民文学之两大文豪》，而且其学术语言也改用白话文。谢无量对阳明学的重视，对力行思想的大力提倡，与民国主流意识形态，尤其是蒋介石在20世纪20至30年代所倡导的力行哲学也是颇为接近的。此外，谢无量不仅较早采用唯物史观研究古代社会经济制度，而且在其哲学和思想史著作中也对其多有运用。其文学论文，如《明清小说论》《王韬——清末变法论之首创者及中国报道文学之先驱者》等，都体现出顺应时代主流思潮的特征。不可否认，中华人民共和国成立以后，由于政治形势和学术发展空间的变化，谢无量的(早期)学术思想受到一定程度的忽视，但他始终能够跟上时代潮流。更不用说其早年著作《王充哲学》曾得到毛泽东的肯定和赞赏。因此，说“谢无量现象”的产生与其思想和地位不能在主流意识形态中得到充分显现有关，虽有几分道理但也难免失之武断。谢无量或许不是时代浪潮中声名最高的弄潮儿，但与那些早年进步却晚节不保的学者不同，谢无量始终能够坚持与时俱进。在这一点上，他与梁启超是一样的。谢无量在现代学术史上的遭遇，是先行者落寞的绝佳案例。当然，也要承认，“谢无量现象”的产生，与其自身知识结构的限制不无关系。与受到西学浸润多年的胡适、冯友兰等人相比，谢无量对西学的理解确实有欠深入。但从其哲学、伦理学论著中对中西伦理思想的纵横捭阖来看，其知识结构的完备性为不少同时代学者所望尘莫及。而且，平心而论，世上很难找到不受自身知识结构限制的现代学者。

第六，“谢无量现象”的产生，是由于其学术思想具有过渡性和阶段性。谢无量身上明显体现出从传统到现代的过渡性特征。就学术语言来说，其早期学术语言为文言文。在经过新文化运动之后，其学术语言改用白话文。其《中国哲学史》《伦理学精义》出版时间较早，均在新文化运动之前，所以，比起后来白话文版的同类著作(如胡适《中国哲学史大纲》卷上)，就显得有些“过时”。就学术思想而言，“谢无量的旧学中有新，新学中有旧，与梁启超、章太炎的旧不同，与胡适的新也不同，是一种新旧过渡之学，这也是其遭到忽视的一个原因”。① 清末民初就是一个新旧交替的时代。处于这一宏观时代背景下的个体的人，免不了受到社会结构的模塑和影响。谢无量的学术思想有新有旧，新旧杂糅。以现代的眼光来看，其学术思想或许并无多少精彩、深刻之处。然而，如果我们采取知人论世的方法，将谢无量及其学术思想放到清末民初的社会和学术大背景下进行深入考察，就会发现其创新性和独特价值。

此外，探讨“谢无量现象”产生的原因，绝不能忽视其学术思想发展的阶段性问题。在其学术活跃期，谢无量尤为重视哲学、伦理学和文学。然而，20 世纪 30 年代中后期，其思想逐渐转入道家，且很大一部分精力用于书法艺术和教书育人。抗日战争全面爆发后，谢无量一方面积极参与社会运动，宣传抗日救国思想，另一方面又要携家带口背井离乡躲避战火，还需要与蒋介石、杜月笙派出的监视人员周旋，所以难以集中精力进行学术思考与创作。中华人民共和国成立以后，随着年龄的增长，加上身体和感情方面的原因，他雄心勃勃的学术研究计划未能全部实现。谢无量患有心脏病，不能全身心投入学术研究。在家庭生活方

---

① 石凤珍：《谢无量先生学述》，中国艺术研究院博士后出站报告，2009 年版，第 3~4 页。

面，他先后有两次婚姻，所有孩子都是第一任夫人陈顺庵所生。在与第二任夫人陈雪湄结合之后，虽然可以在学术上相互切磋，但是，陈雪湄不让他回川探望孩子，从而导致亲子关系方面的不如意。从其孙女谢德晶的回忆文字来看，这对谢无量的精神产生了一定的影响。虽然他晚年有意再度重启学术创作，但是因为个人身体和精神方面的原因，最后未能如愿。

第七，谢无量之所以出手极快，善于抢占学术山头，与其个人的治学特点和学术敏感性有莫大的关系。但从另一方面来看，与中华书局快捷灵敏的出版策略也不无关系。1912 年，陆费逵带领原商务印书馆的一批人马另起炉灶成立中华书局，并聘请了一批像谢无量这样思想先进、勇于创新的编辑出版人才。当时，尚在襁褓的中华书局为了与商务印书馆和中国图书公司竞争，极力追求推新速度，这也就促使谢无量不断撰写出版新著以抢占图书市场，因此其哲学、伦理学思想虽然不乏洞见，但是因为缺少时间仔细思考、锤炼，从而导致述多论少、有欠精微的缺陷。此外，谢无量编写出版的论著有不少是面向大众的通俗读物、中学教科书或学术史著作，读者对象和著述体例等方面的限制，也在一定程度上制约了其学术思想的个人发挥空间。

第八，除了上述时代和个人因素之外，“谢无量现象”的产生还有一个至关重要的因素，那就是其学术思想的内在逻辑。如前所述，谢无量的学术论著同时具有范式转换和范式拓展特征，对后来学者启发良多，但随着哲学、伦理学研究进入常规科学阶段，这种转换和拓展之功被遗忘。再加上其范式转换并不彻底，从而导致其思想虽然产生过一定影响，为他人提供了学术资源，但是很快被后来者超越，并最终导致其几乎堙没不闻。此外，“谢无量现象”的产生，还与其学术思想的折衷性特征有关。折衷主义强调兼收并蓄各家之长，而并非依傍于某一家一派之思想，因此，往往被人视为缺乏特色。张岱年先生对谢无量的评论就很具代表性。他指出，谢无量写出了中国第一部中国哲学史，但是

“内容比较简单，也没有什么特色”。① 那么，什么样的哲学史才算是有特色呢？是胡适的《中国哲学史大纲》。“胡适用西方哲学主要是实用主义的观点研究中国古代哲学，很有特色。”②也就是说，在当代中国哲学史研究者眼中，依傍于某家某派而非折衷诸家的哲学史著作更能出彩，也更有特色。这也不难理解。虽然在解决实践和实际问题上，折衷主义是值得赞赏的。但是在理论研究层面，由于缺乏自身独特观点与立场，也就无法凸显自身特色。伦理学既是一门实践科学，也是一门理论科学。因此，在理论层面，谢无量的学术贡献受到忽视甚至批评也在情理之中。此外，虽然折衷主义十分重视理论建构，而且谢无量也的确建构起了自己的哲学史框架和伦理学理论体系，但是由于分析折衷主义并不追求建立一种具有先天优越性的普适性理论，从而导致谢无量未能深入发掘其理论体系的全部潜能。这或许是导致“谢无量现象”的一个十分重要，但却受到忽视的因素。

---

① 张岱年：《近百年来的中国哲学史研究》，载《文史知识》1999 年第 3 期，第 4 页。

② 张岱年：《近百年来的中国哲学史研究》，载《文史知识》1999 年第 3 期，第 4 页。

结　论

清末民初是传统与现代的分水岭，也是中国学术发展与转型的关键期。谢无量的学术活跃期正处于这一传统向现代的过渡时期。他早年立志以学术拯救中华，并成为中国哲学史和中国伦理学科的早期开创者。他在融会中西之学的基础上，用现代哲学概念来重新梳理和诠释传统哲学、伦理思想，不仅向世人证明了中国哲学的合法性，而且推动了中国哲学的现代化转型，促进了中国伦理学科的建立和现代国民道德的重构。本书通过对谢无量学术著作的文本细读，及对其学术思想发生和发展的时代和个人背景的系统梳理，并将其学术思想与同时代伦理学者的思想进行比较研究，试图去理解和还原一个真实的谢无量。

我们研究谢无量，是因为他做了三件了不起的大事：其一，率先写成《中国哲学史》《佛学大纲》等著，对传统哲学、伦理思想进行系统总结和阐发，引领了传统思想现代转化的潮流，有力回应了对中国哲学和中国哲学史合法性、主体性的质疑；其二，撰写出版《新制修身教本(四)》《国民立身训》《妇女修养谈》等国民道德修身著作，为新时代公民道德风尚建设和道德观念重构奠定坚实基础；其三，撰成《伦理学精义》《伦理学自叙》等论著，为中国伦理学科的草创奠定坚实基础，实现了伦理学研究范式的转换和拓展。总结起来，谢无量这些学术成就的取得，及其学术研究特色的形成，主要由三个方面的因素造成。

首先是社会文化的现实需求。清末民初中国所面临的“三千年未有之变局”，使得先知先觉的中国人需要思考中国文化该往何处去的现实问题。由于传统道德已经不再适应新时期的社会需要，伦理革命和道德重构是中国伦理学者面临的十分紧迫的现实难题。为破解这些难题，中国学人提出了各种方案，其中以自由主义与文化保守主义两大阵营的对垒最为明显。谢无量的学术身份虽然复杂，但基本上属于保守主义阵营中的现代新儒家一派。其对待古今中西文化的态度，促使在他融会中西古今之学的基础上，从事传统伦理思想的现代性、创造性转化。

其次是学者个人的治学特点。受浙东学术的影响，谢无量个人的治学特点可以总结为并存异学、经世致用。他通过中西比较的方法，发现了中国哲学、伦理思想与西方近现代伦理思想的相通之处，也发现了中国伦理思想的特质所在。他通过考旧知新、调和折衷方法，对传统伦理思想进行了重新阐释和组织，对古今中外各个不同理论流派之学说择善而取，形成了自己的中国哲学史书写方法论和中国伦理学理论体系，而且为现代国民道德重构作出了重要贡献。

第三是学术发展的内在逻辑。清末民初经学转向、融经入史、佛学复兴的学术发展潮流，从经学、理学到哲学、伦理学研究的范式转换，中国哲学和中国伦理学科的开创，及西方和国内学界有关中国哲学合法性与现代性的争论，都促使谢无量思考并形成自己的哲学、伦理思想。

通过系统梳理、总结和分析谢无量在中国传统伦理思想的阐释、现代国民道德的重构和中国伦理学理论体系的建构方面的学术贡献，本书从中西哲学比较研究、伦理学研究范式的转型和分析折衷主义等几个方面，对谢无量伦理思想的标志性特征进行了描述和解释。在此基础上，对其学术思想的历史贡献与局限，及其学术遗产的当代价值进行了一些反思。

笔者认为，谢无量伦理致思一个最为突出特点的是中西伦理思想的比较研究。这与其独特的学术背景和敏锐的比较意识密不可分，也与清末民初学术思想的嬗变趋势息息相关。谢无量通过对比分析中西哲学和伦理学，发现了中西伦理思想的共通性和中国伦理思想的特质性。发现中西伦理的共通性，体现了谢无量的文化观中的学术大同思想。发现中国伦理的特质性，一定程度上体现了谢无量的文化特殊主义和保守主义立场。但无论如何，这两个方面的发现，都有助于抵消清末民初盛极一时的历史虚无主义、文化虚无主义的负面影响。

正是因为谢无量的中西比较、以西释中和中西互释，其论著（如《中国哲学史》）被认为是具有划时代意义的开山之作。换言之，谢著奠定了此后中国哲学史书写和中国伦理学理论建构的范例。其学术思想和理论贡献具有范式转换意义。然而，谢无量的这种科学革命性成果，非但没有得到后世学者的公认，反而引起了许多复杂的争议。我们不禁要问，谢无量思想是否真的具备范式转换意义？如果答案为是，那么，又怎么解释谢无量在民国初期红极一时，然而中华人民共和国成立以后却几乎埋没无闻？除了个人和社会因素之外，有没有学术思想发展的内在逻辑等方面的原因？这就是本书所提出的“谢无量现象”问题。针对这个问题，笔者从个人、社会与学术发展的内在逻辑三个方面进行了探讨。

就个人因素而言，谢无量兴趣广泛、学术敏感度高、善于开拓、疏于深入跟进的个性特点的确导致了其学术思想的个性。其深厚的国学功底和对西学的接受，使其有能力从事中西伦理思想的深层次比较研究。然而，由于他未能像胡适、冯友兰那样系统接受西学训练，仅有南洋公学特班时期有限的正规学习，因此，在知识结构上存在一定的不足。但是，他通过自学和翻译，对西方近代伦理思想的概貌有了一定程度的把握。因此，有能力以西学为参照反观传统伦理思想的现代价值，并在此基础上进行现代国民道德重构和中国伦理学理论建构。

就社会和时代因素而言，在中华人民共和国成立前，谢无量偏重宋明理学的倾向似乎与主流意识形态比较接近。例如，谢无量十分推崇阳明学。然而，因为孙中山先生的不幸离世，也因为反对蒋介石独裁的政治立场，谢无量在政治上没有很大作为，在生活上屡屡陷入困境。因为热心社会运动和加上思想倾向的转向，导致谢无量的学术产出高潮过早中断。在此期间，他也因为各种原因放弃了去民国学术思想中心北京大学任教、与同行切磋砥砺的机会。中华人民共和国成立后，由于政治形势的变化，反对传统，反对心学的氛围导致谢无量学术研究的兴趣转向文物鉴定和文学研究①，其哲学、伦理学思想因此受到忽视。另外，他所供职的中华书局的出版策略，也对其学术思考的广度和深度造成了一定的影响。

笔者还认为，仅仅从个人的知识结构、治学特点，以及时代和社会因素的影响来考察谢无量思想的传播接受情况还不完善。学术思想的产生、发展、传播与接受，虽然与学者个人和社会因素不可分离，但是也受到学术发展的内在逻辑的影响。通过分析谢无量学术论著的内在逻辑及其思想的总体特征，本书指出，虽然谢无量学术思想具备范式转换特征，但是，其范式转换并不彻底，反而更多地体现为一种范式转换与范式拓展的结合。事实上，在很多情况下，人文社会科学的演进过程与其说是一种范式转换，还不如说是一种范式拓展。即一种新研究范式的出现，并不是以旧研究范式的彻底消亡为代价。

范式的转换和拓展并存（“范式转拓”）正是谢无量哲学、伦理学研究的一大特色。从谢著《中国哲学史》中西比较、兼容并包、调和折衷的倾向来看，有关谢著“不具备范式意义”的观点是值得商榷的。谢无量的思想虽然经学色彩浓厚，但其所采用的研究范式绝非传统经学范式。他虽然有“蜀之颜子”之称，但是并不排斥道家哲学、佛教哲学，遑论现代西方哲学术语与观念的采用，此与门户思想浓厚的传统经学范式迥异。此外，被不少人认为具有范式特征的胡适《中国哲学史大纲》所提出的“明变”“求因”“评判”的研究方法，谢著《中国哲学史》均已包括在内。即便是后出转精的冯友兰同名著作，其实也未跳出谢著的思路。

---

① 中华人民共和国成立后，谢无量曾担任川西文物保管委员会主任和川西博物馆馆长。他发表的论文，如《简谈古玉》《谈李义山》《王韬——清末变法论之首创者及中国报道文学之先驱者》《纪念关汉卿——革命的戏剧家》《佛教东来对中国文学之影响》等，都体现出他这一时期学术研究的兴趣主要在文学和古代文物方面。

因此，谢无量思想既体现了传统经学范式向现代哲学、伦理学范式的转换，也体现了经学研究范式的拓展。范式的转换和拓展在谢无量的哲学和伦理思想中同时存在。而且，谢无量思想的这种特征并不是个案性质的。如前所述，就研究范式本身而言，一种研究范式往往难以彻底取代另一种或几种不同的研究范式，反而更多地体现为一种范式的更新、修正和拓展。另外，就研究者而言，在这样一个跨学科时代，他们完全可以通过折衷诸学的方式超越不同研究范式的藩篱。谢无量的分析折衷主义具有超越范式的特征。他通过会通中西古今之学，超越了中西古今之争，也超越了门派森严的研究范式。但从另外一个角度来看，这种超越行为及其结果，又形成了一种新的研究范式，这就导致一个悖论。因为这个悖论的存在，谢无量的伦理思想在内在逻辑上存在一定局限。

但不管怎样，无论是作为模仿的对象还是超越的起点，后来的中国哲学史书写和中国伦理学理论建构，都或多或少曾受到谢无量研究范式的影响，使得谢无量成为介于梁启超、王国维等开启先路者与冯友兰、张岱年等集大成者之间的近现代学术史链条上承前启后、不可或缺的一环。相比于王国维、梁启超，谢无量对中国古代哲学、伦理学思想的整理和阐发更加系统化、理论化和体系化。以现在的眼光来看，这种系统化、理论化和体系化还存在诸多粗糙、迂阔的地方，但正是这种努力推动了中国传统学术的现代转型，并深刻影响了冯友兰、张岱年等后辈中国学者。后两者在前人基础上所进行的中国哲学史书写和中国伦理学理论建构日益精细化，最后在民国学术史上达到一个高峰状态。因此，谢无量理应在中国近现代学术史上占有重要一席。

参考文献

(一)谢无量著作

[1]谢无量(谢蒙):《新制哲学大要》，上海：中华书局，1914年5月初版。

[2]谢无量(谢蒙):《新制哲学大要参考书》，上海：中华书局，1914年5月初版。

[3]谢无量(谢蒙):《新制修身教本》(第四册)，上海：中华书局，1914年6月初版。

[4]谢无量(谢蒙):《新制国文教本》(全四册)，上海：中华书局，1914年8月初版。

[5]谢无量(谢蒙):《伦理学精义》，上海：中华书局，1914年9月初版。

[6]谢无量译，[英]戴雪著:《宪法论》，上海：右文社，1914年9月初版。

[7]谢无量:《阳明学派》，上海：中华书局，1915年11月初版。

[8]谢无量(谢蒙):《孔子》，上海：中华书局，1915年12月初版。

[9]谢无量(谢蒙):《韩非》，上海：中华书局，1916年8月初版。

[10]谢无量:《朱子学派》，上海：中华书局，1916年8月初版。

[11]谢无量(谢蒙):《佛学大纲》，上海：中华书局，1916年8月初版。

[12]谢无量:《中国哲学史》,上海:中华书局,1916 年 10 月初版。

[13]谢无量:《中国妇女文学史》,上海:中华书局,1916 年初版。

[14]谢无量:《中国六大文豪》,上海:中华书局,1916 年 12 月初版。

[15]谢无量:《国民立身训》,上海:中华书局,1917 年 1 月初版。

[16]谢无量:《新制国文教本评注》(全四册),上海:中华书局,1917 年 1 月—1922 年 2 月初版。

[17]谢无量:《实用文章义法》(上、下册),上海:中华书局,1917 年 1 月初版。

[18]谢无量:《实用美文指南》(上、中、下卷),上海:中华书局,1917 年 4 月初版。

[19]谢无量:《妇女修养谈》,上海:中华书局,1917 年 4 月初版。

[20]谢无量:《王充哲学》,上海:中华书局,1917 年 5 月初版。

[21]谢无量:《中国大文学史》,上海:中华书局,1918 年 10 月初版。

[22]谢无量:《诗学指南》,上海:中华书局,1918 年 11 月初版。

[23]谢无量:《词学指南》,上海:中华书局,1918 年 11 月初版。

[24]谢无量:《骈文指南》,上海:中华书局,1918 年 11 月初版。

[25]谢无量:《诗经研究》,上海:商务印书馆,1923 年 5 月初版。

[26]谢无量:《楚词新论》,上海:商务印书馆,1923 年 5 月初版。

[27]谢无量:《古代政治思想研究》,上海:商务印书馆,1923 年 6 月初版。

[28]谢无量:《平民文学之两大文豪》(后改名为《罗贯中与马致远》),上海:商务印书馆,1923 年 6 月初版。

[29]谢无量:《李白》,上海:三通书局,1932 年版。

[30]谢无量:《中国古田制考》,上海:商务印书馆,1932 年 12 月

初版。

[31]谢无量：《诗词入门》，香港：中流出版社，1979年版。

[32]谢无量：《罗贯中与三国演义》，台北：天一出版社，1982年版。

[33]谢无量：《李清照传记资料》，台北：天一出版社，1985年版。

[34]谢无量：《罗贯中传记资料》，台北：天一出版社，1985年版。

[35]谢无量：《谢无量自写诗卷》，北京：中国文联出版公司，1987年版。

[36]谢无量：《谢无量书法》(上、下册)，成都：四川美术出版社，1988年版。

[37]谢无量：《二十世纪书法经典·谢无量卷》，王镛主编，石家庄、广州：河北教育出版社、广东教育出版社，1996年版。

[38]谢无量：《谢无量书风》，程重庚、袁融主编，重庆：重庆出版社，1999年版。

[39]谢无量：《佛学大纲》，扬州：广陵书社，2009年版。

[40]谢无量：《谢无量文集》(共九卷)，北京：中国人民大学出版社，2011年版。

[41]谢无量：《谢无量行书自作诗扇面》，杭州：中国美术学院出版社，2011年版。

(二)谢无量论文

[1]谢无量：《蜀学会叙》，油印本(国家图书馆藏)，1907年左右。

[2]谢无量：《蜀易系传》(第3号更名为《易学系传》)，载《四川国学杂志》1912—1913年第2~5号。

[3]谢无量：《蜀学原始论》，载《国学杂志》1913年第6号。另见中央文史研究馆编：《崇文集》，北京：中华书局，1999年版。

[4]谢无量：《匡谬正俗校正》，载《国学荟编》1914年第1期

[5]谢无量：《伦理学自叙》，载《雅言》1914年第4期。

[6]谢无量(啬庵)：《论中国文学之特质》，载《中华学生界》1915年第1期。

[7]谢无量(啬庵)：《人性论》，载《中华教育界》1915年第6期。

[8]谢无量：《老子哲学》，载《大中华》1915年第1卷第4~6期。

[9]谢无量：《德国大哲学者尼采之略传及学说》，《大中华》1915年第7-8期。

[10]谢无量：《韩非》，载《大中华》1915年第4~6，12期。

[11]谢无量(谢蒙)：《作文浅说》，载《中华学生界》1915年第5期。

[12]谢无量：《中国六大文豪(续)》，载《大中华》1916年第6~10期。

[13]谢无量：《中国哲学史》，载《大中华》1916年第7期。

[14]谢无量：《明清小说论》，载《小说月报》1926年第17卷号外(下)。

[15]谢无量：《远东情势的蠡测》，载《世界知识》1936年第5卷第3期。

[16]谢无量：《夏烈士墓表》，载《中国公论》1937年第2期。

[17]谢无量：《中国公论发刊词》，载《中国公论》1937年创刊号。

[18]谢无量：《六书古义序》，载《志学月刊》1942年第7期。

[19]谢无量：《六书古义序》，载《玉屏学报》1947年第1期。

[20]谢无量：《新译莲花生大士应化因缘经序》，载《觉有情半月刊》1947年第11号。

[21]谢无量：《再谈李义山》，载《光明日报》1957年8月4日。

[22]谢无量：《汉语拼音方案读后》，载《光明日报》1958年3月24日。

[23]谢无量：《谈李义山》，载人民文学出版社编辑部编：《唐诗研究论文集》，北京：人民文学出版社，1959年版。

[24]谢无量：《王韬——清末变法论之首创者及中国报道文学之先驱者》，载《教学与研究》1958年第3期。

[25]谢无量：《纪念关汉卿——革命的戏剧家》，载《教学与研究》1958年第7期。

[26]谢无量：《佛教东来对中国文学之影响》，载《现代佛学》1958年第9期。

[27]谢无量：《简谈古玉》，载《光明日报》1961年8月15日。

[28]谢无量：《南北学术与文学之异同》，载《蜀学》(第七辑)2012年。

(三)古代典籍及其译注

[1]陈立撰、吴则虞注：《白虎通疏证》，北京：中华书局，1994年版。

[2]程颢、程颐：《二程集》，北京：中华书局，1981年版。

[3]方勇译注：《墨子》，北京：中华书局，2015年版。

[4]高明校注：《帛书老子校注》，北京：中华书局，1996年版。

[5]郭庆藩：《庄子集释》(1~4册)，王孝鱼点校，北京：中华书局，1961年版。

[6]黄怀信注训：《尚书注训》，济南：齐鲁书社，2009年版。

[7]黄怀信校注：《鹖冠子校注》，北京：中华书局，2014年版。

[8]黄寿祺、张善文译注：《周易》(全二册)，上海：上海古籍出版社，2007年版。

[9]贾谊撰、阎振益、钟夏校注：《新书校注》，北京：中华书局，2000年版。

[10]黎靖德编：《朱子语类》，王星贤点校，北京：中华书局，2004年版。

[11]黎翔凤撰：《管子校注》，梁运华整理，北京：中华书局，2004年版。

[12]李梦生译注：《左传译注》(全二册)，上海：上海古籍出版

社，2004 年版。

[13]梁启雄：《荀子简释》，北京：中华书局，1983 年版。

[14]刘熙撰、毕沅疏、王先谦补：《释名疏证补》，祝敏彻、孙玉文校，北京：中华书局，2008 年版。

[15]楼宇烈：《老子道德经注校释》，北京：中华书局，2008 年版。

[16]陆玖译注：《吕氏春秋》(全二册)，北京：中华书局，2011 年版。

[17]陆九渊：《陆九渊集》，北京：中华书局，1980 年版。

[18]桑弘羊撰，王利器校注：《盐铁论校注》，北京：中华书局，1992 年版。

[19]慎到：《慎子》，黄曙辉校注，上海：华东师范大学出版社，2010 年版。

[20]司马迁：《史记》(全十册)，北京：中华书局，2014 年版。

[21]司马穰苴：《司马法》，乌鲁木齐：新疆青少年出版社，2009 年版。

[22]孙希旦：《礼记集解》，沈啸寰、王星贤点校，北京：中华书局，1989 年版。

[23]王充著，张宗祥校注：《论衡校注》，上海：上海古籍出版社，2013 年版。

[24]王国轩、王秀梅译注：《孔子家语》，北京：中华书局，2011 年版。

[25]王守仁：《王阳明全集》(全三册)，上海：上海古籍出版社，2011 年版。

[26]王聘珍撰：《大戴礼记解诂》，王文锦点校，北京：中华书局，1983 年版。

[27]王先慎：《韩非子集解》，钟哲点校，北京：中华书局，2013 年版。

[28]韦昭注，明洁辑评：《国语》，上海：上海古籍出版社，2008年版。

[29]徐光启：《徐光启集》，王重民辑校，上海：上海古籍出版社，1984年版。

[30]许富宏译注：《鬼谷子》，北京：中华书局，2012年版。

[31]许慎：《说文解字》，徐铉等校，上海：上海古籍出版社，2007年版。

[32]杨伯峻译注：《孟子译注》，北京：中华书局，1960年版。

[33]杨伯峻译注：《论语译注》，北京：中华书局，1980年版。

[34]杨伯峻撰：《列子集释》，北京：中华书局，2012年版。

[35]虞翻撰，李翊灼注：《周易虞氏义笺订》，北京：九州出版社，2015年版。

[36]章学诚：《文史通义》，北京：中华书局，1994年版。

[37]张载：《张载集》，北京：中华书局，1978年版。

[38]郑玄注，贾公彦疏：《周礼注疏》(全三册)，上海：上海古籍出版社，2010年版。

[39]周振甫译注：《诗经译注》，北京：中华书局，2010年版。

[40]朱熹：《四书章句集注》，北京：中华书局，1983年版。

[41]朱熹、吕祖谦：《近思录》，查洪德译注，郑州：中州古籍出版社，2008年版。

(四)谢无量研究相关著作

[1]北京化工设备厂哲学研究组：《批判折中主义》，北京：北京人民出版社，1976年版。

[2]蔡元培：《中学修身教科书》，上海：商务印书馆，1907年版。

[3]蔡元培：《订正中学修身教科书》(上篇)，上海：商务印书馆，1912年版。

[4]蔡元培：《中国伦理学史》，北京：东方出版社，1996年版。

[5]蔡元培：《中国伦理学史》(外一种)，北京：商务印书馆，

2010 年版。

[6]蔡元培：《蔡元培自述》，北京：北方文艺出版社，2012 年版。

[7]柴文华：《现代新儒家文化观研究》，北京：生活·读书·新知三联书店，2004 年版。

[8]柴文华：《中国现代道德伦理研究》，北京：社会科学文献出版社，2011 年版。

[9]柴文华主编：《冯友兰思想研究》，北京：人民出版社，2010 年版。

[10]陈独秀：《陈独秀著作选》（三卷本），任建树、张统模、吴信忠编，上海：上海人民出版社，1993 年版。

[11]陈独秀：《独秀文存》，北京：外文出版社，2013 年版。

[12]陈黻宸：《陈黻宸集》（上、下册），陈德溥编，北京：中华书局，1995 年版。

[13]陈少峰：《中国伦理学史新编》，北京：北京大学出版社，2013 年版。

[14]陈寅恪：《陈寅恪史学论文选集》，上海：上海古籍出版社，1992 年版。

[15]程炼：《伦理学导论》，北京：北京大学出版社，2008 年版。

[16]储昭华：《明分之道——从荀子看儒家文化与民主政道融通的可能性》，北京：商务印书馆，2007 年版。

[17]丁敬涵：《马一浮交往录》，杭州：浙江大学出版社，2013 年版。

[18]丁守和：《辛亥革命时期期刊介绍》（第三辑），北京：人民出版社，1983 年版。

[19]丁四新：《玄圃畜艾——丁四新学术论文选集》，北京：中华书局，2009 年版。

[20]丁四新：《先秦哲学探索》，北京：商务印书馆，2015 年版。

[21]杜亚泉：《杜亚泉文集》，上海：上海教育出版社，2003

年版。

[22]樊炳清：《共和国教科书修身要义》(中学)(卷上)，上海：商务印书馆，1913 年版。

[23]方立天：《中国佛教》，北京：中国人民大学出版社，2012 年版。

[24]费孝通：《文化与文化自觉》，北京：群言出版社，2010 年版。

[25]冯友兰：《人生哲学(外二种)》，《三松堂全集》(第三版·第一卷)，北京：中华书局，2014 年版。

[26]冯友兰：《贞元六书》(全二册)，《三松堂全集》(第三版·第五卷)，北京：中华书局，2014 年版。

[27]冯友兰：《中国哲学史》，北京：商务印书馆，2011 年版。

[28]高昌秀：《冯友兰中国哲学史方法论研究》，北京：北京大学出版社，2010 年版。

[29]葛懋春等：《无政府主义思想资料选》(上册)，北京：北京大学出版社，1984 年版。

[30]葛兆光：《思想史的写法——中国思想史导论》，上海：复旦大学出版社，2004 年版。

[31]龚群：《现代伦理学》，北京：中国人民大学出版社，2010 年版。

[32]龚群、陈真：《当代西方伦理思想研究》，北京：北京大学出版社，2013 年版。

[33]郭齐勇：《中国哲学史》，北京：高等教育出版社，2006 年版。

[34]郭齐勇：《中国哲学智慧的探索》，北京：中华书局，2008 年版。

[35]郭齐勇：《中国儒学之精神》，上海：复旦大学出版社，2009 年版。

[36]郭齐勇：《熊十力哲学研究》，北京：人民出版社，2011年版。

[37]郭齐勇：《中华人文精神的重建：以中国哲学为中心的思考》，北京：北京师范大学出版社，2011年版。

[38]郭齐勇编：《当代中国哲学研究(1949—2009)》，北京：中国社会科学出版社，2011年版。

[39]郭齐勇、欧阳祯人编：《问道中国哲学：中国哲学史研究的现状与前瞻》，北京：九州出版社，2014年版。

[40]郭齐勇：《儒学与现代化的新探讨》，北京：商务印书馆，2015年版。

[41]何怀宏：《伦理学是什么》，北京：北京大学出版社，2008年版。

[42]胡军：《中国儒学史》(现代卷)，北京大学出版社，2011年版。

[43]胡适：《自述古史观书》，载《古史辨》第1册，北京：朴社，1926年版。

[44]胡适：《先秦名学史》，李建钊等译，上海：学林出版社，1983年版。

[45]胡适：《胡适留学日记》，上海：上海书店出版社，1990年版。

[46]胡适：《中国哲学史大纲》，北京：东方出版社，1996年版。

[47]胡适著，肖伊绯整理：《中国哲学史大纲》(卷上、卷中)，桂林：广西师范大学出版社，2013年版。

[48]胡治洪：《儒哲新思》，北京：中华书局，2009年版。

[49]胡治洪：《现代思想衡虑下的启蒙理念》，武汉：武汉大学出版社，2011年版。

[50]黄进兴：《从理学到伦理学：清末民初道德意识的转化》，北京：中华书局，2014年版。

[51]焦国成:《传统伦理及其现代价值》,北京:教育科学出版社,2000年版。

[52]金焕玲:《陈独秀伦理思想研究》,北京:中国社会出版社,2009年版。

[53]景海峰:《新儒学与二十世纪中国思想》,郑州:中州古籍出版社,2005年版。

[54]黎明机械厂工人哲学研究组:《批判折中主义》,沈阳:辽宁人民出版社,1976年版。

[55]李步青:《新制修身教本》(师范预科用)(卷首),上海:中华书局,1914年版。

[56]李林:《谢无量书法艺术研究》,郑州:中州古籍出版社,2009年版。

[57]李维武:《王充与中国文化》,贵阳:贵州人民出版社,2000年版。

[58]李维武:《中国哲学的现代转型》,北京:中华书局,2008年版。

[59]李维武:《中国哲学的传统更新》,北京:人民出版社,2012年版。

[60]李泽厚:《中国现代思想史论》,北京:生活·读书·新知三联书店,2008年版。

[61]梁漱溟:《人生至理的追寻》(梁培宽,梁培恕辑录《勉仁斋读书录》增补修订版),北京:当代中国出版社,2008年版。

[62]梁启超:《饮冰室合集》,北京:中华书局,1989年版。

[63]梁启超:《梁启超全集》(第二册),北京:北京大学出版社,1999年版。

[64]梁启超:《德育鉴》,北京:北京大学出版社,2011年版。

[65]梁启超:《中国近三百年学术史》(新校本),北京:商务印书馆,2011年版。

[66]辽宁人民出版社编:《折中主义就是修正主义》,沈阳:辽宁人民出版社,1976年版。

[67]廖申白:《伦理学概论》,北京:北京师范大学出版社,2009年版。

[68]刘长荣、何兴明:《国学大师谢无量》,北京:中国文史出版社,2006年版。

[69]刘固盛、刘韶军、肖海燕:《近代中国老庄学》,福州:福建人民出版社,2014年。

[70]刘军平:《传统的守望者:张岱年哲学思想研究》,北京:人民出版社,2007年版。

[71]刘立夫:《佛教与中国伦理文化的冲突与融合》,北京:中国社会科学出版社,2009年版。

[72]刘梦溪:《中国现代学术要略》,北京:生活·读书·新知三联书店,2008年版。

[73]刘师培:《经学教科书·伦理教科书》,扬州:广陵书社,2013年版。

[74]鲁迅:《中国小说史略(外一种:汉文学史纲要)》,北京:商务印书馆,2011年版。

[75]陆费逵:《修身讲义》(师范讲习科用),上海:商务印书馆,1910年版。

[76]罗国杰:《传统伦理与现代社会》,北京:中国人民大学出版社,2012年版。

[77]罗荣渠:《从"西化"到现代化》(全三册),合肥:黄山书社,2008年版。

[78]马一浮:《马一浮集》(全三册),杭州:浙江古籍出版社,1996年版。

[79]牟宗三:《中西哲学之会通十四讲》,罗义俊编,上海:上海古籍出版社,2008年版。

[80]牟宗三：《中西哲学的特质》，罗义俊编，上海：上海古籍出版社，2008年版。

[81]聂珍钊：《文学伦理学批评及其他——聂珍钊自选集》，武汉：华中师范大学出版社，2012年版。

[82]聂珍钊：《文学伦理学批评导论》，北京：北京大学出版社，2014年版。

[83]欧阳祯人：《先秦儒家性情思想研究》，武汉：武汉大学出版社，2005年版。

[84]潘文国：《英汉对比与翻译2012》，上海：上海外语教育出版社，2012年版。

[85]山东人民出版社编：《折中主义就是修正主义》，济南：山东人民出版社，1976年版。

[86]上钢三厂七·二一工人大学哲学史班，复旦大学哲学系七五级马列研究班：《列宁对折中主义的批判》，上海：上海人民出版社，1976年版。

[87]孙之梅：《南社研究》，北京：人民文学出版社，1999年版。

[88]孙中山：《孙中山全集》（第九卷），北京：中华书局，1986年版。

[89]汤一介：《反本开新：汤一介自选集》，北京：首都师范大学出版社，2008年版。

[90]汤用彤：《理学·佛学·玄学》，北京：北京大学出版社，1991年版。

[91]唐凯麟、王泽应：《20世纪中国伦理思潮问题》，长沙：湖南教育出版社，1998年版。

[92]田文军：《珞珈思存录》，北京：中华书局，2009年版。

[93]田文军：《近世中国的儒学与儒家》，北京：人民出版社，2012年版。

[94]万俊人：《寻求普世伦理》，北京：北京大学出版社，2009

年版。

[95]王海明：《伦理学原理》，北京：北京大学出版社，2009年版。

[96]王寿南主编：《章炳麟·欧阳竟无·梁启超·马一浮》，台北：台湾“商务印书馆”，1999年版。

[97]王韬：《弢园文录外编》，上海：上海书店出版社，2002年版。

[98]王小静：《清末民初修身思想研究——以修身教科书为中心的考察》，北京：人民出版社，2012年版。

[99]王泽应：《伦理学》，北京：北京师范大学出版社，2012年版。

[100]万仕国：《刘师培年谱》，扬州：广陵书社，2003年版。

[101]温克勤：《中国伦理思想简史》，北京：社会科学文献出版社，2013年版。

[102]萧萐父：《吹沙集》，成都：巴蜀书社，2007年版。

[103]萧萐父：《吹沙二集》，成都：巴蜀书社，2007年版。

[104]萧萐父：《吹沙三集》，成都：巴蜀书社，2007年版。

[105]熊十力：《新唯识论》，北京：商务印书馆，2010年版。

[106]熊月之：《西学东渐与晚清社会》(修订版)，北京：中国人民大学出版社，2011年版。

[107]徐嘉：《中国近现代伦理启蒙》，北京：中国社会科学出版社，2014年版。

[108]杨志洵：《中等修身教科书》，上海：文明书局，1906年版。

[109]章太炎：《章太炎政论选集》(上、下册)，北京：中华书局，1977年版。

[110]张岂之：《近代伦理思想的变迁》，北京：中华书局，1993年版。

[111]张岂之：《民国学案》(第一卷)，长沙：湖南教育出版社，

2011年版。

[112]张岱年：《张岱年全集》(第4卷)，石家庄：河北人民出版社，1996年版。

[113]张岱年：《中国哲学史方法论发凡》，北京：中华书局，2003年第1版。

[114]张岱年：《中国哲学大纲》，南京：江苏教育出版社，2005年版。

[115]张岱年：《中国伦理思想研究》，南京：江苏教育出版社，2009年版。

[116]赵炎才：《致用与重构的二重变奏——清末民初伦理道德的近代嬗变研究》，北京：光明日报出版社，2009年版。

[117]郑逸梅：《南社丛谈》，北京：中华书局，2006年版。

[118]钟泰：《中国哲学史》，北京：东方出版社，2008年版。

[119]朱洪：《中共首任总书记陈独秀》，北京：当代中国出版社，2011年版。

[120]朱文华：《中国近代文学潮流》，贵阳：贵州教育出版社，2004年版。

[121]中国人民大学哲学系资料室伦理学组编：《伦理学目录索引》(1902—1982年12月)，1983年版。

[122]中央文史研究馆编：《中央文史研究馆馆员传略》，北京：中华书局，2001年版。

[123][古希腊]亚里士多德：《尼各马可伦理学》，廖申白译注，北京：商务印书馆，2013年版。

[124][德]黑格尔：《哲学史讲演录》(第一卷)，贺麟、王太庆译，北京：商务印书馆，2014年版。

[125][荷]斯宾诺莎：《伦理学》，贺麟译，北京：商务印书馆，2014年版。

[126][美]鲁德拉·希尔、彼得·卡赞斯坦：《超越范式：世界政

治研究中的分析折中主义》，秦亚青译，上海：上海人民出版社，2013年。

[127][美]托马斯·S. 库恩：《结构之后的路》，邱慧译，北京：北京大学出版社，2012年版。

[128][美]托马斯·S. 库恩：《科学革命的结构》(第四版)，金吾伦、胡新和译，北京：北京大学出版社，2012年版。

[129][日]元良勇次郎著，麦鼎华译：《中等教育伦理学》，上海：广智书局，1903年版。

[130][日]远藤隆吉：《支那哲学史》，金范臣译，石印本，光绪年间。

[131][英]霍布斯：《利维坦》，黎思复等译，北京：商务印书馆，1995年版。

(五)谢无量研究相关文章

[1]蔡福源：《〈三通考辑要〉评介》，载政协浙江省萧山市委员会文史工作委员会编：《汤寿潜史料专辑》(《萧山文史资料选辑(四)》)，1993年版。

[2]蔡尚思：《论孔子中庸及变革思想的实质》，载《学术月刊》1963年第11期。

[3]蔡元培：《记三十六年以前之南洋公学特班》，载黄昌勇、陈华新编：《老交大的故事》，南京：江苏文艺出版社，2012年版。

[4]柴文华：《论中国哲学史学科的创立及诠释框架》，载《哲学研究》2008年第1期。

[5]陈独秀：《说国家》(1904年6月14日，《安徽俗话报》第五期)，载《陈独秀著作选》第一卷，任建树、张统模、吴信忠编，上海：上海人民出版社，1993年版。

[6]陈独秀：《恶俗篇·婚姻下》(1904年9月24日，《安徽俗话报》再版第六期)，载《陈独秀著作选》第一卷，任建树、张统模、吴信忠编，上海：上海人民出版社，1993年版。

[7]陈独秀：《文学革命论》(1917年2月1日，《新青年》第二卷第六号)，载《陈独秀著作选》第一卷，任建树、张统模、吴信忠编，上海：上海人民出版社，1993年版。

[8]陈来：《马一浮的理气体用伦》，载《哲学研究》1993年第2期。

[9]陈伟桐：《试论汤寿潜的人格特征》，载政协浙江省萧山市委员会文史工作委员会编：《汤寿潜史料专辑》(《萧山文史资料选辑(四)》)，1993年版。

[10]陈寅恪：《冯友兰中国哲学史下册审查报告》，载《金明馆丛稿二编》(第二版)，北京：生活·读书·新知三联书店，2009年版。

[11]陈雪湄：《漫谈谢无量的书法及其他》，载《文史杂志》1986年第1期。

[12]邓军：《"苦行嗟谁及"：恽代英与宋学的道德严格主义》，载《开放时代》2012年第7期。

[13]邓穆卿：《谢无量二三事》，载《成都文史资料选辑》第二十八辑《蜀都俊彦》，成都：成都出版社，1995年版。

[14]邓穆卿：《名流谢无量》，载《成都旧闻》，成都：成都时代出版社，2005年版。

[15]丁敬涵：《汤寿潜〈诫子书〉浅析》，载政协浙江省萧山市委员会文史工作委员会编：《汤寿潜研究》，北京：团结出版社，1995年版。

[16]都樾：《汤寿潜佚著〈宪法古义〉考证》，载《江苏教育学院学报》(社会科学版)2007年第2期。

[17]杜亚泉：《战后东西文明之调和》，载《杜亚泉文集》，上海：上海教育出版社，2003年版。

[18]方立天：《中国佛教哲学的现代价值》，载《当代思潮》2004年第4期。

[19]冯其庸：《怀念国学大师谢无量先生——谢无量文集序》，载《谢无量文集》(第一卷)，2011年版。

[20]冯友兰：《怎样研究中国哲学史？》，载《三松堂全集》(第11

卷)，郑州：河南人民出版社，2001 年版。

[21]傅斯年：《清代学术的门径书几种》，载《傅斯年全集》(第四册)，台北：联经出版公司，1980 年版。

[22]高路：《折衷主义必须批判》，载《北京大学学报》(哲学社会科学版)1975 年第 6 期。

[23]郭君穆：《一代才人谢无量》，见《四川近现代文化人物》第 191~200 页，成都：四川人民出版社，1989 年版。

[24]郭齐勇，秦平：《儒家文化：民族认同与伦理共识的基础》，载《求是学刊》2006 年第 6 期。

[25]郭齐勇：《建构中国哲学的方法论反思》，载《学术月刊》2007 年第 3 期。

[26]郭齐勇：《现代三圣：梁漱溟、熊十力与马一浮》，载《光明日报》2015 年 04 月 30 日，第 B26 版。

[27]郭晓丽：《早期中国哲学史写作方法论析——以钟泰〈中国哲学史〉》为例，载《深圳大学学报》2007 年第 1 期。

[28]郭毓麟：《论宋代福建理学》，《福建文化》1937 年第 24 期。

[29]胡适：《编辑后记》，载《独立评论》1935 年第 142 号。

[30]胡先骕译：《白璧德中西人文教育谈》，载《学衡》1922 年第 3 期。

[31]胡义成：《读鲁迅推荐的〈诗经〉研究札记》，载《福建论坛》1983 年第 1 期。

[32]胡治洪：《中国哲学史学史的建构及其意义》，载《武汉大学学报》(人文科学版)2012 年第 2 期。

[33]蒋国保：《黄宗羲与浙东经史学术传统的确立》，载《杭州师范学院学报》(社会科学版)2006 年第 2 期。

[34]蒋国保：《论“中国哲学史”学科创立初期的实践与方法》，载《社会科学战线》2012 第 6 期。

[35]焦国成：《“善”语词考源》，载《伦理学研究》2013 年第 2 期。

[36]康宇：《20世纪中国哲学史学科建构历程及其现代进路》，《江汉论坛》2009年第1期。

[37]赖永海：《序》，载王月清：《中国佛教伦理研究》，南京：南京大学出版社，1999年版。

[38]李桂梅，黄爱英：《辛亥革命时期中国女性伦理的嬗变》，载《伦理学研究》2011年第5期。

[39]李湖江：《民国初期的佛教组织与慈善思想》，载《法音》2015年第2期。

[40]李维武：《新文化运动时期的价值观重建及其启示》，载《社会科学战线》2014年第2期。

[41]梁启超：《东籍月旦》，载《饮冰室合集·文集》(第四)，北京：中华书局，1989年版。

[42]梁启超：《论湖南应办之事》，载《饮冰室合集·文集》(第三)，北京：中华书局，1989年版.

[43]梁漱溟：《阳明宗旨不可不辨——评谢著〈阳明学派〉》，载《人生至理的追寻》，北京：当代中国出版社，2008年版。

[44]刘长荣、何兴明：《谢无量年谱》，载《文教资料》2001年第3期。

[45]刘克生：《谢无量先生传略》，见《内江文史资料选辑》1986年第1辑。

[46]刘军平：《天下宇宙观的演变及其道德寓意》，载《文史哲》2004年第6期。

[47]刘军平：《中国传统译论中的"格义"范式转换及其现代阐释》，载潘文国主编《英汉对比与翻译2012》，上海：上海外语教育出版社，2012年版。

[48]刘乐恒：《马一浮与现代新儒家》，载《浙江社会科学》2004年第3期。

[49]刘永祥：《谢无量经学思想略论》，《史林》2011年第6期。

[50]鲁元军：《从伦理学的范式转换谈道德建设的突破口——兼论道德建设与制度安排》，载《浙江社会科学》1998年第1期。

[51]陆原：《缅怀谢无量太老师》，载《巴蜀史志》2006年第6期。

[52]罗荣渠：《中国近百年来现代化思潮演变的反思——代序》，载《从“西化”到现代化》(上册)，合肥：黄山书社，2008年版。

[53]欧阳哲生：《中国近代学人对哲学的理解》，《中国哲学史》2006年第4期。

[54]彭华：《谢无量年谱》，《儒藏论坛》(第3辑)，成都：四川大学出版社，2009年版。

[55]平飞：《中国哲学史书写的模式与前提》，载《宝鸡文理学院学报》(社会科学版)2005年第12期。

[56]覃江华：《“兼总百家，必归于儒”——谢无量的中国哲学史研究》，载《理论月刊》2013年第12期。

[57]覃江华：《儒家早期“报”的思想释解》，载《中南大学学报》(社会科学版)2013年第4期。

[58]覃江华：《谢无量与中国传统伦理思想的现代转型》，载《理论月刊》2019年第3期。

[59]秦平，郭齐勇：《中国哲学研究30年的反思》，载《哲学研究》2008年第9期。

[60]屈小强：《五四前后的四川思想界》，载《四川文物》1989年第3期。

[61]荣明：《谢无量“男女平权、平等”思想的发展》，载《文教资料》2001年第3期。

[62]邵勇：《汤寿潜宪政思想论析——以〈宪法古义〉为中心的解读》，载《中北大学学报》(社会科学版)2011年第4期。

[63]盛懿：《出旧入新：李叔同在南洋公学特班(1901—1902)》，平湖李叔同纪念馆：http://www.phlst.cn/lianguanhongtan/show.php?wenzhang=20111031142553，访问日期：2014-08-30。

[64]石凤珍：《谢无量与新传统主义思潮及现代新儒家的关系》，载《文艺研究》2012 年第 5 期。

[65]石士钧：《为马歇尔“折衷主义”正名》，载《安徽财贸学院学报》1985 年第 1 期。

[66]史华慈：《论保守主义》，载《近代中国思想人物论——保守主义》，台北：台湾时报文化出版公司，1980 年版。

[67]舒大刚：《谢无量传略》，载《金景芳学案》(上册)第 436~444 页，北京：线装书局，2003 年版。

[68]斯舜威：《才情返璞谢无量》，载《光明日报》2012 年 05 月 17 日，第 12 版。

[69]四川省地方志编纂委员会编纂：《四川省志·人物志》第 560~563 页，成都：四川人民出版社，2001 年版。

[70]宋志明：《了解胡适与重写中国哲学学术史》，载《河北学刊》2013 年第 4 期。

[71]宋志明：《现代中国哲学观演进及其对民族性遮蔽》，载《社会科学家》2013 年第 5 期。

[72]汤寿潜：《宪法古义序》，载政协浙江省萧山市委员会文史工作委员会编：《汤寿潜史料专辑》(《萧山文史资料选辑(四)》)，1993 年版。

[73]汤一介：《略论百年来中国文化上的中西古今之争》，载《中国文化研究》2001 年第 2 期。

[74]唐凯麟，王泽应：《20 世纪中国伦理学研究及其历史启示》，载《江苏社会科学》2000 年第 4 期。

[75]田海林、王子华：《谢无量学案》，见张岂之主编《民国学案》(第一卷)第 163~184 页，长沙：湖南教育出版社，2005 年版。

[76]田文军：《冯友兰与中国哲学史学》，载《学术月刊》1999 年第 4 期。

[77]田文军、杨姿芳：《谢无量与中国哲学史》，载《江海学刊》

2007 年第 5 期。

[78]田文军：《陈黻宸与中国哲学史》，载《武汉大学学报》(人文科学版)2010 年第 1 期。

[79]田文军：《古典中国哲学史研究的一种范型——读朱熹编纂的〈伊洛渊源录〉和〈近思录〉》，载《湖北大学学报》(哲学社会科学版)2013 年第 6 期。

[80]田旭中：《学厚识远 胸旷韵高——写在谢无量诞辰 130 周年、逝世 50 周年》，载《文史杂志》2015 年第 2 期。

[81]万俊人：《序》，载陈剑旄：《蔡元培伦理思想研究》，北京：北京大学出版社，2009 年版。

[82]万俊人：《现代道德仍需传统滋养》，载《中国社会科学报》2011 年 11 月 22 日，第 006 版。

[83]万俊人：《百年中国的伦理学研究》，载《高校理论战线》2012 年第 12 期。

[84]汪永祥：《谈谈哲学的党性问题》，载《教学与研究》1962 年第 4 期。

[85]王国维：《国学丛刊序》，见胡道静：《国学大师论国学》(上集)，上海：东方出版中心，1998 年版。

[86]王国维：《哲学辨惑》，载《教育世界》1903 年第 55 号。见佛雏辑：《王国维哲学美学论文辑佚》，上海：华东师范大学出版社，1993 年版，第 5~6 页。

[87]王继平：《论近代中国的文化折衷主义》，载《贵州社会科学》1997 年第 6 期。

[88]王同云：《谢无量传略》，载《巴蜀史志》1988 年第 6 期。

[89]王晓朝：《“折衷主义”考辨与古希腊晚期哲学研究》，载《哲学动态》2001 年第 9 期。

[90]王云风：《记谢无量先生》，见《四川文史资料集粹》第四卷《文化教育科学编》第 678 ~ 679 页，成都：四川人民出版社，1996

年版。

[91]王泽应：《百年伦理学研究回溯》，载《东南学术》2000 年第 5 期。

[92]吴根友：《陈寅恪、贺麟论“三纲”的现代意义及其反思》，载《孔子研究》2015 年第 2 期。

[93]吴根友：《对当代中国哲学创新的思考》，载《华中师范大学学报》(人文社会科学版)2015 年第 5 期。

[94]吴洪武、吴洪泽编《吴之英先生年谱》，载《吴之英诗文集》“附录一”，成都：四川大学出版社，2008 年版。

[95]吴嘉陵：《谢无量》，见任一民主编《四川近现代人物传》(第一辑)第 239~244 页，成都：四川省社会科学院出版社，1985 年版。

[96]吴宓：《论新文化运动》，载《学衡》1922 年第 4 期。

[97]伍言峰：《折衷主义浅释》，载《学术月刊》1966 年第 3 期。

[98]肖群忠：《中华传统美德的时代价值》，载《光明日报》2015 年 4 月 30 日，第 16 版。

[99]谢德晶：《回忆我的祖父谢无量》，载《谢无量文集》(第九卷)第 694~718 页，北京：中国人民大学出版社，2011 年版。

[100]谢祖仪：《回忆父亲谢无量》，见刘长荣、何兴明著：《国学大师谢无量》附录，北京：中国文史出版社，2006 年版。

[101]熊月之：《汤寿潜与浙江人文传统》，载政协浙江省萧山市委员会文史工作委员会编：《汤寿潜研究》，北京：团结出版社，1995 年版。

[102]徐鲁：《世间已无谢无量》，载《中华读书报》2015 年 5 月 20 日，第 014 版。

[103]徐曼：《王国维传介西方伦理学述评》，载《南开学报》(哲学社会科学版)2005 年第 4 期。

[104]许苏民：《论谢无量的中西哲学比较研究》，载《社会科学研究》2015 年第 2 期。

[105]颜炳罡：《从“依傍”走向主体自觉——中国哲学史研究何以回归其自身》，载《文史哲》2005 年第 3 期。

[106]颜亦端：《谢无量书法漫议》，载《中国书画》2013 年第 7 期。

[107]杨国荣：《道与中国哲学》，载《云南大学学报》(社会科学版)2010 年第 6 期。

[108]杨太辛：《浙东学派的涵义及浙东学术精神》，载《浙江社会科学》1996 年第 1 期。

[109]杨天石、王学庄：《南社史长编》，北京：中国人民大学出版社，1995 年版。

[110]杨伟立、马宣伟：《谢无量》，见严如军、宗志文主编《民国人物传》第九卷第 380~384 页，北京：中华书局，1997 年版。

[111]余仕麟：《孔子“中庸”思想与亚里士多德“中道”思想之比较》，载《北京大学学报》(哲学社会科学版)2003 年第 S1 期。

[112]袁行霈：《守正出新及其他——关于中国文学史的编写与教学》，载《中国大学教学》1999 年第 6 期。

[113]乐爱国：《民国时期谢无量的朱子学研究》，载《厦门大学学报》(哲学社会科学版)2013 年第 1 期。

[114]乐爱国、陈昊：《民国时期朱熹哲学研究中的日本影响》，载《武汉大学学报》(人文科学版)2016 年第 6 期。

[115]张岱年：《近百年来的中国哲学史研究》，载《文史知识》1999 年第 3 期。

[116]张丹露、侯子峰：《天然之职责：谢无量女性家庭观念的表达》，载《现代妇女》(下旬)2014 第 8 期。

[117]张謇：《汤蛰先先生家传》，载政协浙江省萧山市委员会文史工作委员会编：《汤寿潜史料专辑》(《萧山文史资料选辑(四)》)，1993 年版。

[118]张连义：《谢诗在“文学革命”中的意义》，载《江南大学学报》(人文社会科学版)2013 年第 2 期。

[119]张汝伦：《他者的镜像：西方哲学对现代中国哲学研究的影响》，载《哲学研究》2005 年第 2 期。

[120]张现民：《蔡元培在交通大学的教育思想探索》，载《高教探索》2009 年第 4 期。

[121]张耀南：《从“合法性”的讨论到“中国哲学史学史”的构建》，载《北京行政学院学报》2004 年第 2 期。

[122]张耀南：《谢无量先于胡适“划时代”》，载《经纪人学报》2005 年第 2 期。

[123]赵俪生：《对“中国历史纲要”农民战争部分的几点意见》，载《文史哲》1955 年第 3 期。

[124]郑大华：《马一浮》，载王寿南主编：《章炳麟·欧阳竟无·梁启超·马一浮》，台北：台湾“商务印书馆”，1999 年版。

[125]郑伟宏：《因明在近代的复苏与弘扬》，载《法音》2002 年第 12 期。

[126]郑云山：《立名于当时 可式于后人——汤寿潜的生平与事迹》，载政协浙江省萧山市委员会文史工作委员会编：《汤寿潜史料专辑》(《萧山文史资料选辑(四)》)，1993 年版。

[127][澳]梅约翰：《诸子学与论理学：中国哲学建构的基石与尺度》，载《学术月刊》2007 年第 4 期。

[128][德]楷尔黑猛(开昔孟)：《哲学泛论》，载《翻译世界》1902 年第 1 期。

[129][法]丹尼斯·吉拉德：《折衷法》，严彤译，载《外语界》1987 年第 2 期。

[130][美]杨坤金(Young Kun Kim)：《黑格尔对中国哲学的批判》，孟庆时译，载《哲学译丛》1979 年第 6 期。

[131][日]蟹江义丸：《哲学史》，载《翻译世界》1902 年第 1 期。

[132][英]《大英百科全书》网络版，大英百科全书网站：http://global. britannica. com/topic/eclecticism 访问日期：2015-10-01。

（六）硕博士论文

［1］关术勇：《谢无量〈中国哲学史〉及其历史地位》，黑龙江大学硕士学位论文，2008年。

［2］郝松松：《谢无量哲学史观与研究方法探析》，西南民族大学硕士毕业论文，2013年。

［3］黄立英：《早期中国哲学史写作个例之论析——以谢无量、钟泰两部〈中国哲学史〉为例》，首都师范大学硕士毕业论文，2010年。

［4］李翠翠：《谢无量〈实用文章义法〉研究》，广西师范学院硕士学位论文，2012年。

［5］李冠聪：《从〈中国大文学史〉看谢无量文学史书写的传统视角》，暨南大学硕士学位论文，2018年。

［6］刘琼瑶：《谢无量书法艺术研究》，河北大学硕士学位论文，2016年。

［7］麻苾婕：《谢无量诗骚研究述评》，西北大学硕士学位论文，2018年。

［8］覃江华：《谢无量伦理思想研究》，武汉大学博士学位论文，2015年。

［9］石凤珍：《谢无量先生学述》，中国艺术研究院博士后出站报告，2009年。

［10］杨雅坤：《谢无量的〈诗经〉学研究》，河北师范大学硕士学位论文，2016年。

（七）外文资料

［1］Bolus-Reichert, Christine. *The Age of Eclecticism: Literature and Culture in Britain*, 1815-1885. Columbus: Ohio State University Press, 2009.

［2］Cornut, Jeremie. Analytic Eclecticism in Practice: A Method for Combining International Relations Theories. *International Studies Perspectives*. Vol. 16, Issue 1, 2015.

[3] Cousin, Victor. *Introduction to the History of Philosophy*. trans. by Henning Gotfried Linberg. Boston: Hilliard, Gray, Little, and Wilkings, 1832.

[4] Dillon, J. M. & Long, A. A. (eds). *The Question of Eclecticism: Studies in Later Greek Philosophy*. Berkeley & Los Angeles: University of California Press, 1988.

[5] Douglas, Robert K. *Confucianism and Taouism: Non Christian Religious Systems*. London: Society for Promoting Christian Knowledge, 1889.

[6] Hegel, Georg Wilhelm Friedrich. *The Philosophy of History*. trans. by J. Sibree. New York: Dover Publications, Inc., 2004.

[7] Kuhn, Thomas S. *The Structure of Scientific Revolution* (Fourth Edition). Chicago and London: The University of Chicago Press, 2012.

[8] Laffitte, Pierre. *A General View of Chinese Civilization and of the Relations of the West with China*. trans. by John Carey Hall. London: Trübner, 1887

[9] Sil, Rudra & Katzenstein, Peter J. *Beyond Paradigms: Analytic Eclecticism in the Study of World Politics*. London: Palgrave Macmillan, 2010.

[10] Zeller, Eduard. *A History of Eclecticism in Greek Philosophy*, trans. by S. F. Alleyne. London: Williams and Norgate, 1873.

后　记

本书是基于本人在武汉大学完成的博士学位论文修改而来。博士论文是我有生以来完成的一次最耗时费力的家庭作业。称之为“家庭作业”，是因为我是在职攻读博士学位，不仅要和同学们一样选课、听课、写论文、参加考试，同时还要承担繁重的教学科研任务，以及不容推脱的家庭责任。由于时间都已碎片化，毕业论文写作只能在日常工作的间隙一点一滴、化整为零地进行。因此，过程显得尤为漫长。我曾多次幻想完成论文那最后一刻的激动和美好。我会一把推开键盘，在房间里手舞足蹈，或把孩子举到空中来欢庆。然而，当这一刻真正来临的时候，一切都是那么的平静。那是一个深秋的周末，天色渐暗，华灯初上。为了给我安静的思考环境，妻子带着孩子去朋友家玩还没回来。我依稀听见了孩子的咳嗽声，但又像是幻觉。整天整夜地忙碌，我已经变得神情恍惚。那最后一刻的感受，与我之前的想象太不一样了。

我还清楚记得，当我坐到电脑前，开始起草这篇“后记”的时候，有两股思绪悄然涌上心头：一是略带一丝不安的如释重负；二是对师友和家人的感激之情。如释重负，是因为终于搁笔，放下了压在胸口的一块石头。惶恐不安，是因为在撰写这篇近 30 万字(可怜那些被删去的文字，它们于我像是有生命的精灵)的长文过程中，我真切地体会到“学然后知不足”的道理。自此以后，如临深渊、如履薄冰。我深知自己的思维和写作水平还有待提高。由于不知道论文在导师和外审专家那里会不会被打回原形，因而有些惶恐。这一切的一切，全都是因为我那不安的灵魂。早年，当我还是大山深处那个懵懂的孩子时，那不安的灵魂就憧憬着去上学。和很多儿时的小伙伴不一样，我沉迷于书的芳香，并下定决心要走出大山，去看看外面的世界。

考上大学之后，我离实现这一愿望更进了一步。然而，我所学的专业，是基础并不扎实的英语。从小生长在土家山村的我，当时连普通话都讲不好。第一堂语音课简直就如梦靥一般，一个简单的辅音读了十几遍还是被老师判为发音不准。面对严峻的现实，我别无选择。课后，我把中学英语全部重新学习了一遍，才慢慢赶上同学们的进度。为了练习发音，嘴唇曾多次被磨破，吃饭、喝水都难以下咽。经过四年的努力，我不仅专业成绩名列前茅，而且获得保送(推免)本校的机会。当时，我憧憬着上武汉大学，并一直在默默努力，但最后还是接受了母校的盛情。保送生百分之百免学费，可以减轻父母的经济负担。硕士毕业之后，我来到一所学风严实的重点大学任教。同学们自是十分羡慕，可是我却怀揣着不安。在一同入职的新老师当中，我的学历背景恐怕是最弱的。我暗下决心一定不能落后。在新单位，我很快适应环境，教学科研逐步走上正轨。买房、装修、结婚、生子等人生大事，也一件一件地完成了。本该好好享受一下生活，但那不安的灵魂又促使我作出了一个决定——报考中国哲学专业的博士。

在一个学科划分越来越细，隔行如隔山的时代，对于我这样一个本科、硕士都是外语专业的人而言，博士阶段选择中国哲学简直就是自寻死路。中国哲学试卷只有两页纸，第一页是没有经过点校的密密麻麻的繁体字，还需要解读其中的先秦哲学思想。第二页是名词解释和简答题。我花了几分钟时间冷静下来，告诉自己既来之，则安之，最后顺利通过了考试。

当然，能有机会进入憧憬已久的武汉大学学习，离不开导师刘军平教授的鼓励和支持。当初决定报考中国哲学博士的动机很简单，就是要追寻老师的足迹，挑战一下自己的极限。刘老师是湖北翻译学界的翘楚，博士也是在武大哲学院读的，同样是中国哲学专业。当时，我就是想跟随教授去领略高屋建瓴的哲学思维之美。后来才发现，这是一条艰辛无比的道路。首先，要攻克语言文字关。刚开始接触未经点校的繁体古文时，就好像是在新学一门外语。其次，要系统研读古今中外哲学家的学术著作，把握文字背后的深湛之思。此外，在论文撰写发表过程中，要熟悉哲学领域的基本规范和话语方式。对于一个没有受过多少古文和哲学训练的人来说，要写出一篇中国哲学的博士论文，其难度可想而知。

当然，我也可以安慰自己说，选择一条人迹罕至、充满挑战的路并非没有益处。譬如，沿途可以欣赏别样的风景，极大拓展自己的视野。哲学是众学之母。中国哲学可以为我提供思考的对象和方法，还可以提升个人的思想境界和语言文字水平。此外，如能会通哲学、语言和翻译三大领域，就可以从事语言哲学、翻译哲学等方面的跨学科研究（我后来还真的找到了用罗曼·雅各布森和翁贝托·艾柯符号学思想来考察谢无量语内、语际和符际翻译的切入口），向实现“中西对比，古今通贯；学思并进，史论结合；德业双修，言行相掩”的理想境界努力。这或许有几分道理在其中，但也未尝不是一种阿Q精神。在一个学科分类日益精细，崇尚专家之学而非通人之学的时代，对于才能不及中人的我而言，要跨越一级学科的界限绝非易事。但这就是我那不安的灵魂作出的选择。好在有导师给我树立了榜样，可以沿着他的足迹一步步往前走。虽然在禀赋和学养方面与老师有云壤之别，但因为那不安的灵魂，再加上农村娃倔强、不怕吃苦的精神，我一路高歌猛进、义无反顾。

写到这里，一股难以抑制的暖流随着感激之情涌上心头。抚今追昔，在人生的坎坷道路上，我曾经历过太多失败和挫折。之所以能一路坚持走来，不至于被击垮，是因为有很多贵人相助。首先是我的博士导师刘军平教授，他博学、睿智、幽默、宽容、积极、乐群。向他汇报每一个想法时，他不仅给予支持和鼓励，而且能为我提供更多视角、更富远见的建议。他的为学为人之道，是我今生今世取之不尽用之不竭的宝贵财富。硕士导师杨元刚教授一直关心我的成长。虽然我已毕业多年，但老师始终如当初那般帮助我、指导我。博士后导师许钧教授对学生的关心爱护广为人知。博士毕业后，我有幸拜入许师门下，从事翻译哲学研究。他读书很多、思维开阔、精力充沛、淡定从容，既善于治学，又长于执事，是一位循循善诱的人师，寥寥数语就能把我长久的困惑一扫而清。对老师的仰慕和敬佩，让我一看到他的文字就备感亲切，耳边就会响起他侃侃而谈的声音。我对三位恩师的感激之情溢于言表。

其次要感谢的是在武大哲学院给我耳提面命和各种帮助的各位恩师，他们是郭齐勇教授、李维武教授、吴根友教授、徐水生教授、文碧方教授、胡治洪教授、储昭华教授、丁四新教授、秦平教授等。郭齐勇老师的言传身教使我领略到一位当代新儒家学者的大家风范。他是真正德业双馨、言行相掩的士君子，不仅通过精湛之思教化人，而且用一言一行感染人。与他座谈，如沐春风。李维武老师为我们讲授《中国哲学史史料源流举要》，信息量大，收获最多。他对学术的精益求精，感染了我们每一个人。每次上完他的课，同学们都会自觉起立，长时间鼓掌以示感谢。我选择进行谢无量学术思想研究，最初的灵感就来自于李老师的课堂。在旁听的几门课程当中，收获最多的是吴根友老师的中国哲学经典著作选读，他学贯中西、旁征博引、声如洪钟、饱含激情。

我还特别感激我的同学、同事和朋友们。师门同学余泳芳、王森林、胡玲、黄海瑛、黄敏、刘永利、吕兆芳、殷燕、盛祥、覃芳芳、黄文娟以各种形式给我帮助和鼓励。余泳芳师姐和胡玲、黄海瑛、刘永利、吕兆芳诸师妹还帮我校对了论文的初稿，改正了不少令人汗颜的低级错误。我在哲学院的同学张志强、邹啸宇、胡栋材、薛子燕、陈群、杨柳岸等，在查找资料、解决疑难方面给了我很多帮助。同学之情，弥足珍贵。此时，我也没有忘记好友郭高攀、倪外在上海图书馆为我复印谢无量的译著《宪法论》，也没有忘记师弟王博帮我在台湾大学图书馆查找《翻译世界》相关资料并反复核对篇目信息；师妹潘珊珊多次赴维修中的国家图书馆，帮我复印《谢无量先生学述》；好友肖志兵多次主动帮我查找和下载民国报刊资料。还有未曾谋面的王小静博士和不知姓名的重庆图书馆工作人员，在查找资料方面也曾给予我及时、热心的帮助。我工作单位的领导和同事也非常支持我的学业和工作，谢谢你们！

最后，我要感谢我的家人。父母、岳母为了让我安心读书，付出了大量时间和精力来帮我料理家务，解除我的后顾之忧。没有这些帮助，我恐怕永远也完成不了这篇耗时费力的论文。读博期间，我对妻子王丽琴和女儿覃含章亏欠太多。每到周末和假期，别人一家大小在游山玩水时，我却要背起沉重的双肩包走向办公室，或把自己关在书房闭门造车。当含章追到门口，抱着我的腿哀求说，“爸爸，你好久没有陪我玩了。可不可以陪我玩一会儿?”七尺男儿的眼睛也会情不自禁地模糊起来。太多次，我答应她早点回家，却不知不觉在办公室读书写作到深夜，甚至是凌晨。回到家的时候，她早已进入梦乡。第二天一大早，我又要背起书包匆匆出门，而她还没有醒来。转眼间，含章已经长成一个心灵手巧的大姑娘了，不再需要时时刻刻的陪护，还会帮着大人照顾弟弟语默。为了维持这个小家，丽琴付出了很多。如今，我在单位又承担了更多的工作职责，压在她身上的家务更加沉重了，但她对我的事业一如既往地支持。这份理解和支持，是我一辈子都无法偿还的债务。

在本书修改出版之际，新型冠状病毒突袭武汉，造成史无前例的重大损失，偌大的都市被“封城”，我们被禁足在家，过了一个十分揪心的春节。空前的灾难检验着人心善恶，也让我更加坚信伦理学研究的重要性。作为凡人，随着疫情的发展，心情如过山车般波动，难免影响到本书的修改进程。现在终于要出版了，但还远没有达到令人满意的状态，只能作为一种阶段性学习和思考的结果，拿出来接受学界同仁的检验和批评指正，未来我将不断推进、拓展和完善相关研究。

2020 年 3 月 7 日 武昌